中国高等学校计算机科学与技术专业（应用型）规划教材

# 网络互联技术与实践
## （第2版）

汪双顶 姚羽 邵丹 编著

U0249262

清华大学出版社
北京

## 内 容 简 介

本书覆盖了网络工程项目组建过程中使用到的技术体系,包括网络设备配置技术、虚拟局域网 VLAN 技术、802.1q 干道协议、SVI 虚拟交换技术、RSTP 快速生成树协议、MSTP 多生成树协议、802.3ad 链路聚合协议、静态路由技术、RIP/OSPF 动态路由协议、NAT 地址转换技术、无线局域网 Fit-AP/Fat-AP 组网技术、AC-AP 无线隧道控制协议、交换机端口安全、镜像安全、访问控制列表安全以及防火墙安全等组网施工中需要掌握的技术内容。

全书阐述在组建办公网络、企业网络、园区网络,以及接入互联网和实施网络安全等工程实施过程中,使用到的最新、主流的组网技术,包括二层交换技术、三层交换技术、网络出口路由技术、无线局域网技术、网络安全技术、防火墙安全技术、地址转换技术、广域网技术以及网络规划和设计等。

全书通过来自企业工程施工中真实的工程项目案例,以及针对这些项目案例在工程施工过程中的解决方案,帮助理解技术在实施中的应用场景,建立技术和项目联系,相信读后会获益匪浅。

本书主要作为本科类院校计算机相关专业组网类课程的专业教材,也可作为高等职业类院校教学选用教材。部分需要参加厂商的网络工程师职业认证,也可选择本书作为自学读物。

**图书在版编目(CIP)数据**

网络互联技术与实践/汪双顶,姚羽,邵丹编著. —2 版. —北京:清华大学出版社,2016(2025.1重印)
(中国高等学校计算机科学与技术专业(应用型)规划教材)
ISBN 978-7-302-44666-8

Ⅰ. ①网…　Ⅱ. ①汪… ②姚… ③邵…　Ⅲ. ①互联网络-高等学校-教材　Ⅳ. ①TP393

中国版本图书馆 CIP 数据核字(2016)第 179906 号

责任编辑:谢 琛 薛 阳
封面设计:常雪影
责任校对:焦丽丽
责任印制:刘 菲

出版发行:清华大学出版社
　　　　网　　　　址:https://www.tup.com.cn,https://www.wqxuetang.com
　　　　地　　　　址:北京清华大学学研大厦 A 座　　　邮　　编:100084
　　　　社　总　机:010-83470000　　　　　　　　　邮　　购:010-62786544
　　　　投稿与读者服务:010-62776969,c-service@tup.tsinghua.edu.cn
　　　　质　量　反　馈:010-62772015,zhiliang@tup.tsinghua.edu.cn
　　　　课　件　下　载:https://www.tup.com.cn,010-83470236
印　装　者:三河市天利华印刷装订有限公司
经　　销:全国新华书店
开　　本:185mm×260mm　　　印　张:23.75　　　字　数:580 千字
版　　次:2009 年 2 月第 1 版　2016 年 11 月第 2 版　　印　次:2025 年 1 月第 10 次印刷
定　　价:69.00 元

产品编号:067090-03

# 编委会

# 使 用 说 明

为帮助读者全面理解技术细节,建立直观的网络工程施工印象,本书每一章开始,都引入一个来自企业的网络工程项目。通过这些真实的工程案例,建立深入到网络场景中的教学环境,了解相应技术在网络工程项目中的应用情况。

全书根据网络工程大小,以及网络技术的不同应用场合,选择几所不同规模校园网施工项目,作为整体教学场景展开。每一章节所需要的学习技术都以该校园网施工过程中,需要解决的网络施工技术问题为依托,描述实际网络环境,诠释技术人员选择施工方案,方便了解相应网络技术应用的场景,掌握技术细节。

在本书关键技术解释和工程方案描述中,会涉及一些专业术语。为方便读者今后工作中应用,本书采用业界标准技术诠释,使用标准拓扑图形绘制方案。

本书中使用的相关的专业符号,以及网络拓扑图惯有的风格,约定如下。

(1) |(虚线):表示几个选项中选择一个,并且这些项是互相排斥。

(2) [ ](方括号):表示可选择的参数。

(3) { }(大括号):表示一个必需的选择参数。

(4) !(感叹号):表示对该行命令的解释和说明信息。

路由器　　　　　　　　二层交换机

三层交换机　　　　　　核心交换机

PC　　　　　　　　　服务器

Internet　　　　　　　防火墙

无线接入设备AP　　　　无线控制器AC

　　感谢北京星网锐捷网络技术有限公司为全书提供的多个来自不同行业的工程案例,帮助在校学生了解企业真实项目的实施过程,加深对知识和技术的学习体验。

　　为方便对工程施工项目中的部分技术细节诠释,部分设备的配置依托锐捷网络的RGNOS 网络操作系统展开,但在本书中出现的所有命令和术语尽量保持通用性,能兼容目前的所有的主流设备。本书技术原理的诠释和针对网络项目提出的解决方案,同样可以适用于大部分主流的网络项目。

　　在本书编写的过程中,得到了众多一线教师、业界专家以及企业工程师的建议,但面对复杂的工程选择,不断更新的网络技术,以及把工程和技术完美结合的编撰,书中不足之处仍然在所难免,还望读者批评指正。

　　同时也欢迎读者多提宝贵意见,邮件请发至: wangsd@ruijie.com.cn。

　　全书中所涉及课件资料、习题答案以及课程的辅助教学资源,请到百度云盘下载:http://pan.baidu.com/s/1kTpPmM7

# 前　言

21世纪是信息化时代,网络技术是当今社会发展的推动力。日新月异的技术更新,新知识、新标准层出不穷。新的网络技术更新不断挑战着学校专业课程教学标准,导致学校的网络专业教学一直处于一种被动境地:专业课程的更新远远落后于技术的换代,教学内容落后于时代以及实践教学能力不足等,都给当前网络专业技术人才培养提出极大挑战,新教材的编写和新技术的更新引入也显得日益迫切。

在这样的教学背景下,清华大学出版社联合网络产品及方案提供商锐捷网络股份有限公司,组织来自企业的工程师和院校一线专业教师,合作开发了本课程。全书以网络实用技术为脉络,依托企业多年积累的工程项目案例,将目前行业发展中最实用、最新的网络专业技术汇编、规划成课程,传递到教学一线。把厂商积累的多年网络工程项目和方案,引入到学校的课堂教学中,为大中专院校的网络专业实践教学,提供更多的参考与借鉴。

**关于课程规划思想**

本书在策划过程中,希望选编的知识具有专业化、体系化、实践性特征,能体现和代表当前最新的网络技术发展方向,因此,课程在设计和内容的选择上,和传统的网络专业组网课程有很大的区别,希望弥补传统教材知识体系更新的不足。

为帮助读者全面理解技术细节,建立直观的网络工程的项目印象,本书每一单元开始,都引入一个来自企业的网络工程项目,帮助读者熟悉真实网络工程项目发生的场景,了解工程施工中使用的技术,熟悉关键技术应用场景,掌握技术细节,满足专业院校组网类专业课程的实践教学要求。

本书所有的工程项目,都来自于企业多年积累的工程案例,经过提炼,每个工程项目都按照工程背景、技术原理、设备清单、工程拓扑、施工过程、结果测试等多个环节呈现,最后把这些工程项目在网络实验室中搭建出来。真正做到了从实际出发,强化实际应用,积累项目经验,实施"卓越的工程师"培养的指导思想。

**关于课程实施方法**

为帮助读者建立对网络技术和网络工程的真实印象,希望把企业的工程项目引入到课堂教学中,针对工程中实际技能组织教学。让学生在学校学习期间,掌握网络工程实施中的工作技能,缩短学生未来在企业工作岗位上的适应时间。本课程在组织实施过程中,倡导以工程项目的形式开展,按项目小组,以团队方式组织实施。倡导各团队成员之间开展技术交流和沟通,共同完成工程项目:查询技术资料、撰写项目方案、共同测试、提交施工报告等。教师负责整个项目的技术咨询和指导工作,控制课程的组织和开展,把控项目的总体发展方向。

本课程总体的设计原则是模拟真实的工作场景,把学习内容细化成学习领域和知识模块,以实施项目目标为评估机制;重组理论与实践教学内容,采取考、评、鉴结合的测评手段,强化学生工作能力,实现教育部倡导的"卓越的工程师"人才培养目标。

### 关于课程时间组织安排

为满足各级、各类专业院校的网络专业学生,全面了解企业网络工程项目的规划、实施、管理和测试的过程,本课程选编了具有典型意义、专业、标准化的知识体系。但不同的学校可以根据本校课程时间安排,学生现有知识基础以及课程的开展情况等,选择部分内容组织教学。

本课程建议在学习完成《计算机网络基础》课程之后开设,作为本课程的先导课程,为学生积累一定的组网基础知识,避免本课程在组织过程中过多解释网络基础术语和技术名词。

全书按照实际网络工程中需要掌握的知识技能,规划了组网基础、二层交换技术、三层交换技术、无线局域网技术、出口路由技术、网络安全技术、网络规划等几个单元模块。不同类型的院校,分配给组网类课程的教学课时不同,可以根据实际情况选择教学内容。

但按照知识和技术在实际工作中应用到的概率以及知识细节的重要性等,建议分配给以上几个模块的时间比例为:网络基础模块占10%,交换技术模块占40%,出口路由模块占20%,网络安全模块占20%,无线局域网络以及网络规划模块占5%,其他占5%。

特别是网络基础模块,如果前期学生对网络互连设备知识了解较为扎实,可作为选学内容,这样可以把相应课时等比例分配到交换、路由和安全的模块学习中。

### 关于课程实施环境

为顺利实施本教程,除需要对网络技术有学习的热情之外,还应具备基本的计算机和网络基础知识。这些基础知识为读者提供一个良好的基础,帮助理解本书中的网络技术原理,为进一步掌握网络技术提供良好帮助。

此外为保证课程的有效实施,还需要一个可以再现企业网络工程项目的实验环境,包括一个可以容纳40人左右的网络实验室;不少于4组工作台;至少配备1台/2人的PC。其中,每组工作台中组网设备包括三层交换机(1~2台)、二层交换机(2~4台)、模块化路由器(2~4台)、无线局域网接入AP(胖、瘦)(2~4台)、无线控制器(1台,可选)、防火墙(1台,可选)和若干根网线(或制作工具)。

虽然本书选择的工程项目来自厂商的项目案例,使用的网络设备也来自厂商,但本课程在设计中,力求知识诠释和技术选择都具有通用性,遵循业内的通用技术标准和行业规则。全书关于设备的功能描述、接口的标准、技术的诠释、协议的细节分析、命令语法的解释、命令的格式、操作规程、图标和拓扑图形的绘制方法都使用行业内的标准,以加强其通用性。

### 关于课程教学资源

网络专业课程教学都具有很强的实践性,强化网络专业实践能力培养,提升职业技能和职业素养,是本课程区别于传统网络专业组网课程的特色之一。即使在众多以技能为核心的课程中,本课程也具有其他课程所不能比拟的特色。

特别是为保证课程在学校有效实施,保障课程教学资源的长期提供,本课程研发人员还投入人力和物力,为课程建设了专门的实践教学俱乐部以及网络资源共享空间,有效支持课程在实施过程中项目资源的更新,疑难问题的解决,课程讨论等一系列工作,详细内容请访问:

http：//labclub.ruijie.com.cn，http：//uniersity.ruijie.com.cn

本书涉及课件资料、习题答案以及课程的辅助教学资源,请到百度云盘下载:

http：//pan.baidu.com/s/1kTpPmM7

### 关于课程对应职业认证

职业资格认证是掌握与特定硬件系统、操作系统或者其他程序相关的知识,通过一系列考试的过程。认证程序通常由厂家或专业组织开发,对于寻找就业机会的人来说,认证是常见的就业工具;对于雇主而言,认证是评估雇员水平的一种手段。

为提升学生就业的竞争力,在学习完成本课程后,可以参加基于厂商的职业资格认证。主要证明认证者了解网络技术的水平,如理解协议、拓扑结构、网络硬件和具有解决网络疑难的能力。本课程对应的职业资格认证有网络工程师或者厂商专项产品的职业资格认证。本书每单元末,都提供有一定量测试题供读者测试使用。

### 关于课程培养个人"软技能"

读者熟练配置路由器和交换机等网络设备有很多好处,但如果没有较好的软技能,也不能在行业内部出类拔萃。这里"软技能"是指那些不容易评估的技能,例如客户关系、口头和书面表达能力、倾听他人倾诉、积极回应、主动学习、执行力、团队精神和领导能力等。

在网络行业工作中,工程师必须配合他人,依赖团队开展工作。在竞争的环境下生活,在任务紧迫时(大多数网络项目都具有这些特点)工作……,都需要具有较好的执行力,因此这些软技能对从事网络行业工作尤其重要。因此应重视软技能培养,一旦真正从业于IT行业,就会逐渐发觉自己已经具有哪些软技能,以及在哪些方面尚不足。不管情况如何,重要的是自己要认识到掌握这些技能的重要性,并进一步培养。

为帮助读者培养这些软技能,本课程在注重技术介绍的同时,更融入了"工程""项目"

"小组""同伴合作"和"工作过程"等行业元素,把课程中需要掌握的技术元素和工程项目、同伴之间合作,以及考虑客户利益,同他人打交道等因素融入进来,以帮助读者培养综合网络工程职业素质。

### 关于策划、编撰和致谢

不同于传统的组网课程策划,本书是出版机构、厂商和院校教师联合开发完成,希望能吸收各方面的经验,积众所长,保证规划课程的科学性。本书由清华大学出版社联合网络设备厂商锐捷网络股份有限公司,组织企业工程师、院校一线教师开展编写工作,其中企业工程师汪双顶和东北大学姚羽博士主导全书组织开发工作。

汪双顶为锐捷网络技术服务部高级工程师,具有不同厂商的工作经历,多年网络工程项目现场的实施经验,其在企业中积累的项目资源优势,以及多年来在不同厂商工程实施中积累的项目经验,完成了本课程中的技术场景和工作场景对接,把网络行业最新技术引入到本课程中,保证课程和市场同步。

姚羽博士来自东北大学计算机系统研究所,多年来一直承担计算机网格技术研究、计算机网络安全技术研究及基于下一代 IPv6 互联网技术研究工作,姚羽博士参与了本书一期开发任务。

邵丹博士来自长春大学,是计算机学院的负责人,另外她作为思科网络学院中国区教师技能提升负责人,在本书第 2 版修订中提出了不少建设性意见,参与了本书第 2 版修订工作。

全书在策划过程中,得到了解放军理工大学指挥自动化学院陈鸣教授的指导,课程组主创人员先后数次赴南京拜访陈鸣教授,他对计算机网络课程教学"从原理到实践"的指导思想,给课程组带来很大的启发。全书在编写过程中还得到了北京师范大学职业技术研究所所长赵志群博士的指导,他提出的"面向应用""基于工作过程"课程思想,使全书具有不同于传统组网教材的新特点。

来自锐捷网络的众多工程师和产品经理,如安淑梅(CCIE ♯11720)、李文宇(CCIE ♯15492)、刘亮(CCIE ♯13782)、张选波、杨靖、石林等都先后为全书提供技术审核和工程方案的支持,并承担全书技术整理和工程项目的审阅工作。来自中北大学的王东、山西师范大学的杨威教授、复旦大学的赵佳敏博士、解放军陆军军官学院的汪涛博士、刘萍博士等都在本书成稿过程中给予了支持,在此一并表示衷心感谢!

本书第 1 版于 7 年前出版,发行期间其培养"卓越的工程师"专业课程的成书风格,受到市场的热烈欢迎。期间,不断有教师反映需要根据技术发展,及时修正书中错误和增补新知识、新技术,因此于 2015 年重启全书的修订,至完稿经历一年时间。

希望广大读者选择使用本书,及时反馈和指正:wangsd@ruijie.com.cn。

作　者<br>2016 年 8 月于北京

# 目录

# 第 1 章  组网基础知识

## 项目场景

计算机网络就是利用通信设备和通信线路,将位置不同的计算机互连起来,实现资源共享。网络是计算机技术和通信技术相结合的产物。计算机网络的最主要功能,一是实现资源共享;二是实现数据通信。

本章以广东中山外语学校校园网一期建设、二期改造项目为依托,介绍如图 1-1 所示校园网施工过程。通过本章的学习,读者可了解计算机网络功能,学习网络规划基础知识,了解网络分层设计思想,熟悉网络设备选型,积累校园网规划、施工和管理的工作经验。

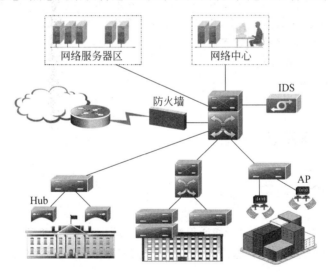

图 1-1  广东中山外语学校校园网场景

## 项目分析

广东中山外语学校是一所全日制九年义务教育学校,为加强教育信息化,学校 2000 年建成校园网,通过建设完成校园网络,实现校内各部门之间互访,共享内部信息资源。

建设完成校园网的基本架构为:使用三层交换机充当核心,校园网出口通过路由器设备充当出口,外部的 Internet 接入使用专线接入技术。学校内部各楼层内的办公网,使用二层交换机接入,实现各办公楼中计算机之间互连互通。

学校各部门的计算机,接入到集线器上,各部门集线器统一连接到楼层的二层交换机上。另外,教学楼、办公楼、实验楼、图书馆各安装有一台二层接入交换机,通过这些接入交换机,再汇聚到网络中心三层交换机上,如图1-2所示。

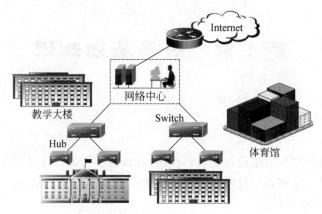

图1-2　广东中山外语学校校园网一期拓扑

建设完成一期中山外语学校校园网,实现包括教学楼、办公楼、实验楼及图书馆在内的校园区域信息共享,实现了校园信息化的发展需求,即建设一个把学校中所有的办公设备连为一体的网络,满足学校管理、教学、生活以及对外交流的信息化需求。

通过本章的学习,读者将能够了解如下知识内容。

(1) 了解网络互联基本知识。

(2) 熟悉网络传输介质。

## 1.1　计算机网络概述

### 1.1.1　什么是计算机网络

计算机网络就是利用通信设备和通信线路,将地理位置不同的、功能独立的多台计算机系统互连起来,组成可以实现资源共享和信息传递的网络系统。网络是计算机技术和通信技术相结合的产物。

计算机网络的最主要功能表现在两个方面:一是实现资源共享(包括硬件资源和软件资源共享);二是在用户之间交换信息,为用户提供强有力的通信手段和尽可能完善的服务,极大方便用户获取信息。

最简单的网络就是两台计算机之间互连,形成简单双机互联网络,如图1-3所示。双机互联形成的网络是世界上最小的网络,一般出现在家庭环境中,主要实现资源共享的目标。

复杂的网络可以实现多台计算机之间的相互连接,如图1-4所示。

图1-3　双机互联形成家庭网络

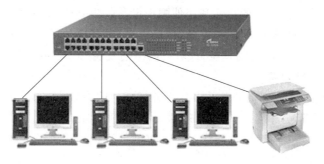

**图 1-4 多台计算机构成的办公网络**

这种网络场景一般出现在办公室环境中,通过一台交换机把多台计算机连接在一起,组建一个简单网络系统,实现资源共享(如共享打印机)和通信目的。

广东中山外语学校校园网则是把校园内的所有计算机连接一起,形成校园内中所有计算机之间的通信和共享,如图 1-5 所示。

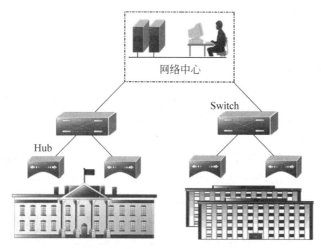

**图 1-5 资源共享的广东省中山外语学校的校园网络**

而将全世界的计算机连在一起,就构成了 Internet 互联网。

Internet 是当今世界上最大的国际互联网络,其在社会各个领域应用和所产生的影响非常广泛和深远。

## 1.1.2 计算机网络的演进

自 1946 年世界上第一台电子计算机发明以来,将近十多年时间,计算机只为少数科学研究机构拥有,主要的功能是进行科学计算。计算机和通信之间并没有发生联系。

为了让计算机能处理更多的计算,更充分地利用大型计算机资源,人们开始采用电话的工作原理,通过通信线路将本地终端连接到远程大型计算机上,共享大型计算机的数据处理资源。

20 世纪 50 年代后期,美国国防部的半自动地面防空系统(Semi-Automatic Ground Environment,SAGE)首次开始了计算机技术与通信技术相结合的尝试。

在 SAGE 系统中,把远程的雷达和其他测控设备收集到的信息由通信线路汇集至一台 IBM 大型计算机上,进行集中处理与控制,被认为是计算机和通信技术结合的先驱。

随着计算机网络技术的蓬勃发展,计算机网络的发展大致可划分为 4 个阶段。

**1. 第一代计算机网络**

20 世纪 50 年代,将地理上分散的多台无处理能力的终端机,通过通信线路连接到一台中心计算机上,排队等候,待系统空闲时使用大型计算机,由此出现了第一代计算机网络系统,如图 1-6 所示。第一代计算机网络主要解决因计算机终端资源短缺(如缺少硬件)而需要进行大型机资源共享的问题。

20 世纪 60 年代早期,出现了面向终端连接的计算机网络系统,其中:

网络中大型主机是网络的中心和控制者,终端(键盘和显示器)分布在各处,并与大型机相连,用户通过本地的终端使用远程的主机,实现终端和大型机之间的通信,完成应用程序的执行,远程打印和数据集中处理工作。

第一代网络的主要特征是:为了增加大型机系统的计算能力和资源共享,分时系统中多台终端连接着中心服务器,可以让多个用户同时使用计算机资源。当时计算机网络定义为"以传输信息为目的而连接起来,以实现远程信息处理或进一步达到资源共享的计算机系统"。

**2. 第二代计算机网络**

20 世纪 60 年代出现了大型主机,因而也提出了对大型主机资源的远程共享要求。特别是以程控交换为特征的电信技术的发展,为这种远程通信需求提供了实现手段,如图 1-7 所示。

在这种网络中,终端机之间不直接用线路相连,而由接口报文处理机(IMP,接口信号处理机,路由器前身)转接后实现互连。IMP 机负责终端主机间通信任务,构成通信子网。通信子网中连接的大型主机负责程序计算,提供资源共享,组成资源子网。这个时期,网络的概念为"以能够相互共享资源为目的互连起来具有独立功能的计算机集合体"。

1969 年,美国国防部高级研究计划局(DARPA)建成的 ARPAnet,(Internet 的前身)是第二代计算机网络的代表。该网络当时只连接有 4 个节点,以电话线路为主干网络。此后,该网络的规模不断扩大,到了 20 世纪 70 年代后期,网络节点超过 60 个,主要连通美国东部和西部许多大学和研究机构。

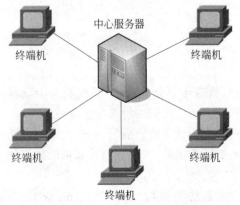

图 1-6　第一代计算机网络

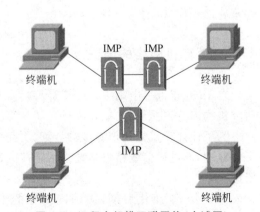

图 1-7　远程大规模互联网络(广域网)

20 世纪 70 年代是通信网络大力发展时期,这些网络都以实现计算机之间远程数据传输和信息共享为主要目的,通信线路大多租用电话线路,少数铺设专用线路。这一时期的网络以远程大规模互联为主要特点,称为第二代网络。

同时,多计算机互联的网络建设进入高潮,20 世纪 70 年代,由于商业计算的复杂性,要求大量本地终端设备协同操作,从而导致终端计算机之间互相连接的需求,局域网(Local Area Network,LAN)技术由此而产生。局域网可以实现本地的计算机和计算机之间的互连通信,如图 1-8 所示,每台计算机都可以访问本地网络中所有主机上的软、硬件资源。

当今最主流的局域网技术以太网络(Ethernet)就是此时期产生的。1973 年,Xerox 公司的 Rober Metcalfe 博士(以太网之父)提出并规划了最初的以太网络体系和架构,后来 DEC、Intel 和 Xerox 合作制定了以太网络通信标准。

图 1-8　多计算机互联网络阶段(局域网)

### 3. 第三代计算机网络(计算机网络标准化阶段)

随着计算机网络技术的成熟,网络技术也得到越来越广泛的应用,网络规模增大,通信技术变得更为复杂。因此,各大计算机公司纷纷开始制定自己的网络技术标准。

1974 年,IBM 推出系统网络结构(System Network Architecture,SNA),为用户提供所有设备互联通信。1975 年,DEC(Digital Equipment Corporation,美国数字设备公司)公司颁布了数字网络体系结构(Digital Network Architecture,DNA)标准。1976 年,UNIVAC 公司颁布了分布式通信体系结构(Distributed Communication Architecture,DCA)标准。但这些网络标准都只能在一个公司建设的网络范围内有效,只有同一公司生产同型设备才能实现互连。网络企业各自为政,使得建设网络的用户无所适从,也不利于厂商之间的产品竞争。

20 世纪 70 年代,诸如以太网络(Ethernet)为代表的大量自行研制的计算机网络模型投入运行后,暴露了由于缺乏统一互联标准而产生的弊端,难以实现互相连接。1977 年,国际标准化组织 ISO 设立分委员会,以"开放系统互联"为目标,专门研究网络体系结构,规划不同网络之间实现互联的标准。后续,ISO 组织颁布了"开放系统互联参考模型"(OSI/RM),OSI/RM 的出现标志着第三代计算机网络成型。

OSI/RM 网络标准实现了同一网络中的不同子网络之间,以及不同区域的网络或者不同类型网络之间的互相连通标准,开创了一个具有统一结构的网络体系架构,遵循国际标准化协议,实现不同类型网络互连的计算机网络新时代。

所有厂商都必须共同遵循 OSI 标准,在一个具有统一的网络体系结构下规划产品,并遵循国际标准建设开放的、标准化的网络,从而实现不同类型的网络之间的互联互通。其中,颁布的"开放体系互连基本参考模型"(OSI/RM),如图 1-9 所示。

OSI/RM 标准把网络划分为 7 个层次,不同的层次完成不同的通信功能,这大大简化了网络通信规划,标准化了通信过程,成为新一代计算机网络体系结构基础。

**4. 第四代计算机网络**

20 世纪 80 年代末,局域网技术发展成熟,出现光纤高速网络技术,整个网络对用户就像一个透明、大规模的计算机通信系统,特别是以 Internet 为代表的计算机网络技术获得高速发展。此时,计算机网络定义为"将多个具有独立工作能力的计算机系统,通过通信设备和线路互连在一起,由功能完善的网络软件实现资源共享和数据通信的系统"。

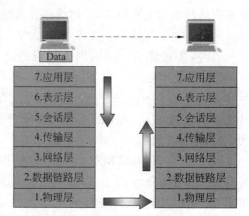

图 1-9　开放体系互连基本参考模型(OSI/RM)

1980 年 2 月,IEEE(Institute of Electrical and Electronics Engineers,美国电气和电子工程师协会)组织制定了局域网 IEEE 802 标准。

1985 年,美国国家科学基金会(National Science Foundation,NSF)依托 ARPAnet,建立了用于科学研究和教育的骨干网络 NSFnet。1990 年,NSFnet 取代 ARPAnet 成为国家骨干网,并走出大学和研究机构,开始进入社会,受到广泛使用。

1992 年,Internet 委员会成立,该委员会把 Internet 定义为"组织松散的、独立的国际合作互联网络","通过自主遵守计算协议和规程,支持主机对主机的通信"。

现在,以 Internet 为核心的计算机网络已发展成为社会结构中重要的组成部分。Internet 网络应用于工商业各个方面,包括电子银行、电子商务、现代化的企业管理、信息服务业等都以 Internet 网络系统为基础,网络无处不在。

**5. 下一代计算机网络 NGN**

NGN 是"下一代网络(Next Generation Network)"技术,该技术是互联网、移动通信网络、固定电话通信网络的融合技术,实现的是 IP 网络和光网络的融合。NGN 技术提供包括语音、数据和多媒体等各种业务的综合开放的网络构架;它是新一代网络中业务驱动、业务与呼叫控制分离、呼叫与承载分离的网络技术标准;是基于统一协议的、基于分组的网络技术。

NGN 技术的主要思想是在一个统一的网络平台上,以统一管理的方式,提供多媒体业务,再整合现有的固定电话、移动电话的基础上,增加多媒体数据服务及其他增值型服务。其中,话音的交换将采用软交换技术,而技术平台的主要实现方式为 IP 技术。

NGN 技术朝着具有定制性、多媒体性、可携带性和开放性方向发展,毫无疑问,以 NGN 技术为代表的下一代计算机网络将提高人们的生活质量,为消费者提供更丰富、更高质量的话音、数据和多媒体业务。

## 1.2　计算机网络功能

网络是计算机技术与通信技术紧密结合、相互促进、共同发展的结果。网络在今天的信息化的社会中承担了重要的功能，主要表现在以下几方面。

**1. 数据通信**

现代社会信息量激增，信息交换日益增多，利用计算机网络来传递信息效率更高，速度更快。通过网络不仅可以传输文字信息，还可以携带声音、图像和视频，实现多媒体通信，计算机网络消除了传统社会中地理上的距离限制。

**2. 资源共享**

互相连接在一起的计算机可以共享网络中的所有资源，从而提高资源利用率。网络中可以实现共享的资源很多，包括硬件、软件和数据。有许多昂贵的资源，如大型数据库、巨型计算机等，并非为每一用户或机构所拥有，通过共享，系统整体性价比得到改善。

**3. 分布式计算，集中式管理**

网络技术使不同地理位置的计算机，通过分布式计算成为可能。对于大型的项目，可以依托网络技术，把大型项目分解为许多小课题，由不同区域中的计算机分别承担完成，提高工作效率，增加经济效益。网络技术实现了日常工作的集中管理，使得现代的办公手段、经营管理发生了本质的改变。

**4. 负荷均衡**

依托网络，可以把工作任务均匀地分配给网络上各个计算机系统，以达到均衡负荷。网络控制中心负责分配和检测网络负载，当某台计算机负荷过重时，系统会自动转移数据流量到负荷较轻的计算机系统处理，从而扩展计算机系统的功能，扩大应用范围，提高可靠性。

## 1.3　计算机网络分类

**1. 距离**

常见的计算机网络一般根据网络的分布范围划分为：局域网（Local Area Network，LAN）、广域网（Wide Area Network，WAN）。

局域网是指网络的分布范围在几百米到几千米内的网络，多为一个企业、一个组织或一个事业单位私有，实现组织内部共享资源和数据通信。

局域网的组网结构简单，布线容易，主要特点表现如下。

（1）网络覆盖的物理范围小。

（2）网络使用的传输技术多通过广播通信方式。

（3）网络的拓扑结构多为星型结构。

（4）具有高数据传输率（100M/s～100G/s）、低延迟和低误码率特点。

如图 1-10 所示就是某企业内部网络场景，是常见的局域网建设场景。

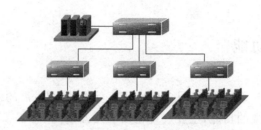

图 1-10　常见的局域网建设场景：某企业内部连接拓扑

广域网也称远程网,是一种跨地区的数据通信网络。广域网跨接很大的物理范围,通常在几十千米到几千千米,甚至更远距离,分布在一个地区、一个省内、一个国家甚至几个国家,包含两个或多个局域网。广域网常常使用电信运营商提供的设备作为信息传输平台,利用公用分组交换网、卫星通信网和无线分组交换网,将分布在不同地区的局域网互连起来,达到资源共享的目的。

广域网应具有以下特点:

(1) 适应远距离、大容量与突发性通信的要求。

(2) 适应综合业务服务的要求。

(3) 开放的设备接口与规范化的协议。

(4) 完善的通信服务与网络管理。

(5) 较低的传输速率。

互联网(Internet)是目前世界上最大的广域网。广域网具有信道传输速率较低、结构复杂等特点,在物理结构上一般由多个通信子网和资源子网组成,如图 1-11 所示。

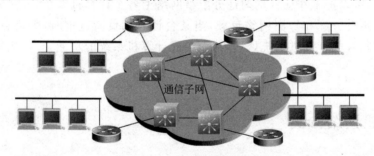

图 1-11　广域网的结构组成

城域网是在一个城市范围内架设的计算机通信网,网络的连接距离在 $10\sim100$ km。虽然城域网在距离上和广域网相似,但与广域网传输技术区别较大,城域网和广域网在传输信息上使用不一样的通信规则,前者使用局域网 IEEE 802 协议通信规则。

城域网在地理范围上可以说是局域网的延伸,在技术上也使用局域网的传输机制。与局域网相比,扩展的距离更长,连接的计算机更多,在一个大型城市范围中,一个城域网通常连接着多个局域网,如图 1-12 所示。

**2. 资源**

计算机网络还可以从资源的组成角度来区分,典型的计算机网络资源还可以分为两大子网:资源子网和通信子网。

所谓通信子网就是网络中负责数据通信的网络传输部分,完成网络中的数据传输、转发或

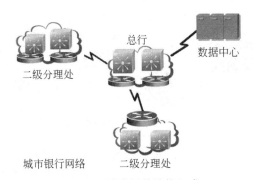

图 1-12　城域网的结构组成

交换的过程。在相邻节点之间完成互相通信的控制,消除各种不同通信网络技术之间的差异,保证跨越在网络两端的计算机之间的正确通信,最终将数据送达目的主机,如电信接入网络。

　　而资源子网是网络中面向用户的数据处理部分,负责全网的数据处理业务,向用户提供各种网络资源与网络服务,如图 1-13 所示。

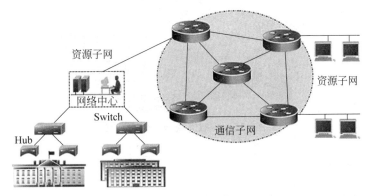

图 1-13　计算机网络的资源组成

### 3. 通信

　　网络还可以从数据通信和传输的角度来分,分为电路交换网络(Circuit Switching)、报文交换网络(Message Switching)和分组交换网络(Packet Switching)。

　　电路交换网络最早出现在电话系统中,早期的计算机网络采用电路交换方式来传输数据,计算机中处理过的数字信号经过变换,成为模拟信号后才能在物理线路上传输。

　　电话网采用典型的电路交换方式通信。打电话时,首先摘下话机拨号;拨号完毕,交换机为双方建立连接;等一方挂机后,交换机就把双方线路断开,为各自开始一次新的通话做好准备。因此电路交换的动作,就是在通信时建立(即连接)电路,通信完毕时拆除(即断开)电路。

　　电路交换采用独占一条中继线路方式通信,即使不传送信息别人也不能使用,这就是电路交换最主要的缺点,因此电路交换传输中信道的空闲时间大约占 50%,如图 1-14 所示。

　　报文交换多出现在数字化网络传输过程中。报文交换通信开始时,计算机发出的一个数据报文被存储在网络的中间交换设备中;然后,交换设备根据报文中携带的目的地址,选择合适的路径再把报文发送出去,因此,这种方式也称作存储-转发方式。

　　分组交换也称为包交换通信,分组交换通信也采用报文方式传输信息,但它不是以不定长的报文作为传输的基本单位,而是将计算机发出的长报文,分割成许多定长的报文组,以

图 1-14　电路交换网络传输过程

分组方式作为传输的基本单位。每个定长的报文组叫做一个分组,在每个分组的前面加上一个分组头,用以指明该分组发往何地址,然后再由交换机根据每个分组的地址标志,将它们转发至目的地,这一过程称为分组交换传输。进行分组交换的通信网称为分组交换网。

　　分组交换技术不仅大大简化了对计算机存储器的管理,也加速了信息在网络中的传播速度。由于分组交换优于线路交换和报文交换,具有许多优点,已成为计算机网络的主流传输技术,如图 1-15 所示。

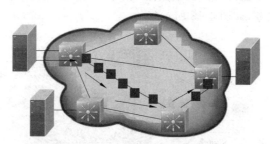

图 1-15　分组交换网络传输过程

## 1.4　网络组成硬件设备

　　网络硬件是计算机网络组成的物质基础。计算机及其附属硬件设备通过网络互联设备,与网络中的其他计算机系统连接起来,形成一个完整的网络系统。不同的计算机网络组成系统,由于使用不同厂商的组网设备,在硬件架构方面虽有些差别,但一般通过软件技术和网络通信协议,实现不同厂商的设备之间兼容,达到互相连通的目标。

　　一个基本的计算机网络系统架构,通常包括以下部分或全部硬件设备:网络服务器,网络工作站,网络接口卡(NIC、网卡)、集线器(Hub)、中继器(Repeater)、交换机(Switch)、路由器(Router)、无线接入设备(Access Point)、无线控制器(Access Point Controller)、防火墙(Firewall)、调制解调器(Modem)等。

　　网络服务器和网络工作站都是网络终端设备,其中:工作站就是普通用户端计算机,把用户接入到网络中,提供用户应用网络的接口。网络中的服务器也是一台高性能计算机,具有网络管理、提供应用程序服务、处理工作站的请求等功能;此外,服务器还连接相应外部设备,如打印机、CD-ROM、调制解调器等,为整个网络提供资源共享。根据网络服务器作用的不同,可划分为文件服务器、应用程序服务器、通信服务器、打印服务器等。

　　而网卡、集线器、中继器、交换机、路由器、无线接入设备、无线控制器和调制解调器等都是网络互联设备,通过这些设备实现网络之间的连接,把分布在不同地点的计算机连接成一个整体的网络。每种设备在网络互联中都承担网络通信过程中的一部分功能。

防火墙则是网络安全设备,用来保障和维护网络的安全。防火墙对流经它的网络中所有的数据包进行扫描,这样就能够过滤掉一些非法的数据包,以保护内网安全。

---

### Internet 发展历史:力量在冷战中凝聚

Internet 早已深入人们的生活,而这项庞大的工程真正的开始时间是 1962 年。从 20 世纪 50 年代开始,按照意识形态和信仰的不同,世界被划分成东西方两大阵营。美国、前苏联两个超级大国展开了疯狂的军备竞赛,这种不见硝烟的"冷战"在激烈程度上丝毫不亚于真枪实弹的战争。

1957 年,前苏联率先发射两颗人造卫星。1958 年 1 月 7 日,美国艾森豪威尔总统正式向国会提出要建立国防高级研究计划局(Defense Advanced Research Project Agency,DARPA,该机构也称为 ARPA)。希望通过这个机构的努力,确保不再发生在毫无准备的情况下看着前苏联卫星上天的这种尴尬的事件。

1962—1965 年,美国国防部高级研究计划局(DARPA)和英国国家物理实验室 NPL,都在探寻新型计算机通信交换技术研究。1966 年 6 月,NPL 实验室戴维斯(Davies)首次提出"分组(Packet)"概念。分组交换技术的工作基础是"存储-转发",但是,由此带来了分组在中间节点上的排队延迟。为了提高实时性,通过将一个大报文分割为一个一个小片段来处理,这些碎片称为分组。

1969 年,美国国防部高级研究计划管理局(ARPA)开始建立一个名为 ARPAnet 的网络,年底投入运行的 ARPAnet 是分组交换网络的典型实例,这是世界上第一个实验性的分组交换网。ARPAnet 把美国的几个军事及研究用计算机主机连接起来。起初,ARPAnet 只连接 4 台主机,从军事要求上是置于美国国防部高级机密的保护之下;从技术上它还不具备向外推广的条件。

1983 年,ARPA 和美国国防部通信局研制成功了用于异构网络的 TCP/IP 协议,美国加利福尼亚伯克莱分校把该协议作为其 BSD UNIX 的一部分,使得该协议得以在社会上流行起来。由此 ARPAnet 分成两个部分的网络,一个称为 ARPAnet,是民用科研网;另一个称为 MILNET,为军用科研网。

1986 年,美国国家科学基金会(National Science Foundation,NSF)利用 ARPAnet 发展出来的 TCP/IP 的通信协议,在 5 个科研教育服务超级计算机中心的基础上建立了 NSFnet 广域网。1986 年由 NSF 建设完成的 NSFNET,是一个三级计算机网络,分为主干网、地区网和校园网,覆盖了全美国主要的大学和研究所,NSFNET 成为 ARPAnet 的主干。在 1989 年,NSFNET 主干网的速度提高到 1.544Mb/s。到了 1990 年,鉴于 ARPAnet 的实验任务已经完成,宣布正式关闭。

在 20 世纪 90 年代以前,Internet 的使用一直仅限于研究与学术领域。商业性机构进入 Internet 一直受到这样或那样的法规或传统问题的困扰。事实上,像美国国家科学基金会等曾经出资建造 Internet 的政府机构对 Internet 上的商业活动并不感兴趣。1991 年,美国的 3 家公司分别经营着自己的 CERFnet、PSInet 及 Alternet,可以在一定程度上向客户提供 Internet 联网服务。他们组成了"商用 Internet 协会"(CIEA),宣布用户可以把它们的 Internet 子网用于任何的商业用途。

Internet 目前已经联系着超过 160 个国家和地区、4 万多个子网、500 多万台计算机主机,直接用户超过 4000 万,成为世界上信息资源最丰富的计算机公共网络。Internet 被认为是未来全球信息高速公路的雏形。

## 1.5  网络传输介质

网络传输介质分为有线和无线两种类型。其中,有线传输介质包括双绞线、同轴电缆、光纤等。最初的网络只能通过又粗又重的同轴电缆来传输数据;目前大部分的网络则是使用光纤作为骨干网络传输,双绞线和无线传输实现终端设备的接入传输。

而随着移动互联网时代的到来,用户端设备更多使用无线射频信号实现传输。

### 1.5.1  同轴电缆

同轴电缆是由一根绝缘体包围的铜线、一个网状金属屏蔽层以及一个塑料封套组成。铜导线、空心圆柱导体和外界之间分别用绝缘材料隔开,具有足够的可柔性,能支持 254mm (10in)的弯曲半径。如图 1-16 所示描绘了一种典型的同轴电缆结构。

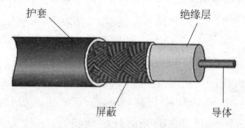

**图 1-16  同轴电缆结构组成**

在同轴电缆中,铜线传输电磁信号;网状金属屏蔽层可以屏蔽噪声;绝缘层通常由陶制品或塑料制品组成,将铜线与金属屏蔽物隔开,避免以上两者接触造成短路;塑料封壳可使电缆免遭物理性破坏,通常由柔韧性好的防火塑料制品制成。

同轴电缆的绝缘体和防护屏蔽层,使得它对噪声干扰有较高的抵抗力。

在早期的局域网络中,同轴电缆是最常见的传输介质,传输速率在 2~10Mb/s 之间,网络拓扑如图 1-17 和图 1-18 所示。

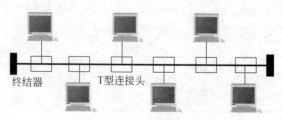

**图 1-17  同轴电缆连接的总线网络拓扑**

图 1-18 同轴电缆连接的总线网络拓扑

由于同轴电缆柔软性差不方便布线,以及以太网技术的发展等因素,目前已经渐渐被其他网络传输介质所替代。

## 1.5.2 双绞线

双绞线是应用最广泛的传输介质,便宜且易于安装的特性,使双绞线得到广泛的应用。尤其在星型拓扑中,双绞线是组网过程中必不可少的布线材料。

双绞线通常由两根包裹有绝缘保护层的铜导线组成,每根导线绝缘层上涂有不同的颜色以示区别。把两根绝缘的铜导线按一定密度互相绞在一起,以降低相互之间信号干扰的程度,每一根导线在传输中辐射的电波会被另一根线上发出的电波抵消,扭线越密其抗干扰能力就越强,如图 1-19 所示。

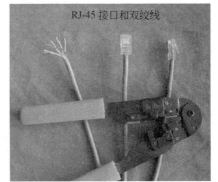

图 1-19 双绞线电缆

双绞线类似于电话线,适用于短距离信息传输。在传输期间信号衰减比较大,并且会产生波形畸变。此外,双绞线在传输信息时,传输的信号要向周围辐射,信息很容易被窃听,因此,要花费额外的代价加以屏蔽。

双绞线可分为屏蔽双绞线(Shielded Twisted Pair,STP)和非屏蔽双绞线(Unshielded Twisted Pair,UTP)两种类型,如图 1-20 和图 1-21 所示。

屏蔽双绞线电缆的外面由一层金属材料包裹以减小辐射,因此价格相对较高。安装时,屏蔽双绞线要比非屏蔽双绞线困难,类似于同轴电缆的安装,必须配有支持屏蔽功能的特殊连接器和相应的安装技术,技术要求上比非屏蔽双绞线电缆高。

与屏蔽双绞线相比,非屏蔽双绞线电缆外面只有一层绝缘胶皮,因而重量轻、易弯曲、易安装,组网灵活,适用于网络的结构化布线,多用在无特殊要求的网络环境布线中。如果没有特殊说明,工程应用中的双绞线多指非屏蔽双绞线。

双绞线的制作遵循 EIA/TIA 标准,有 EIA/TIA 568B 和 EIA/TIA 568A 两种。

图 1-20　5 类非屏蔽双绞线

图 1-21　5 类屏蔽双绞线

1991 年,由 TIA(电信工业协会)和 EIA(电子工业协会)两个标准组织,完成了对双绞线 TIA/EIA 568 标准规范的制定。两种标准在线序上虽有所差别,但都能实现信号传输。目前通用的是 EIA/TIA 568B 标准。

(1) EIA/TIA 568A 线序标准,如图 1-22 所示。

| 1 | 2 | 3 | 4 | 5 | 6 | 7 | 8 |
|---|---|---|---|---|---|---|---|

| 白绿 | 绿 | 白橙 | 蓝 | 白蓝 | 橙 | 白棕 | 棕 |
|---|---|---|---|---|---|---|---|

(2) EIA/TIA 568B 线序标准,如图 1-23 所示。

| 1 | 2 | 3 | 4 | 5 | 6 | 7 | 8 |
|---|---|---|---|---|---|---|---|

| 白橙 | 橙 | 白绿 | 蓝 | 白蓝 | 绿 | 白棕 | 棕 |
|---|---|---|---|---|---|---|---|

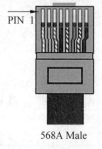
568A Male
图 1-22　双绞线 568A 线序

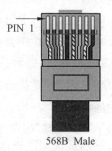
568B Male
图 1-23　双绞线 568B 线序

此外,还可根据双绞线两端水晶头线序不同,分为直连线和交叉线。

(1) 交叉线:如果双绞线一头使用 568A 线序标准,另一头是 568B 线序标准就是交叉线,交叉线一般用来连接同型设备,如两台计算机直连组网,两台路由器互联,如图 1-24 所示。

（2）直连线：如果双绞线两头都是使用 568A 标准，或者 568B 标准，那么这根网线就是直连线。直连线一般用来连接异型设备，如计算机和交换机之间的连接。目前，中高端的设备接口多 MDIX 自动翻转口，可智能识别线，可以使用普通网线（直连线）。

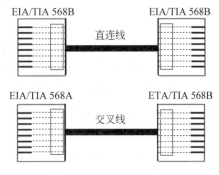

图 1-24　直连线和交叉线

TIA/EIA 568 标准将双绞线分成 3 类线、4 类线和 5 类线，6 类线标准。

**1. 3 类双绞线**

该双绞线的传输频率为 16MHz，用于语音传输及最高传输速率为 10Mb/s 的数据传输，主要用于 10BASE-T 网络中，目前被 5 类和超 5 类双绞线所代替。

**2. 4 类双绞线**

该类双绞线的传输频率为 20MHz，用于语音传输和最高传输速率为 16Mb/s 的数据传输，主要用于基于令牌的局域网和 10BASE-T/100BASE-T。

**3. 5 类双绞线**

该类双绞线增加了绕线密度，外套一种高质量的绝缘材料，传输频率为 100MHz，是最常用的以太网线缆。5 类双绞线是目前网络综合布线中的主流线。

**4. 超 5 类双绞线**

与 5 类双绞线相比，超 5 类双绞线的衰减和串扰更小。其提供的速度和安全性可以满足千兆以太网（1000BASE-T）的布线需求，满足其高速的数据传输，如图 1-25 所示。

**5. 6 类双绞线**

6 类布线的传输性能远远高于超 5 类标准，最适用于传输速率高于 1Gb/s 的应用。6 类线与超 5 类的一个重要的不同点在于：6 类线改善了在串扰以及回波损耗方面的性能。6 类线的标准布线采用星状的拓扑结构，要求的布线距离为：永久链路的长度不能超过 90m，信道长度不能超过 100m，未来逐渐发展成为主流，如图 1-26 所示。

图 1-25　超 5 类屏蔽双绞线

图 1-26　6 类屏蔽双绞线

## 1.5.3　光纤

光纤是一种细小、柔韧，能传输光信号的介质，一根光缆中通常包含多条光纤，因此也称为光导纤维，如图 1-27 所示。20 世纪 80 年代初期，光缆开始进入到现实生活中网络综合布线。

与铜介质线缆相比,光纤具有明显的优势:首先,光纤传输的是光束,而非电气信号,不受电磁的干扰,不会向外辐射电子信号;其次,光纤介质具有很大的传输带宽,适于高速网络和骨干网。无论是在安全性、可靠性方面,都是万兆骨干网络中最理想的传输媒体。

和同轴电缆相似,光纤由玻璃纤维外加绝缘护套组成,但外面没有网状屏蔽层。微细的光纤封装在塑料护套中,使得它能够弯曲而不至于断裂。通常,光纤的一端的发射装置使用发光二极管(Light Emitting Diode,LED)或一束激光将光脉冲传送至光纤,光纤的另一端的接收装置使用光敏元件检测脉冲。

如图1-28所示,显示了一根光缆的不同层面:光纤芯、包层和由橡胶或塑料制成的外部保护层。光纤的中心是光传播的玻璃芯,由石英玻璃制成面积很小的双层同心圆柱体,质地脆,易断裂,因此需要外加一保护层,光束在玻璃芯内传输。

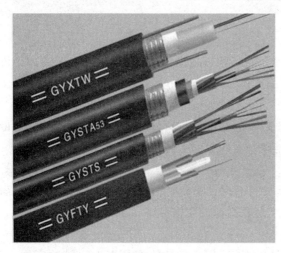

图1-27 光缆

保护层
覆层
纤芯

光纤截面图

图1-28 光纤的组成结构

芯外包围着一层折射率比纤芯低的玻璃封套,防磁防电。再外面是一层薄的塑料外套,用来保护封套。光纤通常被扎成束,外面有外壳保护。

在日常生活中,由于光在光导纤维中的传导损耗比电在电线中传导的损耗低得多,因此光纤常常用作长距离的信息传递。光纤通信具有其他传输介质无法比拟的优点,光缆提供的优点是几乎无限的吞吐量、非常高的抗噪性、极好的安全性。而且光缆传输信号的距离也比同轴电缆或双绞线电缆要远得多。此外,光缆还具有如下特性。

(1)传输信号的频带宽,通信容量大,传输距离远。

(2)信号衰减小,传输距离长。

(3)抗电磁干扰能力强,传输质量佳,应用范围广。

(4)信号串扰小、保密性能好,难以窃听。

(5)无辐射。

当然,光纤也存在着一些缺点,如质地脆,机械强度低;连接中技术要求较高;使用光缆最大的障碍是高成本;另一个缺点是光缆一次只能传输一个方向的数据。为了克服单向性的障碍,每根光缆必须包括两股:一股用于发送数据,一股用于接收数据。

目前,光缆主要用作骨干网络的布线。

　　光纤通信的主要组成部件有光发送机、光接收机和光纤,进行长距离信息传输时,还需要中继机。

　　光纤的中心部分包括一根或多根玻璃纤维,利用光导纤维传递光脉冲来完成通信。光纤在通信的过程中,由光纤发送机产生光束,光源被放置在光纤的发送端,通过激光器或发光二极管发出的光波导入光纤。二极管或激光器在电脉冲的作用下产生光脉冲,有光脉冲相当于“1”,无光脉冲相当于“0”。将表示数字代码的电信号转变成光信号,穿过中心纤维来进行数据传输。在接收端,由光接收机负责接收光纤上传出的光信号。利用光电二极管制成光检测器,检测到光脉冲时还原出电脉冲,将其还原成为发送前的电信号。

　　为了防止长距离传输而引起的光能衰减,在大容量、远距离的光纤通信中每隔一定的距离需设置一个中继机。在实际应用中,光缆的两端都应安装有光纤收发器,光纤收发器集成了光发送机和光接收机的功能,既负责光的发送也负责光的接收,如图 1-29 所示。

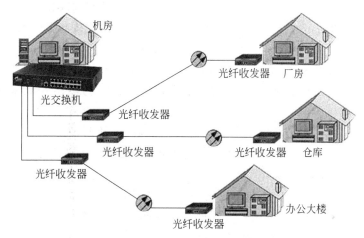

**图 1-29　光缆连接网络**

　　光缆存在许多不同类型,根据传输点模数的不同,各种类型的光缆最终分成两大类:单模光纤和多模光纤。这里的“模”是指以一定角速度进入光纤的一束光。

　　单模光纤传输的信号是单色光,也就是激光,优良的光学特性使激光能够将信号传递很远的距离。单模光纤芯的直径为 $8\sim10\mu m$,采用激光二极管 LD 作为光源,携带单个频率光,将数据从光缆一端传输到另一端,如图 1-30 所示。单模光纤的纤芯相应较细,传输频带宽、容量大,传输距离长。通过单模光缆,数据传输速度更快,并且距离也更远,但是这种光缆开销太大,需激光源,成本较高,通常在建筑物之间或地域分散的环境中使用。

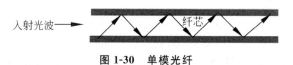

**图 1-30　单模光纤**

　　多模光纤传输的光信号是多种颜色的光,也就是可见光,光源一般选用发光二极管,因为散射作用,所以多模光纤的传输距离相对于单模光纤要短很多。多模光纤纤芯的直径是 $15\sim50\mu m$,大致与人的头发粗细相当。采用发光二极管 LED 为光源,多模光缆可以在单根或多根光缆上同时携带几种光波,如图 1-31 所示。多模光纤的芯线粗,传输速率低、距离短,整体的传输性能差,但成本低,一般用于建筑物内或地理位置相邻的环境中,这种类型的光缆通常用于数据网络。

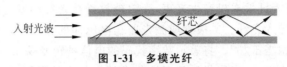

图 1-31　多模光纤

## 工程案例:认识光纤器件

虽然光纤的端接和跳线都非常困难,但光纤网络的连接却可以轻松完成。只要连接设备(交换机)具有光纤接口,使用光纤软跳线连接,连接方法和双绞线相同。

与双绞线不同的是,光纤连接器有多种类型,不同类型的连接器之间无法直接连接。

在安装任何光纤系统时,都必须考虑以低损耗的方法,把光缆相互连接起来,以实现光链路的接续。光纤链路的接续,又可以分为永久性的和活动性的两种。永久性的接续,大多采用熔接法、粘接法或固定连接器来实现;活动性的接续,一般采用活动连接器来实现。

光纤活动连接器俗称活接头,一般称为光纤连接器,连接两根光缆形成连续光通路,是目前使用数量最多的光无源器件。按照不同分类方法,光纤连接器分为不同种类。

### 1. SC 型光纤连接器

SC 是使用比较多的一种接口,插拔式,使用很方便。SC 型光纤连接器外壳呈矩形,所采用的插针与耦合套筒的结构尺寸与 FC 型完全相同,其中插针的端面多采用 PC 或 APC 型研磨方式;紧固方式是采用插拔销闩式,无须旋转。

此类连接器价格低廉,插拔操作方便,抗压强度较高,安装密度高,如图 1-32 所示。

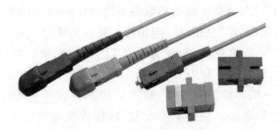

图 1-32　SC 型光纤连接器

### 2. ST 型光纤连接器

ST 型光纤连接器外壳呈圆形,所采用的插针与耦合套筒的结构尺寸与 FC 型完全相同,其中插针的端面多采用 PC 或 APC 型研磨方式。紧固方式为螺丝扣。

此类连接器适用于各种光纤网络,操作简便,且具有良好的互换性,如图 1-33 所示。

### 3. FC 型光纤连接器

FC 型光纤连接器外部采用金属套,紧固方式为螺丝扣。此类连接器结构简单,操作方便,制作容易,但光纤端面对微尘较为敏感,且容易产生菲涅尔反射,提高回波损耗性能较为困难。

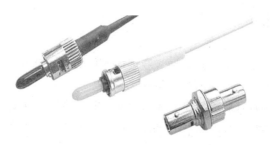

图 1-33　ST 型光纤连接器

后来,对该类型连接器做了改进,采用对接端面呈球面的插针(PC),而外部结构没有改变,使得插入损耗和回波损耗性能有了较大幅度的提高,如图 1-34 所示。

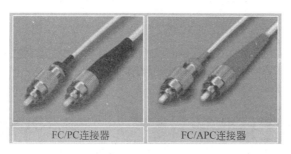

图 1-34　FC 型光纤连接器

#### 4. MT-RJ 型光纤连接器

MT-RJ 型光纤连接器具有与 RJ-45 型相同的接口,通过安装于小型套管两侧的导向销连接光纤,为便于与光信号收发机相连,连接器端面光纤为双芯排列设计,是用于数据传输的主要的高密度光纤连接器,如图 1-35 所示。

#### 5. LC 型光纤连接器

LC 型光纤连接器采用操作方便的模块化插孔(RJ)闩锁机理制成。该连接器所采用的插针和套筒的尺寸是普通 SC、FC 等所用尺寸的一半,为 1.25m,提高了光配线架中光纤连接器的密度。目前,在单模 SFF 方面,LC 类型的连接器实际已经占据了主导地位,在多模方面的应用也增长迅速,如图 1-36 所示。

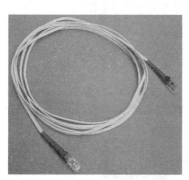

图 1-35　MT-RJ 型光纤连接器

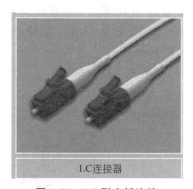

图 1-36　LC 型光纤连接

### 1.5.4 无线通信介质

在自由空间利用电磁波发送和接收信号进行通信的方式就是无线传输。

电磁波由同相振荡、互相垂直的电场与磁场,在空间中以波的形式传播,其传播方向垂直于电场与磁场构成的平面,有效地传递能量和动量。电磁辐射可以按照频率分类,从低频率到高频率,包括无线电波、微波、红外线、可见光、紫外线、X射线和伽马射线等,如图1-37所示。

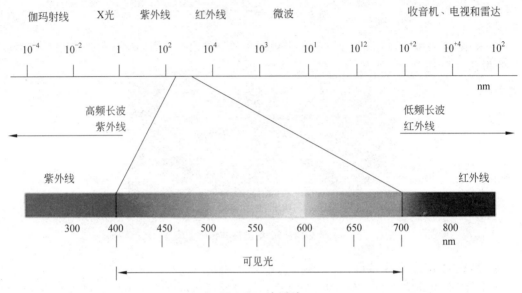

图 1-37 电磁波

其中,无线局域网主要采用2.4G无线射频信号作为传输媒介,无线局域网采用扩频方式通信;使用扩频方式通信时,特别是直接序列扩频调制方法因发射功率低于自然的背景噪声,具有很强的抗干扰、抗噪声、抗衰落能力。

## 工程案例:组建双机互连对等网

【任务目标】 使用双绞线连接计算机,组建双机互连对等网络

【材料清单】 交叉线(一根),测试PC(两台)

【工作过程】

【步骤一】 准备一条制作好的交叉线。

【步骤二】 如图1-38所示,组建双机互连网。摆放好PC,将水晶头插入网卡,即可组建双机互连对等网。

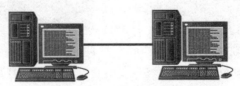

图 1-38 双机互连对等网场景

**备注**：由于技术发展，最近大多数计算机已配置千兆网卡，具有 MDIX 智能化自动识别功能，使用普通网线(直连线)即可实现双机互连网络连通。

【网络测试】

搭建好双机互连网络后，需要对网络环境进行测试，验证网络是否连通。

为连接计算机配置管理地址的过程如下(地址见表 1-1)。

表 1-1　PC 的 IP 地址

| 设 备 名 称 | 地 址 信 息 | |
|---|---|---|
| PC1 | IP 地址 | 172.16.1.1　255.255.255.0 |
| PC2 | IP 地址 | 172.16.1.2　255.255.255.0 |

① 打开计算机网络连接，选择"本地连接"中的"Internet 协议(TCP/IP)"选项，设置 TCP/IP 属性，如图 1-39 所示，配置两台计算机的 IP 地址。

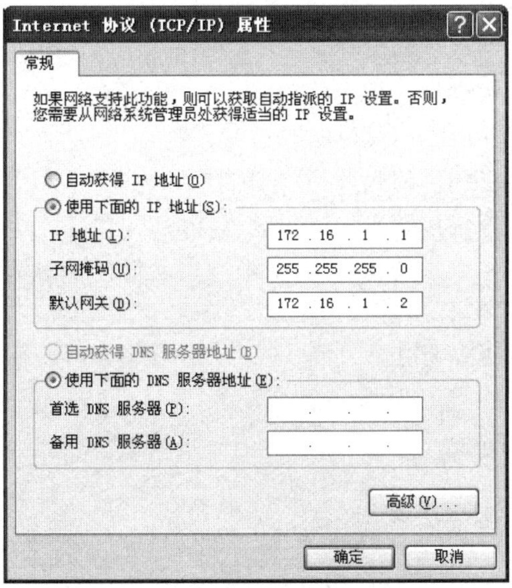

图 1-39　配置计算机 IP 地址

② 使用系统 ping 命令测试网络连通。ping 命令是网络测试中最实用的工具，通过 ping 测试命令，观察测试结果。

转到计算机 DOS 命令行状态，输入命令：

```
ping  172.16.1.2
```

如果反馈信息为"！"，表示网络连通正常；如果出现"．"，表示网络有故障。

**备注**：在网络配置正常的情况下，如果网络无法连通，需要查看对方计算机上防火墙是否开启，如果开启，关闭即可。关闭方法为：打开"开始"→"设备"→"网络连接"，在右键菜单中选择"属性"→"高级"→"Windows 防火墙"，"关闭"防火墙功能。如果有 360 等软件防火墙也要关闭。

**小知识：OSI(Open System Interconnect，开放式系统互联)**

在过去的几十年间，计算机网络的规模以惊人的速度不断增长。但是由于不同网络厂商的硬件与软件有着很多不兼容的地方，给网络互联造成种种问题。

为了解决它们之间的兼容问题，国际标准化组织(International Organization for Standardization，ISO)，经过调查与研究于 1984 年制定了 OSI (Open System Interconnection)模型，以解决不同网络间的互联问题，一般称其为 OSI 参考模型。该模型定义了网络互联 7 层框架，即开放系统互联参考模型。在这一框架下详细规定了每一层的功能，以实现开放系统环境中的互联性、互操作性和应用的可移植性。

根据分而治之的原则，ISO 将整个 OSI 通信功能划分为 7 个层次，从下到上分别为物理层(Physical Layer)、数据链路层(Data Link Layer)、网络层(Network Layer)、传输层(Transport Layer)、会话层(Session Layer)、表示层(Presentation Layer)和应用层(Application Layer)。

7 层模型划分原则如下。

(1) 网络中各节点都有相同的层次；

(2) 不同节点的同等层具有相同的功能；

(3) 同一节点内相邻层之间通过接口通信；

(4) 每一层使用下层提供的服务，并向其上层提供服务；

(5) 不同节点的同等层按照协议实现对等层之间的通信。

OSI 中每一层都有每一层的作用，各层在网络通信过程中承担如下功能。

**第 7 层：应用层**

作为 OSI 中的最高层，应用层为操作系统或网络应用程序提供访问网络服务的接口，确定进程之间的通信性质，以满足用户需要。

应用层协议的代表包括：Telnet、FTP、HTTP、SNMP 等。

**第 6 层：表示层**

表示层主要用于处理两个通信系统中交换信息的表示方式，对应用层信息变换以保证一个主机可以被另一个主机的应用程序理解。它包括数据格式交换、数据加密与解密、数据压缩与恢复等功能。

表示层的数据转换包括数据的加密、压缩、格式转换等。

**第 5 层：会话层**

会话层在两个节点之间建立端连接，管理主机之间的会话进程，负责建立、管理、终止进程之间的会话，包括建立连接是以全双工还是以半双工的方式设置。会话层还利用在数据中插入校验点来实现数据的同步。

**第 4 层：传输层**

传输层是第 1 个端到端，即主机到主机的层次。传输层负责将上层数据分段并提供端到端的、可靠的或不可靠的传输。此外，传输层还要处理端到端的差错控制和流量控制问题，在这一层，数据的单位称为数据段(Segment)。

传输层协议的代表包括 TCP、UDP、SPX 等。

**第 3 层：网络层**

网络层负责对子网间的数据包进行路由选择，还可以实现拥塞控制、网际互联等功能。通过寻址来建立两个节点之间的连接，包括通过互联网络来路由和中继数据。在这一层，数据的单位称为数据包(Packet)。

网络层协议的代表包括 IP、IPX、RIP、OSPF 等。

**第 2 层：数据链路层**

数据链路层在不可靠的物理介质上提供可靠的传输。该层的作用有物理地址寻址、数据的成帧、流量控制、数据的检错、重发等。

在这一层，数据的单位称为帧(Frame)。

数据链路层协议的代表包括 SDLC、HDLC、PPP、STP、帧中继等。

**第 1 层：物理层**

物理层处于 OSI 参考模型的最底层。物理层规定了激活、维持、关闭通信端点之间的机械特性、电气特性、功能特性以及过程特性。该层为上层协议提供了一个传输数据的物理媒体，以便透明地传送比特流。在物理层传输的数据叫比特流。属于物理层的典型规范代表包括 EIA/TIA RS-232、EIA/TIA RS-449、V.35、RJ-45 等。

数据发送时，从第 7 层传到第 1 层，接收方则相反。上 3 层总称应用层，用来控制软件方面；下 4 层总称数据流层，用来管理硬件。

OSI 模型用途相当广泛，比如交换机、集线器、路由器等很多网络设备的设计都是参照 OSI 模型进行的。

## 认证测试

1. 考虑线序的问题，主机和主机直连应该用下列哪种线序的双绞线连接？_____
   A. 直连线　　　　B. 交叉线　　　　C. 全反线　　　　D. 各种线均可
2. OSI 是由哪一个机构提出的？_____
   A. IETF　　　　B. IEEE　　　　C. ISO　　　　D. Internet
3. 屏蔽双绞线(STP)的最大传输距离是_____。
   A. 100m　　　　B. 185m　　　　C. 500m　　　　D. 2000m
4. 在 OSI 的 7 层模型中集线器工作在哪一层？_____
   A. 物理层　　　　B. 数据链路层　　　　C. 网络层　　　　D. 传输层
5. 下列哪些属于工作在物理层的网络设备？_____
   A. 集线器　　　　B. 中继器　　　　C. 交换机　　　　D. 路由器
   E. 网桥　　　　F. 服务器
6. 网络按通信范围分为_____。
   A. 局域网、城域网、广域网　　　　B. 局域网、以太网、广域网
   C. 电缆网、城域网、广域网　　　　D. 中继网、局域网、广域网
7. 网络在组网构成中的形式多种多样，在局域网中应用较广的有哪 3 种网络系统？_____

    A. 鱼鳞型　　　　　B. 总线型　　　　　C. 环状　　　　　D. 星状

8. 下列哪些属于局域网软件系统的有机组成部分？ _____

    A. 服务器　　　　　B. 客户机　　　　　C. 网络通信协议　　D. 操作系统

9. Internet 中使用的协议主要是_____。

    A. PPP　　　　　　　　　　　　　　B. IPX/SPX 兼容协议

    C. NetBEUI　　　　　　　　　　　D. TCP/IP

10. 100BASE-TX 网络采用的物理拓扑结构为_____。

    A. 总线型　　　　　B. 星状　　　　　C. 环状　　　　　D. 混合型

11. 以下哪项不是 UDP 的特性？ _____

    A. 提供可靠服务　　　　　　　　　B. 提供无连接服务

    C. 提供端到端服务　　　　　　　　D. 提供全双工服务

12. 无线局域网需要实现移动节点的哪几层功能？ _____

    A. 物理层　　　　　B. 数据链路层　　　C. 网络层　　　　　D. 传输层

13. IEEE 802.3 标准规定的以太网的物理地址长度为_____。

    A. 8b　　　　　　　B. 32b　　　　　　C. 48b　　　　　　D. 64b

14. 以下哪项不是网络操作系统提供的服务？ _____

    A. 文件服务　　　　B. 打印服务　　　　C. 通信服务　　　　D. 办公自动化服务

15. 广域网覆盖的地理范围从几十千米到几千千米,它的通信子网主要使用_____。

    A. 报文交换技术　　B. 分组交换技术　　C. 文件交换技术　　D. 电路交换技术

16. 100BASE-TX 网络采用的物理拓扑结构为_____。

    A. 总线型　　　　　B. 星状　　　　　C. 环状　　　　　D. 混合型

17. 关于对等网络的下列说法中,正确的是_____。

    A. 网络中只有两台计算机

    B. 网络中的计算机型号是完全一样的

    C. 网络中不存在具有特殊功能的计算机,每台计算机都处于平等地位

    D. 网络中的计算机总数不超过 10 台

18. 局域网中最常用的网线是_____。

    A. 粗缆　　　　　　B. 细缆　　　　　C. UTP　　　　　　D. STP

19. 关于集线器的叙述中,错误的是_____。

    A. 集线器是组建总线型和星状局域网不可缺少的基本设备

    B. 集线器是一种集中管理网络的共享设备

    C. 集线器能够将网络设备连接在一起

    D. 集线器具有扩大网络范围的作用

20. 制作双绞线的 T568B 标准的线序是_____。

    A. 橙白、橙、绿白、绿、蓝白、蓝、棕白、棕

    B. 橙白、橙、绿白、蓝、蓝白、绿、棕白、棕

    C. 绿白、绿、橙白、蓝、蓝白、橙、棕白、棕

    D. 以上线序都不正确

21. 理论上讲,100BASE-TX 星状网络最大的距离为_____。

　　A. 100　　　　　　　B. 200　　　　　　　C. 205　　　　　　　D. +∞

22. 在组建网吧时,通常采用 _____ 网络拓扑结构。

　　A. 总线型　　　　　B. 星状　　　　　　C. 树状　　　　　　D. 环状

23. 使用特制的跨接线进行双机互连时,以下哪种说法是正确的? _____

　　A. 两端都使用 T568A

　　B. 两端都使用 T568B

　　C. 一端使用 T568A 标准,另一端使用 T568B

　　D. 以上说法都不对

24. 目前使用最多的无限局域网标准是_____。

　　A. IEEE 802.3　　　　　　　　　　　　B. IEEE 802.11

　　C. IEEE 802.11b　　　　　　　　　　　D. 以上都不是

25. 组建无线局域网最基本的设备是_____。

　　A. 无线网卡　　　　B. 无线 AP　　　　　C. 无线网桥　　　　D. 无线 Hub

26. 下面哪一个不是 Ethernet 802.3 数据帧结构中的一个域? _____

　　A. 路径选择器　　　B. 目标地址　　　　C. 源地址　　　　　D. 长度

27. OSI 模型的哪一层负责产生和检测电压以便收发携载数据的信号? _____

　　A. 传输层　　　　　B. 会话层　　　　　C. 表示层　　　　　D. 物理层

28. 5 类电缆目前所能支持的最大吞吐量是多少? _____

　　A. 10Mb/s　　　　　B. 100Mb/s　　　　　C. 1Gb/s　　　　　D. 10Gb/s

29. 何种类型的光缆更频繁地用于局域网中? _____

　　A. 多线光缆　　　　B. 扭曲光缆　　　　C. 单模光缆　　　　D. 多模光缆

30. 光缆为什么比铜线更安全? _____

　　A. 它不传输电流,因而更难以被窃听　　　B. 它更难以被切割

　　C. 它能抗拒高压　　　　　　　　　　　　D. 它不同时提供多种传输

# 第2章 认识组网设备

## 项目场景

所谓网络的互联,是指将两个以上的计算机网络,通过一定的方法,用一种或多种通信处理设备相互连接起来,以构成更大的网络系统。在组建互相连接的网络过程中,需要使用较多的网络互联设备,如集线器、交换机、路由器等。

如图 2-1 所示网络场景,是使用多台网络互联设备组建的中山外语学校校园网。本单元以该校园网络为依托,介绍校园网组建过程中使用到不同的网络互联设备。

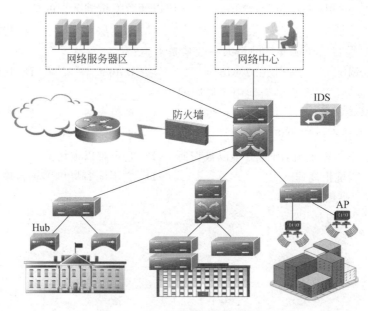

图 2-1 中山外语学校校园网场景

## 项目分析

中山外语学校校园网的基本架构为:使用三层交换机充当核心,通过路由器充当出口,使用 Internet 专线接入技术。学校内部各楼层的办公网,使用二层交换机接入,实现各办公楼中计算机之间互联互通。

教学楼、办公楼、实验楼、图书馆各安装有一台二层接入交换机,通过这些接入交换机最后汇聚到网络中心三层交换机上,如图 2-2 所示。

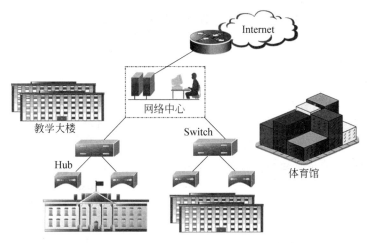

图 2-2　中山外语学校校园网络一期规划拓扑

建设完成中山外语学校校园网,使用了多台不同的网络互联设备,包括交换机、集线器、路由器、防火墙、无线局域网设备等,实现了包括教学楼、办公楼、实验楼及图书馆在内的信息共享。

通过本节的学习,读者将能够了解如下知识内容。

(1)认识网络互联设备。

(2)熟悉网络互联设备的功能。

## 2.1　物理层设备

物理层是指 OSI 参考模型的最低层,常见物理层的设备有中继器、集线器、无线 AP 等。

工作在物理层的设备由于性能限制,无法分辨信号中携带的物理地址信息,其任务就是提供一个传输数据的物理连接,数据在物理信道上是以广播信号的方式进行传输。

如图 2-3 所示的是中山外语学校一期校园网拓扑,图中虚线部分显示是物理层设备组网应用场景。

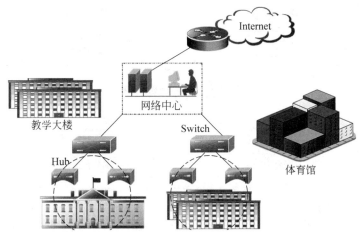

图 2-3　物理层设备在网络中连接示意图

物理层的设备在数据传输过程中,确保原始的比特数据流,在物理信道上有效、正确地传输。

## 2.1.1　集线器

集线器(Hub)是早期以太网中主要的互联设备,实现对网络进行集中连接和管理,如图 2-4 所示。英文 Hub 就是中心的意思,集线器好像树的主干一样,是各分支设备的信息汇集点,构成物理上的星状连接,如图 2-5 所示。

图 2-4　家用 8 口集线器设备

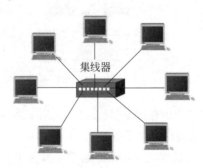

图 2-5　工作于以太网络集线器设备

在星型拓扑中心节点上,提供网络上物理信号放大和转发的功能。数据到达集线器一个端口后,集线器把该端口收到的信号,以广播的方式转发到其他所有端口。

使用集线器组建的网络简单、灵活,并通过集线器对相连的工作站集中管理,不让出问题的工作站影响整个网络的正常运行,网络的故障排除也非常方便。

### 1. 集线器的工作原理

星型拓扑结构的以太网中信息的传输过程,遵循一种“先听后说”的 CSMA/CD 的工作机制。CSMA/CD 是载波监听多路访问/冲突检测的工作机制,其工作原理是网络中的每一台计算机在发送数据前,首先进行载波侦听,只有等待网络空闲时,才可以发送数据;如果在发送数据时检测到冲突,则该数据将被重发,如图 2-6 所示。

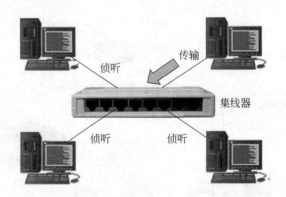

图 2-6　竞争使用介质的 CSMA/CD 传输机制

和所有物理层的设备一样,集线器由于不能识别信号中所携带的物理地址信息,因此也只能将一个端口接收的信号,以广播的方式分发给其他端口所连接的设备。

### 2. 广播域

以太网是一种广播型的网络,采用共享介质的访问方法来传输信息。集线器连接的接口都通过其内部背板总线串接在一起,在逻辑上构成一个共享的总线。

由于集线器不处理接受到的数据,当网络中一台主机向目标主机发送一个数据帧时,连接在集线器端口上的所有主机都能侦听到该数据信息,在网络传输中,通常把这种向所有连通的节点发送消息的方式称为广播。一般把网络中能接收到任何一台设备发出的广播信息的所有设备的集合,称为一个广播域。

### 3. 冲突域

以太网采用 CSMA/CD 的共享传输机制,如果有两个站点试图同时访问总线并传输数据,就意味着"冲突"发生,它们都被拒发,并等待一段时间以备重发,如图 2-7 所示。

冲突表现了以太网上设备之间竞争同一条带宽的节点集合。

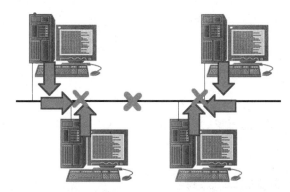

图 2-7    以太网采用 CSMA/CD 的传输机制

### 4. 集线器的不足

由集线器连接的网络上的所有计算机都共享其固有的带宽,"共享"的是集线器内部总线。随着连接节点计算机增多,传输碰撞的机会也就越多,传输的效率也就越低。因为当碰撞发生时,大量的冲突将导致网络性能急剧下降。

冲突是影响以太网性能的重要因素,由于冲突的存在,使得传统的以太网在负载超过40%时,效率将明显下降。产生冲突的原因有很多,如节点中的数量越多,产生冲突的可能性就越大。因此,当以太网的规模增大时,就必须采取措施来控制冲突的扩散。通常可以使用交换机等性能更先进的网络互联设备将网络分段,划分出几个子网络,从而将一个大的冲突域划分为若干小冲突域。

## 2.1.2　无线接入点

无线局域网络是计算机网络技术与无线通信技术结合的产物,与有线网络的安装和通信过程不同的是,无线局域网是利用无线射频信号作为传输媒介。

无线接入点设备(Access Point,AP)是无线局域网里的重要接入设备,其功能相当于有线网络中的集线器。无线信号覆盖范围内的所有设备,都可以通过无线 AP 设备接入到无线局域网中,如图 2-8 所示。

　　无线接入AP是无线局域网中的重要连接设备,带有无线的信号发射射频口和连接有线网络接口,提供无线局域网中所有工作站互相连接,并通过有线网实现无线工作站同有线网络连接。

　　无线接入AP都拥有至少一个以太网接口,用于实现与有线网络的连接,使无线局域网中所有终端能够访问有线网络,如图2-9所示。

图2-8　无线接入设备AP

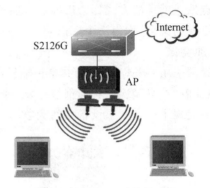

图2-9　无线AP连接的网络

　　无线接入AP提供无线信号连接。在无线AP覆盖范围内的无线工作站,无线接入AP是无线网和有线网之间沟通的桥梁,通过无线接入AP进行相互之间的通信。连接其覆盖范围内的所有无线工作站。

## 工程案例:使用集线器组建办公网

【项目场景】

　　如图2-10所示的网络拓扑,是中山外语学校办公网络项目,教学楼中教务处办公网络安装的场景,使用集线器Hub组建办公网。

【施工设备】　集线器(一台),网线(若干),测试PC(若干)。

【操作步骤】

【步骤一】　安装教务处办公网

　　(1)按如图2-10所示网络拓扑连接设备,注意不带电连接。

　　(2)连接完成后,为所有设备加电,检查连接线缆指示灯,保证网络连通。

【步骤二】　测试网络连通

　　(1)配置IP地址,设备IP地址规划在同一网络段,如表2-1所示。

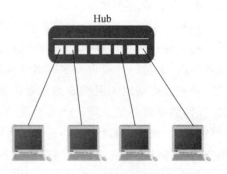

图2-10　中山外语学校教务处
办公网场景

表2-1　测试PC设备IP地址

| 设备名称 | PC1 | PC2 | PC3 |
| --- | --- | --- | --- |
| IP地址 | 172.16.1.3 | 172.16.1.4 | 172.16.1.5 |

续表

| 子网掩码 | 255.255.255.0 | 255.255.255.0 | 255.255.255.0 |
|---|---|---|---|
| 网关 | 无 | 无 | 无 |

（2）从任意一台设备，测试网络中其他设备，能实现连通。

在互相连接的本地网络中，从 PC1 测试 PC2、PC3，能显示网络的连通。

**备注**：通过 Hub 连接在一起的办公网络，处于同一个局域网中，能实现互相连通。

---

**小知识：以太网**

以太网（Ethernet）指的是由 Xerox 公司创建，并由 Xerox、Intel 和 DEC 公司联合开发的局域网规范。以太网络使用 CSMA/CD（带有冲突检测的载波监听多路访问）技术，并以 10Mb/s 的速率，运行在多种类型的电缆上，以太网与 IEEE 802.3 系列标准类似。

以太网不是一种具体的网络，而是一种技术规范，是当今现有局域网采用的最通用的通信协议标准。

以太网是网络发展历史上最经典的局域网组网类型，后来由 Xerox、Intel 和 DEC 公司联合制定了以太网 2.0 版规范。由于其低成本、高可靠性以及 100Mb/s、1000Mb/s、10 000Mb/s 甚至 100 000Mb/s 的传输速率，而发展成为最广泛的局域网组网技术。以太网标准定义了在局域网（LAN）中，采用的电缆类型和信号处理方法。

以太网在互联设备之间以 10～100Mb/s 的速率传送信息包。双绞线电缆 10BASE-T 的以太网由于低成本、高可靠性以及 10Mb/s 的速率，而成为应用最为广泛的以太网技术。

**1. 标准以太网**

最开始的以太网只有 10Mb/s 的吞吐量，使用的是 CSMA/CD（带有冲突检测的载波侦听多路访问）的访问控制方法。这种早期的 10Mb/s 以太网称为标准以太网。以太网主要有两种传输介质，那就是双绞线和光纤。所有的以太网都遵循 IEEE 802.3 标准。10Mb/s 标准以太网又分为 10BASE-5、10BASE-2、10BASE-T、10BROAD-36 等标准。

**2. 快速以太网**

随着网络的发展，传统的标准以太网已难以满足日益增长的网络数据流量速度的需求。在 1993 年 10 月前，对于要求 10Mb/s 以上数据流量的 LAN 应用，只有光纤分布式数据接口（FDDI）可供选择，但它是一种价格非常昂贵的 100Mb/s 光缆的 LAN。

1993 年 10 月，Grand Junction 公司推出世界上第一台快速以太网集线器，由此快速以太网技术正式得以应用。随后，Intel、SynOptics、3COM 等公司也相继推出快速以太网装置。与此同时，IEEE 802 工程组也对 100Mb/s 以太网的各种标准进行研究，并于 1995 年 3 月宣布 IEEE 802.3u 100BASE-T 快速以太网标准（Fast Ethernet），开始快速以太网时代。

快速以太网技术有效保障了用户在布线基础实施上的投资，支持 3、4、5 类双绞线以及光纤的连接。快速以太网仍是基于 CSMA/CD 技术，当网络负载较重时，会造成效率降低，当然这可以使用交换技术来弥补。

快速以太网标准又分为：100BASE-TX、100BASE-FX、100BASE-T4 等 3 个子类。

### 3. 千兆以太网

千兆以太网(Gigabit Ethernet)技术作为最新的高速以太网技术,给用户带来了提高核心网络速度的解决方案,这种方案最大的优点是继承了传统以太技术价格便宜的优点。

千兆技术仍然是以太技术,它采用了与 10Mb/s 以太网相同的帧格式、帧结构、网络协议、全/半双工工作方式、流控模式以及布线系统。由于该技术不改变传统以太网的桌面应用、操作系统,因此可与 10Mb/s 或 100Mb/s 以太网很好地配合工作。升级到千兆以太网不必改变网络应用程序、网管部件和网络操作系统,最大程度地投资保护。

千兆以太网技术有两个标准: IEEE 802.3z 和 IEEE 802.3ab。其中,IEEE 802.3z 是光纤和短程铜线连接方案的标准;IEEE 802.3ab 是 5 类双绞线长距离连接方案标准。

### 4. 万兆以太网

万兆以太网于 2002 年 7 月在 IEEE 通过,10Gb/s 以太网实质上是高速以太网。

万兆以太网技术提供了更加丰富的带宽和处理能力,能够有效地节约用户在链路上的投资,并保持以太网一贯的兼容性、简单易用和升级容易的特点。万兆以太网规范包含在 IEEE 802.3 标准的补充标准 IEEE 802.3ae 中,它扩展了 IEEE 802.3 协议和 MAC 规范使其支持 10Gb/s 的传输速率。

10G 以太网的标准包括 10GBASE-X、10GBASE-R、10GBASE-W 以及基于铜缆的 10GBASE-T 等(2006 年通过)。

### 5. 40/100Gb/s 以太网

在万兆以太网风光数年之后,40Gb/s 和 100Gb/s 的呼声已经像春雷一般带来了广泛影响。高速光传输系统是大势所趋,其在带宽容量、集成度、运维成本上都具有相当大的优势。面对日益普及的 10Gb/s 接口和万兆网卡设备,下一代高速以太网技术的春天已经来临。

2010 年,IEEE 组织宣布 IEEE 802.3ba 标准,即 40/100Gb/s 以太网标准正式推出。该标准的正式批准将为新一波更高速的以太网服务器连通性和核心交换产品铺平发展之路。

40/100Gb/s 以太网被称为影响未来十大 IT 技术之一。以太网的速度不断提高,从最初的 2.94 兆、10 兆(10Mb/s)、百兆(100Mb/s),发展到千兆(1Gb/s)、万兆(10Gb/s)、4 万兆(40Gb/s)和 10 万兆(100Gb/s)传输速率,其发展已经超越了"摩尔定律"预测的速度。

## 2.2　数据链路层设备

数据链路可以粗略地理解为数据传输的道路,数据链路层位于物理层与网络层之间,是数据传输到本地网络过程中比较重要的一层。

如图 2-11 所示中山外语学校一期校园网拓扑,图中虚线部分显示的区域,是数据链路层设备安装的场景。

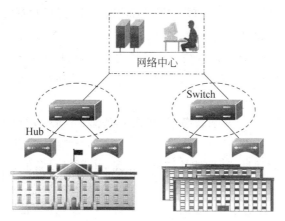

**图 2-11　数据链路层设备安装应用的场景**

　　物理层设备为网络终端设备之间提供传输媒介,传输媒介长期存在,但通信设备之间的传输连接只是在通信时暂时连接。每次通信之前,都要经过建立"通信连接"和"拆除通信连接"两个过程,这种建立起来的数据收发关系就叫数据链路,承担这种工作任务的设备叫数据链路层设备。常见的数据链路层设备有网卡、网桥、交换机。

　　数据在物理媒体上传输时,难免受到各种不可靠因素的影响而产生差错,为了弥补物理层设备在传输过程中的稳定性不足问题,提供无差错的数据传输,数据链路层设备要能对传输数据进行检错和纠错,纠错是数据链路层设备的基本任务之一。

　　除此之外,数据链路层的设备还需要将数据封装成一种叫做帧(Frame)的数据传输形态。帧是数据链路层数据传送的基本单位。如图 2-12 所示,帧中携带有接收设备的物理地址。

　　数据信息通过网络时,需要对数据进行封装,该过程称为封帧。封帧过程如同邮局邮寄信件的过程:信封上写清"收件人地址、收件人姓名、发件人地址",同时将"信件内容"放入信封内,因此数据链路层设备还需要具有识别数据帧中的物理地址(MAC 地址)的功能。

**图 2-12　数据链路层数据传送单位——帧的组成**

## 2.2.1　网卡

　　网卡也称网络接口卡(Network Interface Card, NIC)、网络适配器,如图 2-13 所示。网卡是计算机连接网络的重要硬件,主要作用是将计算机中的数据转换成能够通过介质传输的信号,是终端设备接入网络的最基本的组件。

**图 2-13　网卡适配器**

网卡是工作在链路层的连接组件,是局域网中连接计算机和传输介质的接口。网卡插在计算机的主板扩展槽中,不仅能实现与局域网传输介质之间的物理连接和电信号匹配,还涉及帧的发送与接收、帧的封装与拆封、介质访问控制、数据的编码与解码以及数据缓存的功能等。主要表现为:一是读入由网络设备传输过来的数据,经过拆封,将其变成计算机可以识别的数据,并将数据传输到相关设备;另一个是将计算机发出的数据,封帧、打包后,输送至其他网络设备。

为了有效标识网络中的计算机设备,每块网卡都有唯一的 MAC 物理地址标识,用于区别不同的计算机设备。

MAC 地址也叫物理地址、硬件地址或链路地址,由网络设备制造商生产时写在硬件内部。MAC 地址采用 48 位的 MAC 地址,这 48 位有其规定的意义,前 24 位是由生产网卡的厂商向 IEEE 申请的厂商地址,后 24 位由厂商自行分配,这样使得任意一台拥有 48 位 MAC 地址的网络设备都有唯一的标识。

MAC 地址在书写时用冒号隔开,如 08:00:20:0A:8C:6D 就是一个 MAC 地址,其中前 6 位十六进制数 08:00:20 代表网络硬件制造商的编号,它由 IEEE 分配;而后 3 位十六进制数 0A:8C:6D 代表该制造商所制造的某个网络产品(如网卡)系列号。

每台计算机都具有唯一的 MAC 地址,在计算机上通过 CMD 命令,转入 DOS 工作模式,通过 ipconfig/all 命令可以查看,如图 2-14 所示。

图 2-14 查询计算机上 MAC 地址

根据网络传输速度的不同,网卡的分类也有所不同,常见的按带宽不同可分为:100Mb/s 网卡、1000Mb/s 网卡、100/1000Mb/s 自适应网卡几种。

其中无线网卡按照接口标准不同,可以分为台式机专用 PCI 接口无线网卡,如图 2-15 所示;笔记本电脑专用的 PCMICA 接口,如图 2-16 所示;还有广泛应用的 USB 无线网卡,如图 2-17 所示。

图 2-15 PCI 接口无线网卡

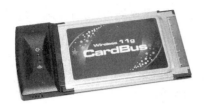

图 2-16　PCMICA 接口网卡

图 2-17　USB 接口无线网卡

## 2.2.2　以太网交换机

随着网络规模不断扩展，使用集线器连接的网络由于广播传输机制，造成网络中的冲突越来越多，如何才能更有效地减少网络中的冲突，提高网络的传输效率？人们设计出一种新型网络互连设备：网桥。

**1. 认识网桥**

网桥(Bridge)也称桥连接器或者桥接器，它更像一台聪明的集线器。网桥也是工作在数据链路层，通过网桥可以实现两个独立局域网的连通，扩展网络连接范围。和集线器不同的是，网桥可以识别收到的传输数据帧信号中所携带的数据信息。

如图 2-18 所示网桥设备，通常有两个组网接口，分别连接两个同型的网络，以扩展网络的连接范围。

图 2-18　网桥设备

网桥在接收到数据帧后，首先查询学习到的"MAC 地址-端口"映射表；然后再根据数据帧中携带的 MAC 地址匹配情况，决定"转发"还是"丢弃"收到的数据帧，从而减少网络冲突的发生。

**2. 网桥工作原理**

如图 2-19 所示局域网 1 和局域网 2 是两个互相连接的同型网络，通过网桥连接。如果

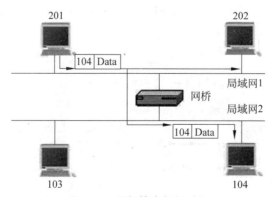

图 2-19　网桥转发数据过程

网桥接收局域网1发送来数据帧,就检查数据帧中的物理地址;通过系统中的"MAC地址-端口"映射表,如果地址属于局域网1网段,它就将其放弃。

否则,就经过网桥,跨桥"转发"给局域网2。这样就利用网桥隔离功能,将网络划分成多个独立网段,隔离出安全网段,防止其他网段内的用户非法访问。由于网络的分段,各网段相对独立,一个网段的广播不会影响到另一个网段的运行。

### 3. 认识交换机

交换(Switching)是按照通信两端信息传输的过程,用人工或设备自动完成的方法,把要传输的信息送到符合要求的相应设备上的技术统称。广义的交换机(Switch)就是在通信系统中完成信息交换功能的设备。

传统的交换机是从网桥演变而来。由于网桥在工作过程中使用软件来过滤、学习和转发收到的数据帧,工作速度慢。在网络规模扩大的时候,网桥也因为缺乏较多的连接端口,影响网络的接入,因此,改进型"端口的网桥"交换机设备应运而生。

图 2-20　交换机设备

如图2-20所示是局域网中最重要的接入设备:交换机。

### 4. 交换机工作原理

在网络系统中,集线器就是一种共享设备,集线器本身不能识别目的地址。当同一局域网内的A主机给B主机传输数据时,帧在集线器上以"广播"方式传输。最后,由每一台接收到帧的终端设备验证数据帧头的物理地址,确定是否接收。

而交换机设备通过交换方式转发数据,交换机的内部拥有一条高带宽的背板总线和内部交换矩阵。交换机的所有端口都挂接在这条背板总线上,控制电路收到数据帧信息以后,处理端口会在内存中查找学习到的"MAC地址-端口"物理地址映射表,确定目的MAC(网卡的硬件地址)的NIC(网卡)挂接在哪个端口上。然后,再通过内部交换矩阵,迅速将数据帧交换到目的端口。

如果目的MAC地址不在"MAC地址-端口"物理地址映射表中,交换机会"学习"新的地址,并把它添加入内部MAC地址表中;然后,再通过"广播"方式传输给其他所有端口。

### 5. 交换机特征

交换机实际上是一台简化、高性能和高端口密集的低价网络互连设备。交换机内维护着一张连接的计算机的网卡地址和端口映射表,通过对接收到的所有数据帧进行检查,读取帧中源MAC地址,基于数据中帧的目标MAC地址转发到对应端口,使用过滤式转发而不是以广播方式传输,如图2-21所示。

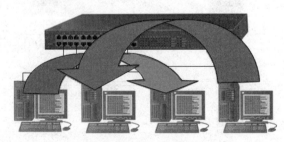

图 2-21　交换机过滤转发数据

使用交换机可以把网络进行"微分段",通过对照 MAC 地址表,交换机只允许必要的网络流量通过交换机。通过交换机的过滤和转发,可以有效隔离广播风暴,避免共享冲突。

由于每一数据帧都能独立地从源端口直接交换到目的端口,避免了碰撞发生。只有在没有匹配到对应地址时,交换机才将收到的数据帧,以广播方式发送给所有端口。交换机通过这样端口对端口的交换式发送方式,可以有效地过滤多余数据流,从而降低整个网络的数据传输量,分割网络数据流,隔离分支网络中的故障,提高整个网络的传输效率。

> **小知识:交换机和集线器**
>
> 从工作原理来看,交换机和集线器具有很大差别。
>
> 从 OSI 体系结构来看,集线器属于 OSI 的物理层设备,而交换机属于 OSI 的数据链路层设备。
>
> 用最简单的语言叙述,那就是智能与非智能的区别。集线器只能起到信号放大和传输的作用,不能对信号进行处理。而交换机则具有智能性,具有识别、自动寻址、交换功能,并且在数据传递过程中,端与端独立工作,提高了数据吞吐量。
>
> (1) 当交换机从某个端口收到一个数据包,它先读取包头中的源 MAC 地址,查找 MAC 地址表,过滤转发。
>
> 而集线器只对接收到的数据放大、整形和广播转发,无法对传输的数据帧进行有效的处理,不能保证数据传输的完整性和正确性。
>
> (2) 从工作方式来看,集线器是一种广播模式,集线器的某个端口工作的时候,其他所有端口都能够收听到信息,容易产生广播风暴。
>
> 交换机工作的时候,只有请求端口和目的端口间相互响应而不影响其他端口,因此能有效隔离冲突和抑制广播风暴产生。

**1. 交换机硬件组成**

虽然不同厂商生产的交换机有不同的硬件系统,但一般都包括 CPU、RAM(随机存储器)、ROM(只读存储器)、Flash(可读写存储器)、Interface(接口)等。

交换机的 CPU 提供网络的控制和管理,保障网络通信的运行,如图 2-22 所示。

和计算机一样,安装在交换机内的 CPU 芯片,理论上可以执行任何网络功能,执行生成树、路由协议、ARP 等。但和计算机不同的是,安装在交换机中的 CPU 芯片的作用通常没有那么重要,因为大部分的交换计算都由叫做 ASIC 的专用集成电路硬件来完成。

图 2-22　交换机的 CPU

交换机所有的信息转发工作,都通过专用 ASIC(Application Specific Intergrated Circuits)集成电路芯片来实现。采用硬件 ASIC 芯片来集中转发交换机接收到的数据信息,完成数据帧从一个端口到另一个任意端口的转发,一方面可以减轻 CPU 的工作负担,另外通过硬件转发,在网络中获得高速转发。

在交换机连接的星型网络中,ASIC 芯片为连接的设备之间提供一条独享的点到点的电路,为数据帧的转发提供了低时延、低开销的通路,避免了冲突发生,能够获得比集线器和网桥都更有效的数据传输。

安装在交换机内部的 Flash 存储器主要用来保存交换机的操作系统文件 IOS 和交换机的配置文件。它的主要特点是在不加电的情况下,能长期保持存储的信息。就其本质而言,Flash 存储器属于 EEPROM(电擦除可编程只读存储器)类型。它既有 ROM 的特点,又有很高的存取速度,而且易于擦除和重写,功耗很小。

交换机的背板是交换机内部连接的主板,通过背板内部的交换总线,实现内部通信。其中,背板的带宽是交换机接口和数据总线间所能吞吐的最大数据量。背板带宽标志交换机总的数据交换能力,单位为 Gb/s,也叫交换带宽,一般从几 Gb/s 到上百 Gb/s 不等。交换机的背板带宽越高,所能处理数据的能力就越强,但同时设计成本也会越高。

交换机的端口是交换机设备的输入输出接口,主要把网络终端接入到网络中。常见的交换机接口有:以太网接口和光纤接口等。

此外,按端口结构来分,交换机大致可分为固定端口交换机和模块化交换机。

1) 固定端口交换机

顾名思义就是它所带端口是固定的,目前固定端口交换机比较常见,一般端口标准是 8 端口、16 端口和 24 端口,不能进行再扩展。固定端口交换机相对来说较便宜。

但由于只能提供固定的接口,连接的用户数量有一定的局限性,一般适用于小型网络环境。

2) 模块化交换机

模块化交换机在提供固定端口的基础之上再配置有一定的扩展插槽或模块。模块化交换机虽在价格上要贵很多,但有更大的扩充性,用户可选择不同数量、不同速率和不同接口类型的模块,以适应网络需求变化,因此具有广泛的适应性。

而且模块化交换机大都有很强的容错能力,支持交换模块的冗余备份。

## 工程案例:识别交换机接口

### RJ-45 接口

交换机的 RJ-45 接口是连接双绞线端口,也是应用最为广泛的以太网接口,如图 2-23 所示。

### 光纤接口

自从 1000BASE 技术标准实施以来,光纤接口得以全面应用,光纤接口一般通过模块形式出现。在局域网交换机中,光纤接口主要是 SC 类型,如图 2-24 所示。

图 2-23　RJ-45 接口　　　　　　　图 2-24　SC 光纤接口

**Console 端口**

可管理的交换机上都有一个 Console 端口,如图 2-25 所示,主要用于对交换机设备的配置和管理。

Console 端口和计算机的 COM 串口连接,通过计算机来配置管理交换机。Console 端口需要专门配置线连接至计算机串行口,如图 2-26 所示。

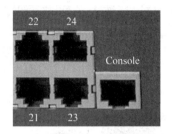
图 2-25　Console 端口

图 2-26　配置线缆

**2. 交换机工作原理**

交换机采用与集线器完全不同的传输方式,交换机具有智能化学习功能,可建立一张端口号与 MAC 相对应的地址映射表。

交换机初次加入网络中时,地址映射表是空白的,因此接收到的数据帧将以广播方式发往全部端口,直到交换机"学习"到所有设备的 MAC 地址,MAC 地址映射表建立起来后,才能真正发挥它的性能,如图 2-27 所示。

交换机内部拥有一条高带宽的背板总线,背板总线构成一个交换矩阵,交换矩阵为任意两端口间的通信提供通路,所有的端口都挂接在这条背板总线上。利用背板总线,交换机端口接收到的数据帧能快速从其他端口送出,交换矩阵由专门的芯片完成,因此速度相当快。

当交换机控制电路从某一端口收到一个数据帧后,立即在其内存中学习到的地址映射表中(端口号-MAC 地址)查找,以确认该目的 MAC 连接在哪个端口上,然后通过内部交换矩阵,迅速将该帧转发至目标端口。

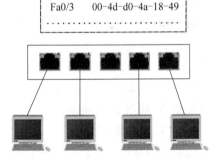
图 2-27　交换机建立地址映射表

如果没找到,交换机才广播到除自己之外的所有端口,该 MAC 设备在接收到广播包后立即给出应答。从而使交换机迅速"学习"到新的 MAC 地址,并把该 MAC 地址添加到地址映射表中。

**3. 交换机主要功能**

交换机主要的功能有地址学习、帧的转发和过滤、环路避免。

1) 地址学习

如上所述,交换机学习每一端口相连设备的 MAC 地址,并将地址同相应的端口建立映射,缓存在 MAC 地址表中。交换机每收到一条数据帧都查看地址表,有映射记录就按照地址表中对应的信息转发;没有映射记录就转发给除自己之外的所有端口,并记录下端口和网卡地址的映射信息。

2）帧的过滤式转发

当一个帧到达交换机后，交换机通过查找 MAC 地址映射表来决定如何转发数据帧。如果目的 MAC 地址存在，则将收到的数据帧向其目标的端口转发。如果在表中找不到目的地址，则将数据帧向所有端口(除了源端口)转发。

通常，交换机收到一个完整的帧后，先接收，经过校验，放入缓存，之后再将其转发。交换机在转发之前必须接收整个帧，并进行检错，如无错误再将这一帧发向目的地址。帧通过交换机的转发时延，随帧长度的不同而变化。如果在差错检测的过程之中，发现数据帧出错，则将这个错误的数据帧丢弃，如图 2-28 所示。

正常帧

残帧

超常帧

正常帧

图 2-28　帧过滤、存储、转发

3）环路避免

随着网络的范围不断扩展，出现多台交换机互连扩展网络，经常把交换机互相连接形成一个交换链路环，以保持网络的冗余和稳定，一台交换机出现问题，链路不会中断。

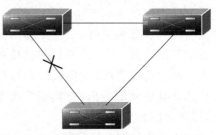

但互相连接形成环路之间会产生广播风暴、多帧复制和 MAC 地址表不稳定等现象，严重影响网络正常运行。当交换机包括一个冗余回路时，交换机通过 STP 生成树避免环路的产生，同时允许存在备份路径，如图 2-29 所示。

图 2-29　STP 避免环路

**4. 交换机级联和堆叠**

随着网络规模扩展以后，网络中成百上千的用户终端，需要使用更多的交换机来连接。交换机间的连接方式有：级联技术和堆叠技术。

1）交换机级联技术

级联使用普通的网线，将交换机 RJ-45 接口连接在一起，实现相互之间的通信。级联技术一方面解决了单交换机端口数量不足的问题，另外一方面能延伸网络直径，解决了远距离的客户端设备的连接。

需要注意的是，交换机也不能无限制地级联下去，超过一定数量的交换机级联，最终会因为信号的衰减，导致网络性能下降。最终的客户端可用带宽也就降低，对网络的性能影响非常大。

从实用的角度来看，建议最多部署三层交换机级联：核心交换机→汇聚交换机→接入交换机，如图 2-30 所示。这里的三层，并不是说只能允许最多 3 台交换机，而是从层次上讲 3 个层次。

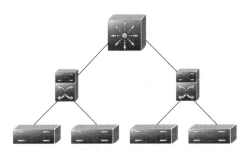

图 2-30　交换机级联中分层结构

2）交换机堆叠技术

当网络规模急剧扩张，需要使用高密度的端口时，固定端口的交换机可扩展性受到极大挑战，交换机的堆叠技术则解决了这一问题。堆叠交换机组可视为一个整体的交换机进行管理，可以成倍地提高网络接入端口密度和端口带宽，满足大型网络对端口的数量要求。

不是所有的交换机都可以堆叠，必须是模块化，具有堆叠模块，如图 2-31 所示，使用专用的堆叠线缆进行连接。通过专用的堆叠模块，把交换机的背板带宽通过模块聚集在一起，这样堆叠交换机的总背板带宽就是几台堆叠交换机的背板带宽之和。

图 2-31　交换机的堆叠模块

目前流行的堆叠模式主要有两种：菊花链模式和星状模式。

（1）菊花链式堆叠

菊花链式堆叠是一种基于级联结构的堆叠技术，通过堆叠模块首尾相连。堆叠连接时，每台交换机都有两个堆叠接口，通过堆叠电缆和相邻的交换机堆叠接口相连，从而形成环路。菊花链式堆叠形成的环路可以在一定程度上实现冗余，如图 2-32 所示。

但堆叠层数较多时，堆叠端口会成为严重的系统瓶颈，传输效率低。

（2）星状堆叠

星状堆叠技术是一种高级堆叠技术，对交换机而言，需要提供一个独立、高速的堆叠中心，所有的堆叠机通过堆叠模块端口，上行堆叠中心，如图 2-33 所示。

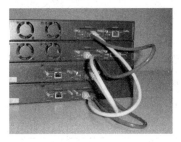

图 2-32　菊花式实景

图 2-33　星状堆叠实景

堆叠中心一般是一个基于专用 ASIC 的硬件交换单元,根据其交换容量,带宽一般在 10～32Gb/s 之间,其 ASIC 交换容量限制了堆叠的层数。

## 工程案例:使用交换机组建办公网

### 【项目场景】

如图 2-34 所示网络拓扑是中山外语学校办公网建设项目,教学楼网络和网络中心网络安装场景,需要在网络中扩充更多信息点,以接入更多设备。在现有网络中扩充信息点最经济、有效的方法就是使用交换机级联技术。

交换机级联不仅可增加网络节点数量,还可延伸网络的距离。

**【施工设备】** 交换机(两台)、网络线(若干根)、测试 PC(若干台)。

**【施工拓扑】**

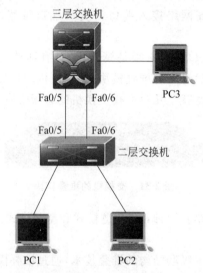

图 2-34　中山外语学校办公网络建设拓扑

### 【操作步骤】

**【步骤一】** 组建网络

(1) 如图 2-34 所示拓扑,安装设备,注意不要带电连接设备。注意设备连接接口标识,尽量按照拓扑结构连接,否则可能会出现和后续显示不一样的结果。

(2) 连接完成后为所有设备加电,检查连接线缆指示灯工作状态,保证网络连通。

(3) 保证网络设备内部配置处于清空状态,否则原有配置会影响项目实施。

**【步骤二】** 测试网络连通

(1) 为所有 PC 配置 IP 地址,所有设备地址尽量规划在同一网段,如表 2-2 所示。

表 2-2　测试 PC 设备地址

| 设备名称 | PC1 | PC2 | PC3 |
| --- | --- | --- | --- |
| IP 地址 | 172.16.1.3 | 172.16.1.4 | 172.16.1.5 |
| 子网掩码 | 255.255.255.0 | 255.255.255.0 | 255.255.255.0 |
| 网关 | 无 | 无 | 无 |

（2）从一台设备测试网络中任意设备，设备都能连通。在交换网络中，从 PC1 设备测试 PC2、PC3 设备，能显示网络的连通信息。

**小知识：以太网 vs. 令牌环**

IBM 最终输掉了这场争论。这是在网络行业中上演的 IBM 公司 VS. DEC 公司的一场经典对手戏。这两位计算机巨人，各自支持彼此竞争的局域网架构：IBM 支持令牌环，而 DEC 则支持以太网。

20 世纪 60 年代，由 IBM 的科学家 Olof Soderblom 完成了令牌环网的研发，其支持的速率为 4Mb/s 和 16Mb/s 两种，最初，令牌环也以其当时高达 16Mb/s 的传输速度，为 IBM 带来了成功，它也是 IBM 当时拥有的最得力的网络技术之一。

令牌环网是以环状网络拓扑为基础发展起来的局域网，虽然在物理组成上也可以星状结构连接，但在逻辑上仍以环的方式工作。其通信介质可以是无屏蔽双绞线、屏蔽双绞线和光纤等。令牌环网的媒体接入控制机制，采用的是分布式控制模式的循环方法。

在令牌环网中，有一个令牌（Token）沿着环状总线，在入网节点计算机间依次传递。

令牌，实际上是一个特殊格式的帧，本身并不包含信息，仅控制信道的使用，确保在同一时刻只有一个节点能够独占信道。当环上节点都空闲时，令牌绕环行进。

令牌在工作中有"闲"和"忙"两种状态。"闲"表示令牌没有被占用，即网中没有计算机在传送信息；"忙"表示令牌已被占用，即网中有信息正在传送。

希望传送数据的计算机必须首先检测到"闲"令牌，将它置为"忙"的状态，然后，在该令牌后面传送数据。当所传数据被目的节点计算机接收后，数据从网中除去，令牌被重新置为"闲"。

节点计算机只有取得令牌后，才能发送数据帧，因此不会发生碰撞。由于令牌在网环上是按顺序依次传递的，因此对所有入网计算机而言，访问权是公平的。令牌环网的缺点是需要维护令牌，一旦失去令牌就无法工作，需要选择专门的节点监视和管理令牌。

然而在 IBM 之外，令牌环却从未获得过其他主流厂商的支持，它们均倒向了以太网一边，无论研究机构还是设备厂商，都更偏爱以太网技术。

由于目前以太网技术发展迅速，令牌网存在固有缺点，特别是在 10BASE-T 以太网技术出现之后，这种成本低廉、传输速度为 10Mb/s 的以太网，很快就把令牌环逼进了螺旋下降的通道。尽管 Soderblom 开始要求为数不多的令牌环厂商和芯片制造商表现忠诚也于事无补，反而推高了令牌环设备的价格。这之后，思科以缺少市场需求为由，在 1998 年退出了 100Mb/s 高速令牌环（HSTR）的研发项目，这被认为是令牌环全面撤退的信号。

如今，令牌环产品在市场上几乎已经绝迹，原来提供令牌网设备的厂商多数也退出了市场，或者已经迁移到了以太网上。所以在局域网市场中，令牌网可以说是"明日黄花"。

今天的以太网技术发展迅速，甚至进入了广域网领域，运营商已可以在局域、城域和全国范围的网络上，提供以太网服务支持。

## 2.3  网络层设备

网络层位于 OSI 模型第三层,主要负责将数据分组从源端传输到目的端,这可能要跨越多个子网络。网络层主要负责逻辑地址分配以及网络的路由选择等任务。

当许多独立的子网互连在一起,组成更大的网络时,这些组网的设备(路由器和三层交换机)就要使用路由或三层交换的方法,把网络层的数据分组转发到目的端,提供路由选择机制。

在网络中,确定数据传输路径的工作(即路由功能)都在网络层中完成,而三层设备通过对网络编址以及网络路由选择,指引数据的传输过程。

如图 2-35 所示为中山外语学校校园网拓扑,图中虚线部分显示区域是网络层设备安装场景。生活中工作在网络层的组网设备,多安装在和此相类似的网络环境中。

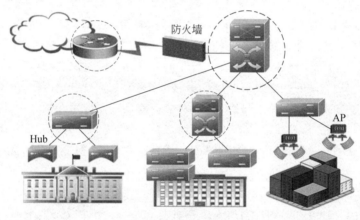

图 2-35  网络层设备安装场景

### 2.3.1  三层交换机

三层交换技术(也称多层交换技术或 IP 交换技术)是网络层数据传输的重要技术,是相对于传统的二层交换技术而提出。

传统的二层交换技术是在 OSI 网络标准模型中的第二层,主要在数据链路层进行数据传输过程,而三层交换技术是在 OSI 模型中的第三层的网络层实现数据包的高速转发。简单地说,三层交换技术就是:二层交换技术+三层路由技术。

三层交换技术的出现,解决了局域网中网段划分之后,网段中子网必须依赖路由器进行转发的局面,解决了传统路由器低速所造成的网络传输瓶颈问题。为了适应网络应用深化的挑战,网络在规模和速度方向都在急剧发展,局域网的速度已从最初的 10Mb/s、100Mb/s 提高到 1Gb/s,甚至 10Gb/s、100Gb/s 传输速度。

在网络结构方面,园区网的技术也从早期的共享介质式的局域网,发展到目前的交换式局域网。交换式局域网技术使专用的带宽为用户所独享,极大地提高了局域网传输的效率。

在网络系统集成的技术中,直接面向用户的第一层接口和第二层交换技术方面已得到令人满意的答案。但是,作为网络核心、起到网间互联作用的路由技术却没有质的突破。在这种情况下,一种新的路由技术应运而生,这就是第三层交换技术。说它是路由器,因为它具有网络层的路由功能;说它是交换机,是因为它在三层转发数据快,几乎达到第二层交换的速度。

三层交换技术通过三层交换设备实现,三层交换机也是工作在网络层的设备,和路由器一样可连接任何三层 IP 网络。但和路由器的区别是,三层交换机在工作中,使用 ASIC 芯片解析传输数据分组。通过使用先进的 ASIC 芯片,三层交换机可提供远远高于路由器的三层网络传输的性能,如图 2-36 所示。

图 2-36 三层交换机设备

在园区网络的组建中,大规模使用三层交换机设备,如图 2-37 所示,提供园区网络中所需的高速路由性能。因此三层交换机部署在园区网络中,具有更高的战略意义,可提供远远高于传统路由器的性能,适合网络高带宽、高密集型以太网工作环境。

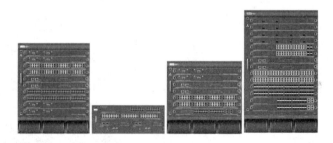

图 2-37 万兆路由交换机

## 2.3.2 路由器

路由器设备也是工作在 OSI 模型的第三层(网络层)的设备,其工作模式与三层交换机相似。但区别于三层交换技术传递数据分组时,路由器解析数据包格式,实现功能的方式,传输的速度都有所不同。

路由技术实质上来说有两种功能:选择最佳路由和转发数据包。网络层的设备都根据路由表来转发数据包,路由器学习所连接网络的各种信息,最后由路由算法,计算出到达目的网络的最佳路径;然后,直接转发数据包。接收数据包的下一台三层设备,依照相同的工作方式继续转发,以此类推,直到数据包到达目的网络。

路由技术发生在第三层(网络层),路由包含两个基本的动作:确定最佳路径和数据转发。数据转发相对来说比较简单,而选择路径过程很复杂。

路由器(Router)是互联网中的重要组网设备,它会根据信道的情况自动选择和设定路由,以最佳路径按顺序转化信号,如图 2-38 所示。

图 2-38　锐捷 RG-RSR20 系列下一代接入路由器

路由器组成硬件包括 CPU、输入输出端口(Input/Output,I/O)、内存。其中,CPU 主要执行系统初始化、路由和交换等功能;输入输出端口就是数据进出路由器的接口;路由器采用了多种不同类型的内存,主要包括只读内存(ROM)、闪存(Flash)、非易失性 RAM(NVRAM)和随机存取内存(RAM)4 种存储器,分别完成不同的存储功能。

目前路由器已经成为实现各种骨干网内部连接、骨干网间互联和骨干网与互联网互联互通的主力军。

## 2.4　传输以上层设备

### 2.4.1　防火墙

在大厦构造中,防火墙用来防止火灾从大厦的一个区域传播到另一个区域。网络的防火墙与此相类似:防范来自因特网上的攻击,避免来自外网的攻击传播到企业的内部网络中。

防火墙一方面阻止来自因特网的对受保护网络的未授权或未验证的访问,另一方面保护内部网络的用户对因特网进行安全访问。防火墙也可以作为一个访问因特网的权限的控制关口,如允许组织内的特定人可以访问因特网部分功能。现在许多防火墙同时还具有一些其他特点,如进行身份鉴别、对信息进行安全(加密)处理等,如图 2-39 所示。

图 2-39　H3C 防火墙设备

防火墙通常安装在内部网络和因特网的连接处,保护网络内部重要的资源(如数据)安全。对受保护数据的访问都必须经过防火墙的过滤,即使该访问是来自组织内部。

当外部网络中的用户访问网络内部的资源时,都要经过防火墙实施安全检查;而内部网络的用户访问网络外部的资源时,也要经过防火墙实施安全检查。这样,防火墙就起到了一个"安全警卫"的作用。

### 2.4.2　网关

网络出现在网络的边界,网关的功能体现在 OSI 模型的最高层,它将协议进行转换,或将数据重新分组,以便数据分组在两个不同类型的网络系统之间或者二个不同的 IP 子网之间进行通信。由于协议转换是很复杂的,一般来说,网关只进行一对一转换,或是少数几种特定应用协议的转换。

　　网关和多协议路由器(或特殊用途的通信服务器)组合在一起,可以连接多种不同类型的网络系统。

## 认证测试

　　以下每道选择题中,都有一个正确答案或者是最优答案,请选择出正确答案。

1. 网桥处理的是_____。
    A. 脉冲信号　　　　B. MAC 帧　　　　C. IP 包　　　　D. ATM 包

2. 以下对局域网的性能影响最为重要的是_____。
    A. 拓扑结构　　　　　　　　B. 传输介质
    C. 介质访问控制方式　　　　D. 网络操作系统

3. Ethernet Hub 的介质访问协议为_____。
    A. CSMA/CA　　　B. Token-Bus　　　C. CSMA/CD　　　D. Token-Ring

4. 在以太网中,帧的长度有一个下限,这主要是出于哪方面的考虑?_____
    A. 载波侦听　　　　　　　　B. 多点访问
    C. 冲突检测　　　　　　　　D. 提高网络带宽利用率

5. 在 TCP/IP 网络中,传输层用什么进行寻址?_____
    A. MAC 地址　　　B. IP 地址　　　C. 端口号　　　D. 主机名

6. 网络管理员配置路由器,下列哪一种连接方法需要用到网络功能?_____
    A. 控制台电缆　　　B. AUX　　　　C. Telnet　　　D. 调制解调器

7. 什么设备可以看作一种多端口的网桥设备?_____
    A. 中继器　　　　B. 交换机　　　　C. 路由器　　　　D. 集线器

8. 交换机如何知道将帧转发到哪个端口?_____
    A. 用 MAC 地址表　　　　　　B. 用 ARP 地址表
    C. 读取源 ARP 地址　　　　　D. 读取源 MAC 地址

9. 以太网交换机的每一个端口可以看作一个什么?_____
    A. 冲突域　　　　B. 广播域　　　　C. 管理域　　　　D. 阻塞域

10. 以太网交换机一个端口在接收到数据帧时,如果没有在 MAC 地址表中查找到目的 MAC 地址,通常如何处理?_____
    A. 把以太网帧复制到所有端口
    B. 把以太网帧单点传送到特定端口
    C. 把以太网帧发送到除本端口以外的所有端口
    D. 丢弃该帧

11. 下列可用的 MAC 地址是_____。
    A. 00-00-F8-00-EC-G7　　　　B. 00-0C-1E-23-00-2A-01
    C. 00-00-0C-05-1C　　　　　　D. 00-D0-F8-00-11-0A

12. IP、Telnet、UDP 分别是 OSI 参考模型的哪一层协议?_____
    A. 1、2、3　　　B. 3、4、5　　　C. 4、5、6　　　D. 3、7、4

13. 交换机工作在 OSI 7 层的哪一层？_____

    A. 一层          B. 二层          C. 三层          D. 三层以上

14. 在 OSI 7 层模型中，网络层的功能有_____。

    A. 在信道上传送比特流

    B. 确定数据包如何转发与路由

    C. 建立端到端的连接，确保数据的传送正确无误

    D. 保证数据在网络中的传输

15. 下列属于物理层设备的是_____。

    A. 集线器       B. 交换机       C. 网桥          D. 防火墙

16. 路由器工作在 OSI 参考模型的哪一层？_____

    A. 应用层       B. 传输层       C. 表示层       D. 网络层

17. 以下不会在路由表里出现的是_____。

    A. 下一跳地址     B. 网络地址     C. 度量值       D. MAC 地址

18. 路由器是一种用于网络互联的计算机设备，但作为路由器，不具备_____。

    A. 支持多种路由协议             B. 多层交换功能

    C. 支持多种可路由协议         D. 具有存储、转发、寻址功能

19. 路由器在转发数据包到非直联网段的过程中，依靠数据包中的哪一个选项来寻找下一跳地址？_____

    A. 帧头          B. IP 报文头部     C. SSAP 字段     D. DSAP 字段

20. 下面的描述不正确的是_____。

    A. 集线器工作在 OSI 参考模型的第一、二两层

    B. 集线器能够起到放大信号、增大网络传输距离的作用

    C. 集线器上连接的所有设备同属于一个冲突域

    D. 集线器支持 CSMA/CD 技术

# 第3章 配置组网设备

## 项目场景

本章主要介绍交换机和路由器的配置和管理技术。

通过本章的学习,读者将了解网络互联设备操作系统 IOS(或 NOS)的知识,掌握如图 3-1 所示的交换机或路由器设备配置技术。

图 3-1　网络互连设备

## 项目分析

广东中山外语学校校园网二期改造项目,实现了校园网功能模块的细分,划分了部门子网络,提高了校园网络的工作效率。

二期校园网络的扩建,极大地提升了学校信息化的水平,但同时也给学校的网络管理工作带来压力。新增加数量众多的网络设备,需要日常的管理和维护,熟练配置和管理网络互连设备,是学校网络中心管理人员的又一项重要工作。

如图 3-2 所示二期网络建设拓扑中,图中虚线部分显示网络互联设备安装区域,需要网络管理人员进行日程管理和维护。

通过本章的学习,读者将了解到如下内容。

(1)网络互联设备的配置模式。

(2)配置交换机的技术。

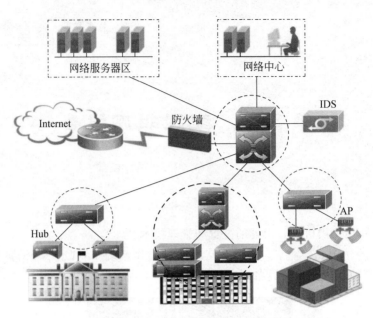

图 3-2　中山外语学校二期校园网需要配置和管理设备

（3）配置路由器的技术。

网络互联设备的作用是把多个相同类型或者异型结构的网络连接起来，以形成更大规模的网络，实现网络之间互联互通。

常见的网络互联设备包括中继器、集线器、网桥、交换机、路由器等。

中继器、集线器都是非网管的设备，只能实现简单的网络连接，不具有可管理性。而交换机、路由器等可网管的设备，具有智能化网络管理功能，能对所连接的网络实施管理，提高网络的工作效率。

## 3.1　IOS 基础知识

交换机、路由器对所连接的网络具有智能管理功能，主要依赖安装在设备中的 IOS (Internetwork Operating System)。IOS 是安装在网络设备中的网际互连操作系统，能配置、管理和维护连接的网络。和计算机的操作系统一样，IOS 操作系统也能随着网络技术的不断发展，动态地升级，以适应硬件和软件技术的不断发展的需要。

如图 3-3 所示，是安装在网络互联设备中的 IOS 网络操作系统程序，在网络连接、管理过程中承担的主要功能如下几点。

（1）提供网络协议解析和网络服务管理功能。

（2）在互相连接的设备之间提供高速的数据交换。

（3）提供网络安全访问和控制。

（4）对连接的网络，提供较强的网络扩展和网络容错。

（5）提供网络资源的连接。

用户通过配置线缆登录到网络设备的 IOS 程序中，按照系统提供的命令，配置和管理设备,实现各种网络管理和维护功能,以优化网络的传输效率。

　　由于在不同的网络中,所使用的交换机和路由器的生产厂商不同,其设备内部安装的 IOS 操作系统也有很大的不同。需要网络管理人员了解不同的厂商设备的操作方法。

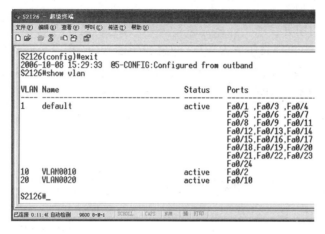

图 3-3　IOS 网络设备操作系统

## 3.1.1　配置管理网络设备方式

　　交换机不进行任何配置,也可以正常工作。但新安装的路由器必须进行初始化配置,否则不能工作。

　　对网络设备的配置和管理主要借助计算机进行,一般配置访问有以下 4 种方式。

　　(1) 通过 PC 与网络设备直接相连。

　　(2) 通过 Telnet 对网络设备进行远程管理。

　　(3) 通过 Web 对网络设备进行远程管理。

　　(4) 通过 SNMP 管理工作站对网络设备进行管理。

　　以上 4 种登录、管理交换机的连接方式如图 3-4 所示。其中,第一种方式必须通过设备的 Console 口方式,登录配置设备;后面的 3 种方式均通过连接设备的以太网接口,通过 IP

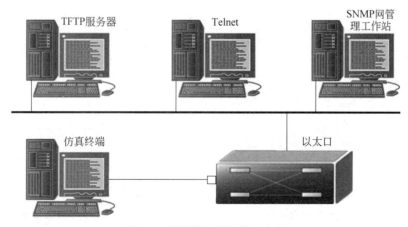

图 3-4　配置访问网络设备方式

地址方式远程登录配置。网络设备新安装时,初始配置必须只能通过第一种方式。

可网管的网络设备都有一个 Console 控制口。利用这个 Console 端口,通过配置线缆,连接计算机的 COM 串口,实现对网络设备的配置管理。网络设备第一次管理的时候,必须通过 Console 口方式配置。

如图 3-5 所示用配置线缆将计算机的 COM 口和网络设备的 Console 控制口连接起来。

登录到计算机上,启动超级终端程序,配置相关参数,使其成为网络设备仿真终端。由于这种方式不占用设备的 CPU 带宽,因此又称为"带外管理"(Out of Band)。

配置计算机超级终端参数:选择"开始"→"程序"→"附件"→"通信"→"超级终端",建立超级终端和交换机的连接,如图 3-6 所示填写设备连接名称。

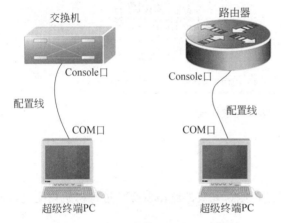

图 3-5　Console 控制口仿真终端连接

图 3-6　设备连接描述名称

接下来,选择连接仿真终端(计算机)串口名称 COM1,如图 3-7 所示。

如图 3-8 所示设置设备之间通信的信号参数,连接参数如下:9600b/s 波特率、8 位数据位、1 位停止位、无校验、无流控。

按回车键出现设备和交换机连接状态,如图 3-9 所示。

图 3-7　连接仿真终端串口

图 3-8　仿真终端通信参数

图 3-9　仿真终端连接正常

　　也可以通过网线连接设备以太口方式配置设备,但这需要提前在网络设备上配置 IP 地址,使用远程登录 Telnet 方式配置网络设备。

## 3.1.2　获得帮助

　　在配置交换机的过程中,如果有记不住或者拼写不正确的命令,随时在命令提示符下输入问号(?),即可列出该命令模式下支持的全部命令列表。
　　也可以配合使用问号(?)方式查询命令,还可以使用 Tab 键,自动补齐剩余命令。

```
Switch>?                               !列出用户模式下所有命令
Switch#?                               !列出特权模式下所有命令
Switch>s?                              !列出用户模式下所有以 S 开头的命令
Switch>show?                           !列出用户模式下 show 命令后附带的参数
Switch#show conf <Tab>                 !自动补齐 conf 后剩余字母
Switch#show configuration?             !列出该命令的下一个关联的关键字
Switch#show?command keyword?           !列出该关键字关联的下一个变量
Switch(config)#snmp-server community?  !列出该命令下一个关联关键字
```

## 3.1.3　简写命令

　　可以输入命令的一部分字符,只要这部分字符足够识别唯一的命令。
　　例如,show configuration 命令可以写成:

```
Switch#show conf                       !显示配置文件
```

　　通常使用 no 选项来取消某项功能,执行与命令本身相反的操作。
　　如,使用 no shutdown 可以关闭接口命令 shutdown 的相反操作,即打开接口。

```
Switch(config-if)#no shutdown                    !开启打开的接口
```

## 3.2 交换机配置技术

不同的交换机的配置方法会因品牌不同而有所不同,下面列出业内标准的配置方法。

### 3.2.1 带外管理交换机的设置

如图 3-10 所示使用配置线缆连接 Console 端口和计算机的串行口,配置超级终端程序,完成连接,登录交换机操作系统。

配置交换机的连接如图 3-11 所示,在计算机上选择"开始"→"程序"→"附件"→"超级终端"命令,配置超级终端参数,选择接口,设置连接参数:波特率 9600b/s,数据位 8,停止位 1,无校验,无流量控制等,即可进入交换机配置界面:

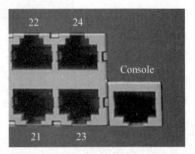

图 3-10　交换机 Console 配置口

```
Switch>
```

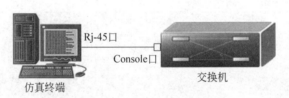

图 3-11　配置交换机

**注意**:交换机无须配置可直接工作,如果在启动过程中,出现很多提示信息,按 Ctrl+C 键可以跳过 SETUP 配置,直接进入用户模式工作状态。

### 3.2.2 配置交换机的命令

#### 1. 使用命令行界面

当登录交换机管理界面建立一个新的会话连接时,用户首先处于用户模式(User EXEC 模式),使用用户模式的命令。

网管交换机管理界面分成若干不同的模式,用户当前所处的命令模式决定了可使用的命令。在提示符下输入问号(?),可以列出当前命令模式可以使用的命令。

表 3-1 列出了命令的模式、如何访问每种模式以及每种模式的提示符。

**55**

第 3 章 配置组网设备

表 3-1 命令模式

| 工 作 模 式 | | 提 示 符 | 启 动 方 式 |
| --- | --- | --- | --- |
| 用户模式 | | Switch> | 开机自动进入 |
| 特权模式 | | Switch# | Switch>enable |
| 配置模式 | 全局模式 | Switch(config)# | Switch#configure terminal |
| | VLAN 模式 | Switch(config-vlan)# | Switch(config)#vlan 100 |
| | 接口模式 | Switch(config-if)# | Switch(config)#interface fa0/1 |
| | 线程模式 | Switch(config-line)# | Switch(config)#line console 0 |

**2. 命令模式概要**

下面就交换机的每一种工作模式,做详细说明。

用户模式:Switch>

访问交换机时首先进入该模式,输入 exit 命令离开该模式。
使用该模式进行基本测试、显示系统信息。

特权模式:Switch#

在用户模式下,使用 enable 命令进入该模式。要返回到用户模式,输入 exit 命令。

全局配置模式:Switch(config)#

在特权模式下,使用 configure 或 configure terminal 命令进入该模式。
要返回到特权模式,输入 exit 或 end 命令,或者按 Ctrl+Z 键。

接口配置模式:Switch(config-if)#

在全局配置模式下,使用 interface 命令进入该模式。要返回到特权模式,输入 end 命令,或按 Ctrl+Z 键。要返回到全局配置模式,输入 exit 命令。

在 interface 命令参数中必须指明要进入哪一种接口配置子模式。使用该模式配置交换机的各种接口下操作。

VLAN 配置模式:Switch(config-vlan)#

在全局配置模式下,使用 interface vlan_id 命令进入该模式。要返回到特权模式,输入 end 命令,要返回到全局配置模式,输入 exit 命令。

## 3.2.3 通过 Telnet 方式管理交换机

除了可以通过 Console 端口与计算机串口连接配置外,还可以通过交换机的以太端口连接,如图 3-12 所示。通过以太端口对交换机管理时,使用 Telnet 或 Web 浏览器的方式与交换机通信。

第一次配置交换机时,必须通过带外管理方式(Console 口配置)为交换机配置 IP 地址和开启交换机远程管理功能。

远程登录 Telnet 协议是一种远程访问协议,使用它登录到远程计算机或网络设备。使用 Telnet 配置交换机前,应当确认已经做好以下工作。

（1）管理的计算机配置有交换机同网段的 IP 地址。

（2）被管理的交换机进行过初始配置,有 IP 地址。

（3）交换机的以太口和计算机的网口通过普通的网线相连。

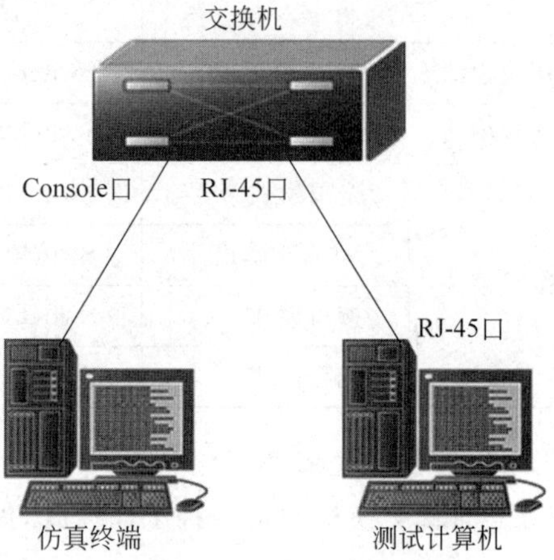

图 3-12　Telnet 方式配置交换机

（4）保证交换机开启了 Telnet 远程功能。

为使交换机具有远程访问服务,需要配置相关参数,步骤如下。

（1）为交换机配置 IP 地址。

```
Switch #configure terminal
Switch(config)#interface vlan 1                     !打开交换机管理 VLAN
Switch(config-if)#no shutdown                       !把交换机管理 VLAN 设置为启动状态
Switch(config-if)#ip address 193.168.1.1 255.255.255.0      !为交换机配置管理地址
Switch(config-if)#exit                              !返回到全局配置模式
Switch(config)#
```

（2）赋予交换机远程登录权限。

```
Switch #configure terminal
Switch(config)#enable secret level 1 0 star         !配置远程登录密码
```

（3）赋予登录到交换机上的用户特权级操作权限。

```
Switch #configure terminal
Switch(config)#enable secret level 15 0 star        !配置进入特权模式密码
```

（4）在交换机上启用远程登录操作权限。

```
Switch (config)#line vty 0 4                         !进入线程配置模式
Switch (config-line)#password 0 ruijie              !配置 Telnet 的密码
Switch (config-line)#login                          !启用 Telnet 用户密码验证
Switch (config-line)#exit
```

对交换机进行远程管理配置过程如下。

（1）通过网线把 PC 和交换机以太网口连接在一起，保证处于同网段地址。

打开 PC：桌面→"开始"→CMD→转到 DOS 工作模式，输入以下命令。

```
ping 193.168.1.1
!!!!              !由于同网段连接，能 ping 通目标交换机，实现网络连通
```

（2）在 PC 上单击"开始"按钮，选择"运行"项，在对话框中输入"telnet 192.168.1.1"命令，如图 3-13 所示。

**图 3-13　Telnet 登录程序**

（3）PC 进入 DOS 工作状态，输入远程登录访问权限密码，该 PC 就成为远程交换机的一个仿真终端，操作交换机就像在本地一样工作，如图 3-14 所示。

**图 3-14　远程登录交换机**

## 3.2.4　基于 Web 方式管理交换机

基于 Web 方式管理交换机，在计算机的 IE 浏览器中，直接输入交换机 IP 地址，通过人机交互界面来管理交换机，如图 3-15 所示。

利用 Web 浏览器访问交换机，应当确认已经做好以下准备工作。

（1）计算机和交换机都已配置好同一网段的 IP 地址。

（2）用于管理的计算机安装有支持 Java 的 Web 浏览器。

（3）交换机上建立了用户拥有管理权限的用户账户和密码。

（4）交换机的操作系统支持 HTTP 服务，并已启用了该服务。

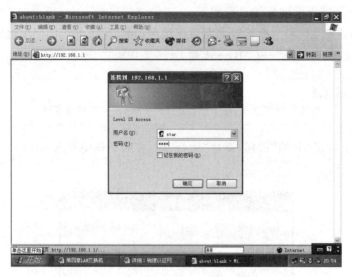

图 3-15　通过 Web 方式来访问交换机

## 工程案例：配置交换机设备

【项目名称】　配置交换机

【项目目的】　掌握交换机命令，理解交换机各种不同工作模式之间的切换技术。

【项目背景】

小王是广东中山外语学校网络中心新进的员工，负责网络中心的设备管理工作。来网络中心报道后，网络中心要求小王熟悉学校安装的网络产品，要求小王登录交换机，了解、掌握交换机的配置信息。

【项目设备】　交换机设备(一台)、配置主机(一台)、配置线缆(一条)

【项目拓扑】　配置交换机网络拓扑如图 3-16 所示。

图 3-16　使用 Console 端口配置交换机

【工作步骤】

【步骤一】　交换机命令行操作模式。

```
switch>enable                              !进入特权模式
switch#
switch#configure terminal                  !进入全局配置模式
switch(config)#
switch(config)#interface fastethernet 0/3  !进入交换机 F0/3 的接口模式
switch(config-if)
switch(config-if)#exit                      !退回到上一级操作模式
```

```
switch(config)#

switch(config-if)#end                          !直接退回到特权模式
switch#
```

【步骤二】  配置交换机名称。

```
switch>enable
switch#configure terminal
switch(config)#hostname 105_switch            !配置交换机名称为 105_switch
105_switch(config)#
```

【步骤三】  配置交换机每日提示。

```
105_switch(config)#banner motd                !配置每日提示信息 & 为终止符
2008-04-14 17:26:54 @5-CONFIG:Configured from outband
Enter TEXT message. End with the character '&'.
Welcome to 105_switch,if you are admin,you can config it.
If you are not admin, please EXIT !            !输入描述信息
&                                              !以 & 符号结束终止输入
```

【步骤四】  交换机端口参数的配置。

```
switch>enable
switch#configure terminal
switch(config)#interface fastethernet 0/3     !进行 F0/3 的端口模式
switch(config-if)#speed 100                    !配置端口速率为 100M
switch(config-if)#duplex full                  !配置端口的双工模式为全双工
switch(config-if)#no shutdown                  !开启该端口,使端口转发数据
```

【步骤五】  查看交换机端口的配置信息。

```
switch#show interface fastethernet 0/3
```

# 3.3  配置路由器

与交换机不一样的是,路由器不仅硬件结构复杂,还拥有丰富的协议,因此配置要复杂得多。

路由器必须经过配置后才能正常工作。各种不同品牌的操作系统不尽相同,配置方法也有所区别,但过程和原理基本相似。

## 3.3.1  通过带外对路由器进行管理

第一次使用路由器时,必须通过 Console 口方式对路由器配置。具体连接过程、启用仿

真终端的方法、操作步骤和配置交换机的步骤相同,如图 3-17 所示。

图 3-17    配置路由器方式

新安装的路由器没有任何配置,自动进入 setup 交互模式(在特权用户模式下,输入 "setup",也可进入交互模式)。以向导方式引导用户回答 IOS 问题完成配置。

按 Ctrl+C 键可以中断 setup 配置方式。

```
Red-Giant#setup
---System Configuration Dialog ---.配置对话框
At any point you may enter a question mark '?' for help.
Use ctrl-c to abort configuration dialog at any prompt.
Default settings are in square brackets '[]'.
Continue with configuration dialog? [yes]: ^C

Router>
```

### 3.3.2    路由器命令模式

路由器也有多种不同的配置模式。不同的命令对应不同的配置模式,不同配置模式也代表着不同的配置权限。

和交换机设备一样,路由器也有 3 种配置模式。

**1. 用户模式**

Router>:用户只具有最低权限,可以查看路由器的当前连接状态,但不能看到路由器配置内容。

**2. 特权模式**

Router♯:在用户模式的 Router>提示符下,输入 enable 命令即可进入特权模式。可查看到路由器的配置内容,输入 exit 或 end 即返回。

**3. 配置模式(全局模式命令、接口配置模式命令、线程工作模式命令)**

(1)Router(config)♯:全局配置模式。在特权模式 Router♯ 提示符下输入 configure terminal 命令,便出现全局模式 Router(config)♯提示符。用户可以配置路由器。输入 end 或 exit 返回。

(2)Router(config-if)♯:接口配置模式。

(3)Router(config-line)♯:线路配置模式。

(4)Router(config-router)♯:路由配置模式。

### 3.3.3    路由器常用命令

正确掌握配置命令是配置路由器最为关键的一步,下面介绍路由器的常用操作命令。

## 1. 显示命令

显示命令用于显示某些特定需要的命令,方便用户查看某些配置信息。

常用的显示命令如下。

```
Router # show version                        !查看版本及引导信息
Router # show running-config                 !查看运行配置
Router # show startup-config                 !查看保存的配置文件
Router # show interface type number          !查看接口信息
Router # show ip route                       !查看路由信息
Red-Giant#write memory                       !保存当前配置到内存
Red-Giant#copy running-config startup-config
                    !保存当前配置,也就是将当前配置文件复制到初始配置文件中
```

**备注**: 配置文件是包含一组命令的集合体。不同的用户通过配置文件来定制路由器,使之满足不同的业务需求。配置文件在文件格式上是一个文本文件,系统启用后,配置文件中的命令解释执行。有两套配置文件:一套为当前正在使用的配置文件,也叫 running-config;还有一套是初始化配置文件,也叫 startup-config。

其中,running-config 保存在 RAM 中,如果没有保存,路由器关机后便丢失。而 startup-config 保存在 NVRAM 中,断电后文件不会丢失。进入配置模式,对 running-config 进行修改保存。running-config 和 startup-config 两套配置文件之间,可以相互复制。

## 2. 基本设置命令

除了上面所说的一些特殊命令之外,更多的还是一些基本设置命令。

```
Router >
Router >enable
Router #hostname name                        !设置路由器名
Router #configure terminal
Router(config)#enable secret/password password    !设置特权密码
Router(config)#ip routing                    !启用 ip 路由
Router(config)#interface type number         !接口设置
Router(config-if)#no shutdown                !激活接口
Router(config-if)# ip address address subnet-mask   !设置 IP 地址
Router(config-line)#line vty number          !进入 VTY 线路设置
Router(config-line)#login                     !设置登录时需要密码
Router(config-line)#password password        !设置远程登录密码
Red-Giant#write                              !保存当前配置
```

## 工程案例: 配置路由器

【项目名称】　配置路由器

【项目目的】　理解路由器各种不同工作模式之间的切换技术。

【项目背景】

小王是中山外语学校网络中心的新员工,负责网络中心设备管理工作。来网络中心报道后,要求小王熟悉安装的网络产品。了解、掌握路由器的操作命令。

【项目设备】 路由器设备(一台)、配置主机(一台)、配置线(一条)

【项目拓扑】 配置路由器网络拓扑如图3-18所示。

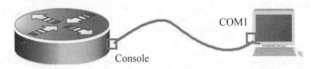

图 3-18　配置路由器设备

【工作步骤】

【步骤一】 路由器命令行操作模式。

```
Red-Giant>enable                              !进入特权模式
Red-Giant#
Red-Giant#configure terminal                  !进入全局配置模式
Red-Giant(config)#
Red-Giant(config)#interface fastethernet 1/0  !进入路由器F1/0接口模式
Red-Giant(config-if)
Red-Giant(config-if)#exit                      !退回到上一级操作模式
Red-Giant(config)#
Red-Giant(config-if)#end                       !直接退回到特权模式
Red-Giant#
```

【步骤二】 路由器设备名称的配置。

```
Red-Giant>enable
Red-Giant#configure terminal
Red-Giant(config)#hostname RouterA
RouterA(config)#
```

【步骤三】 路由器每日提示信息的配置。

```
RouterA(config)#banner motd &                 !配置每日提示信息 &为终止符

2006-04-14 17:26:54 @5-CONFIG:Configured from outband
Enter TEXT message. End with the character '&'.
Welcome to RouterA,if you are admin,you can config it.
If you are not admin,please EXIT              !输出描述信息
&                                             !输入 &符号终止输入
```

【步骤四】 路由器A端口参数的配置。

```
Red-Giant>enable
Red-Giant #configure terminal
Red-Giant(config)#hostname Ra
Ra(config)#interface serial 1/2              !进行s1/2的端口模式
Ra(config-if)#ip address 1.1.1.1 255.255.255.0  !配置端口的 IP 地址
Ra(config-if)#clcok rate 64000               !在 DCE 接口上配置时钟频率 64 000
```

```
Ra(config-if)#bandwidth 512                    !配置端口的带宽速率为 512KB
Ra(config-if)#no shutdown                      !开启该端口,使端口转发数据
```

## 认证测试

以下每道选择题中,都有一个正确答案或者是最优答案,请选择出正确答案。

1. 请问通常配置 RG-S2126G 交换机可以采用的方法有_____。
   A. Console 线命令行方式          B. Console 线菜单方式
   C. Telnet       D. AUX 方式远程拨入     E. Web 方式

2. S2126G 交换机如何清空配置参数?_____
   A. erase star          B. delete run
   C. delete flash:config.tex;       D. del nvram

3. S2126G 交换机如何将当前运行的配置参数保存?_____
   A. write          B. copy run star
   C. write memory       D. copy vlan flash

4. 如何将 S2126G 交换机的登录密码配置为 star?_____
   A. enable secret level 1 0 star       B. enable password star
   C. set password star       D. login star

5. 下列模式的提示符,哪些是二层交换机不具备的?_____
   A. sw(config-if)#       B. sw(config-vlan)#
   C. sw(config-router)#       D. sw>

6. 清除交换机密码时,超级终端的配置应该是_____。
   A. 9600-1-8     B. 57600-1-8     C. 64000-1-8     D. 128-1-8

7. 查看交换机保存在 Flash 内的配置信息,使用命令_____。
   A. show running-config       B. show startup-config
   C. show configure       D. show config.text

8. 下面的接口是路由器特有的,而交换机没有的是_____。
   A. AUX 接口       B. 多模光纤接口
   C. 以太网接口       D. Console 口

9. S2126G 交换机的管理 VLAN 号是_____。
   A. 0     B. 1     C. 256     D. 1024

10. 物理层设备没有问题,通过 Console 口不能正常登录交换机,可能原因是_____。
   A. 超级终端接口速率设置为 9600       B. 超级终端接口速率为 57 600
   C. 配置线缆的线序为 568B-568B       D. 没有正确连接到 COM 接口上

# 第4章　隔离交换网络广播技术

## 项目背景

　　如图 4-1 所示的校园网建设拓扑是中山大学电子工程学院和计算机学院现有网络场景：通过交换机把学院中所有的设备连为一体，在同一个交换网络中实现互联互通，满足了部门之间信息化共享的建设需求。

　　互相连接的交换网络，如果没有实施有效的网络管理和优化技术，网络的传输效率低，网络的干扰多，网络安全更得不到保障，因此需要针对该网络实施网络优化。

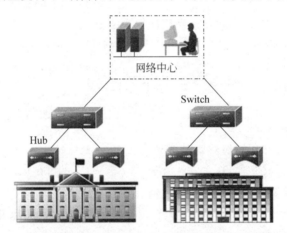

图 4-1　中山大学计算机科学技术学院网络改造项目

## 项目分析

　　由于以太网的广播工作机制，互相连接在一起的二层交换网络，如果没有实施有效的网络管理和优化技术，网络中的广播和干扰对网络的危害较大。当广播数据充斥整个二层网络，导致网络设备无法处理时，广播数据就会消耗大量网络带宽，导致正常业务不能运行，甚至彻底瘫痪，这就是网络中"广播风暴"。

　　产生广播风暴的原因很多，如蠕虫病毒、交换机端口故障、网卡故障、冗余链路没有启用生成树协议、网线线序错误或受到干扰等。

　　目前来看，蠕虫病毒和 ARP 攻击是造成学院网络广播风暴最主要的原因。解决网络中的广播风暴最快捷的方法是给二层交换设备断电，然后上电启动。但这只是治标不治本的方法，要彻底解决,最好使用智能交换机设备,并划分 VLAN,通过端口控制网络广播风暴。

在智能化的二层交换设备上,通过实施虚拟局域网技术,分割广播的区域,可以有效避免广播风暴的发生。如图 4-2 所示虚线部分的网络场景,是中山大学计算机科学技术学院网络虚拟局域网技术项目实施场景。

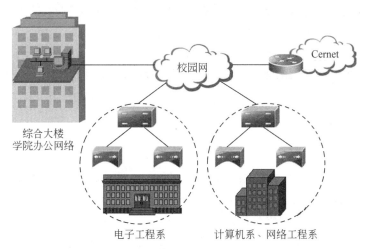

图 4-2 中山大学计算机科学技术学院 VLAN 改造

通过本章的学习,读者将能够了解如下知识内容。

(1) 虚拟局域网 VLAN 技术。

(2) 干道 Trunk 技术。

(3) 虚拟网关 SVI 技术。

局域网里本地计算机之间通信,并不是直接通过 IP 进行,而是通过物理地址进行。物理地址是计算机网卡地址,在生产时就固化有全球唯一标识号,因此通过 MAC 地址可以唯一标识网络中的任意一台计算机。

根据以太网 CSMA/CD 通信规范,一台计算机要与其他计算机通信时,首先查找另一台计算机的 MAC 地址,如图 4-3 所示,然后网卡把需要通信的数据,封装成数据帧的数据结构,再把数据发送出去。

图 4-3 查找本网络物理地址映射表

如果发送计算机的地址缓冲池中保存有对方的 MAC 地址,按照以上过程,直接封装、发送。但如果发送的计算机地址池中没有保存对方计算机 MAC 地址,必须把已知的目标计算机的 IP 地址,通过 ARP 地址解析协议解析到对应的 MAC 地址,ARP 协议在物理网络中广播传输。

"广播"是局域网中本地计算机之间通信的方式,连接在同一网络中的任意一台计算机,都能收到其他计算机的通信。当源计算机收到 ARP 广播,并进行有效的回应时,发信计算机就得知了目标计算机的 MAC 地址,并把结果保存在系统的地址缓冲池里。

然后由网卡把需要通信的数据,封装成数据帧的数据结构,再通过网卡把数据发送出去。

## 4.1　局域网广播

在局域网中,网络设备之间的通信主要以 3 种方式进行:单播、组播和广播。

在广播通信的过程中,局域网中的每台主机都会接收到广播帧。如果整个校园各个子网络中广播过多,会影响到网络整体性能。

如图 4-4 所示拓扑,是计算机科学技术学院使用多台二层交换机接入网络的场景。3 台二层交换机连接了 3 个部门子网构成学院办公网络。

假设计算机 A 通过 ARP 对外广播,尝试获取计算机 B 的 MAC 地址,完成数据帧的封装。交换机 1、2、3 在转发该广播时会形成广播泛洪,如此一来学院中所有的网络都将受到干扰。

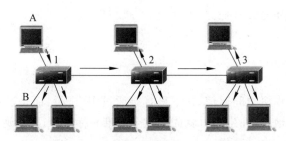

图 4-4　计算机科学技术学院网络广播示例

随着计算机学院设备的增加,学院网络内广播频率也会增加,网络传输效率会越来越低。因此,在计算机科学技术学院中内部新网络规划时,需要注意如何有效地分割广播,提高网络传输效率。

## 4.2　VLAN 技术概述

### 1. 二层交换网络广播和干扰问题

由于交换网络广播传输模式,连接在一起的交换网络中大多存在广播、冲突和安全等因素,造成了现有办公网络的工作速度缓慢,网络的安全性差。

局域网作为网络资源的重要组成部分,在网络应用中扮演着举足轻重的角色。但随着局域网规模的扩大,网络内部的主机数量日益增加,给网络带来了冲突、带宽浪费、安全等问题,严重地影响了网络的传输速度,干扰了网络应用的效率。

### 2. 隔离广播技术

为改善局域网内的通信质量,通常在局域网内部通过划分子网,使用子网技术来隔离网络的广播。子网不仅可以实现互联的网络之间的安全隔离,减少广播干扰,还能通过路由技术实现互相隔离的网络之间连通。

但子网技术需要通过具有三层设备才能实现。在网络发展早期,三层技术没有发展成熟的情况下,二层 VLAN 技术有效解决了这个困境,通过二层 VLAN 技术来解决三层的广播隔离问题。

### 3. VLAN 技术

VLAN 充分体现了现代网络交换技术的重要特征:高速、灵活、管理简便和扩展容易。VLAN 技术诞生在二层交换网络,在发展的过程中面临如下挑战。

1) 交换型网络问题

在二层的"平面"网络结构中,每台设备都是广播型设备,每个端口都在它自己的碰撞冲突域中(一个端口就是一个碰撞域)。在大规模的二层交换网络中,如果没有广播隔离机制,网络中的每个站点要处理的广播型数据包就会不断增多,网络的情况就会更加恶化。

2) 安全性

在二层网络环境中,由于所有的计算机都在一个大的广播域中,无法提供网络安全保障,因为每个站点都可以访问本地网络中所有设备。

3) 管理到目的地的多条路径

二层交换机不允许到目的地有冗余路径,而且也不能智能地对数据进行均衡负载。

当网络规模足够大,特别是需要降低平面网络中的广播包,是网络规划必须考虑的首要问题。降低网络内的广播流量就必须分隔广播域,通常采用三层路由设备,把局域网分隔成几个子网段,如图 4-5 所示。

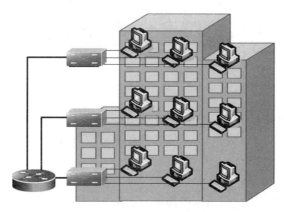

图 4-5　路由器分隔广播域示例

在早期局域网中,只有通过路由器设备才能划分出子网隔离广播。而这种方式有着明显的弊端,主要是因为数据在从一个子网到另一个子网时,必须经过路由操作,导致网络传输速度的下降。

交换机上虚拟局域网技术的出现,使用二次技术解决了三层隔离问题,提供了替代路由器,解决广播、分隔子网的过渡性的方法。

### 4. 虚拟局域网定义

虚拟局域网(Virtual Local Area Network,VLAN)技术,是一种通过在局域网内的二层交换设备上逻辑而不是物理地划分成多个互不相干的子网络二层技术。VLAN 能使连接在同一台交换机上的设备之间产生隔离无法通信,从而隔离连接在同一网络中的广播和冲突。这里的网段可以仅仅是逻辑网段,而不是真正的物理网段。

可以将 VLAN 简单地理解为是在一个物理网络上逻辑地划分出来的逻辑网络。VLAN 内成员设备上发出的数据帧,交换机只把它转发给同一个 VLAN 内的成员,而不会发给该 VLAN 成员以外的设备。

由于同一个 VLAN 内的广播包,不会被传播到别的 VLAN 中,VLAN 内部产生的网内广播就受到控制。一个二层交换的网络被划分 VLAN 后,由于广播域的缩小,网络中广播包消耗带宽所占的比例大大降低,网络的性能得到显著的提高。

不同的 VLAN 之间数据传输,需要通过第三层(网络层)技术来实现,而三层路由可以通过数据包过滤技术实现通信安全,因此,使用 VLAN 技术,结合数据链路层和网络层的交换设备可搭建安全、可靠的网络。

如图 4-6 所示网络拓扑,是中山大学计算机科学技术学院内部网络,使用 VLAN 技术实现学院内部网络广播域分隔的场景。

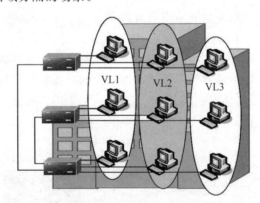

图 4-6    中山大学计算机科学学院内网 VLAN 规划

### 5. 虚拟局域网的特点

与传统的局域网技术相比较,VLAN 技术更加灵活,它具有以下优点和作用。

1) 控制网络的广播风暴

由于实现了广播域分隔,VLAN 可以将广播风暴控制在一个 VLAN 内部,一个 VLAN 内的广播风暴,不会影响其他 VLAN 的性能,网络中广播包消耗的带宽所占的比例大大降低,网络性能得到显著提高。

2) 提高网络的安全性

共享式局域网之所以很难保证网络的安全性,是因为广播形成的共享机制访问网络。而 VLAN 技术能限制个别用户的访问,控制广播组的大小和位置;而且不同的 VLAN 间的数据不能直接传输,需要通过第三层(网络层)路由技术来实现,结合网络层设备可以有效提高网络安全性。

3) 简化网络管理

由于 VLAN 是逻辑而不是物理网络,在规划网络时可以避免地理位置的限制。网络管理员能借助于 VLAN 技术轻松管理整个网络,就像在本地使用局域网一样。

## 4.3　划分 VLAN 的技术

在交换机上划分 VLAN 的方法,常见的有以下 4 种方式。

**1. 根据端口来划分 VLAN**

许多 VLAN 厂商,都利用交换机的端口来划分 VLAN 成员。被设定在同一 VLAN 中的端口都在同一个广播域中。如一台交换机的 3、5、7、9 端口被定义为虚拟网 VLAN 10,同一交换机的 19、21、22、23、24 端口组成虚拟网 VLAN 20,如图 4-7 所示。

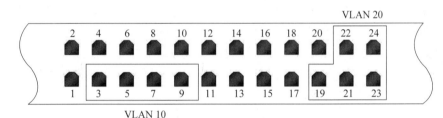

图 4-7　基于接口的 VLAN

但是,这种根据端口划分虚拟网的模式,将 VLAN 技术限制在一台交换机上实现,跨交换机的同一虚拟网之间端口不能通信。第二代基于端口的 VLAN 技术,才实现跨越多台交换机上划分同一 VLAN 技术,组成同一个虚拟网实现互访。

按照交换机端口来划分网络成员,配置过程简单明了,因此,根据端口来划分 VLAN 的方式是最常用的一种方式。

**2. 根据 MAC 地址划分 VLAN**

这种划分 VLAN 的方法,根据每台主机的 MAC 地址来划分配置它属于哪个组。这种划分 VLAN 方法的最大优点是:当用户物理位置移动时,即从一台交换机换到其他的交换机时,VLAN 不用重新配置,这种根据 MAC 地址的划分方法,是基于用户的 VLAN。

这种方法的缺点是初始化时,所有的用户都必须重新配置,如果有几百个甚至上千个用户的话,配置的工作量大。而且这种划分方法,也导致了交换机执行效率的降低。因为在每一个交换机的端口,都可能存在很多个 VLAN 组成员,这样就无法限制广播包。

**3. 根据网络层划分 VLAN**

这种划分 VLAN 的方法,根据每台主机的网络层地址或协议类型(如果支持多协议)划分,虽然这种划分方法是根据网络地址,比如 IP 地址,但它不是路由,与网络层的路由毫无关系。

其优点是用户的物理位置改变了,不需要重新配置所属的 VLAN;而且还可以根据协议类型来划分 VLAN,这对网络管理者来说很重要。此外,这种方法不需要附加的帧标签来识别 VLAN,可以减少网络的通信量。

其缺点是效率低,因为检查每一个数据包的网络层地址,需要消耗处理时间(相对于前面两种方法)。一般的交换机芯片,都可以自动检查网络上数据包以太网帧头,但要让芯片能检查 IP 帧头,需要更高的技术,同时也更费时。当然,这与各个厂商的实现方法有关。

**4. 根据 IP 组播划分 VLAN**

IP 组播实际上也是一种 VLAN 的定义,即认为一个组播组就是一个 VLAN。

这种划分的方法,将 VLAN 扩大到了广域网,因此具有更大的灵活性,而且也很容易通过路由器进行扩展,当然这种方法不适合局域网,主要是效率不高。

## 4.4 基于端口的 VLAN 划分技术

基于端口的 VLAN 是根据交换机端口来划分,是目前定义 VLAN 最广泛的方法。

基于端口的 VLAN 划分虚拟局域网是最简单也最有效的方法,网络管理员只需要把交换机端口划分成不同的端口集合(这些端口被指定为相同的 VLAN ID),就可以完成交换机 VLAN 配置,而不管交换机端口连接什么设备。

如图 4-8 所示,通过划分 VLAN 从逻辑上把一个局域网按照交换机的端口划分成两个虚拟局域网,相应的终端系统各自独立的子网。

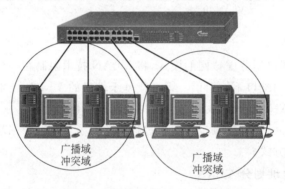

图 4-8   基于端口的 VLAN 示例

在交换机上实现基于端口的 VLAN,分以下两个步骤来实施。

首先启用 VLAN 标识,而后将交换机端口指定到相应 VLAN 下,示意效果如图 4-9 所示。

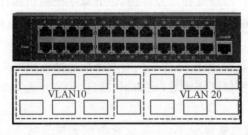

图 4-9   按端口划分 VLAN

### 1. 基于端口划分 VLAN 命令

语法格式：vlan vlan-id

该命令执行于全局配置模式下，是进入 VLAN 配置模式的导航命令。

使用该命令的 no 选项，可以删除配置好的 VLAN：no vlan vlan-id。

```
Switch#
Switch#configure terminal
Switch(config)#vlan 10               !启用 VLAN 10
Switch(config)#name test             !把 VLAN 10 命名为 test
Switch(config-vlan)#
```

所有的交换机默认都有一个 VLAN 1，VLAN 1 是交换机的管理中心。在默认情况下，交换机所有的端口都属于 VLAN 1 管理。VLAN 1 不可以被删除。

### 2. 指定端口到 VLAN 命令

语法格式：

```
switchport access vlan vlan-id
```

该命令将一个端口设置为 statics access port，并将它指派为一个 VLAN 的成员端口。

需要注意的是，交换机端口的默认模式为 access；交换机默认的管理 VLAN 为 VLAN 1。

例如，将交换机 F0/5 端口指定到 VLAN 10 的配置为：

```
Switch#
Switch#configure terminal
Switch(config)#interface fastEthernet 0/5      !打开交换机的接口 5
Switch(config-if)#switchport access vlan 10     !把该接口分配到 VLAN 10 中
Switch(config-if)#no shutdown
Switch(config-if)#end
Switch#show vlan                                !查看 VLAN 配置信息
...
```

## 工程案例：使用 VLAN 技术隔离部门网络

【工程名称】　隔离办公网广播

【目标技能】　划分基于端口的 VLAN，实现交换机端口连接设备间的安全隔离。

【材料准备】　二层交换机（一台）、测试 PC（两三台）、网络连线（若干根）。

【工作场景】

如图 4-10 所示网络拓扑，是中山大学计算机科学技术学院多个教研组网络场景。

不同教研组间计算机都连接在同一台交换机上，网络中广播干扰以及安全等问题，造成网络传输效率低下。网络改造时，通过虚拟局域网技术，可以保证不同教研组间计算机互相不干扰，提高网络传输效率。

【施工过程】

【步骤一】　组网

如图 4-10 所示,按照任务拓扑图,连接网络设备。

【步骤二】　配置地址

给连接 PC 配置 IP,地址信息如表 4-1 所示。

打开"网络连接"→"本地网络连接"→ 快捷菜单→"属性"→"TCP/IP 协议"→"属性",为连接的两台 PC 配置 IP 地址。

表 4-1　设备 IP 地址规划

| 设备 | IP 地址 | 子网掩码 |
| --- | --- | --- |
| PC1 | 192.168.10.1 | 255.255.255.0 |
| PC2 | 192.168.10.2 | 255.255.255.0 |

备注:PC 地址保证处于同一网络段。

【步骤三】　测试 1

打开 PC1 计算机系统"开始"→"运行",使用 ping 命令,测试两台设备间的连通状态,系统自动转到 DOS 命令行状态测试,如图 4-11 所示。

连接同一交换网络中的两台设备,能正常通信。如果出现网络测试不能连通的情况,应及时排除网络故障。

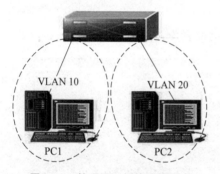

图 4-10　教研组之间的网络隔离

图 4-11　测试网络连通性

【步骤四】　配置交换机

通过配置 PC 连接交换机配置端口,登录交换机,在交换机上创建 VLAN。

```
Switch#configure terminal
Switch(config)#vlan 10                      !创建 vlan 10
Switch(config-vlan)#name test10             !把 Vlan 10 命名为 test10
Switch(config-vlan)#exit

Switch(config)#vlan 20
Switch(config-vlan)#name test20
Switch(config-vlan)#end
Switch#show vlan
...
```

【步骤五】　配置交换机，将接口分配到 VLAN。

```
Switch(config-if)#interface fastethernet 0/5      !打开端口 5
Switch(config-if)#switchport access vlan 10       !将端口 5 加入 vlan 10
Switch(config-if)#exit
Switch(config)#interface fastethernet 0/15
Switch(config-if)#switchport access vlan 20
Switch(config-if)#end
Switch#show vlan
…
```

备注：fastethernet 0/5 连接的是 PC1，fastethernet 0/15 连接的是 PC2。

【步骤六】　测试 2

如图 4-11 所示，在 PC1 设备上，按如上步骤使用 ping 命令，重新测试网络连通状态。

连接在同一台交换机上的两台 PC，由于其连接端口实施了 VLAN 技术，因此无法通信。

VLAN 技术发挥了很好的网络隔离作用，连接在同一网络中的设备之间，实现了隔离。从而解决了部门网络之间的广播、安全等问题。

# 4.5　VLAN 标签

在传统以太网环境中，一个接口只能属于一个子网成员，也就是一个接口只能属于一个VLAN，但在同一台交换机上可以存在多个 VLAN，也允许同一个 VLAN 可跨越多台交换机。而交换机通过干道(Trunk)技术则改变了这种情况，允许同一个端口可以属于多个不同的 VLAN。

VLAN 的干道(Trunk)技术使用专门的标记帧，实现交换网络中的设备之间跨交换机之间 VLAN 通信。来自 VLAN 内部的数据帧，在干道链路上转发时，干道端口会通过拆分收到的数据帧，采用增加标识的方式，在每个帧的帧头增加 VLAN 标识符，以区别来自不同的 VLAN 帧标识。

交换机根据 VLAN 的标识符，可以做出适当的转发决定，将该数据帧传送到相应的VLAN 内。VLAN 的干道技术，使交换网络出现了两种类型的端口：接入端口与干道端口，如图 4-12 所示。

**1. 接入链路**

接入链路只属于一个 VLAN，这个 VLAN 端口被称为本地 VLAN，该端口属于一个并且只属于一个 VLAN 的端口，该端口不能从另外的 VLAN 中接收任何信息。这个端口也不能发送信息到另外一个 VLAN，除非这个端口可以访问路由三层设备。

**2. 干道链路**

干道链路可以承载多个 VLAN，能够传输多路信号。干道链路通常被用来将交换机连接到其他交换机或者路由器设备。当在干道链路上接收数据帧时，交换机必须使用干道协议来识别该数据帧属于哪个 VLAN。

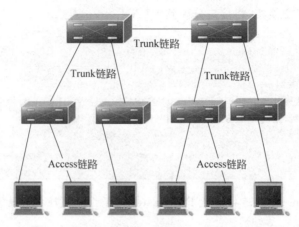

图 4-12　交换环境的两种链路：Access 与 Trunk

通常使用的干道协议包括：ISL(Cisco 公司私有协议)和 IEEE 802.1q 标准协议。

干道链路不属于某个具体 VLAN，它是设备之间承载 VLAN 的公共通信链路。可以被配置来传输所有的 VLAN 数据帧，也可以通过干道修剪技术，限制为只传输指定的 VLAN 的数据帧。

## 4.6　VLAN 干道协议 802.1q

当同一个 VLAN 中的所有成员都位于同一台交换机时，成员之间的通信十分简单。与未划分 VLAN 时一样，从一个端口发出数据帧，直接转发到同一 VLAN 内部相应的成员端口。

**1. 跨交换机的同一 VLAN 传输**

通常 VLAN 的划分按逻辑功能而非物理位置进行，连接在同一 VLAN 中的成员设备，可能会跨越任意物理位置，连接在多台交换机的情况更为常见。

默认情况下一台交换机上 VLAN 内的设备信号无法跨越所连接的交换机，直接把数据帧传递到另一台交换机的同一 VLAN 成员中，如图 4-13 所示。

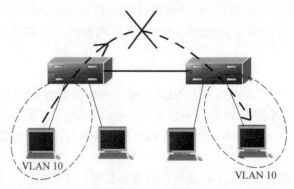

图 4-13　跨交换机上同一 VLAN 之间无法通信

那么,怎样才能完成跨交换机 VLAN 之间的信号的识别,并实现 VLAN 内部成员之间跨越多台交换机进行通信呢?

1999 年,IEEE 组织颁布的用以标准化 VLAN 方案的 802.1q 协议标准草案,定义了跨交换机之间同一 VLAN 内的设备的通信规则,以及交换机正确识别 VLAN 的帧格式的方法,解决了跨多台交换机设备实现同一 VLAN 的连通难题。

**2. 干道协议 802.1q 技术**

早在 1996 年 3 月,IEEE 802.1 Internet Working 委员会就结束了对 VLAN 初期标准的修订工作。新标准进一步完善了 VLAN 的体系结构,统一了 Frame-Tagging 方式中不同厂商的标签格式,并制定了 802.1q VLAN 标准,如图 4-14 所示。

802.1q 协议重新规范了 VLAN 成员之间通信的桥接规则。其中,IEEE 802.1q 使用 4B 的 TAG(标记)定义。4B 的 TAG 头中包括 2B 的 TPID (Tag Protocol Identifier) 和 2B 的 TCI (Tag Control Information)。

**图 4-14　IEEE 802.1q 帧格式**

默认情况下以太网设备之间传输信息,使用 IEEE 802.3 标准的数据帧格式封装数据消息,802.3 以太网帧头的封装格式如图 4-15 所示。

而在每一台支持 802.1q 协议的交换机的干道端口,在转发收到的数据帧时,都在原来的以太网帧头中的源地址后面,插入了一个 4B 的 802.1q 帧标识(TAG)。其封装的数据帧结构如图 4-15 所示。

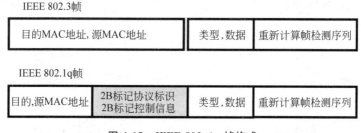

**图 4-15　IEEE 802.1q 帧格式**

其中,如图 4-15 所示的 802.1q 标签头的 4B 的信息,含义如下。

(1) VPID 是 IEEE 定义的新的帧类型标识,表明这是一个加了标签的 802.1q 帧。其固定数值为 0X8100,占用 2B,标识该数据帧承载 802.1q 的 TAG 信息。

(2) 后续 VCI 组件,占用 2B。包含信息有 3b 的用户优先级、1b 的 CFI(Canonical Format Indicator)、12b 的 VID(VLAN Identifier,VLAN 标识符)。这里的 3b 用户优先级,一共有 8 种优先级,主要用于交换机阻塞时,优先发送哪个数据包。1b 的 CFI 用于总线型以太网与 FDDI、令牌环网交换数据时的帧格式,默认值为 0。

(3) VLAN Identifier(VLAN ID):这是一个 12 位信息域,指明 VLAN 的 ID 标识符,

一共 4096 个,每台支持 802.1q 协议的主机发送出来的数据包都会包含这个域,以指明自己属于哪一个 VLAN。其中,VLAN1 是不可删除的默认 VLAN。

不难看出,802.1q 标签头中的 4B 是新增内容,计算机网卡接口并不支持 802.1q 协议,即计算机发送出的数据帧仍是以太网 802.3 帧头,不包含这 4B,同时也无法接收和识别多出这 4B 的 802.1q 帧,因此不能直接接收这样的数据帧。

### 3. VLAN 中的两种端口类型

对于交换机端口来说,如果它所连接的以太网段端口,能识别和发送这种带 802.1q 标签的头数据包,那么把这种端口称为 Tag 端口,也就是通常所说的 Trunk 端口;相反,如果该交换机端口不支持这种以太网帧头,那么交换机的这个端口称为 Access 端口。默认情况下,所有交换机端口都属于后一种。也就是说交换机端口分为两种类型:Access Port (Untaged)和 Trunk Port(Taged)。

当多台交换机分别配置 VLAN 技术后,可以使用 Trunk(干道)方式,以实现不同交换机上同一 VLAN 中的设备之间的连通。

基于 802.1q 协议带有 Tag 标记的 VLAN,使用帧中的 VID 段来区分不同的 VLAN。当 802.1q 协议封装的数据帧,通过交换机的干道端口的时候,交换机根据数据帧中 Tag 的 VID 标记信息,来识别它们所在的 VLAN。这使得所有属于该 VLAN 的数据帧,不管是单播帧、组播帧还是广播帧,都将被限制在该逻辑 VLAN 中传输。

### 4. Trunk 干道端口通信原理

交换机是如何实现跨交换机中 VLAN 成员之间通信的呢?

如图 4-16 所示,两台交换机之间通过 Trunk 端口相连,两台交换机上分别划分了 VLAN1 和 VLAN2。下面以同一 VLAN 中的计算机 PC2 和 PC4 之间通信为例。

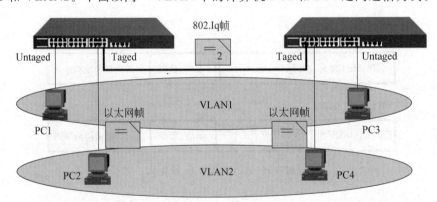

图 4-16    Tag VLAN 工作示意

PC2 计算机连接的交换机端口,接收到 PC2 设备发出的数据帧(802.3 以太帧),交换机看到该数据帧的标头信息。然后,根据接收到的数据帧标签中携带的目的地址,在 MAC 地址表中查找转发表中记录;如果该设备在本交换机的同一 VLAN 中,直接转发。

如果不在,该数据帧会从左边交换机的 Trunk 端口向外转发。由 Trunk 端口转发到 PC4 所连接的右侧交换机上。该转发的数据帧在经过 Trunk 端口时,由于该端口封装了 802.1q 协议(Trunk 口),将自动给该数据帧添加一个 VLAN 的标签头。

数据帧由连接干道线缆通过右侧交换机连接端口(也封装 Trunk 口),通过识别,再将数据帧添加的标签头去掉。转发到对应的 VLAN 中,以此实现跨交换机转发。

由于骨干链路的端口都配置为 Trunk 模式,发送交换机会根据 PC2 端口的 VLAN 成员身份,为数据帧打上 VLAN2 的 VLAN ID 标记。接收交换机会根据接收的 802.1q 帧中标记的 VLAN ID 信息,在 VLAN2 成员端口中找到 PC4,从而实现 PC2 和 PC4 的跨交换机同一 VLAN 设备通信。

跨交换机的同一 VLAN 内设备通信的实现,使得网络管理的逻辑结构,可以完全不受实际物理连接的限制,极大地提高了组网的灵活性。

**5. 配置 Trunk 干道端口**

在 VLAN 配置中,使用 switchport mode 命令,指定一个接口为 access port 或者为 trunk port。

在接口模式下,语法格式如下:

```
Switch (config-if)#switchport mode { access | trunk }
```

如果一个接口模式是 Access 接口,则该接口只能为一个 VLAN 成员。使用 switchport 命令指定该接口模式是 Trunk,则该接口属于多个 VLAN 成员,这种配置称为 Tag VLAN。

Trunk 接口默认传输本交换机支持的所有 VLAN(1~4094)。

```
Switch#configure terminal
Switch (config)#interface fastEthernet 0/1
Switch (config-if)#switchport mode trunk          !将 F0/1 设置为 Trunk 模式
Switch(config-if)#end
Switch# show vlan                                 !查看 VLAN 配置信息
...

Switch #configure terminal
Switch (config)#interface fastEthernet 0/1        !进入 F0/1 接口配置模式
Switch (config-if)#switchport mode Access         !将 F0/1 设置为 Access 模式
Switch(config-if)#end
```

## 工程案例:跨交换机划分虚拟局域网

【工程名称】　跨交换机同一虚拟局域网设备通信
【目标技能】　使同一 VLAN 中计算机能跨交换机通信。
【材料准备】　交换机(两台)、测试主机(若干台)、直连线(若干条)。
【工作场景】

如图 4-17 所示是中山大学计算机科学技术学院网络场景,所有部门办公室分布在大楼不同楼层,通过虚拟局域网技术,保证不同部门之间网络隔离,互不干扰。

但教研组分布在大楼不同楼层,希望通过虚拟局域网干道技术,实现大楼中同一教研组设备互相连通。

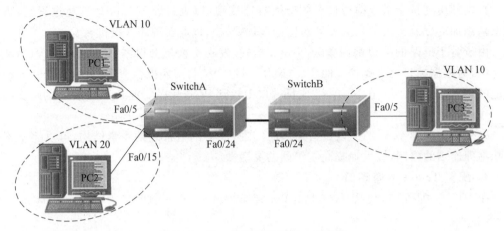

图 4-17  同一教研组计算机之间连通

【施工过程】

【步骤一】  组网

如图 4-17 所示连接设备,注意接口名称,否则将产生和下述过程不一致的情况。

【步骤二】  配置计算机地址

开启设备,保证交换机设备配置清空,为 3 台 PC 配置 IP 地址,如表 4-2 所示。

表 4-2  PC 管理地址配置

| 设 备 名 称 | IP 地 址 | 子 网 掩 码 |
|---|---|---|
| PC1 | 192.168.1.1 | 255.255.255.0 |
| PC2 | 192.168.1.2 | 255.255.255.0 |
| PC3 | 192.168.1.3 | 255.255.255.0 |

【步骤三】  测试 1

同一交换网络处于连通状态。在任意一台设备上使用 ping 命令,测试任意一台 PC,网络都能连通。

【步骤四】  配置交换机 VLAN

在交换机 SwitchA 上创建 VLAN 10,并将 0/5 端口划分到 VLAN 10 中。

```
SwitchA#configure terminal
SwitchA(config)#vlan 10
SwitchA(config-vlan)#name computer          !将 VLAN 10 命名为 computer
SwitchA(config-vlan)#exit
SwitchA(config)#interface fastethernet 0/5  !进入接口配置模式
SwitchA(config-if)#switchport access vlan 10 !将 0/5 端口划分到 VLAN 10
SwitchA(config-if)#no shutdown
SwitchA(config-if)#exit
```

【验证测试】  测试 2

验证已创建的 VLAN 10,并将 Fa0/5 端口划分到 VLAN 10 中。

```
SwitchA#show vlan 10                                            !查看某一个 VLAN 的信息
VLAN  Name                              Status      Ports
------------------------------------------------------------------------
10    computer                          active      Fa0/5
```

【步骤五】    在交换机 SwitchA 上创建 VLAN 20,并将 Fa0/15 端口划分到 VLAN 20 中。

```
SwitchA #configure terminal
SwitchA(config)#vlan 20
SwitchA(config-vlan)#name technical      !将 VLAN 20 命名为 technical
SwitchA(config-vlan)#exit
SwitchA(config)#interface fastethernet 0/15
SwitchA(config-if)#switchport access vlan 20
SwitchA(config-if)#no shutdown
SwitchA(config-if)#exit
```

【验证测试】    测试 3
验证已创建了的 VLAN 20,并将 Fa0/15 端口划分到 VLAN 20 中。

```
SwitchA#show vlan 20
VLAN  Name                              Status      Ports
------------------------------------------------------------------------
20    technical                         active      Fa0/15
```

【步骤六】    在交换机 SwitchB 上创建 VLAN 10,并将 Fa0/5 端口划分到 VLAN 10 中。

```
SwitchB #configure terminal
SwitchB(config)#vlan 10
SwitchB(config-vlan)#name computer
SwitchB(config-vlan)#exit
SwitchB(config)#interface fastethernet 0/5
SwitchB(config-if)#switchport access vlan 10
SwitchB (config-if)#no shutdown
SwitchB (config-if)#exit
```

【验证测试】    测试 4
验证已在 SwitchB 上创建了的 VLAN 10,并将 Fa0/5 端口划分到 VLAN 10 中。

```
SwitchB#show vlan 10
VLAN  Name                              Status      Ports
------------------------------------------------------------------------
10    computer                          active      Fa0/5
```

【验证测试】 测试 5

配置完成交换机 VLAN 后,从 PC1 设备使用 ping 测试命令,测试网络中任意一台 PC,由于 VLAN 技术隔离,网络处于不连通状态。

【步骤七】 将 SwitchA 与 SwitchB 相连端口(假设为 Fa0/24),定义为 Tag VLAN 模式。

```
SwitchA #configure termina
SwitchA(config)#interface fastethernet 0/24
SwitchA(config-if)#switchport mode trunk          !将 fa0/24 端口设为 Tag VLAN 模式
SwitchA(config-if)#no shutdown
SwitchA(config-if)#exit
```

【验证测试】 测试 6

验证 fastethernet 0/24 端口被设置为 Tag VLAN 模式。

```
SwitchA#show interfaces fastEthernet 0/24
Interface  Switchport Mode    Access  Native   Protected VLAN lists
-----------------------------------------------------------------
Fa0/24     Enabled    Trunk   1       1        Disabled    All
```

【步骤八】 将 SwitchB 与 SwitchA 相连端口(假设为 Fa0/24)定义为 Tag VLAN 模式。

```
SwitchB #configure termina
SwitchB(config)#interface fastethernet 0/24
SwitchB(config-if)#switchport mode trunk
SwitchB(config-if)#no shutdown
SwitchB(config-if)#exit
```

【验证测试】 测试 7

验证 fastethernet 0/24 端口被设置为 Tag VLAN 模式。

```
SwitchB#show interfaces fastEthernet 0/24 switchport

Interface  Switchport Mode    Access  Native   Protected VLAN lists
-----------------------------------------------------------------
Fa0/24     Enabled    Trunk   1       1        Disabled    All
```

【验证测试】 测试 8

PC1 与 PC3 能互相通信,但 PC2 与 PC3 不能通信。

```
C:>ping 192.168.10.30          !在 PC1 命令行方式下,验证能 Ping 通 PC3
!!!!!!
C:>ping 192.168.10.30          !在 PC2 命令行方式下,验证不能 Ping 通 PC3
...
```

## 4.7　虚拟局域网之间通信

在一个交换的网络环境中,同一个 VLAN 中的所有设备,可直接进行通信。分布在不同交换机上的同一成员 VLAN,通过交换机上的干道链路技术,也可实现跨交换机通信。

使用 VLAN 技术可以隔离广播风暴,但同时也使不同的 VLAN 之间的通信产生隔离,造成不同 VLAN 之间的设备在二层交换网络中无法实现通信。如果要实现 VLAN 间的通信,必须借助三层技术来实现。

传统的解决方案是利用路由器的单臂路由技术实现通信,目前更多的是使用三层交换机实现 VLAN 之间通信。

### 1. 利用路由器实现 VLAN 间通信

如图 4-18 所示,使用路由器实现 VLAN 间互相通信时,当每台交换机上只有一个 VLAN 时,交换机分别和路由器的 3 个不同接口进行连接,此时每一个 VLAN 相当于一个子网络,分配一个子网地址。

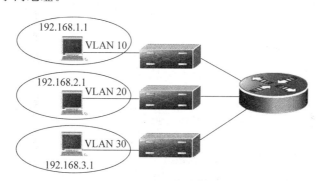

图 4-18　路由器与 VLAN 互联

路由器的每一个接口分配一个同网段子网地址,相当于交换机所连网段的网关,通过路由器上自动生成的直连路由,实现 3 个 VLAN 间的成员通信。

### 2. 单臂路由技术

如果在路由器的每一个物理接口分别连接一个 VLAN,这样的组网模式,会消耗掉路由器非常有限的接口,在实际中也行不通。子接口技术将路由器的一个物理接口划分为多个逻辑、可编址子接口,实现和多个 VLAN 连接。其中每个 VLAN 对应一个子接口。利用子接口,配置路由器的干道模式,实现不同 VLAN 之间的连通,也称这种技术是单臂路由技术。

如图 4-19 所示,展示了单臂路由技术的原理。在路由器连接交换机物理接口,在路由器上启用子

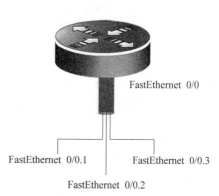

图 4-19　单臂路由中路由器的子接口

接口,FastEthernet 0/0 接口被划分为 3 个子接口:Fa0/0.1、Fa0/0.2、Fa0/0.3,每个子接口为一个 VLAN 连接服务,作为一个 VLAN 上连三层路由通道。

利用如下步骤,配置路由器子接口技术。

配置内容包括:完成封装 VLAN 标识,必须为封装子接口指定 IP 地址。子接口 IP 地址一般是 VLAN 内的主机网关。这些子接口所在网段作为直连路由,出现在路由表中。

```
Router#configure terminal
Router(config)#Interface interface-id              !打开路由器接口
Router(config-if)#no ip address(可选)
                          !去掉接口 IP 地址,如果接口上没有 IP 地址,则可省略
Router(config)#interface fastethernet interface-number.subinterface-number
!该命令进入物理接口创建一个子接口,其中,Interface-number 为物理接口序号,
Subinterface-number 为子接口序号,由标号"."连接

Ruijie(config-subif)#encapsulation dot1q VlanID
                          !封装 802.1q 协议,并指示子接口承载哪个 VLAN 的流量
```

如图 4-19 所示,和路由器相连交换机上创建有 VLAN 10、VLAN 20,交换机和路由器通过 F0/0 接口相连,二层交换机相连接口设置成 Trunk 接口(注:为显现子接口细节,二层设备省略绘制)。

然后,在一台路由器上划分子接口,配置 IP 地址,并封装 802.1q 协议,实现 VLAN 间路由。

```
Router#configure terminal
Router(config)#interface fastEthernet 0/0
Router(config-if)#no ip address
Router(config-if)#exit

Router(config)#interface fastEthernet 0/0.10
Router(config-subif)#encapsulation dot1Q 10
Router(config-subif)#ip address 192.168.10.1 255.255.255.0
Router(config-subif)#exit

Router(config)#interface fastEthernet 0/0.20
Router(config-subif)#encapsulation dot1Q 20
Router(config-subif)#ip address 192.168.20.1 255.255.255.0
Router(config-subif)#exit

Router#show ip route
...
!所有子接口的网段已经成为路由表里面的直连路由。其中,二层设备的 VLAN 配置此处省略
```

配置完成后,各个 VLAN 内的主机将以对应的路由器子接口的 IP 地址作为网关,使用测试命令测试,即可实现互连互通。

但在交换网络中,由于路由器更多通过协议工作,数据通过路由技术处理,传输速度会变得非常缓慢。而且路由器效率低、时延长,如果安装在交换网络中,将成为整个网络的瓶

颈,因此需要采用新的技术来改善整个网络的速度。三层交换机技术应运而生,通过三层交换技术可以完成企业网中 VLAN 之间的数据包高速转发。

三层交换技术的出现,解决了局域网中划分 VLAN 之后,VLAN 网段必须依赖路由器进行管理的局面,解决了传统路由器低速、复杂所造成的网络瓶颈问题。

### 3. 三层交换技术

目前,市场上最高档的路由器的最大处理能力为每秒 25 万个包,而最高档交换机的最大处理能力则在每秒 1000 万个包以上,二者相差 40 倍。在大规模的交换网络,没有路由功能不可想象。然而路由器的处理能力又限制了交换网络的速度,这就是三层交换所要解决的问题。

三层交换机,本质上就是带有路由功能的交换机。第三层交换机是将第二层交换机和第三层路由器两者的优势,有机而智能化地结合起来,可在各个层次提供线速性能,如图 4-20 所示。

一台三层交换机内由交换机模块和路由器模块组成,而内置的路由模块与交换模块类似,也使用 ASIC 硬件处理路由。因此,与传统的路由器相比,可以实现高速路由。并且,路由与交换模块是通过内部背板总线技术汇聚链接,可以确保相当大的带宽。

图 4-20　锐捷网络的 S8600 交换机

三层交换机不仅是一台普通的交换机,具有基本的二层交换功能;它还更具有路由功能,相当于一台路由器,每一个物理接口还可以转化为一个路由接口,连接一个子网络。

三层交换机物理接口默认是交换接口,在三层交换机开启路由功能的配置命令为:

```
Switch#configure terminal
Switch(config)#interface fastethernet 0/5
Switch(config-if)#no switchport          !开启物理接口 Fa5 的路由功能
Switch(config-if)#ip address 192.168.1.1 255.255.255.0
Switch(config-if)#no shutdown
```

如果需要关闭物理接口路由功能,则可以执行下面的命令。

```
Switch#configure terminal
Switch(config)#interface fastethernet 0/5
Switch(config-if)#switchport          !把该端口还原为交换端口
Switch(config-if)#no shutdown
```

### 4. 使用三层交换机实现子网互通

目前,更多使用三层交换机实现不同 VLAN 之间安全通信。如图 4-21 所示,当每台交换机上只有一个 VLAN 时,二层接入交换机分别和三层交换机的三个不同接口进行连接。

在三层交换机上把连接的二层交换接口的交换功能关闭,开启路由功能,三层交换机的

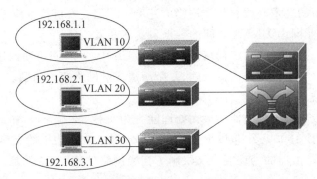

**图 4-21　三层交换机路由功能实现子网络通信**

每一个接口就开启了三层路由功能,其接口所连接的每一个 VLAN 相当于一个子网络,分配一个子网地址。

同时,三层交换机的每一个三层接口都需要分配一个同网段子网地址,相当于二层交换机所连接子网网段的网关。通过三层交换机上自动生成的直连路由,就可以实现三个不同的 VLAN 之间的所有成员设备互相通信。

**5. 配置三层交换机,实现不同 VLAN 的通信**

用三层交换机实现 VLAN 间的路由,可以通过开启三层交换机 SVI 接口实现。

如图 4-22 所示拓扑,在每台二层交换机上分别创建 VLAN 10 和 VLAN 20。其中,配置 VLAN 10 内连接的计算机 IP 地址为 192.168.1.1/24,配置 VLAN 20 内连接的计算机 IP 地址为 192.168.2.1/24。

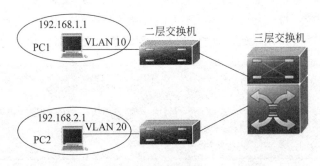

**图 4-22　基于三层交换机的 VLAN 间通信**

具体实现方法如下。

首先,在三层交换机上创建各个 VLAN 虚拟接口(Switch Virtual Interface,SVI),并设置 IP 地址;然后,将所有 VLAN 连接主机的网关,指向该 SVI 的 IP 地址。

在三层交换机上分别创建 VLAN 10 和 VLAN 20,并设置其管理 IP 地址分别为 192. 168.1.10/24 和 192.168.2.10/24。然后,将连接在二层交换机的 VLAN 10 里的计算机网关设为 192.168.1.10,连接在 VLAN 20 里的计算机网关设为 192.168.2.10。

如图 4-23 所示,就可利用三层交换 SVI 技术,实现不同虚拟局域网络间的通信。

在三层交换机上创建一个关联 VLAN 的虚拟网络接口 SVI,并为该 SVI 配置地址,过程如下。

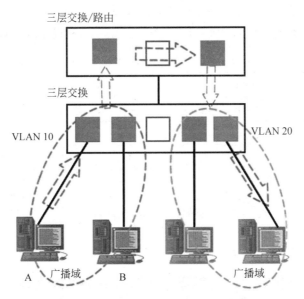

图 4-23　三层交换 VLAN 间 SVI 路由

```
Switch#configure termonal
Switch(config)#interface vlan 10
Switch(config-if)#ip address 192.168.1.1  255 255.255.0
Switch(config-if)#no shutdown
Switch(config-if)#exit
```

## 工程案例：使用三层交换 SVI 技术实现 VLAN 之间通信

【工程名称】　虚拟局域网 VLAN 之间互相通信

【目标技能】　配置 SVI 技术，实现不同的 VLAN 之间设备连通。

【材料准备】　三层交换机(一台)、二层交换机(一台)、测试主机(若干)、网线(若干)。

【工作场景】

如图 4-24 所示网络拓扑，是中山大学计算机科学技术学院网络场景。为保证不同部门间网络互不干扰，实施虚拟局域网技术隔离部门之间干扰。另一方面希望通过三层 SVI 技术，实现不同部门间设备安全通信。

【施工过程】

【步骤一】　组网，测试网络

(1) 如图 4-24 所示拓扑连接设备。注意接口标识，否则可能会出现和后续显示不一样的结果。

(2) 不要带电连接设备，连接完成后为设备加电，检查指示灯状态，保证网络连通。

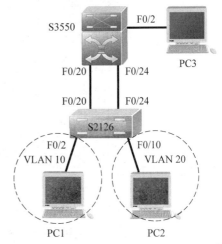

图 4-24　虚拟局域网之间互相连通网络拓扑

（3）保证设备配置清空，否则原有配置会影响本项目实施。

（4）为测试 PC 配置如表 4-3 所示地址，交换网络中所有设备地址规划在同一网段。

表 4-3　测试 PC 设备 IP 地址清单

| 设备名称 | PC1 | PC2 | PC3 |
| --- | --- | --- | --- |
| IP 地址 | 172.16.1.239 | 172.16.1.23 | 172.16.1.3 |
| 子网掩码 | 255.255.255.0 | 255.255.255.0 | 255.255.255.0 |
| 网关 | 无 | 无 | 无 |

（5）从网络中任意一台 PC，使用 ping 命令，测试任意设备，设备都应显示连通状态。

【步骤二】　配置二层交换机虚拟局域网，隔离部门网络

（1）使用配置 PC 连接二层交换机 Console 口，配置二层交换机。

（2）修改二层设备名称为 S2126，创建 VLAN 10 和 VLAN 20，如图 4-25 所示。

图 4-25　在 S2126 交换机上创建 VLAN

（3）如图 4-26 所示，在二层交换机上，打开 Fa0/2 和 Fa0/10 端口，分配到新创建的 VLAN 10 和 VLAN 20 中。

图 4-26　在二层交换机上把端口分配到创建的 VLAN 中

（4）如图 4-27 所示，在二层交换机上查看配置完成的 VLAN 信息。

（5）如图 4-28 所示，从 PC2 设备测试 PC1 设备，由于连接的交换机配置 VLAN，网络提示不能连通信息。

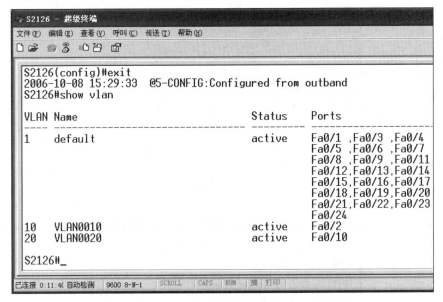

图 4-27　查看二层交换机上配置的 VLAN 信息

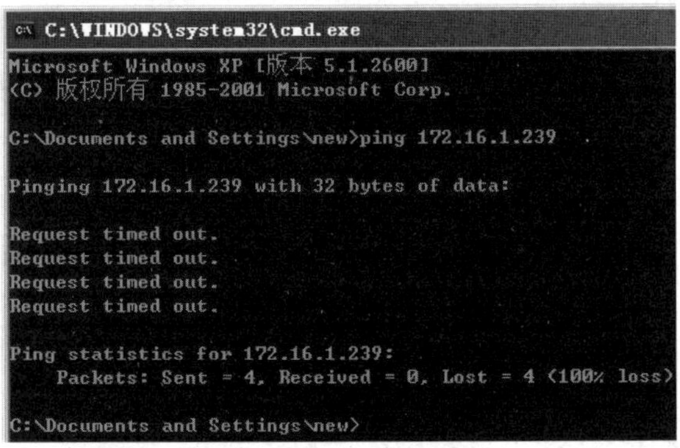

图 4-28　测试网络连通性

**备注**：连接在二层交换机上的 PC1 和 PC2，在交换机上没有配置的情况下，网络能实现连通。在二层交换机上配置 VLAN，VLAN 技术实现了部门网络之间的技术隔离。

在二层交换机上，不同的 VLAN 之间无法实现通信。如果需要不同 VLAN 之间通信，需要通过在三层交换机上配置 SVI 技术，实现不同 VLAN 之间通信。

**【步骤三】** 配置三层交换机 SVI 技术，实现虚拟局域网之间互相连通

（1）使用配置 PC 连接三层交换机 Console 口，使用超级终端程序，配置三层交换机。

（2）如图 4-29 所示，在三层交换机上修改名称为 S3550，创建虚拟的 VLAN 10 和 VLAN 20，作为二层交换机上创建的 VLAN 对应虚拟接口（SVI）技术。

（3）如图 4-30 所示，在三层交换机上为创建 VLAN 10 和 VLAN 20，配置不同子网地

址,作为二层交换机连接设备转发网关接口。

（4）如图 4-31 所示,在三层交换机上配置连接二层交换机 Fa0/20 和 Fa0/24 端口为干道端口,保证不同 VLAN 跨交换机通信。

```
S3550 - 超级终端
文件(F) 编辑(E) 查看(V) 呼叫(C) 传送(T) 帮助(H)

Switch#
Switch#configure terminal
Enter configuration commands, one per line.
Switch(config)#hostname S3550
S3550(config)#vlan 10
S3550(config-vlan)#exit
S3550(config)#vlan 20
S3550(config-vlan)#exit

已连接 0:02:4: 自动检测    9600 8-N-1    SCROLL  CAPS   NUM  捕  打印
```

图 4-29 配置三层交换机虚拟接口(SVI)

```
S3550 - 超级终端
文件(F) 编辑(E) 查看(V) 呼叫(C) 传送(T) 帮助(H)

S3550#
S3550#configure terminal
Enter configuration commands, one per line.  End with
S3550(config)#interface vlan 10
S3550(config-if)#ip address 172.16.10.1 255.255.255.0
S3550(config-if)#no shutdown
S3550(config-if)#exit
S3550(config)#interface vlan 20
S3550(config-if)#ip address 172.16.20.1 255.255.255.0
S3550(config-if)#no shutdown
S3550(config-if)#exit
S3550(config)#

已连接 0:05:3: 自动检测    9600 8-N-1    SCROLL  CAPS   NUM  捕  打印
```

图 4-30 配置三层虚拟接口的地址

```
S3550 - 超级终端
文件(F) 编辑(E) 查看(V) 呼叫(C) 传送(T) 帮助(H)

S3550#
S3550#configure terminal
Enter configuration commands, one per line.
S3550(config)#interface fa0/20
S3550(config-if)#switchport mode trunk
S3550(config-if)#no shutdown
S3550(config-if)#exit
S3550(config)#interface fa0/24
S3550(config-if)#switchport mode trunk
S3550(config-if)#no shutdown
S3550(config-if)#exit
S3550(config)#_

已连接 0:03:4: 自动检测    9600 8-N-1    SCROLL  CAPS   NUM  捕  打印
```

图 4-31 配置三层交换机干道链路

（5）如图 4-32 所示,在二层交换机上配置 Fa0/20 和 Fa0/24 端口为干道端口,保证同一 VLAN 跨交换机通信。

图 4-32　配置二层交换机干道链路

【步骤四】　项目测试

（1）为测试 PC 配置 IP 地址。

不同的 VLAN，相当于不同的子网。需要为不同 VLAN 内的计算机，配置不同的网段地址，配置信息如表 4-4 所示。

表 4-4　测试 PC 设备 IP 地址

| 设备名称 | PC1 | PC2 |
| --- | --- | --- |
| IP 地址 | 172.16.10.239 | 172.16.20.23 |
| 子网掩码 | 255.255.255.0 | 255.255.255.0 |
| 网关 | 172.16.10.1 | 172.16.20.1 |

（2）配置完成 IP 地址后，从 PC2 设备上使用 ping 测试命令，测试另一个虚拟局域网中的 PC1 设备连通状况。

由于三层交换机上的 SVI 技术，可实现不同 VLAN 间互相通信，网络提示连通信息。

（3）分别查询二层交换机和三层交换机的参考配置信息。

```
S2126#show running-config              !显示交换机 S2126 的全部配置
    ...
S3550#show running-config              !显示交换机 S3550 的全部配置
    ...
```

## 认证测试

以下每道选择题中，都有一个正确答案或者是最优答案，请选择出正确答案。

1. IEEE 制定实现 Tag VLAN 使用的是下列_____标准。

　　A. IEEE 802.1w　　B. IEEE 802.3ad　　C. IEEE 802.1q　　D. IEEE 802.1x

2. IEEE 802.1q 的 TAG 是加在数据帧头的_____位置。

　　A. 头部　　　　　　　B. 中部　　　　　　C. 尾部　　　　　　D. 头部和尾部

3. S2126G 交换机通过_____将接口设置为 Tag VLAN 模式。

　　A. switchport mode tag　　　　　　B. switchport mode trunk

　　C. trunk on　　　　　　　　　　　D. set port trunk on

4. LAN 中定义 VLAN 的好处有_____。

　　A. 广播控制　　　　B. 网络监控　　　　C. 安全性　　　　D. 流量管理

5. IEEE 802.1q 数据帧主要的控制信息有_____。

　　A. VID　　　　　　B. 协议标识　　　　C. BPDU　　　　　D. 类型标识

6. 以下哪一项不是增加 VLAN 带来的好处?_____

　　A. 交换机不需要再配置　　　　　　B. 机密数据可以得到保护

　　C. 广播可以得到控制　　　　　　　D. 隔离网络范围

7. 在 RG-S2126G 上能设置的 IEEE 802.1q VLAN 最大号为_____。

　　A. 256　　　　　　B. 1024　　　　　　C. 2048　　　　　D. 4094

8. 关于 VLAN 下面说法正确的是_____。

　　A. 隔离广播域

　　B. 相互间通信要通过三层设备

　　C. 可以限制网上的计算机互相访问的权限

　　D. 只能在同一交换机上的主机进行逻辑分组

9. 实现 VLAN 的方式有_____。

　　A. 基于端口的 VLAN　　　　　　　B. 基于 MAC 的 VLAN

　　C. 基于协议的 VLAN　　　　　　　D. 基于 IP 子网的 VLAN

10. 你最近刚刚接任公司的网管工作,在查看设备以前的配置时,发现在 RG-S2126G 交换机上配了 VLAN 10 的 IP 地址,请问该地址的作用是_____。

　　A. 为了使 VLAN 10 能够和其他 VLAN 内的主机互相通信

　　B. 管理 IP 地址

　　C. 交换机上创建的每个 VLAN 必须配置 IP 地址

　　D. 实际上此地址没有用,可以将其删掉

11. 在对千兆以太网和快速以太网共同特点的描述中,以下说法错误的是_____。

　　A. 相同的数据帧格式　　　　　　　B. 相同的物理层实现技术

　　C. 相同的组网方法　　　　　　　　D. 相同的介质访问控制方法

12. 虚拟局域网通常采用交换机端口号、MAC 地址、网络层地址或_____。

　　A. 物理网段定义　　　　　　　　　B. 操作系统定义

　　C. 广播组地址定义　　　　　　　　D. 网桥定义

13. VLAN 在现代组网技术中占有重要地位,同一个 VLAN 中的两台主机_____。

　　A. 必须连接在同一交换机上　　　　B. 可以跨越多台交换机

　　C. 必须连接在同一集线器上　　　　D. 可以跨越多台路由器

14. 用超级终端来删除 VLAN 时要输入命令:

　　S2126(config)#no vlan 0002

这里:0002 是_____。

　　A. VLAN 的名字　　　　　　　　　B. VLAN 的号码

　　C. 既不是 VLAN 的号码也不是名字　　D. VLAN 号码或者名字均可以

15. 对于已经划分了 VLAN 后的交换式以太网,下列说法错误的是_____。

　　A. 交换机的每个端口自己是一个冲突域

　　B. 位于一个 VLAN 的各端口属于一个冲突域

　　C. 位于一个 VLAN 的各端口属于一个广播域

　　D. 属于不同 VLAN 的各端口的计算机之间,不用路由器不能连通

16. 下列说法错误的是_____。

　　A. 以太网交换机可以对通过的信息进行过滤

　　B. 以太网交换机中端口的速率可能不同

　　C. 在交换式以太网中可以划分 VLAN

　　D. 利用多个以太网交换机组成的局域网不能出现环

17. 虚拟网络是以_____为基础的。

　　A. 交换技术　　　　B. ATM 技术　　　　C. 总线拓扑技术　　　D. 环状拓扑结构

18. 虚拟局域网成员的定义方法不包括_____。

　　A. IP 广播组虚拟局域网　　　　　　　B. 网络层地址定义

　　C. 用 MAC 地址定义　　　　　　　　D. 用逻辑拓扑结构

19. 交换机作为 VLAN 的核心,提供了智能化的功能有_____。

　　A. 将用户、端口或逻辑地址组成 VLAN

　　B. 确定对帧的过滤和转发

　　C. 与其他交换机和路由器进行通信

　　D. 以上全部

20. 每个_____分段连接到一个_____端口只能被分配到同一 VLAN。

　　A. 交换机;集线器　　　　　　　　　B. 集线器;路由器

　　C. 集线器;交换机　　　　　　　　　D. 局域网;集线器

21. 以下哪一项不是 VLAN 依据的标准?_____

　　A. 端口号　　　　　　　　　　　　B. 协议

　　C. MAC 地址　　　　　　　　　　　D. 以上全部都是建立 VLAN 的标准

22. 以下哪一项是增加 VLAN 带来的好处?_____

　　A. 交换机不需要再配置　　　　　　　B. 广播可以得到控制

　　C. 机密数据可以得到保护　　　　　　D. 物理的界限限制了用户群的移动

23. 下面关于 VLAN 的哪一个陈述是错误的?_____

　　A. 把用户逻辑分组为明确的 VLAN 最常用的方法是帧过滤和帧的身份验证

　　B. VLAN 的优点包括通过建立安全用户而得到的更加严密的网络安全性

　　C. 网桥构成了 VLAN 通信中的一个核心组成部分

　　D. VLAN 可以用来分布网络业务流量的负载

24. 对于数据包需要何种设备,使它能够从一个 VLAN 向另外一个 VLAN 传送数据?_____

　　A. 网桥　　　　　　B. 路由器　　　　　C. 交换机　　　　　　D. 集线器

25. 在 OSI 模型的哪一层上发生帧标志?_____

　　A. 第一层　　　　B. 第二层　　　　　C. 第三层　　　　　D. 第四层

# 第5章 增强交换网络健壮性

## 项目背景

中山大学电子工程系、计算机科学技术系在学院改制前，都是独立建制学院，分别建有独立的网络，各学院早期规划网络拓扑如图5-1所示。

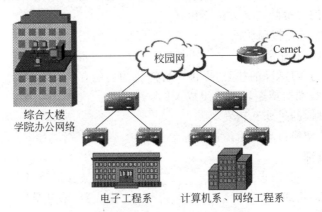

**图 5-1 各独立学院早期网络拓扑**

在院系改制中，学校把原电子工程系、计算机科学技术系合并成一个综合性的计算机科学技术学院。为整合教学资源，对原有院系的网络进行了改造和整合。

## 项目分析

网络中由于单线链路容易造成网络故障，因此在网络规划中，需要增加网络的备份和冗余，增加网络的稳定性。

冗余链路的作用是，数据在双链路同时传输，确保在一条线路出现故障的情况下，网络不会瘫痪，冗余链路可以保障数据不会因为某条单一链路的故障而中断。

改造后的网络，把原来各系分隔的网络联成一体，升级学院主干网络，整合各学院网络资源。为保证网络的稳定性，在主干网络改造过程中，增加网络冗余。

首先在网络核心增加了一台三层设备，使用双链路形成网络的冗余备份。其次，在骨干链路上，为增加网络的带宽，使用链路聚合技术，提升骨干链路的高带宽。

如图5-2所示网络拓扑，是改造后的学院新网络，图中虚线部分圈出的区域，是本节知识和技术主要的应用场景。

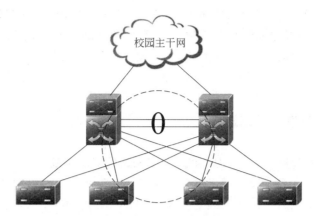

图 5-2　增加网络冗余的网络

通过本章的学习,读者将能够了解如下内容。

(1)掌握生成树协议 STP、RSTP。

(2)熟悉多生成树协议 MSTP。

(3)掌握链路聚合协议 IEEE 802.3ad。

## 5.1　生成树协议概述

随着交换技术在网络中的广泛应用,保障各种网络终端设备之间正常通信,成为一项重要的任务。绝大多数情况下,在交换网络中针对骨干链路,均采用多条链路连接以形成冗余链路备份,保证不会因为骨干链路上的单点故障,影响正常网络之间的通信。

### 5.1.1　交换网络中的冗余链路

在由多台交换机设备组成的交换网络环境中,通常都使用一些备份连接,以提高网络的健全性、稳定性,这些备份连接也叫备份链路、冗余链路等。典型的备份连接如图 5-3 所示,交换机与交换机的端口之间的链路形成一个闭合环,就是一个备份连接。

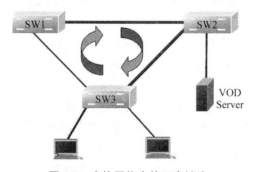

图 5-3　交换网络中的冗余链路

在主链路出现故障时,备份链路自动启用,从而提高网络的整体可靠性。在骨干网络中,使用冗余备份连接,能够为交换网络带来健全性、稳定性和可靠性等好处。但是备份链路由于使用了冗余,容易使网络存在环路。一方面,环路链路为网络带来了网络稳定性;另一方面,环路链路也为网络带来很多严重问题,如广播风暴、多帧复制及 MAC 地址表的不稳定等。

### 5.1.2 冗余链路带来的网络影响

在局域网组建和维护过程中,为了提高骨干网络的链路连接的可靠性,经常需要提供冗余链路。冗余可以防止整个交换网络不会因为单点故障而造成网络中断;但它也会带来一些网络干扰问题,如广播风暴、多重帧复制,以及 MAC 地址表的不稳定性。

**1. 广播风暴**

二层交换机在接收到未知数据帧或者广播帧时,将执行泛洪操作,将该数据帧广播给除自己之外的所有二层端口。当网络中存在桥接和环路时,这样的泛洪就容易产生广播风暴。广播风暴(大量的泛洪帧)可能会迅速导致网络中断,如图 5-4 所示。

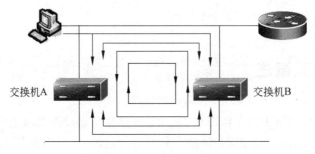

图 5-4 广播风暴示例

在较大型网络中,当大量广播流(如 MAC 地址查询 ARP)同时在网络中传播时,便会发生数据帧的碰撞。而当网络试图缓解这些碰撞,并重传更多的数据帧时,结果会导致全网的可用带宽减少,并最终使得网络失去连接而瘫痪,这一过程被称为广播风暴。

在一个较大规模的交换网络中,由于拓扑结构的复杂性,会有许多大大小小的环路产生。由于以太网第二层协议中,均没有控制环路机制,因此,各个小型环路产生广播风暴,将不断扩散到全网中,造成整个网络瘫痪。所以广播风暴是发生在二层网络中灾难性的故障。

而在如图 5-5 所示大型交换网络中,可能存在多个环路。在这样的网络中,所生成的广播帧的数量,可能会在几秒钟之内,以指数形式迅速增长,网络会变得不堪重负。

**2. 多重帧的复制**

交换机在接收到不确定单播帧时(MAC 地址表没有目的地址记录),将执行泛洪操作。这意味着在环路中,一个单播帧在传输中被复制为多个副本。

如图 5-6 所示,网络中的终端设备 X 主机,发出一个目的 MAC 地址为 Y 的单播帧到交换机 A。假若交换机 A 的 MAC 地址表查询不到 Y 的记录,该数据帧会被交换机 A 的接口广播至交换机 B,再广播至路由器 Y。这样,路由器 Y 将接收到多重来自计算机 X 的复制帧,帧的多重复制会浪费有限的网络带宽。

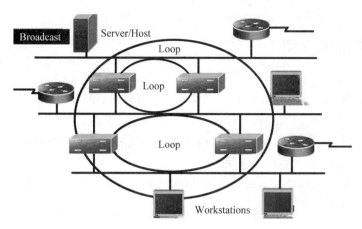

图 5-5 冗余链路中的桥接环路

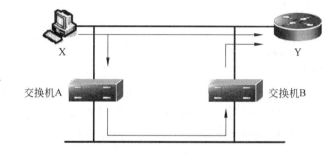

图 5-6 多重帧的复制

### 3．MAC 地址表的不稳定

两台交换机在接收到该数据帧后,就会以泛洪的形式从端口 1 转发出该帧,这样它们将会在端口 1 再次接收到对方交换机发送的该帧,交换机将再次把计算机 X 的 MAC 地址和端口 1 建立关联(刷新 MAC 地址记录)……这时,交换机本身无法判断出计算机 X,究竟是连接在交换机的端口 0 上还是端口 1 上?

这个流程将会一直重复下去,导致每台交换机的 MAC 地址表被多次刷新,处于动荡状态,两台交换机的 MAC 地址表都将变得不稳定,如图 5-7 所示。这种持续的更新、刷新过程,会严重耗用内存资源,影响该交换机的交换能力。

MAC 地址表的不稳定将严重影响网络性能,同时降低整个网络的运行效率。严重时,将耗尽整个网络资源,并最终造成网络瘫痪。

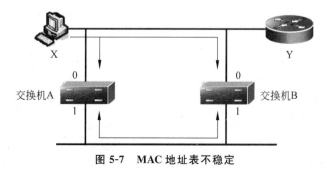

图 5-7 MAC 地址表不稳定

## 5.2　生成树协议介绍

为了能确保网络连接的可靠性和稳定性,在骨干网络组建过程中,需要为骨干网络提供冗余链路连接,局域网中的冗余链路提高了网络连接的可靠性。如果主链路出现故障,就启用备份链路。但是,如果交换机不知道如何处理冗余环路带来的一系列问题,将造成网络中出现广播风暴等现象,并导致网络瘫痪。

为了保持一个冗余网络的安全优势,同时防止因为环路所导致的各种问题,网络中的交换机设备必须具有下列功能。

(1) 发现环路的存在;

(2) 将冗余链路中的一条链路设为主链路,其他设为备用链路;

(3) 只通过主链路交换流量;

(4) 定期检查链路的状况;

(5) 如果主链路发生故障将流量自动切换到备用链路。

为了解决冗余链路引起的问题,IEEE 组织通过了 IEEE 802.1d 协议,即生成树协议(Spanning Tree Protocol,STP),生成树协议很好地完成了这些要求。生成树 STP 协议的基本思想十分简单,就是在网络组建过程中,构建一个树状结构、无环的网络。自然生长的树不会出现环路,如果网络也能够像树一样构建,也不会出现环路。

在具有冗余结构的网络中,生成树 IEEE 802.1d 协议通过在交换机上运行一套复杂的算法,使冗余端口置于"阻塞状态"。使得网络中的计算机在通信时,只有一条链路生效。而当这个链路出现故障时,IEEE 802.1d 协议将会重新计算出网络的最优链路,将处于"阻塞状态"的端口重新打开,保障网络正常通信,从而确保网络连接稳定可靠。

在生成树协议发展过程中,旧的缺陷不断被克服,新的特性不断被开发出来。按照功能点的改进情况,生成树协议的发展过程经历过以下三代革新。

第一代生成树协议:STP/RSTP。

第二代生成树协议:PVST/PVST+。

第三代生成树协议:MISTP/MSTP。

### 5.2.1　生成树协议

STP 协议的主要功能就是解决由于网络的备份链接所产生的环路问题。

STP 最初由美国数字设备公司(Digital Equipment Corp,DEC)开发,后经过电气电子工程师学会(Institute of Electrical and Electronics Engineers,IEEE)修改,最终规范为相应的 IEEE 802.1d 标准。

STP 的主要思想是:当网络中存在备份链路时,只允许主链路激活,如果主链路因故障而被断开后,备用链路才会被打开。

生成树协议检测到网络上存在环路时,自动启用算法关闭一个端口,断开环路链路。当交换机间存在多条链路时,生成树算法只启动最主要的一条链路连接,而将其他链路都阻塞掉,将这些链路变为备用链路。当主链路出现问题时,生成树协议则自动启用备用链路,接替主链路工作,保障骨干网络的连通,不需要人工干预。

为保障生成树协议的正常运行,STP 中定义了根交换机(Root Bridge)、根端口(Root Port)、指定端口(Designated Port)等,目的就在于通过路径开销(Path Cost)计算,构造树状结构的网络,达到阻塞冗余环路的目的,同时实现链路备份和路径最优化。

STP 的本质就是利用图论中的生成树算法,对网络的物理结构不进行改变,而通过阻塞某些交换机端口,在逻辑上切断环路的方法,提取连通图,构建一个树状网络结构,以解决网络环路所造成的严重后果。

**1. 网桥协议数据单元**

要实现这些功能,交换机之间必须要进行一些信息的交流,这些信息交流单元就称为网桥协议数据单元(Bridge Protocol Data Unit,BPDU)。

网桥协议单元 BPDU 桢是一种二层报文,其目的 MAC 是多播地址 01-80-C2-00-00-00。所有支持 STP 的交换机,都会接收并处理收到的 BPDU 报文。该报文的数据区里携带了用于生成树计算的所有有用的信息。交换机通过交换 BPDU 来获得建立最佳树状拓扑结构所需的信息。生成树协议运行时,交换机使用共同的组播地址来发送 BPDU。

BPDU 数据帧的报文结构组成如图 5-8 所示。

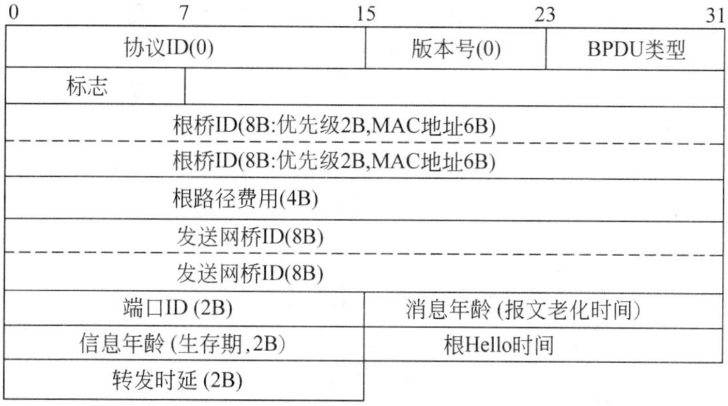

**图 5-8 BPDU 报文结构**

(1) 版本号:00(IEEE 802.1d STP)、02(IEEE 802.1w RSTP)。

(2) 类型:00(配置 BPDU)。其他常见的代码:80 表示 TCA;10 表示 NTC;01 表示 TC;81 表示 TCA&TC。

(3) Root ID:根交换机 ID。

(4) Root Path Cost:到达根的路径开销。

(5) Bridge ID:交换机 ID=交换机优先级+交换机 MAC 地址。

(6) Port ID:发送 BPDU 的端口 ID=端口优先级+端口编号。

(7) Hello Time:定期发送 BPDU 的时间间隔。

(8) Max-Age Time:保留对方 BPDU 消息的最长时间。

(9) Forward-Delay Time:发送延迟,端口状态改变的时间间隔。

**2. 根交换机选举**

冗余网络中交换机在运行生成树协议时,首先要进行根交换机的选举。根交换机的选举通过 BPDU 帧完成,选举依据是:交换机优先级和交换机 MAC 地址组合成的交换机 ID (Bridge ID),交换机 ID 最小的交换机将成为网络中的根交换机。

当冗余网络中的一台交换机的一个端口接收到高优先级的 BPDU(更小的 Bridge ID,更小的 Root Path Cost 等),就在该端口保存这些信息,同时,向所有端口更新并传播信息。如果收到比自己低优先级的 BPDU,交换机就丢弃该信息。

在如图 5-9 所示的网络场景中,各交换机都默认启动生成树协议,所有交换机的默认优先级都一样(默认优先级是 32 768),因此,MAC 地址最小的交换机将成为根交换机。因而计算出左边交换机为根,它的所有端口的角色都成为指定端口,进入转发状态,右边的交换机其中一个端口有可能会被阻塞。

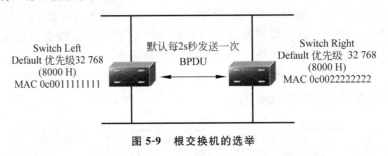

图 5-9   根交换机的选举

**3. STP 选举过程**

STP 通过相互之间交换 BPDU 帧中携带的消息,进行生成树的选举过程,主要的过程如下所示。

(1) 网络中选择了一台交换机为根交换机(Root Bridge)。

(2) 每台交换机都计算出了到根交换机的最短路径。

(3) 除根交换机外的每台交换机都有一个根端口(Root Port),即提供最短路径到 Root Bridge 的端口。

(4) 每个 LAN 都有指定交换机(Designated Bridge),位于该 LAN 与根交换机之间的最短路径中。指定交换机和 LAN 相连的端口称为指定端口(Designated Port)。

(5) 根端口和指定端口(Designated Port)进入转发(Forwarding)状态。

(6) 其他的冗余端口就处于阻塞(Discarding)状态。

1) 根交换机

首先进行根交换机的选举,根交换机的选举如上所示。如图 5-10 所示,假设在交换机优先级都相同的情况下,经过比较,交换机 SW1 的 MAC 地址最小,因此交换机 SW1 被选举为根交换机。

2) 根端口

接下来,其他交换机将各自选择一条"最粗壮"(高带宽)的树枝(链路),作为非根交换机到根交换机的最短路径,其相应端口的角色就成为根端口,根端口直接进入转发状态,不阻塞。

假设在图 5-10 中,交换机 SW2 和交换机 SW1、SW3 之间的链路是千兆链路,而交换机

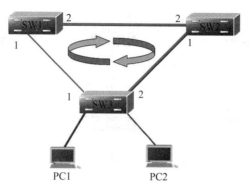

图 5-10　STP 的选举工作过程

SW1 和 SW3 之间的链路是百兆链路,通过计算可以得出:交换机 SW3 从端口 1 到根交换机 SW1 的路径开销的值是 19(百兆链路的路径开销默认值为 19);而从交换机 SW3 端口 2→交换机 SW2→根交换机 SW1 的路径开销是 8(千兆链路的路径开销默认值为 4,则 4＋4＝8),因此该条链路成为最短路径,则交换机 SW3 的端口 2 成为根端口(非根交换机到根交换机的最短路径接口),进入转发状态。

同理,交换机 SW2 的端口 2 到根交换机 SW1 也具有最短路径,成为根端口,进入转发状态。

3) 路径开销

这里的路径开销计算,主要是依据交换机的端口速率计算出该端口路径开销。

网络中每台交换机端口都有一个根路径开销(Root Path Cost),根路径开销是某交换机到根交换机所经过的路径开销的总和。在计算出最短根路径开销后,交换机对应的端口成为根端口,进入转发状态。

如表 5-1 所示,列出了不同标准的路径开销取值范围。

表 5-1　路径开销

| 带　　宽 | IEEE 802.1d | IEEE 802.1w |
| --- | --- | --- |
| 10Mb/s | 100 | 2 000 000 |
| 100Mb/s | 19 | 200 000 |
| 1000Mb/s | 4 | 20 000 |

在图 5-11 中,交换机 B 和根交换机 R、交换机 C 之间的链路是百兆链路,交换机 A 和根交换机 R、交换机 C 之间的链路是十兆链路,各交换机端口路径开销的默认值如图 5-11 所示。对于交换机 C 而言,通过交换机 A 到达根交换机的路径开销是 2 000 000＋2 000 000＝4 000 000,通过交换机 B 到达根交换机的路径开销是 200 000＋200 000＝400 000,显然 C—B—R 成为最短路径。同理,对于交换机 A 而言,A—C—B—R 为最短路径。

4) 指定端口

根端口是各台交换机通往根交换机的根路径开销最低的端口,若有多个端口具有相同的根路径开销,则端口标识符小的端口为根端口。

此外,生成树协议还规定,在每个 LAN 中,都有一台交换机被称为指定交换机

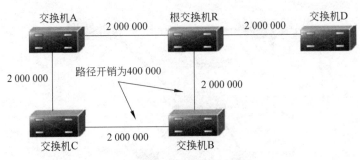

图 5-11　最短路径的选择

(Designated Bridge),它是该 LAN 中与根交换机连接而且根路径开销最低的交换机。
指定交换机和 LAN 连接的端口被称为指定端口(Designated Port),指定端口不要
阻塞。

　　如果指定交换机中有两个以上的端口连在这个 LAN 上,则具有最高优先级的端口被
选为指定端口。按照生成树协议规定,根交换机上的所有端口都默认是指定端口。

　　交换机完成生成树计算后,所有根端口和指定端口进入转发(Forwarding)状态,其他的
冗余端口则处于阻塞(Discarding)状态。

　　以图 5-12 为例,网络中所有的链路带宽均为百兆链路,所有交换机的优先级均相同,
STP 的工作过程如下。

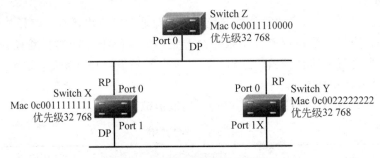

图 5-12　根端口和指定端口的确认

　　(1) 通过比较交换机 MAC,交换机 Z 成为根交换机,它的端口 0 默认成为指定端口。

　　(2) 通过计算链路最短根路径开销,交换机 X 和 Y 的端口 0 成为根端口。

　　(3) 交换机 X 和交换机 Y 的端口 1,都同时连接在同一个 LAN 上,通过比较优先顺序,
交换机 X 的端口 1 成为指定端口。

　　(4) 所有根端口和指定端口进入转发状态,其他端口(交换机 Y 的端口 1)被禁用,进入
阻塞状态。

　　这样,当根交换机确定之后,通过最短根路径开销的优先顺序比较,根端口和指定端口
被确定下来,之后一棵树就生成了。

### 4. STP 的端口状态和拓扑变化

　　在一个启用 STP 的网络中,所有交换机端口在启动之后,都将经历阻塞状态以及侦听
和学习这两种过渡状态。

　　正确配置的端口最终会稳定在转发状态或者阻塞状态,处于转发状态的端口提供了到

达根交换机的最短路径开销,处于阻塞状态的端口则作为备份链路随时待命。当交换机识别出网络拓扑变化时,交换机端口的状态变化过程如图 5-13 所示。

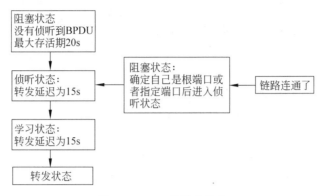

**图 5-13 STP 的端口状态**

其中,在生成树收敛的过程中,STP 各端口状态如下。

(1) 阻塞状态(Blocking):不转发数据帧、接收 BPDU。

(2) 侦听状态(Listening):不转发数据帧、侦听数据帧。

(3) 学习状态(Learning):不转发数据帧、学习地址。

(4) 转发状态(Forwarding):转发数据帧、学习地址。

(5) 禁止状态(Disable):不转发数据帧、不接收 BPDU。

STP 初始化时,所有端口处于阻塞状态,当交换机启用时会把自己作为根交换机而处于侦听阶段;或者在 Max-Age Time 内没有收到新的 BPDU,交换机也会把端口从阻塞状态转换到侦听状态。

在侦听状态下,交换机不传送用户数据。在此状态下,交换机完成根交换机的选举,确认根端口和指定端口。经过 15s 转发延迟之后,如果有端口被确定为根端口或指定端口,则它将进入学习阶段;否则,仍然转回阻塞阶段。

为了减少数据转发前的泛洪数量,防止临时环路出现,默认情况下学习状态也是转发延迟时间 15s。当学习状态结束后,那些依然是根端口或指定端口的将进入转发状态,从而"实时"地适应网络拓扑的变化。

## 5.2.2 快速生成树协议

### 1. STP 的问题

早期的 STP 解决了交换链路冗余带来的广播风暴等问题,但在拓扑发生改变时,新的 BPDU 桢要经过一定的时延,才能传播到整个网络,这个时延称为 Forward Delay,协议默认为 15s。在所有交换机收到这个变化的消息之前,若旧拓扑结构中部分交换机由于收敛速度慢,仍处于转发状态的端口,还没有发现自己应当在新的拓扑中停止转发,则可能存在临时环路。

在默认状态下,BPDU 帧的报文周期为 2s,最大保留时间为 20s,端口状态改变(由侦听到学习,由学习到转发)的时间为15s,收敛时间过程如图5-14所示。

当网络的拓扑发生改变后,早期的STP需要经过一定的收敛时间(默认为50s)才能够稳定,这里的网络稳定是指所有端口或者进入转发状态或者进入阻塞状态。

为加快网络的稳定速度,后期开发的快速生成树IEEE 802.1w协议,在STP标准的IEEE 802.1d的基础上做了重要改进,使得收敛速度快得多(最快1s以内),因此IEEE 802.1w又称为快速生成树协议(Rapid Spanning Tree Protocol, RSTP)。

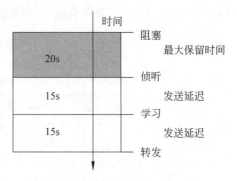

图 5-14　生成树性能的三个计时器

### 2. 快速生成树协议

在IEEE 802.1d协议的基础之上,进行了一些改进,就产生了IEEE 802.1w协议。

IEEE 802.1d协议虽解决了链路闭合引起的环路问题,但由于早期生成树的收敛过程需要的时间比较长,可能需要花费50s。对于以前的网络来说,50s阻断可以接受,毕竟那时人们对网络的依赖性不强。但现在50s的网络故障,足以带来巨大的损失,因此IEEE 802.1d协议已经不能适应现代网络的需求了。

于是,修订版本的快速生成树协议IEEE 802.1w标准问世,作为对802.1d标准的补充。快速生成树协议RSTP在STP基础上做了三点重要改进,使得网络的收敛过程由原来的50s减少为现在的1s,因此IEEE 802.1w又称为"快速生成树协议"。

如图5-15所示,网络中的交换机Switch A发送RSTP特有的"proposal"报文,交换机Switch B发现交换机Switch A的优先级比自身高,就选择Switch A为根桥。

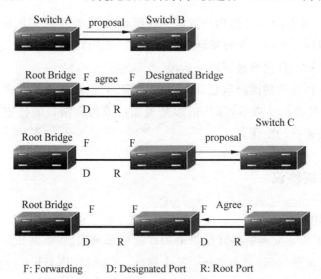

F: Forwarding　　　D: Designated Port　　　R: Root Port

图 5-15　快速生成树协议 RSTP 协商过程

交换机Switch B收到报文的端口为根端口(Root Port),立即进入转发(Forwarding),然后从根端口(Root Port)向交换机Switch A发送"同意(Agree)"报文。Switch A的制定端口(Designated Port)得到"同意(Agree)",也就进入转发(Forwarding)状态。

然后,交换机 Switch B 的指定端口(Designated Port)又发送"proposal"报文,依次将生成树展开。理论上,快速生成树协议 RSTP 是能够在网络拓扑发生变化的一瞬间,迅速恢复的网络树状结构,达到最快速的网络收敛。

**3. RSTP 的端口角色**

在 RSTP 中,交换机的每个端口都在网络中扮演一个角色(Port Role),用来体现在网络拓扑中的不同作用。

RSTP 的端口角色主要包括以下 5 种。

(1) 根端口(Root Port):具有到根交换机的最短路径的端口。

(2) 指定端口(Designated Port):每个 LAN 通过该端口连接到根交换机。

(3) 替换端口(Alternate Port):一旦根端口失效,该端口就立刻变为根端口。

(4) 备份端口(Backup Port):Designated Port 的备份端口,当一台交换机有两个端口都连接在一个 LAN 上,那么高优先级的端口为 Designated Port,低优先级的端口为 Backup Port。

(5) 未指定端口(Undesignated Port):当前不处于活动状态的端口,即 OperState 为 down 的端口都被分配了这个角色。

**4. RSTP 的快速机制**

RSTP 具有更"快速"的网络收敛速度。快速生成树改进后的性能归纳如下。

(1) 如果网络的拓扑变化是由根端口的改变引起,并且有一个备用的端口,可以成为新的根端口,那么,故障恢复的时间就是根端口的切换时间,无须延时、无须传递配置消息,只是一个处理的延时。如果机器性能足够好,这个恢复时间可能根本就没觉察到。

(2) 如果网络的拓扑变化是由指定端口的变化引起,并且也有一个备用端口可以成为新的指定端口,那么故障恢复的时间就是一次握手的时间。而一次握手的时间,就是发起握手和响应握手的端口,各发送一次配置消息的时间(即两倍 hello time)。不过握手的扩散,往往使情况糟糕,一点最坏的情况是,握手从网络的一边开始扩散到网络的另一边,比如网络直径为 7 的情况下,最多要经过 6 次握手网络的连通性才能被恢复。

(3) 如果网络拓扑变化是由边缘端口变化引起,无须延时,网络的连通性根本不受影响。不过这种快速状态迁移,需要一个前提条件:发起握手的端口与响应握手的端口之间是一条点对点链路,如图 5-16 所示。如果这个条件不满足,握手将不会被响应,那么这个指定端口只好等待两倍的 forward delay 延时。

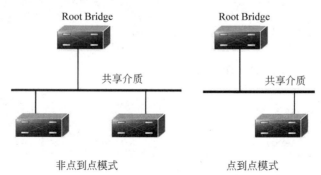

图 5-16　RSTP 出现在点对点链路

归纳如上快速生成树的学习信息,总结如下。

(1) 为根端口和指定端口设置快速切换替换端口和备份端口,当根端口/指定端口失效,替换端口/备份端口就无时延进入转发状态,无须等待两倍延迟时间;

(2) 在点对点链路中,指定端口与下游交换机进行一次握手,直接进入转发状态;

(3) 直接与终端计算机相连端口被配置为边缘端口(Edge Port),边缘端口可以直接进入转发状态,不需要任何时延。

**5. RSTP 的端口状态与拓扑变化机制**

每个 RSTP 端口都有三个状态,来表示是否转发数据包,从而控制整个生成树拓扑结构。

(1) 丢弃(Discarding):既不对收到的帧进行转发,也不进行源 MAC 地址学习。

(2) 学习(Learning):不对收到的帧进行转发,但进行源 MAC 地址学习,是过渡状态。

(3) 转发(Forwarding):既对收到的帧进行转发,也进行源 MAC 地址的学习。

## 5.3 配置生成树协议

**1. 开启、关闭 STP**

交换机默认状态是关闭 STP,自动开启的是第三代 MSTP。

因此,需要执行开启 STP 命令 spanning-Tree 启动早期的生成树协议。通过执行 no spanning-Tree 命令,可以临时关闭 STP。

以下为在 SwitchA 上启用 STP 命令。

```
SwitchA#configure terminal
SwitchA(config)#spanning-tree              !开启生成树协议
SwitchA(config)#spanning-tree mode stp     !设置生成树为 STP
SwitchA(config)#end
```

以下为在 SwitchA 上启用 RSTP 命令。

```
SwitchA#configure terminal
SwitchA(config)#spanning-tree              !开启生成树协议
SwitchA(config)#spanning-tree mode rstp    !设置生成树为 RSTP
SwitchA(config)#end
```

以下为在 SwitchA 上临时关闭生成树命令。

```
SwitchA#configure terminal
SwitchA(config)#no spanning-tree           !关闭生成树协议
SwitchA(config)#end
```

**2. 配置交换机优先级**

设置交换机的生成树优先级,关系哪台交换机后面通过选择成为整个网络根交换机。为减少选举的时间,一般把核心交换机优先级设置高些(数值小),有利于整个网络的稳定。

交换机生成树的优先级共有 16 个级别,都为 4096 的倍数递进,分别为：0、4096、8192、12 288、16 384、20 480、24 576、28 672、32 768、36 864、40 960、45 056、49 152、53 248、57 344、61 440。其中,没有任何配置情况下的默认值为 32 768。

以下为在 SwitchA 上配置交换机优先级命令。

```
SwitchA (config)# spanning-tree priority <0-61440>
```

如果要恢复默认值,执行 no spanning-tree priority 配置命令。

### 3. 配置端口优先级

交换机端口优先级值也是 16 个,都为 16 的倍数,分别为：0、16、32、48、64、80、96、112、128、144、160、176、192、208、224 和 240,其默认值为 128。

配置交换机端口优先级使用如下命令。

```
Switch (config-if)# spanning-tree port-priority <0-240>
```

如果要恢复默认值,执行 no spanning-tree port-priority 接口配置命令。

### 4. STP 信息显示和检测命令

使用以下两个命令显示 STP 信息,用于显示交换机生成树状态。

```
SwitchA# show spanning-tree                              !显示交换机的生成树模式及相关状态
...
SwitchB# show spanning-tree interface fastEthernet 0/1   !显示接口 STP 状态
...
```

## 5.4 多生成树协议

### 5.4.1 生成树协议技术发展

在生成树协议的发展历史上,共有以下三代生产树技术的出现。

第一代生成树：STP(IEEE 802.1d)、RSTP(IEEE 802.1w)。

第二代生成树：PVST；PVST+。

第三代生成树：MISTP；MSTP(IEEE 802.1s)。

其中,早期的快速生产树 STP/RSTP 是基于端口的生成树；第二代生成树 PVST/PVST+是基于 VLAN 的生成树,是思科网络开发厂商的非标准化的、私有生成树协议；而第三代生成树 MISTP/MSTP 就是基于实例的生成树,也称为多生成树。目前网络中流行的生成树协议,都默认自动启用第三代生成树协议。

### 5.4.2　第一代生成树协议的不足

早期的 RSTP,随着 VLAN 技术的大规模应用,逐渐暴露出其本身缺陷,主要表现如下。

**1. 无法实现负载分担**

如图 5-17 所示网络场景中,由于交换网络中 VLAN 技术的存在,造成了网络的隔离。

其中:骨干链接左边链路为主干链路,右侧链路是备份(Backup)状态。如果能让 VLAN 10 的流量全走左边,VLAN 20 的流量全走右边,实现骨干链路的均衡负载,将更能平衡网络流量。但早期的生成树协议 STP/RSTP 都无法实现。

**2. 造成 VLAN 不通**

如图 5-18 所示网络场景中,由于 RSTP 不能在 VLAN 之间传递消息,可能造成图中右下角交换机上 VLAN 10 和 VLAN 30 和所有上连端口都阻塞(Discarding),导致这两个 VLAN 内的所有设备,都无法与上行设备通信。

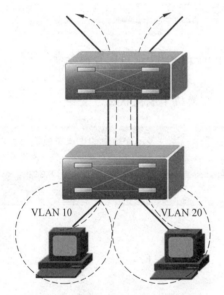

图 5-17　RSTP 无法实现负载分担

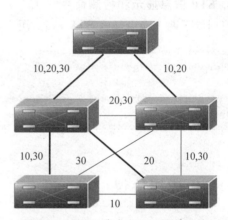

图 5-18　RSTP 造成 VLAN 不能通信

基于端口的 IEEE 802.1d 和 IEEE 802.1w 生成树协议,都是 MST(Mono Spanning-Tree,单生成树)协议,不能在 VLAN 中传播,即与 VLAN 无关。整个网络只能根据拓扑生成单一的树状结构。因此,在网络中如果出现了 VLAN 配置时,单生成树协议就会造成网络故障发生。

### 5.4.3　多生成树协议

多生成树协议(Multiple Spanning Tree Protocol,MSTP)是 IEEE 802.1s 中定义的第三代新型生成树协议。MSTP 提出 VLAN 和生成树之间"映射"的思想,从而解决了生成树协议在 VLAN 中运行的难题。

MSTP 通过引入"实例"(Instance)的概念,解决生成树协议在 VLAN 中运行的难题,这里所谓的实例就是多个 VLAN 集合。一个或若干个 VLAN 可以映射到同一棵生成树的实例,但每个 VLAN 只能归属在一棵生成树里。

通过把多个 VLAN 捆绑到一个实例中的方法,节省开销和资源占用率。MSTP 中的各个实例拓扑,都独立计算,从而在这些实例上实现负载均衡。

在使用 MSTP 的时候,可以把多个相同拓扑结构的 VLAN 映射到一个实例里,这些 VLAN 在端口上转发状态,取决于对应实例在 MSTP 里的状态。

相对于传统的 STP 和 RSTP 生成树协议,第三代生成树协议 MSTP 既能像 RSTP 一样快速收敛,又能基于网络中的 VLAN 结构,实现通信的负载分担,优势非常明显。

MSTP 的主要特点如下。

(1) MSTP 引入"域"的概念,把一个交换网络划分成多个域。每个域内形成多棵生成树,生成树之间彼此独立。在域间,MSTP 利用公共内网生成树 CIST 技术保证全网络拓扑结构的无环路结构的存在。

(2) MSTP 引入"实例(Instance)"的概念,将多个 VLAN 映射到一个实例中,以节省通信开销和资源占用率。MSTP 各个实例拓扑的计算是独立的(每个实例对应一棵单独的生成树),在实例上就实现 VLAN 数据负载分担。

(3) MSTP 兼容 STP 和 RSTP 生成树,实现类似 RSTP 端口状态快速迁移机制。

## 5.5　多生成树协议介绍

MSTP 引入了域的概念,域由域名、修订级别、VLAN 与实例的映射关系组成,只有三者都相同且互相连接的交换机,才被认为是在同一个域内。默认情况下,域名就是交换机的第一个 MAC 地址,修订级别等于 0,所有的 VLAN 都映射到实例 0 上。

MSTP 的实例 0 具有特殊的作用,称为 CIST,即公共与内部生成树,其他的实例称为 MSTI,即多生成树实例。

### 5.5.1　MSTP 基本概念

**1. MST 域**

MST 域是由交换网络中的多台设备以及它们之间所连接的网段构成。

这些设备组成的 MST 域具有下列特点:都启动 MSTP、具有相同域名、相同 VLAN 到生成树实例映射配置、相同 MSTP 修订级别配置。这些设备之间在物理上有链路连通,如图 5-19 所示的网络拓扑中,左边区域就是一个独立的 MST 域。

**2. MSTI**

在一个 MST 域内,可以通过 MSTP 生成多棵生成树。各棵生成树之间彼此独立。每棵生成树都称为一个 MSTI。

如图 5-19 所示网络场景中,图中每个域内都可以存在多棵生成树;而每棵生成树都和相应的 VLAN 对应,这些生成树就被称为 MSTI。

### 3. VLAN 映射表

VLAN 映射表是 MST 域的一个属性,用来描述 VLAN 和生成树实例的映射关系。

如图 5-19 所示的网络场景中,MST 域 A 的 VLAN 映射表就是:VLAN1 和 VLAN2 映射到生成树实例 1;VLAN2 和 VLAN4 映射到生成树实例 2;其余 VLAN 映射如图所示。

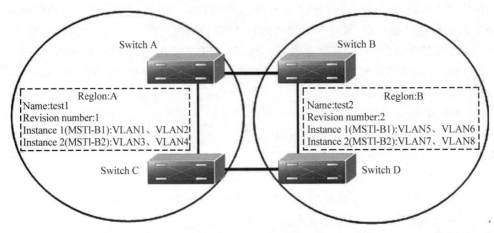

图 5-19　一个独立 MST 域

### 4. IST 域

内部生成树 IST(Internal Spanning Tree)是域内实例 0 上的生成树。内部生成树 IST 可以是 MST 区域内一个生成树,IST 实例使用编号 0。其中,内部生成树 IST 和公共生成树 CST 域共同构成整个交换网络的 CIST。

IST 域是 CIST 在 MST 域内的片段,如图 5-20 所示,CIST 在每个 MST 域内都有一个片段,这个片段就是各个域内 IST,IST 使整个 MST 区域从外部上看就像一个虚拟网桥。

### 5. CST

公共生成树 CST(Common Spanning Tree)是连接交换网络内所有 MST 域的单生成树而形成的公共生成树。如果把每个 MST 域看成一台"设备",公共生成树 CST 就是这些"设备"通过 RSTP 计算生成的一棵生成树。

在如图 5-20 所示的网络场景中,区域 A 和区域 B 各自为一个网桥,在这些"网桥"间运行的生成树被称为公共生成树 CST,图中水平连接线条描绘的就是 CST。

### 6. CIST

CIST(Common and Internal Spanning Tree)是一个交换网络内,所有设备连接形成的单生成树,由 IST 和 CST 共同构成。在如图 5-20 所示的网络场景中,每个 MST 域内的内部生成树 IST,加上 MST 域间的公共生成树 CST,就构成整个网络的 CIST。其中,IST 和 CST 共同构成整个交换网络的 CIST。

IST 和 CST 共同构成了整个网络的 CIST,它相当于每个 MST 区域中的 IST、CST 以及 802.1d 网桥的集合。STP 和 RSTP 会为 CIST 选举出 CIST 的根。

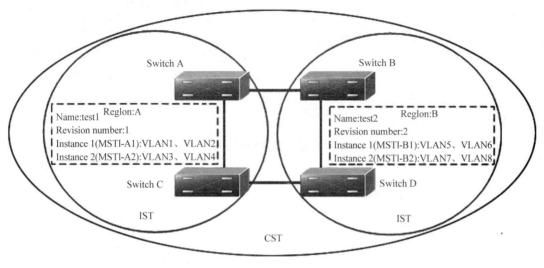

图 5-20　IST 和 CST 域关系

## 5.5.2　配置 MSTP 生成树

### 1. 开启 MSTP 生成树协议

为有效避免交换网络中的冗余链路带来的故障风险,目前主流厂商的交换机默认都开启第三代生成树协议。

如果需要切换生产树的工作模式,可以使用下面的命令打开。

```
Switch(config)#spanning-tree                    !启用生成树
Switch(config)#spanning-tree mode mstp          !选择生成树模式为MSTP
```

### 2. 配置 MSTP 生成树协议

如下方式配置 MSTP 属性参数,进入 MSTP 配置模式。

```
Switch(config)#spanning-tree mst configuration       !进入MSTP配置模式

Switch(config-mst)#instance instance-id vlan vlan-range
                               !在交换机上配置VLAN与生成树实例映射关系
Switch(config-mst)#name name                !配置MST区域的配置名称
Switch(config-mst)#revision number          !配置MST区域的修正号
                               !参数的取值范围是0~65 535,默认值为0
SwitchA(config)#spanning-tree mst instance priority number
                                            !配置MST实例的优先级
```

### 3. 查看 MSTP 生成树配置信息

通过如下命令,查看 MSTP 生成树的配置信息。

```
Switch#show spanning-tree                          !查看生成树配置结果
...
Switch#show spanning-tree mst configuration    !查看 MSTP 的配置结果
...
Switch#show spanning-tree mst instance            !查看特定实例的信息
...
Switch#show spanning-tree mst instance interface
...                                                !查看特定端口在相应实例中的状态信息
```

### 5.5.3　MSTP 生成树应用

如图 5-21 所示的网络场景,是某企业的骨干网络,实现网络冗余链路,保证网络的健壮性。希望通过启用 MSTP,实现网络安全、稳定地运行。

其中,骨干网络中的每台交换机上都配置有 VLAN 10 和 VLAN 20。要求以配置有 VLAN 10 的根网桥设备为 SW-A;配置有 VLAN 20 的设备的根网桥为 SW-B,实现均衡负载。

相关 MSTP 生成树配置如下。

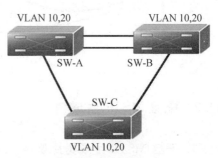

图 5-21　MSTP 生成树场景

**1. 配置 SW-A 交换机 MSTP 生成树**

```
!关于 SW-A 交换机基础配置省略,只涉及 MSTP 生成树配置
...
SW-A(config)#spanning-tree
SW-A(config)#spanning-tree mst configuration      !进入 MSTP 配置模式
SW-A(config-mst)#instance 1 vlan 10               !配置 VLAN10 与实例 1 映射关系
SW-A(config-mst)#instance 2 vlan 20
SW-A(config-mst)#name test                        !配置 MST 区域的配置名称
SW-A(config-mst)#revision 1                       !配置 MST 区域的修正号
SW-A(config-mst)#exit

SW-A(config)#spanning-tree mst 0 priority 8192    !配置 MST0 实例优先级
SW-A(config)#spanning-tree mst 1 priority 4096
                  !设置 SW-A 的实例 1 优先级最高,手动指定实例 1 的根桥为 SW-A
SW-A(config)#spanning-tree mst 2 priority 8192
SW-A(config)#exit

SW-A#show spanning-tree mst configuration         !查看 MSTP 的配置结果
...
SW-A#show spanning-tree mst instance              !查看特定实例的信息
...
```

## 2. 配置 SW-B 交换机 MSTP 生成树

```
!关于 SW-B 交换机基础配置省略,只涉及 MSTP 生成树配置
...
SW-B(config)#spanning-tree
SW-B(config)#spanning-tree mst configuration
SW-B(config-mst)#instance 1 vlan 10
SW-B(config-mst)#instance 2 vlan 20
SW-B(config-mst)#name test
SW-B(config-mst)#revision 1
SW-B(config-mst)#exit

SW-B(config)#spanning-tree mst 0 priority 8192
SW-B(config)#spanning-tree mst 1 priority 8192
SW-B(config)#spanning-tree mst 2 priority 4096
                        !设置 SW-B 的实例 2 优先级最高,手动指定实例 2 的根桥为 SW-B
SW-B(config)#exit

SW-B#show spanning-tree mst configuration        !查看 MSTP 的配置结果
...
SW-B#show spanning-tree mst instance             !查看特定实例的信息
...
```

## 3. 配置 SW-C 交换机 MSTP 生成树

```
!关于 SW-C 交换机基础配置省略,只涉及 MSTP 生成树配置
...
SW-C(config)#spanning-tree
SW-C(config)#spanning-tree mst configuration
SW-C(config-mst)#instance 1 vlan 10
SW-C(config-mst)#instance 2 vlan 20
SW-C(config-mst)#name test
SW-C(config-mst)#revision 1
SW-C(config-mst)#exit

SW-C(config)#interface fastEthernet 0/1
SW-C(config-if)#switchport mode trunk
SW-C(config)#interface fastEthernet 0/2
SW-C(config-if)#switchport mode trunk
SW-C(config)#exit

SW-C#show spanning-tree mst configuration        !查看 MSTP 的配置结果
...
SW-C#show spanning-tree mst instance             !查看特定实例的信息
...
```

## 5.6  以太网链路聚合

早期的企业网在主干网络改造的过程中,为了获得骨干网络的高速带宽,保证网络的稳定性,使用链路聚合技术,在获得了骨干链路高带宽的同时,还实现了网络的冗余。

如图 5-22 所示的网络场景是中山大学校园主干网络中部分学院的核心网络场景,图中虚线部分圈出的区域,是以太网链路聚合技术的主要应用场景。

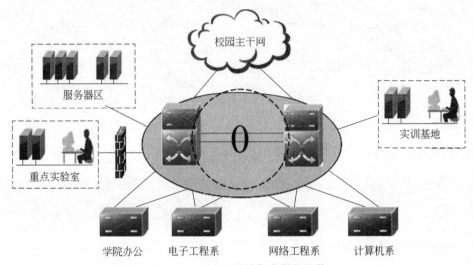

图 5-22  以太网链路聚合网络拓扑

### 5.6.1  什么是端口聚合

对于局域网中核心交换机之间,以及从汇聚交换机到核心网络中很多高带宽需求服务的网络连接来说,1000Mb/s 甚至 1Gb/s 的带宽已经远远不能满足网络的应用需求。

早期的网络在建设过程中,由于光纤网络建设的成本昂贵,因此,链路聚合技术(也称端口聚合)帮助用户减少了这种高带宽压力的需求。

颁布于 1999 年的 IEEE 802.3ad(Link Aggregation Control Protocol,链路聚合控制协议)定义了如何将两条以上的以太网链路组合起来,聚合为一条高带宽网络连接,通过这一条聚合链路,实现网络的带宽共享、负载均衡的需求,为网络应用提供更好的弹性。

端口聚合技术也称为链路聚合技术,其实现方法是:在交换机上把多条性质相同的物理端口的连接成一条链路,通过协议捆绑在一起,创建出一个聚合端口,形成一条逻辑连接,这条逻辑连接被称为一个聚合端口(Aggregate Port)。

### 5.6.2  聚合端口的功能

聚合端口是将交换机上的多个物理端口逻辑地捆绑在一起,生成一个拥有较大宽带的逻辑端口,形成一条干道,实现均衡负载同时并提供冗余链路。

### 1. 冗余链路

如图 5-23 所示某核心网络,把多个物理端口捆绑在一起形成一个简单的逻辑端口,这个逻辑端口称为一个 Aggregate Port(以下简称 AP)端口。

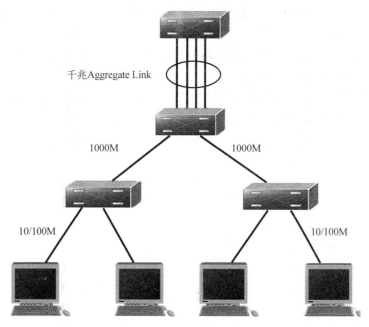

千兆Aggregate Link

1000M　　　　　1000M

10/100M　　　　　　　　　　　10/100M

图 5-23　端口聚合

Aggregate Port 可以把多个端口上的物理带宽叠加起来使用,比如全双工快速以太网端口形成的逻辑端口 AP 最大可以达到 800Mb/s,或者千兆以太网接口形成逻辑接口 AP 最大可以达到 8Gb/s。逻辑接口 AP 是链路带宽扩展的一个重要途径,IEEE 802.3ad 标准可以把多个端口带宽叠加起来使用。

聚合在一起的链路,可以在一条单一逻辑链路上组合使用上述传输速度,这就使用户在交换机之间有一个千兆端口以及 3 或 4 个 100Mb/s 端口时有更多的选择,以负担得起的方式提升带宽。

802.3ad 另一个主要优点是可靠性。在链路速度可以达到 8Gb/s 的情况下,链路故障将是一场灾难。关键交换机链路和服务器连接必须既要有强大提供服务功能又要稳定值得信赖。即使在一条电缆被误切断的情况下,网络也不会瘫痪,这正是 802.3ad 所具有的自动链路冗余备份功能。换句话说,如果链路中所使用的多个端口中的一个端口出现故障,网络传输流可以动态地改向链路中正常状态的端口进行传输,并在服务几乎不中断的情况下,网络继续运行。

总之,端口聚合将交换机上的多个端口在物理上连接起来,在逻辑上捆绑在一起,形成一个拥有较大宽带的端口,形成一条干路,可以实现均衡负载,并提供冗余链路。

### 2. 流量平衡

此外,逻辑接口 AP 还能根据报文的 MAC 地址或 IP 地址进行流量平衡,即把流量平均地分配到逻辑接口 AP 的成员链路中去。流量平衡可以根据源 MAC 地址、目的 MAC 地址或源 IP 地址/目的 IP 地址等进行设置。源 MAC 地址流量平衡即根据报文的源 MAC 地址把报文分配到各个链路中。

　　不同的主机,转发的链路不同;同一台主机的报文,从同一条链路转发(交换机中学到的地址表不会发生变化)。其中:

　　二层逻辑接口 AP 根据收到的数据帧中目的 MAC 地址,在进行流量平衡时,即根据报文的目的 MAC 地址,把报文分配到各条链路中。同一目的主机的报文,从同一个链路转发;不同目的主机的报文,从不同的链路转发。此外,还可以在逻辑接口 AP 上,使用 aggregateport load-balance 命令,来配置流量分配方式。

　　三层逻辑接口 AP 根据收到的数据包中的源 IP 地址/目的 IP 地址,对逻辑接口 AP 中收到的数据流量进行流程平衡,并根据报文源 IP 与目的 IP 进行流量分配。不同的源 IP/目的 IP 对的报文通过不同的端口转发;同一源 IP/目的 IP 对的报文通过相同的链路转发;其他的源/目的 IP 对的报文通过其他的链路转发。

　　在配置聚合端口 AP 时,应当注意:交换机最大支持 8 个端口实现聚合,在配置以太网链路聚合时应当注意:

　　(1) 组端口的速度必须一致;

　　(2) 组端口必须属于同一个 VLAN;

　　(3) 组端口使用的传输介质相同;

　　(4) 组端口必须属于同一层次,并与逻辑接口 AP 也要在同一层次。

　　虽然逻辑接口 AP 的配置有诸多约束,但配置后的组端口可以像一般的端口一样管理和使用。

### 5.6.3　配置聚合端口

#### 1. 配置 Aggregate Port

在交换机上配置 Aggregate Port 的基本命令如下。

```
Switch#configure terminal
Switch(config)#interface interface-id
Switch(config-if-range)#port-group port-group-number
```

　　上述操作将该接口加入一个 AP 聚合端口(如果这个 AP 不存在,则同时创建这个 AP)。在接口配置模式下使用 no port-group 命令,删除一个 AP 成员接口。

　　下面的例子是将二层以太网接口 F0/1 和 F0/2 配置成二层 AP 1 成员。

```
Switch#configure terminal
Switch(config)#interface range fastethernet 0/1-2
Switch(config-if-range)#port-group 1
Switch(config-if-range)#end
```

　　在全局配置模式下,使用命令"interface aggregateport n (n 为 AP 号)",来直接创建一个聚合端口 AP(如果 AP n 不存在)。

### 2. 配置 Aggregate Port 流量平衡

聚合端口默认的流量平衡是根据输入二层数据帧中的源 MAC 地址,进行流量分配。可以通过 aggregateport load-balance 命令,更改平衡模式,命令格式为:

```
Switch(config)#aggregateport load-balance {dst-mac | src-mac | ip}
```

其中:

dst-mac:根据输入报文的目的 MAC 地址进行流量分配。

src-mac:根据输入报文的源 MAC 地址进行流量分配。

ip:根据源 IP 与目的 IP 进行流量分配。

### 3. 显示 Aggregate Port

查看聚合端口 AP 配置状态,其命令格式为:

```
show aggregateport [port-number]{load-balance | summary}
```

示例如下:

```
Switch#show aggregateport load-balance
```

## 工程案例:组建冗余网络,保障网络稳定

【工程名称】　端口聚合提供冗余备份链路。

【工程目的】　理解链路聚合技术原理,提供冗余备份链路,学习生成树原理。

【背景描述】

中山大学为整合教学资源,把原电子工程系、计算机科学技术系并成计算机科学技术学院。并将原来各自分隔的网络联成一体,升级学院主干网络。在主干网络改造的过程中,希望增加网络冗余,保障网络的稳定性。此外,还需提升核心链路的带宽,保障核心网络的传输效率。

【材料准备】　交换机设备(两台)、PC(两台)、网线(4 条)

【工程拓扑】　如图 5-24 所示,就是改造后的计算机科学技术系网络拓扑。为提升交换机之间的传输带宽,并实现链路冗余备份,网络改造时,在两台交换机之间采用两条链路实现连接。并将相应的两个端口聚合为一个逻辑端口,并配置生成树协议,以解决网络中存在的环路问题。

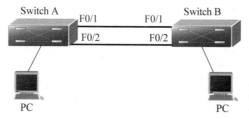

图 5-24　网络联成一体新计算机科学技术学院网络拓扑

**【施工过程】**

按照如图 5-24 所示的拓扑,连接网络。尽量保证接口的连接一致,方便下面相应的操作。

**【步骤一】** 交换机 A 的基本配置

```
SwitchA#configure terminal
SwitchA(config)#vlan 10
SwitchA(config-vlan)#exit
SwitchA(config)#interface fastethernet0/5
SwitchA(config-if)#switchport access vlan 10
SwitchA(config-if)#end

SwitchA#show vlan
...
```

在交换机 SwitchA 上配置聚合端口。

```
SwitchA(config)#interface aggregateport 1          !创建聚合接口 AG1
SwitchA(config-if)#switchport mode trunk           !配置 AG 模式为 trunk
SwitchA(config-if)#exit

SwitchA(config)#interface range fastethernet 0/1-2 !进入接口 0/1 和 0/2
SwitchA(config-if-range)#port-group 1              !配置接口 0/1 和 0/2 属于 AG1
SwitchA(config-if-range)#end

SwitchA#show aggregatePort 1 summary               !查看端口聚合组 1 的信息
...
```

**【步骤二】** 交换机 B 的基本配置

```
SwitchB#configure terminal
SwitchB(config)#vlan 10
SwitchB(config-vlan)#exit
SwitchB(config)#interface fastethernet0/5
SwitchB(config-if)#switchport access vlan 10
SwitchB(config-if)#end

SwitchB#show vlan
...
```

在交换机 SwitchB 上配置聚合端口。

```
SwitchB(config)#interface aggregateport 1          !创建聚合接口 AG1
SwitchB(config-if)#switchport mode trunk           !配置 AG 模式为 trunk
SwitchB(config-if)#exit
SwitchB(config)#interface range fastethernet 0/1-2 !进入接口 0/1 和 0/2
```

```
SwitchB(config-if-range)#port-group 1          !配置接口 0/1 和 0/2 属于 AG1
SwitchB(config-if-range)#end

SwitchB#show aggregatePort 1 summary
...
```

【步骤三】　在交换机 A 和 B 上配置快速生成树协议

```
SwitchA#configure terminal                !进入全局配置模式
SwitchA(config)#spanning-tree             !开启生成树协议
SwitchA(config)#spanning-tree mode rstp    !指定生成树协议的类型为 RSTP

SwitchB#configure terminal                !进入全局配置模式
SwitchB(config)#spanning-tree             !开启生成树协议
SwitchB(config)#spanning-tree mode rstp    !指定生成树协议的类型为 RSTP
```

验证测试：

(1) 给 PC1 和 PC2 配置同一网段的 IP 地址，如 192.168.10.20/24、192.168.10.30/24。

(2) 验证当交换机之间的一条链路断开时，PC1 与 PC2 仍能互相通信。

```
C>ping 192.168.10.30 -t          !在 PC1 的命令行方式下验证能 Ping 通 PC3
...
```

## 认证测试

以下每道选择题中，都有一个正确答案或者是最优答案，请选择出正确答案。

1. IEEE 的哪个标准定义了 RSTP？ _____

    A. IEEE 802.3　　B. IEEE 802.1　　C. IEEE 802.1d　　D. IEEE 802.1w

2. 常见的生成树协议有_____。

    A. STP　　　　　B. RSTP　　　　C. MSTP　　　　D. PVST

3. 生成树协议是由_____标准规定的。

    A. 802.3　　　　B. 802.1q　　　C. 802.1d　　　D. 802.3u

4. IEEE 802.1d 定义了生成树协议 STP，将整个网络路由定义为_____。

    A. 二叉树结构　　　　　　　　B. 无回路的树状结构

    C. 有回路的树状结构　　　　　D. 环状结构

5. STP 的最根本目的是_____。

    A. 防止"广播风暴"

    B. 防止信息丢失

    C. 防止网络中出现信息回路造成网络瘫痪

    D. 使网桥具备网络层功能

6. 以下属于生成树协议的有_____。

　　A. IEEE 802.1w　　B. IEEE 802.1s　　C. IEEE 802.1p　　D. IEEE 802.1d

7. 以下对 802.3ad 说法正确的是_____。

　　A. 支持不等价链路聚合

　　B. 在 RG21 系列交换机上可以建立 8 个聚合端口

　　C. 聚合端口既有二层聚合端口,又有三层聚合端口

　　D. 聚合端口只适合百兆以上网络

8. 如何把一个物理接口加入到聚合端口组 1?_____

　　A. (config-if)♯port-group　　　　　　B. (config)♯port-group 1

　　C. (config-if)♯port-group 1　　　　　D. ♯port-group 1

9. 下列有关生成树协议端口的几种状态说法正确的是_____。

　　A. 阻塞状态既不接收数据也不发送数据

　　B. 侦听状态只接收 BPDU,不发送任何数据

　　C. 学习状态接收 BPDU,发送 BPDU,转发数据

　　D. 转发状态,正常处理所有数据

10. 请按顺序说出 802.1d 中端口由阻塞到转发状态变化的顺序_____。

　　(1) Listening　　　　(2) Learning　　　　(3) Blocking　　　　(4) Forwarding

　　A. 3-1-2-4　　　　　B. 3-2-4-1　　　　　C. 4-2-1-3　　　　　D. 4-1-2-3

11. MAC 地址通常存储在计算机的_____。

　　A. 内存中　　　　　B. 网卡上　　　　　C. 硬盘上　　　　　D. 高速缓冲区中

12. 使用 ping 命令 ping 另一台主机,就算收到正确的应答,也不能说明_____。

　　A. 目的主机可达

　　B. 源主机的 ICMP 软件和 IP 软件运行正常

　　C. ping 报文经过的网络具有相同的 MTU

　　D. ping 报文经过的路由器路由选择正常

13. 下面关于以太网的描述哪一个是正确的?_____

　　A. 数据是以广播方式发送的

　　B. 所有节点可以同时发送和接收数据

　　C. 两个节点相互通信时,第三个节点不检测总线上的信号

　　D. 网络中有一个控制中心,用于控制所有节点的发送和接收

14. 下列哪种说法是错误的?_____

　　A. 以太网交换机可以对通过的信息进行过滤

　　B. 以太网交换机中端口的速率可能不同

　　C. 在交互式以太网中可以划分 VLAN

　　D. 利用多个太网交换机组成的局域网不能出现环路

15. 帧中继(Frame Relay)交换是以帧为单位进行交换,它是在_____上进行的。

　　A. 物理层　　　　　B. 数据链路层　　　　C. 网络层　　　　　D. 运输层

16. 请问 STP 的作用是_____。

　　A. 防止网络中的路由环路

B. 跨交换机实现 VLAN 通信

C. 防止网络中的交换环路

D. 发送 BPDU 信息以确定网络中的最优转发路由器

17. S2126G 交换机的管理 VLAN 号是＿＿＿＿＿＿。

    A. 0　　　　　　　B. 1　　　　　　　C. 256　　　　　　D. 1024

18. IEEE 的哪个标准定义了 RSTP?＿＿＿＿＿＿

    A. IEEE 802.3　　B. IEEE 802.1　　C. IEEE 802.1d　　D. IEEE 802.1w

19. S2126G 交换机如何将接口设置为 TAG VLAN 模式?＿＿＿＿＿＿

    A. switchport mode tag　　　　　　B. switchport mode trunk

    C. trunk on　　　　　　　　　　　　D. set port trunk on

20. 网站设备完全由二层交换机组成,作为公司的网络管理员,如果要执行生成树算法的话,计算过程应该在哪里完成?＿＿＿＿＿＿

    A. 仅在根交换机　　　　　　　　　　B. 根交换机及其他交换机

    C. 除根交换机之外的所有交换机　　　D. 指定的一个执行该算法的交换机

# 第6章　配置出口路由技术

## 项目背景

　　如图 6-1 所示的网络拓扑是中山大学二期校园网改造场景,需要配置三层路由实现全网互通。

　　首先,需要完成主校区的网络接入互联网;同时还要实现主校区网络同其他几个分校区的连通。所有校区之间的网络拓扑连接如图 6-1 所示,图中虚线部分显示的区域是主校区的网络中心配置路由的场景。

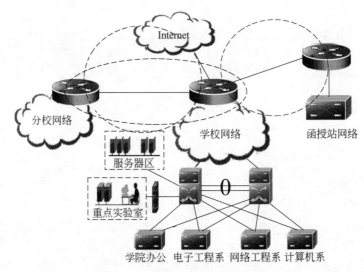

**图 6-1　中山大学所有校区之间网络拓扑**

## 项目分析

　　由于中山大学的校园分布在多个不同校区,不同校区之间需要通过公共网络来连接。

　　为保证不同校区之间网络畅通,共享校园网中资源,需要配置三层路由技术,实现所有的园区网络之间互相连通。

　　二期校园网改造的主要内容包括:校内各学院网络之间,通过增加三层交换设备实现校内不同子网连通;主校区的网络通过出口路由器,使用光纤专线接入互联网;各分校区之间采用动态路由,实现所有校区网络直接互联互通,满足不同校区之间的信息化需求。

如图 6-1 所示虚线区域是常见的路由技术发生场景,通过本节的学习,读者将能够了解如下知识内容。

(1) 路由技术原理;

(2) 直连路由技术;

(3) 静态路由技术;

(4) 默认路由技术。

# 6.1　路由原理

路由技术发生在 OSI 数据模型的第三层(网络层)。

**1. 什么是路由技术**

所谓路由,就是指通过互相连接的网络,把数据从源地点转发到目标地点的过程。一般来说,在路由传输的过程中,数据至少会经过一个或多个中间节点。

路由包含两个基本的动作:确定最佳路径和通过网络传输信息。在路由的过程中,后者也称为(数据)交换。交换相对来说比较简单,而路由选择路径过程很复杂。

1) 路径选择

Metric 是路由选择中,确定到达目的地最佳路径的计量标准,如路径长度。为了帮助数据选路,路由算法维护一张包含路径信息的路由表,路径信息根据路由算法不同而不同。

路由算法根据许多信息来填充路由表,路由器之间彼此通信,通过交换路由信息维护其路由表。在路由表中,其"目的/下一跳地址"告知路由器到达该目的地的最佳方式,把分组发送给代表"下一跳"的路由器。当路由器收到一个分组,它就检查其目标地址,尝试将此地址与其"下一跳"相联系。

此外,路由表还可以包括其他信息,如比较 Metric 以确定最佳路径,这些 Metric 根据所用的路由算法而不同。

2) 交换

数据的交换过程相对而言较简单,多数情况下,某台主机决定向另一个网络中的主机发送数据,通过某些方法获得路由器的地址后,源主机发送指向该路由器的物理(MAC)地址的数据包,其 IP 协议地址是指向目的主机的。

路由器收到该数据信息后,查看了数据包的目的协议地址后,依据路由表确定如何转发该数据包:如果路由器不知道如何转发,通常就将之丢弃;如果路由器知道如何转发,就把该数据包重新封装成下一跳的设备的物理地址(MAC),并依次向前发送。

下一跳可能就是最终的目的主机,也可能是网络中中转的三层设备。当数据分组在网络中传输时,该数据包的物理地址在不断改变,最终形成一条传输链路,但其 IP 协议地址始终保持不变。

**2. 路由传输过程**

如图 6-2 所示的网络场景中,计算机 A 和 C 通过路由器连接。计算机 A 传输一个数据包到 C 上,中途需要经过路由器转发才可到达。

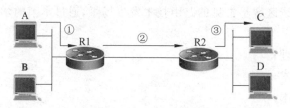

图 6-2　路由示例

在计算机 A 到计算机 C 的路由过程中,有以下几点必须首先解决。

(1) 计算机 A 是如何将发送至计算机 C 的数据,转发至路由器 R1?

(2) 路由器 R1 如何决定将发往计算机 C 的数据转发至路由器 R2?

(3) 路由器 R2 如何实现数据最终与计算机 C 的连接?

如图 6-3 所示的网络场景详细描述了路由传输过程。其中:计算机 A 的 IP 地址为 192.168.1.10/24,网关为 192.168.1.1;计算机 C 的 IP 地址为 192.168.2.10/24,网关为 192.168.2.1。

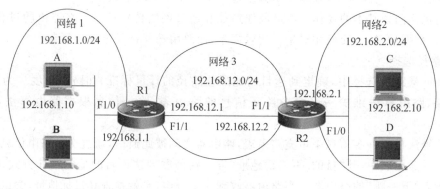

图 6-3　路由过程分析

当计算机 A 要和 C 通信时,通过目标 IP 地址与源 IP 地址匹配运算,判断双方不在同一子网。因此,该 IP 数据包默认发到网关,也即 192.168.1.1 对应的设备 R1 路由器的 Fastethernet 1/0 接口。

路由器 R1 将根据接收到的 IP 数据包的目的地址,依据路由表信息,选择合适的端口把 IP 分组转发出去。通过匹配 R1 路由器中的路由表信息,接收到的 IP 数据包将被转发到路由器 R2 上。

在互相连接的网络中,路由器通过路由表来标记所有网络的转发路径,实现对整个网络中的访问。换句话说,路由器 R1 必须知道去往网络 2 的下一跳路由器 R2,而 R2 也必须知道 192.168.2.10 的直连网络。

### 3. 路由类型

IP 协议是根据路由来转发数据。路由器中的路由有两种:直连路由和非直连路由。

路由器各接口直接连接的网络,使用直连路由进行通信。直连路由是配置在路由器网络接口 IP 地址自动生成的路由。如果对这些接口没有特殊限制,所有接口直连的网络之间就可以直接通信。

由两台以上的路由器之间互连的网络之间的通信,需要使用非直连路由。典型的非直连路由表学习的方式有两种：静态路由和动态路由。

静态路由是在路由器中设置的固定的路由表，除非网络管理员干预，否则路由表信息不会发生变化。由于静态路由不能对网络的改变做出反应，一般用于网络规模不大、拓扑结构固定的网络中。

动态路由是路由器之间相互通信，传递路由信息，利用收到的路由信息，更新路由表的过程。如果网络拓扑结构发生了变化，路由协议就会重新计算路由，并发出新的路由更新信息，路由器会自动更新各自的路由表信息，以动态地反映网络拓扑变化。动态路由适用于网络规模大、网络拓扑复杂的网络，以自动适应网络的变化。

静态路由和动态路由都有各自的特点和适用范围。在网络中，当一个 IP 数据包在路由器中寻径时，路由器首先查找静态路由。如果查到，则根据相应的静态路由转发分组；否则再查找动态路由表信息进行转发。

## 6.2　路由表

路由器是互联网中重要的互联设备，网络中的数据包通过路由器转发到目的网络，路由器依靠路由表来转发接收到的数据包信息。

**1. 路由表**

路由器的主要工作是学习并维护着一张路由表，该表是关于路由器已知的最佳路由的列表。路由器就是通过路由表来决定如何转发接收到的 IP 数据包。路由表中包含路由器学习到的目的网络地址，以及通过此路由器到达目标网络的最佳路径，如某个接口或下一跳的地址。路由器依据路由表进行数据包转发。

当网络中的路由器从某个接口中收到一个数据包时，路由器首先查看该数据包中的目的网络地址。然后，路由器再查看自己的路由表，找到该数据包的目的网络所对应的接口，最后，再从相应的接口转发出去。如果匹配不成功，路由器将丢弃该数据包。

登录路由器设备，通过系统提供"show ip route"命令，可以查看到路由表内容，如下所示。

```
Router#show ip route
    Codes: C -connected, S -static, R -RIP O -OSPF, IA -OSPF inter area
        N1 -OSPF NSSA external type 1, N2 -OSPF NSSA external type 2
        E1 -OSPF external type 1, E2 -OSPF external type 2
        * -candidate default
    Gateway of last resort is no set
    C    172.16.1.0/24 is directly connected, FastEthernet1/0
    C    172.16.21.0/24 is directly connected, serial 1/2
    S    172.16.2.0/24 [1/0] via 172.16.21.2
    R    172.16.3.0/24 [120/2] via 172.16.21.2, 00:00:27, serial 1/2
    R    172.16.4.0/24 [120/2] via 172.16.21.2, 00:00:27, serial 1/2
```

在显示的"Codes"行，列出该台路由器所能学到路由的来源信息。其中，"C"代表直连路由；"S"代表静态路由；"R"代表 RIP 动态路由；"O"代表 OSPF 动态路由；" ＊ "代表默认路由等信息。

在路由条目列表中,用"C"标注直连网络的两条路由;用"S"标注一条静态路由;用"R"标注两条 RIP 产生的动态路由。

路由器自动为所有激活的 IP 接口添加路由,形成直连的路由信息。此外,还可以使用以下两种方法来添加。

(1) 静态路由:管理员手动定义到一个目的网络或者几个目的网络的路由。

(2) 动态路由:根据路由选择协议定义的规则交换路由信息,选择最佳路由。

**2. 管理距离**

如下所示,以路由表中的一条路由条目为例,详细说明路由表内容。

```
R    172.16.3.0/24 [120/2] via  172.16.21.2, 00:00:27, serial 1/2
```

其中,R 表示 RIP 产生的动态路由;172.16.3.0/24 表示目的网络;120 为管理距离;2 为度量值;172.16.21.2 是去往目的地的下一跳地址;00:00:27 为该路由记录的存活时间;serial 1/2 为去往目的网络的接口。

这里的管理距离,反映的是路由信息可信度等级。分别使用 0~255 之间的数值表示,该值越高,其可信度越低。路由表中不同的路由信息默认的管理距离值如表 6-1 所示。

表 6-1    默认的管理距离

| 路 由 源 | 默认管理距离 |
| --- | --- |
| Connected interface | 0 |
| Static route out an interface | 0 |
| Static route to a next hop | 1 |
| OSPF | 110 |
| IS-IS | 115 |
| RIP v1, v2 | 120 |
| Unknown | 255 |

在一台路由器中,可能同时配置了静态路由或多种动态路由。它们各自维护着路由表信息,提供数据的转发功能。由于通往同一目标网络的路由信息可能有多条,因此这些路由表项提供的信息,可能会发生冲突。这种冲突可通过路由表中的优先级来解决,管理距离提供了路由选择优先等级。

## 6.3  直连路由

路由技术在实际使用中,按照实际网络连接情况,分为直连路由和非直连路由两种类型。

其中,直连路由是指路由器接口直接连接子网形成路由,路由器各网络接口直连的网络之间使用直连路由通信。直连路由是在配置完路由器接口 IP 地址后自动生成的。

直连路由直接指向路由器接口所连接的网段,完成直连网络之间的通信。直连路由不需要网络管理员维护,也不需要通过算法计算获得,只要该接口配置有效接口 IP 地址,并保证该接口处于活动状态(Active)即可。

路由器的每个接口都必须单独连接在一个子网,能自动产生激活端口 IP 所在网段的直连路由信息,实现这些子网之间的连接。但直连路由无法使路由表获取与路由器不直接相连网络的路由信息。

如图 6-4 所示,路由器的接口配置如表 6-2 所示的 IP 地址,接口灯亮后自动产生直连路由。其中,192.168.1.0 网络被映射到接口 F1/0 上、192.168.2.0 网络被映射到接口 S1/2 上、192.168.3.0 网络被映射到接口 F1/1 上。

表 6-2 路由器的接口 IP 地址

| 路由方式 | 目标网络 | 出口 |
| --- | --- | --- |
| C | 192.168.1.0 | Fastethernet 1/0 |
| C | 192.168.2.0 | Serial 1/2 |
| C | 192.168.3.0 | Fastethernet 1/1 |

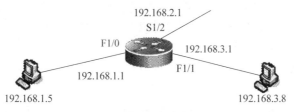

图 6-4 直连路由

路由器加电激活后,登录路由器为所有接口配置如表 6-2 所示的 IP 地址。

```
Red-Giant#configure terminal
Red-Giant(config)#hostname Router
Router (config)#interface fastethernet 1/0
Router (config-if)#ip address 192.168.1.1 255.255.255.0    !配置接口地址
Router (config-if)#no shutdown
Router (config)#interface fastethernet 1/1
Router (config-if)#ip address 192.168.3.1 255.255.255.0
Router (config-if)#no shutdown
Router (config)#interface serial 1/2                       !进入 serial 1/2接口模式
Router (config-if)#ip address 192.168.2.1 255.255.255.0
Router (config-if)#no shutdown
Router (config-if)#end

Router#show ip route                                       !查询路由表
```

```
Codes: C - connected, S - static, R - RIP
       O - OSPF, IA - OSPF inter area
       N1 - OSPF NSSA external type 1, N2 - OSPF NSSA external type 2
       E1 - OSPF external type 1, E2 - OSPF external type 2
        * - candidate default
Gateway of last resort is no set
C    192.168.1.0/24 is directly connected, FastEthernet1/0
C    192.168.2.0/24 is directly connected, serial 1/2
C    192.168.3.0/24 is directly connected, FastEthernet1/1
```

直连路由的管理距离为 0,在路由选择决策时具有最高的优先级。只要路由器接口保持活动状态,直连路由就可以保证路由器的直连网络的路由可达性。

## 工程案例:配置直连路由实现直连网连通

【工程名称】 配置直连路由技术,实现互相连接的直连网连通
【工程目标】 掌握通过直连路由技术,实现区域网络的连通
【材料清单】 路由器(一台);网络连线(若干根);测试 PC(两台)
【工作场景】

如图 6-5 所示场景是中山大学校园网出口路由设备,直接连接两个子网,左边连接的是校内网络,右边连接的是互联网。其网络的地址规划如表 6-3 所示。

【施工过程】

【步骤一】 连接设备

按照如图 6-5 所示网络拓扑,连接设备。其中,使用 PC1 代表校内网络设备;PC2 代表互联网中设备。此外,不同的路由器设备接口的命名方式有所不同,配置时查看路由器设备,按实际的接口标识配置。

【步骤二】 配置路由器接口地址

路由器的每个接口都必须单独连接一个网段,按照如表 6-3 所示规划的地址,配置接口的 IP 地址,即可在路由器中生成直连路由。

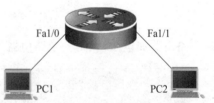

图 6-5　校园网出口路由设备场景

表 6-3　路由器接口所连接网络地址

| 接　　口 | IP 地 址 | 目 标 网 段 | 备　　注 |
|---|---|---|---|
| Fastethernet 1/0 | 172.16.1.1 | 172.16.1.0 | 校内网接口 |
| Fastethernet 1/1 | 201.102.1.1 | 201.102.1.0 | 互联网接口 |
| PC1 | 172.16.1.2/24 | 172.16.1.1(网关) | 内网设备 |
| PC2 | 201.102.1.2/24 | 201.102.1.1(网关) | 外网设备 |

```
Red-Giant#configure terminal
Red-Giant(config)#hostname Router
Router (config)#interface fastethernet 1/0
Router (config-if) #ip address 172.16.1.1 255.255.255.0
Router (config-if) #no shutdown

Router (config)#interface fastethernet 1/1
Router (config-if) #ip address 201.102.1.1   255.255.255.0
Router (config-if) #no shutdown
Router (config-if)#end
```

【步骤三】　查看路由表

通过以上配置后,路由器激活接口,自动产生直连路由,172.16.1.0 网络被映射到接口 F1/0 上;201.102.1.0 网络被映射到接口 F1/1 上。

相应的路由表可以通过 show ip route 命令查询,如下所示。

```
Router# show ip route                                    !查看路由表信息
Codes: C -connected, S -static, R -RIP
       O -OSPF, IA -OSPF inter area
       N1 -OSPF NSSA external type 1, N2 -OSPF NSSA external type 2
       E1 -OSPF external type 1, E2 -OSPF external type 2
       * -candidate default
Gateway of last resort is no set

C    172.16.1.0/24 is directly connected, FastEthernet1/0      !直连路由
     172.16.1.1/32 is local host.
C    201.102.1.0/24 is directly connected, FastEthernet1/1
     201.102.1.1/32 is local host.
```

【步骤四】　测试网络连通

分别给路由器连接的校内、外网络中计算机 PC1 和 PC2 设备,配置相应子网段的 IP 地址(自定义)、子网掩码和网关地址(连接路由器接口 IP 地址)。

通过 ping 测试命令,可以获得直连网络之间的连通性。如果出现不能出现路由表以及不能连通的状况,需要及时排除网络故障。

## 6.4　静态路由

静态路由是在路由器中设置的固定的路由表。除非网络管理员干预,否则静态路由不会发生变化。由于静态路由不能对网络的改变做出反应,一般用于网络规模不大、拓扑结构固定的网络中。在所有的路由中,静态路由优先级最高(管理距离为 0 或 1)。当动态路由与静态路由发生冲突时,以静态路由为准。

静态路由的优点是简单、高效、可靠,当网络的拓扑结构或链路的状态发生变化时,需要人手工去修改路由表中相关的路由信息,静态路由信息在默认情况下是私有的,不会传递给

其他的路由器。

## 6.4.1　静态路由的特征

静态路由一般适用于网络拓扑简单的网络环境,在这样环境中,网络管理员能清楚地了解网络的拓扑结构,便于设置正确的路由信息。

如图 6-6 所示网络场景中,假设 Network 1 之外的其他网络,需要访问 Network 1 时必须经过路由器 A 和路由器 B,可以在路由器 A 中设置一条指向路由器 B 的静态路由信息。由于静态路由不在网络上传输路由消息,因此可以减少路由器 A 和路由器 B 之间链路上的数据传输量。

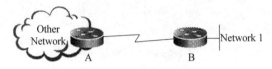

图 6-6　静态路由示例

静态路由的另一个好处在于安全、保密。使用动态路由时,路由器之间频繁地交换各自的路由表,而黑客通过对路由表的分析,可以揭示网络的拓扑结构和网络地址等信息。但静态路由一旦配置完成,就不对外广播,因此可以提升安全性。

但在大型和复杂的网络环境中,往往不宜采用静态路由,一方面因为网络管理员难以全面地了解整个网络的拓扑结构;另一方面,当网络的拓扑结构和链路状态发生变化时,需要大范围地调整路由器中的静态路由信息,这一工作的难度和复杂程度是可想而知的。

## 6.4.2　配置静态路由

静态路由需要手动添加路由信息,在路由器上配置,指向去往目标网段该如何走。

描述转发路径的方式有两种:一是指向本地接口(即从本地某接口发出);二是指向下一跳路由器直连接口 IP 地址。为保障网络的稳定和可靠性,在实际的工程施工中,多采用后面一种方式。

使用 ip route 命令可以为路由器配置静态路由信息,格式如下。

```
ip route [网络编号] [子网掩码] [转发路由器的 IP 地址/本地接口]
```

其中:

ip route:创建一个静态路由。

网络编号(destination_network):所要到达的目的网络。

转发路由器 IP 地址:下一跳(next-hop)路由器的 IP 地址。

本地接口(exitinterface):数据被转发出接口,可以用它来代替下一路地址。

在实际的工程施工中,静态路由的配置步骤一般包括以下几点。

(1) 为每条链路确定地址(包括子网地址和网络地址);

（2）为每台路由器,标识非直连的链路地址；

（3）为每台路由器写出非直连的地址的路由语句。

如图 6-7 所示网络场景是某园区网络拓扑,给出了一个静态路由的配置案例,方便读者
了解静态路由的配置过程和配置命令。

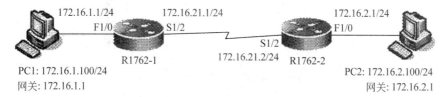

图 6-7　静态路由配置

## 1. R1762-1 配置

```
R1#configure terminal
R1 (config)#interface fastethernet 1/0
R1 (config-if)#ip address 172.16.1.1  255.255.255.0
R1 (config-if)#no shutdown
R1 (config)#interface serial 1/2
R1 (config-if)#ip address 172.16.21.1  255.255.255.0
R1 (config-if)#end
R1 #show ip route        !查看路由表信息
...
```

查看配置完成的路由表,无法获得到达非直连网络的路由信息。因此,需要配置指向非
直连网络的路由,获得非直连网段路由信息。

```
R1#configure terminal
R1(config)#ip route 172.16.2.0  255.255.255.0  172.16.21.2
```

## 2. R1762-2 配置

```
R2#configure terminal
R2 (config)#interface serial 1/2
R2 (config-if) #ip address 172.16.21.2  255.255.255.0
R2 (config-if) #no shutdown
R2 (config)#interface fastethernet 1/0
R2 (config-if) #ip address 172.16.2.1  255.255.255.0
R2 (config-if) #no shutdown
R2 (config-if)#end

R2 #show ip route          !查看路由表信息
...
```

查看配置完成路由表,无法获得到达非直连网络的路由信息。因此,需要配置指向非直
连网络的路由,获得非直连网段路由信息。

```
R2#configure terminal
R2(config)#ip route 172.16.1.0  255.255.255.0  172.16.21.1
```

### 3. 查看路由表配置

使用 show ip route 命令,再次在 R1762-1 设备上查看路由表信息。

```
R1#show ip route
Codes: C -connected, S -static, R -RIP
      O -OSPF, IA -OSPF inter area
      N1 -OSPF NSSA external type 1, N2 -OSPF NSSA external type 2
      E1 -OSPF external type 1, E2 -OSPF external type 2
       * -candidate default
Gateway of last resort is no set
C   172.16.1.0/24 is directly connected, FastEthernet1/0
    172.16.1.1/32 is local host.
C   172.16.21.0/24 is directly connected, serial 1/2
    172.16.21.1/32 is local host.
S   172.16.2.0/24 [1/0] via 172.16.21.2          !静态路由记录
```

## 6.4.3　默认路由技术

### 1. 什么是默认路由

默认路由也称为是缺省路由,它是静态路由的一种特殊情况,一般出现在末梢网络这样一个特殊环境的网络场景中。

按照路由匹配规则,路由器在收到一个数据包时,会提取目标地址匹配路由表信息。匹配成功按照指定接口转发,匹配失败就丢弃该数据包。在路由器上配置默认路由的目的,是为了保障这些被丢弃的数据包,能按照统一的出口转发出去。

### 2. 默认路由环境

配置默认路由的目标是:数据包在所有已知路由信息中,都查不到数据包如何转发面临被丢弃时,路由器按默认路由的信息转发到指定的出口上,使这些数据包获得新生。路由器上如果配置了默认路由,则所有匹配路由表不成功的数据包,都按默认路由进行转发。

但不是所有的路由器,都适合配置默认路由信息,只出现在特殊的网络场景中。默认路由一般只能出现在存根网络(Stub 网络),连接网络终端设备的末端,通常这些网络末端的存根网络(Stub 网络)都只有一条指向外部网络出口的路径,也就是说:这边已经是私有网络了,如果还找不到目标网络的话,请到公网中去找目标网络吧,这边没有网络了。

因此,默认路由用于在不明确网络路径的情况下,指示数据下一跳的方向。默认路由通常出现在路由表的最末尾,是路由最后的匹配项。

路由器如果配置了默认路由,则所有匹配目标网络不成功的数据包,最后匹配项都按默认路由进行转发。

### 3. 配置默认路由

默认路由可看作是静态路由的一种特殊情况,因此在配置过程中可使用静态路由同样的命令格式,但由于目标网络不定,因此使用"0.0.0.0 0.0.0.0"代表"任意的、所有的网络"。

配置默认路由命令如下。

```
Router #configure terminal
Router(config)#ip route  0.0.0.0  0.0.0.0  [转发路由器的 IP 地址/本地接口]
```

如图 6-8 所示的网络场景中,路由器 B 为末梢网络路由转发设备,只有一条路径指向外部网络,这种网络被称为存根网络(Stub Network)。

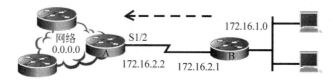

图 6-8　默认路由配置图

为了实现最右边的私有网络对外部网络的访问,针对路由器 B 这种末梢网络转发设备,通常需要配置一条指向 A 的默认路由。

路由器 B 配置的一条默认路由如下。

```
Router #configure terminal
Router(config)#ip route  0.0.0.0 0.0.0.0  172.16.2.2
```

## 工程案例:配置静态路由,实现网络连通

【**项目名称**】　配置静态路由,实现区域网连通。
【**工程目标**】　掌握通过静态路由方式,实现区域网络的连通。
【**材料清单**】　路由器(两台),网络连线(若干根),测试 PC(若干)。
【**工作场景**】

如图 6-9 所示场景是中山大学紧密相邻的两个校区网络连接拓扑。

校区合并前,两个校区校园网都使用一台路由器作为出口设备;校区合并后,两个校区的网络也希望合并为一体,希望实施静态路由技术,形成互联互通的校园网。

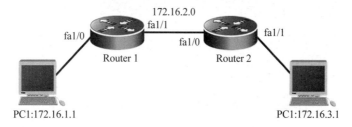

图 6-9　园区网络连接场景

**备注**:二个校区的路由器之间一般通过公网连接,使用广域网线缆,为简化实验过程,本实验使用网线连接。

【施工过程】

【步骤一】 连接设备

按如图 6-9 所示网络拓扑,连接好设备,注意实际的接口标识。

【步骤二】 配置路由器基本信息

登录路由器设备,配置如表 6-4 所示路由器接口地址信息。

路由器的初始化中,其接口必须配置地址,否则无法启动工作。

表 6-4　路由器接口地址

| 设 备 名 称 | 设备及端口的配置地址 | | 备　　注 |
|---|---|---|---|
| Router1 | Fa1/0 | 172.16.1.2/24 | 局域网端口,连接 PC1 |
| | Fa1/1 | 172.16.2.1/24 | 局域网端口,连接 R2 路由器 Fa1/0 |
| Router2 | Fa1/0 | 172.16.2.2/24 | 局域网端口,连接 R1 路由器 Fa1/1 |
| | Fa1/1 | 172.16.3.2/24 | 局域网端口,连接 PC2 |
| PC1 | 172.16.1.1/24 | | 网关:172.16.1.2 |
| PC2 | 172.16.3.1/24 | | 网关:172.16.3.2 |

首先,配置路由器 Router1 设备基本信息。

```
Red-Giant#configure terminal
Red-Giant(config)#hostname Router1
Router1 (config)#interface fastethernet 1/0
Router1 (config-if)#ip address 172.16.1.2 255.255.255.0
Router1 (config-if)#no shutdown
Router1 (config)#interface fastethernet 1/1
Router1 (config-if)#ip address 172.16.2.1 255.255.255.0
Router1 (config-if)#no shutdown
Router1 (config-if)#end
Router1#end

Router1#show ip route        !查看路由表
Codes: C -connected, S -static,  R -RIP
       O -OSPF, IA -OSPF inter area
       N1 -OSPF NSSA external type 1, N2 -OSPF NSSA external type 2
       E1 -OSPF external type 1, E2 -OSPF external type 2
       * -candidate default
Gateway of last resort is no set
C    172.16.1.0/24 is directly connected, FastEthernet 1/0
C    172.16.1.2/32 is local host.
C    172.16.2.0/24 is directly connected, FastEthernet 1/1
C    172.16.2.1/32 is local host.
                    !缺少到达 172.16.3.0/24 网络路由信息,需要手工指向
```

如果没有出现直连路由表,可能是网络的物理连接故障,如线路接错、接口指示灯不亮等问题,应及时排除故障。

其次,配置路由器 Router2 设备的基本信息。

```
Red-Giant#configure terminal
Red-Giant(config)#hostname Router2
Router2 (config)#interface fastethernet 1/0
Router2 (config-if) #ip address 172.16.2.2 255.255.255.0
Router2 (config-if) #no shutdown
Router2 (config)#interface fastethernet 1/1
Router2 (config-if) #ip address 172.16.3.2 255.255.255.0
Router2 (config-if) #no shutdown

Router2#show ip route        !查看路由表
Codes: C -connected, S -static,  R -RIP
       O -OSPF, IA -OSPF inter area
       N1 -OSPF NSSA external type 1, N2 -OSPF NSSA external type 2
       E1 -OSPF external type 1, E2 -OSPF external type 2
        * -candidate default
Gateway of last resort is no set
C    172.16.2.0/24 is directly connected, FastEthernet 1/0
C    172.16.2.2/32 is local host.
C    172.16.3.0/24 is directly connected, FastEthernet 1/1
C    172.16.3.2/32 is local host.
                   !缺少到达 172.16.1.0/24 网络路由信息,需要手工指向
```

如果没有出现直连路由表,可能是网络的物理连接故障,如线路接错、接口指示灯不亮等问题,应及时排除故障。

【步骤三】　配置静态路由

查看路由表信息后,无法获得非直连网络路由信息,需要配置指向非直连网络的路由,以获得非直连网段的路由表信息,实现网络连通。

```
Router1 (config)#
Router1 (config)#ip route 172.16.3.0 255.255.255.0 172.16.2.2
                        !配置到达非直连 172.16.3.0 网络下一跳地址 172.16.2.2

Router2 (config)#
Router2 (config)#ip route 172.16.1.0 255.255.255.0 172.16.2.1
!配置到达非直连 172.16.1.0 网络下一跳地址 172.16.2.1
```

配置完成静态路由后,分别在两台路由器上重新查看路由表状态。
以 Router1 路由器查看结果为例,显示结果如下。

```
Router1#show ip route                      !查看路由表
Codes: C -connected, S -static,  R -RIP
       O -OSPF, IA -OSPF inter area
       N1 -OSPF NSSA external type 1, N2 -OSPF NSSA external type 2
       E1 -OSPF external type 1, E2 -OSPF external type 2
        * -candidate default
Gateway of last resort is no set
```

```
C    172.16.1.0/24 is directly connected, FastEthernet 1/0
C    172.16.1.2/32 is local host.
C    172.16.2.0/24 is directly connected, FastEthernet 1/1
C    172.16.2.1/32 is local host.
S    172.16.3.0/24 [1/0] via 172.16.2.2 !静态路由记录
```

其中：

S：路由信息的来源（静态路由 Static）。

172.16.3.0：目标网络(或子网)。

[1：管理距离（路由的可信度）。

/0]：量度值（路由的可到达性）。

via 172.16.2.2：下一跳地址（下台路由器）。

如果此时还没有出现静态路由表,可能是网络的物理连接故障,如线路接错、地址配错等问题,应及时排除故障。

**【步骤四】** 测试网络连通

（1）首先,如表 6-4 所示,配置测试计算机地址。

PC1 地址：172.16.1.1/24,网关：172.16.1.2。

PC2 地址：172.16.3.1/24,网关：172.16.3.2。

（2）在任意计算机上,使用 ping 命令,测试网络连通性,PC1 和 PC2 能进行通信。

两个分散的校园网络,通过静态路由实现了网络的连通性,从而实现了不同区域校园网络的互联互通。

## 6.5　动态路由协议

网络中的路由根据来源,分为直连路由和非直连路由。其中,非直连路由的生成方式有两种：静态路由和动态路由。

静态路由是在路由器中设置的固定的路由表,除非网络管理员干预,否则静态路由不会发生变化。静态路由的优点是：没有额外的 CPU 负担；节约带宽；增加安全性。但其缺点也非常明显：网络管理员必须了解网络的整个拓扑结构,如果网络拓扑发生变化,管理员要在所有的路由器上手动修改路由表,因此静态路由并不适合在大型网络中使用。

在大型复杂的网络中,更多使用动态路由技术来解决网络连通问题。

### 6.5.1　什么是动态路由协议

动态路由协议（Routing Protocol)用于路由器动态寻找网络最佳路径,保证网络中的所有路由器都拥有相同的路由表。常见的动态路由协议有 OSPF、RIP 等路由协议。

路由选择协议通过在路由器之间传送路由协议,允许路由器与其他路由器通信,传播路由信息,学习、发现、维护和更新路由表。路由器能够自动地建立自己的路由表,并且能够根据实际情况的变化适时地进行调整。

动态路由协议依赖路由器的两个基本功能：对路由表的维护，路由器之间适时的路由信息交换。路由器之间的路由信息交换是基于路由协议实现的，每一种路由算法都有其衡量"最佳"的一套原则，通过路由表找到一条数据交换的"最佳"路径。

大多数路由协议的算法，都使用一个量化的参数，来衡量路径的优劣。一般来说，参数值越小，路径越好。该参数可以通过路径的某一特性进行计算，也可以在综合多个特性的基础上进行计算。

常见的路由算法计算的参数有：路由器节点数（Hop Count）、网络传输开销（Cost）、带宽（Bandwidth）、延迟（Delay）、负载（Load）、可靠性（Reliability）和最大传输单元（Maximum Transmission Unit，MTU）等。

## 6.5.2　动态路由分类

### 1. 按自治系统分类

动态路由协议的类型很多，根据是否在一个自治系统内部使用，动态路由协议可以分为：内部网关协议（Interior Gateway Protocol，IGP）和外部网关协议（Exterior Gateway Protocol，EGP）。

（1）外部网关协议：在自治系统之间，交换路由选择信息的互联网络协议。包括外部网关协议和边界网关协议。

（2）内部网关协议：在自治系统内部，交换路由选择信息的路由协议。常见的因特网内部网关协议有：链路状态协议（OSPF，IS-IS）和距离矢量协议（RIP，IGRP，EIGRP）。

这里的自治系统是指在同一公共路由选择策略和管理下的网络集合，具有统一管理机构、统一路由策略的网络，如大的公司或大学，小的企业常常是其因特网服务提供商自治系统的一部分。由于一般企业或学校较少涉及外部网关协议，这里只讨论内部网关协议。

内部网关路由表信息是基于路由协议实现的，通过路由器之间交换路由信息，最终目的是在互相连接的网络中找到一条数据交换的"最佳"路径。

### 2. 按路由算法分类

按照路由算法不同，动态路由协议常见的路由算法有两种：距离矢量算法（Distance Vector Routing）和链路状态算法（Link-State Routing）。

1）距离矢量算法

距离矢量路由选择指的是一种交换路由信息的方法。路由器将路由作为一个包括"方向"和"距离"的向量加以发布。这里的"方向"是指目标路径通向下一台路由器的端口；而"距离"则是一个度量值，表示到达目标的跳级数，该度量值的大小是一条路由优先于其他路由的衡量标准。网络中配置有该路由协议的路由器设备之间，互相交换这种矢量信息，并通过它来建立路由表。常见的距离矢量路由选择协议是动态路由协议。

2）链路状态算法

链路状态算法需要每一台路由器都保存一份最新的、整个网络拓扑结构的数据库。路由器不仅清楚地知道从本路由器出发，能否到达某一指定网络；而且还能选择出最短的路径，以及使用该路径经过哪些路由器。因此，路由器在使用链路状态算法的协议时，比距离向量路由协议对路由选择过程的变化响应更快。常用的链路状态路由选择协议有 OSPF 动态路由协议等。

如表 6-5 所示的信息,显示的是距离矢量和链路状态算法之间的比较。

表 6-5　距离矢量和链路状态算法比较

| 距离矢量算法 | 链路状态算法 |
| --- | --- |
| 不知道整个网络的拓扑结构 | 知道整个网络的拓扑结构 |
| 计算相邻路由器的路由向量距离 | 根据网络拓扑结构寻找和计算最短路径 |
| 收敛速度慢 | 收敛速度快 |
| 路由器的路由表只发送给相邻路由器 | 路由器的 LSA 发送给所有路由器 |

## 6.6　RIP 动态路由协议

### 6.6.1　RIP

**1. 什么是 RIP**

动态路由信息协议(Routing Information Protocols,RIP)是由 Xerox 公司在 20 世纪 70 年代开发的。RIP 是基于距离矢量算法的路由协议,通过广播的方式公告路由信息,然后各自计算经过路由器的跳数来生成自己的路由表。生成的路由表信息由目标网络地址、转发路由器地址、经过的路由器数量组成,分别用来表示目标、方向和距离,因此也称为距离矢量路由协议。

RIP 通过计算抵达目的地的最少跳数来选取最佳路径。在 RIP 中,规定了最大跳级数为 15,如果从网络的一个终端到另一个终端的路由跳数超过 15 个,就被认为牵涉到循环,因此当一条路径显示为 16 跳,将被认为是达不到的,继而从路由表中删除。

**2. RIP 的学习方式**

RIP 学习路由方式的最基本思路是:相邻路由器之间定时广播信息,互相交换路由表,每台路由器只和相邻路由器交换路由信息,从而获得全网的路由信息。

一台路由器从相邻路由器处学习到新的路由信息,将其追加到自己的路由表中,再将该路由表传递给所有的相邻路由器,并定时按照最新的时间进行刷新。相邻路由器进行同样的操作,经过若干次传递,所有路由器都能获得完整的、最新的网络路由信息。

如图 6-10 所示,显示了相邻的两台路由器之间交换 RIP 信息的过程。

图 6-10　邻居路由器间交换路由表

但这种互相学习也不是无限制的,RIP 支持的最大跳数是 15,每经过一台路由器,路径的跳数加 1,跳数为 16 的网络将被认为该网络不可到达。RIP 通过广播方式和邻居交换路由表,通过定期广播,通知本机中的路由信息。

**3. RIP 路由更新方式**

RIP 中路由的更新周期是 30s,以广播形式向邻居发送自己的路由表备份,接收到该消息的路由器,其判断过程如下。

(1) 查看路由表中是否已有到该目的的路由。

(2) 如果没有,则添加该路由。

(3) 如果有,则查看下一跳地址(或本地接口)是否相同。如果不相同,只有在更新后度量小于原有路由条目的度量值时才更新路由条目。如果相同,则不论更新后的度量值增大还是减小都更新路由条目。

如果经过路由表的老化时间 180s 都没有得到刷新,路由器就认为它已失效了。经过 240s,路由表项仍没有得到刷新,它就被从路由表中删除,如图 6-11 所示。

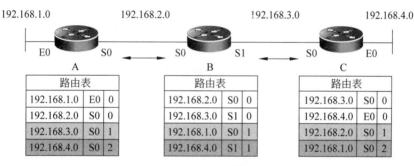

图 6-11　距离矢量算法示例

**4. 配置 RIP**

在路由器中的 RIP 默认不开启,需要激活、配置,才能工作。

配置 RIP,首先需要创建 RIP 路由进程,并定义与 RIP 路由进程关联的网络。执行如表 6-6 所示命令。

表 6-6　配置 RIP

| 步　骤 | 命　令 | 作　用 |
| --- | --- | --- |
| 1 | Router(config) # router rip | 创建 RIP 路由进程 |
| 2 | Router(config-router) # network network-number | 定义关联网络 |

其中,命令 network 定义的关联网络,包括以下两层意思。

(1) RIP 只对外通告关联网络的路由信息(公布属于该主类的子网);

(2) RIP 只向关联网络所属接口通告路由信息,即包含在该主类网络内的接口将发送和接收路由信息。

**5. RIPv2 路由版本**

RIP 是一个简单而有效的路由交换协议,对于小网络来讲十分适合。

RIP 的第一个版本 RIPv1 本身有很多缺陷,包括对网络划分的支持不完整,对安全性支持的不好等。RIPv1 是 TCP/IP 协议簇里最早的路由协议,它的原始版本发送的路由更新消息里的网段,不带有子网掩码信息,因此 RIPv1 不支持变长子网掩码和无类域间路由,只能在严格使用 A、B、C 三类网络地址的环境中使用。

　　随着 IP 地址日益枯竭,子网技术得到广泛应用,RIPv1 逐渐让位于带子网掩码更新的 RIPv2 版本的动态路由协议。后续版本 RIPv2 弥补了 RIPv1 的一些缺点,当前主要使用 RIPv2。

　　RIPv2 除了更新信息带子网掩码以外,RIPv2 使用组播报文发送更新信息,而不像 RIPv1 使用广播报文。这样不仅节省了网络资源,而且在限制广播报文的网络中仍然可用。

　　RIPv2 不再像 RIPv1 那样无条件地接收来自于任何邻居的路由更新,而是可以被设置为只接收来自与自己有相同认证字段的邻居的路由更新,提高了安全性。

　　与 RIPv1 相比,RIPv2 有以下三个优点。

　　1) 支持认证功能

　　认证是为了阻止未经许可的路由发布,在 RIP 报文中加入认证功能,提高系统安全; RIPv2 支持明文认证和 MD5 密文认证。

　　2) 支持组播功能

　　RIPv2 报文为组播报文,组播地址为 224.0.0.9。支持组播是针对 RIPv1 采用广播形式的改进,广播 RIP 报文的结果不仅使网络上所有的路由器接收到数据包,所有主机也会接收到数据包,既增加网络开销又可能带来安全隐患。

　　3) 支持 VLSM

　　RIPv2 通过在报文的路由信息中定义子网掩码字段,来支持可变长子网掩码 VLSM,不必再受 RIPv1 中不能配置不连续子网的限制。

　　在路由配置中,执行以下命令,可以启动 RIPv2。

```
Router(config)#router rip
Router(config-router)#version {1 | 2}          !定义 RIP 版本
Router(config-router)#network network-number
```

　　当出现不连续子网或者希望掌握具体的子网路由,而不愿意只看到汇总后的网络路由时,就需要关闭路由自动汇总功能。

　　RIPv2 可以关闭边界自动汇总功能,而 RIPv1 则不支持该功能。

　　要配置路由自动汇总,应当在 RIP 路由进程模式中执行以下命令。

```
Router(config-router)#no auto-summary          !关闭路由自动汇总
Router(config-router)#auto-summary             !打开路由自动汇总
```

　　配置 RIP 之后,要检查数据是否可以被正确路由。除了可以使用上面提到的连通性测试工具之外,还有以下几个命令。

```
ship route                                     !用于检测路由表;
debug ip rip                                   !用于调试 RIP 信息;
clear ip route                                 !清除 IP 路由表的信息
```

## 6.6.2　RIP 路由更新

早期的 RIP 中路由的更新是通过定时广播实现的。默认情况下,路由器每隔 30s 向与它相连的网络广播自己的路由表。收到广播的路由器,将收到的路由信息添加至自身的路由表中。每台路由器都如此广播,最终网络上所有的路由器都会学习到全网的路由信息。

正常情况下,每 30s 路由器就可以收到一次路由信息确认。如果经过 180s,即 6 个更新周期,一个路由项还没有得到确认,路由器就认为该条路由信息已失效。如果经过 240s,即 8 个更新周期,该路由项仍没有得到确认,它就被从路由表中删除。

上面的 30s,180s 和 240s 的延时都由计时器控制,分别是更新计时器(Update Timer)、无效计时器(Invalid Timer)和刷新计时器(Flush Timer)。

## 6.6.3　RIP 路由环

RIP 距离向量类的算法容易产生路由循环,如果网络上有路由循环,信息就会在网络上循环传递,永远不能到达目的地。

为了避免这个问题,RIP 距离向量算法实施下面 4 个机制。

**1. 水平分割**

水平分割机制保证路由器记住每一条路由信息的来源,并且不在收到这条信息的端口上再次发送它。这是保证不产生路由循环的最基本措施。

**2. 毒性逆转**

当一条路径信息变为无效之后,路由器并不立即将它从路由表中删除,而是用 16 跳,即不可达的度量值将它广播出去。这样虽然增加了路由表的大小,但对消除路由循环很有帮助,它可以立即清除相邻路由器之间的任何环路。

**3. 触发更新**

当路由表发生变化时,更新报文立即广播给相邻的路由器,而不是等待 30s 的更新周期。同样,当一台路由器刚启动 RIP 时,它广播请求报文。收到此广播的相邻路由器立即应答一个更新报文,而不必等到下一个更新周期。这样,网络拓扑的变化会最快地在网络上传播开,减少了路由循环产生的可能性。

**4. 抑制计时**

一条路由信息无效之后,一段时间内这条路由都处于抑制状态,即在一定时间内不再接收关于同一目的地址的路由更新。如果路由器从一个网段上得知一条路径失效,然后立即在另一个网段上得知这个路由有效,这个有效的信息可能是不正确。抑制计时避免了这个问题,而且当一条链路频繁起停时,抑制计时减少了路由的浮动,增加了网络的稳定性。

即便采用了上面的 4 种方法,路由循环的问题也不能完全解决,只是得到了最大程度的减少。一旦路由循环真的出现,路由项的度量值就会出现计数到无穷大(Count to Infinity)的情况。这是因为路由信息被循环传递,每传过一台路由器,度量值就加 1,一直加到 16

跳,路径就成为不可达。

## 工程案例：配置 RIP 路由实现网络连通

**【工程名称】**　配置 RIP 路由实现网络连通。

**【工程目标】**　通过 RIP 动态路由技术,实现区域网络的连通。

**【材料清单】**　路由器(两台);网线(若干根);测试 PC(若干台)。

**【工程场景】**

如图 6-12 所示场景是中山大学相邻两个校区的网络拓扑。

校区合并前,两个校区校园网都使用一台路由器作为出口设备;校区合并后,两个校区的网络也合并为一体,希望实施 RIP 技术,形成互联互通的校园网。

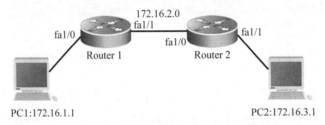

图 6-12　园区网络连接场景

**【施工过程】**

**【步骤一】**　连接设备

按如图 6-12 所示网络拓扑连接好设备。查看路由器设备,注意接口标识。

**【步骤二】**　配置路由器基本信息

登录路由器设备,配置如表 6-7 所示路由器接口地址信息。

路由器的初始化中,其接口必须配置地址,否则无法启动工作。

表 6-7　路由器接口地址

| 设备名称 | 设备及端口的配置地址 | | 备　注 |
|---|---|---|---|
| Router1 | Fa1/0 | 172.16.1.2/24 | 局域网端口,连接 PC1 |
| | Fa1/1 | 172.16.2.1/24 | 局域网端口,连接 R2 路由器 Fa1/0 |
| Router2 | Fa1/0 | 172.16.2.2/24 | 局域网端口,连接 R1 路由器 Fa1/1 |
| | Fa1/1 | 172.16.3.2/24 | 局域网端口,连接 PC2 |
| PC1 | 172.16.1.1/24 | | 网关：172.16.1.2 |
| PC2 | 172.16.3.1/24 | | 网关：172.16.3.2 |

**备注 1**：本例中使用锐捷网络的 R1700 路由器完成。在实际中可以使用任意两台模块化路由器完成任务,配置方法和过程一样,但显示的结果可能稍有区别。

**备注 2**：二个校区的出口路由器在实际网络中使用光纤专线,通过广域网技术连接,本例中为简化配置,使用网线作为示例。

## 1. 配置路由器 Router1 设备基本信息

```
Red-Giant#configure terminal
Red-Giant(config)#hostname Router1
Router1(config)#interface fastethernet 1/0
Router1(config-if)#ip address 172.16.1.2 255.255.255.0
Router1(config-if)#no shutdown
Router1(config)#interface fastethernet 1/1
Router1(config-if)#ip address 172.16.2.1 255.255.255.0
Router1(config-if)#no shutdown
Router1(config-if)#end
Router1#end

Router1#show ip route            !查看路由表
Codes: C -connected, S -static,  R -RIP
       O -OSPF, IA -OSPF inter area
       N1 -OSPF NSSA external type 1, N2 -OSPF NSSA external type 2
       E1 -OSPF external type 1, E2 -OSPF external type 2
       * -candidate default
Gateway of last resort is no set
C    172.16.1.0/24 is directly connected, FastEthernet 1/0
C    172.16.1.2/32 is local host.
C    172.16.2.0/24 is directly connected, FastEthernet 1/1
C    172.16.2.1/32 is local host.
                        !缺少到达 172.16.3.0/24 网络路由信息,需要手工指向
```

如果没有出现直连路由表,可能是网络的物理连接故障,如线路接错、接口指示灯不亮等问题,应及时排除故障。

## 2. 配置路由器 Router2 设备基本信息

```
Red-Giant#configure terminal
Red-Giant(config)#hostname Router2
Router2(config)#interface fastethernet 1/0
Router2(config-if)#ip address 172.16.2.2 255.255.255.0
Router2(config-if)#no shutdown
Router2(config)#interface fastethernet 1/1
Router2(config-if)#ip address 172.16.3.2 255.255.255.0
Router2(config-if)#no shutdown

Router2#show ip route            !查看路由表
Codes: C -connected, S -static,  R -RIP
       O -OSPF, IA -OSPF inter area
       N1 -OSPF NSSA external type 1, N2 -OSPF NSSA external type 2
       E1 -OSPF external type 1, E2 -OSPF external type 2
       * -candidate default
Gateway of last resort is no set
C    172.16.2.0/24 is directly connected, FastEthernet 1/0
C    172.16.2.2/32 is local host.
```

```
C    172.16.3.0/24 is directly connected, FastEthernet 1/1
C    172.16.3.2/32 is local host.
!缺少到达 172.16.1.0/24 网络路由信息,需要手工指向
```

如果没有出现直连路由表,可能是网络的物理连接故障,如线路接错、接口指示灯不亮等问题,应及时排除故障。

**【步骤三】** 配置 RIP 动态路由

查看路由表信息后,无法获得非直连网络路由信息,需要配置指向非直连网络的路由,获得非直连网段的路由信息。

```
Router1#configure terminal
Router1(config)#router Rip                   !创建 RIP 路由进程
Router1(config-router)#version 2             !启动 RIP 版本 2 进程
Router1(config-router)#network 172.16.1.0    !发布自己所关联的网络
Router1(config-router)#network 172.16.2.0
Router1(config-router)#no auto-summary       !关闭路由自动汇总
                                   !配置骨干路由器 Router1 设备 RIP 版本 2 路由

Router2#configure terminal
Router2(config)#router Rip                   !创建 RIP 路由进程
Router2(config-router)#version 2             !启动 RIP 版本 2 进程
Router2(config-router)#network 172.16.2.0    !发布自己所关联的网络
Router2(config-router)#network 172.16.3.0
Router2(config-router)#no auto-summary       !关闭路由自动汇总
                                   !配置校园网路由器 Router2 设备 RIP 版本 2 路由
```

配置完成 RIPv2 动态路由后,分别在两台路由器上重新查看路由表状态。

以 Router1 路由器查看结果为例,显示结果如下。

```
Router1#show ip route                        !查看路由表
Codes: C -connected, S -static,  R -RIP
       O -OSPF, IA -OSPF inter area
       N1 -OSPF NSSA external type 1, N2 -OSPF NSSA external type 2
       E1 -OSPF external type 1, E2 -OSPF external type 2
        * -candidate default
Gateway of last resort is no set
C    172.16.1.0/24 is directly connected, FastEthernet 1/0
C    172.16.1.2/32 is local host.
C    172.16.2.0/24 is directly connected, FastEthernet 1/1
C    172.16.2.1/32 is local host.
R    172.16.3.0/24 [120/0] via 172.16.2.2        !RIP 动态路由信息
-----------------------------------------------------------------
```

其中:

R:路由信息的来源(动态路由 R,RIP)。

172.16.3.0:目标网络(或子网)。

［120：管理距离（路由的可信度）。

/0］：量度值（路由的可到达性）。

via 172.16.2.2：下一跳地址（下台路由器）。

**【步骤四】** 测试网络连通

（1）首先，如表 6-4 所示，配置测试计算机地址。

PC1 地址：172.16.1.1/24，网关：172.16.1.2。

PC2 地址：172.16.3.1/24，网关：172.16.3.2。

（2）在任意计算机上，使用 ping 命令，测试网络连通性，PC1 和 PC2 能进行通信。

两个分散的校园网络，通过 RIP 动态实现了网络的连通性，从而实现了不同区域校园网络的互联互通。

# 6.7　OSPF 动态路由协议

## 6.7.1　OSPF 路由协议

20 世纪 80 年代中期，以距离矢量算法为代表的 RIP，已不能适应大规模异构类型互联网络连接的需要，特别是不适合由几百台路由器组成的大型网络，或网络经常发生更新的环境。

在大型网络中，由于路由表的更新过程很长，因此远程网络设备上的路由表不大可能与本地设备的路由表同步更新。在这种情况下，需要一种全新的路由算法，以提高远程路由和本地路由的同步更新的速度，基于链路状态算法为核心的路由协议应运而生。

链路状态路由算法比距离矢量路由算法需要更强的路由处理能力，对路由选择过程提供更多的控制，为网络的变化提供更快的响应，以适应大型网络路由收敛的需要。

链路状态在算法上使用更多的方法，如根据链路的带宽、延迟、可靠性和负载的变化，以避开拥塞区、选择线路的速度、优化线路的费用等，提供更高优先级别的路由协议运算实现网络连通。

**1. RIP 路由的缺陷**

RIP 适用于相对较小的网络系统，它的跳数限制为 15 跳，这样网络拓扑的直径最大就是 15 跳。如果要搭建的网络具有很多特性，而且网络的规模又较大时，那么 RIP 可能不是正确的选择。此外，RIP 路由只能通过邻居之间互相传递消息才能学习到全网路由信息，网络的收敛速度非常缓慢。

在如图 6-13 所示的大型网络环境中，RIP 管理网络有点儿力不从心。OSPF 则很好地解决了大型网络环境中路由的问题。OSPF 路由协议是目前应用最广泛的路由协议之一，能够适应各种规模的网络环境。

**2. OSPF 介绍**

为了解决 RIP 协议的缺陷，1988 年 RFC 组织成立了 OSPF 工作组，开始着手于 OSPF 协议的研究与标准制定，并于 1998 年 4 月在 RFC 2328 中正式推出 OSPFv2 标准。

OSPF（Open Shortest-Path First）全称为开放式最短路径优先协议，其中 O 意味着

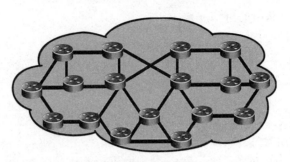

图 6-13  大型园区网络环境

OSPF 标准是对外开放,而不是封闭的专有路由方案。

OSPF 在单一自治系统(Autonomous System,AS)内部工作,采用链路状态协议算法,其中每台路由器都维护一个相同的链路状态数据库,保存整个 AS 的拓扑结构(AS 不划分的情况下)。一旦每台路由器有了完整的链路状态数据库,该路由器就以自己为根,构造最短路径树,然后再根据最短路径树构造路由表。

OSPF 可以适用从大到小的各种规模的网络。在大型网络中,OSPF 技术为了减少路由协议通信流量,有利于管理和计算,通常把大型的网络划分成多个小的区域网络去适应它。

如图 6-14 所示 OSPF 通过将整个自治系统 AS 划分为若干个区域,区域内的每台路由器都维护着一个相同的链路状态数据库,该数据库中保存该区域的拓扑结构。配置有 OSPF 协议的路由器相互间交换信息,但交换的信息不是路由,而是链路状态。

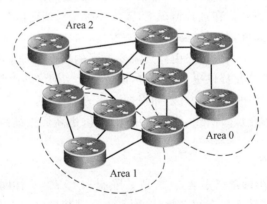

图 6-14  大型网络 OSPF 区域

## 6.7.2  OSPF 协议区域

### 1. OSPF 协议区域标识

当 OSPF 路由域规模较大时,一般采用分层结构规划和设计,即将 OSPF 路由域分隔成几个区域(Area),区域之间通过一个骨干区域互联,并且每个非骨干区域都需要直接与骨干区域连接。

划分区域的目的是为了控制开销和便于管理,OSPF 支持将整个自治系统划分成多个子域来管理。标准的 OSPF 域通常表现为二种类型，分别是：骨干域和边缘域，依次表示为：骨干域 Area 0，边缘域 1,2…(1,2 仅起到标号作用)，如图 6-15 所示。

　　每一个 OSPF 路由域默认都有一个核心区域，也称为骨干域，骨干区域一般命名为区域 0，其主要工作是在其余区域间传递路由信息。所有的边缘区域都和骨干区域相邻，当一个边缘区域的路由信息对外广播时，其路由信息首先必须先传递至区域 0(骨干区域)中，再由骨干域 0 将该路由信息向其余区域广播。

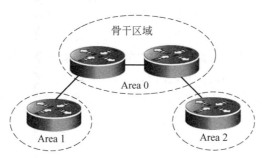

图 6-15　骨干域和边缘域划分

　　在 OSPF 划分区域时，原则上要求每个边缘域都要和骨干域直接相连，骨干域要求连通性强、带宽高。当一台路由器配置两个以上的域时，必须有一个是骨干域，必须保证连续性。

　　当然，在一些小型的网络环境中，使用 OSPF 协议学习路由时，也允许只有一个 Area 0 骨干域，直接把其当成一个单个区域，如图 6-16 所示。

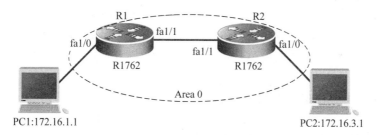

图 6-16　只有一个 Area 0 骨干域小型网络

　　OSPF 路由协议通过划分区域，每个区域内路由器保持一个相同的链路连接状态库，不同区域内的路由器的链路连接状态库互不相同。这就使得网络更易于管理，计算和维护的开销也更小。而且，局部的路由变化影响的范围，也被限制在区域的内部，不影响其他区域设备。

**2. OSPF 协议 Router ID 标识**

　　处于 OSPF 区域中的每台路由器都需要在区域内向外发布路由信息，以了解网络分布状况。

　　每台启用 OSPF 协议的路由器把自己的链路状态通告发送到网络上，让别的路由器知道。那么别的路由器又如何能知道这个通告是谁发出？

　　OSPF 协议使用路由器的 ID 号，来唯一标识网络中的每一台路由器。

　　路由器的 ID 是 OSPF 路由器的"身份证号"，它是一个 32 位无符号整数，和 IP 地址的长度相同。路由器的 ID 在 OSPF 路由协议激活后自动生成，也可以手工配置。如果没有手工配置,路由器就在所配置的有效 IP 地址中选出一个地址作为 Router-ID。

OSPF 路由协议激活后,路由器选出一个地址作为 Router-ID 的方式如下。

首先,在当前路由器的 Loopback 回环端口中,选一个回环端口的最大 IP 地址作为 Router-ID。

如果路由器没有配置 Loopback 回环端口,那就从其他激活的端口中,选择 IP 地址中选最大的端口地址作为 Router-ID。

如果路由器没有配置任何 IP 地址,因而选不出 Router-ID,路由器会拒绝进行 OSPF 的后续配置。

其中,Lookback 回环端口是路由器的虚拟端口,可以直接启用当作真实的物理端口一样使用,它不像物理端口一样容易 Down 掉,一旦开启就永远 Up。默认情况下,如果路由器上配置有 Lookback 端口,OSPF 协议将选择该路由器的 ID 为 Lookback 地址。

在路由器上启动 Loopback 回环端口的方法如下。

```
Router(config)#
Router(config)#interface  loopback 0                    !自动启动回环端口
Router(config-if)#ip address 200.200.100.1  255.255.255.0  !给该接口配置逻辑地址
Router(config-if)#no shutdown
```

### 6.7.3　OSPF 协议工作原理

OSPF 动态路由协议,通过在区域内扩散本设备的链路状态信息,使得区域内网络中的每台设备最终同步到一个具有全网链路状态数据库,因此网络可信度更高,网络收敛速度更快。

**1. OSPF 路由协议工作过程**

OSPF 路由协议利用链路状态算法,计算到每个目标网络的最短路径,以下概括描述了链路状态算法工作的总体过程。

(1) 首先,初始化 OSPF 路由协议阶段。配置有 OSPF 的路由器将产生链路状态通告,该链路状态通告包含有该路由器所在网络全部链路状态信息。

(2) 所有路由器通过组播的方式交换链路状态信息,每台路由器接收到链路状态更新报文时,将复制一份到本地数据库,然后再传播给区域其他路由器。

(3) 当每台路由器都拥有一份完整的链路状态数据库时,路由器应用 Dijkstra 算法对所有目标网络计算最短路径树,包括:目标网络、下一跳地址、开销,从而产生 IP 路由表。

(4) 如果网络中没有链路开销变化、网络增删变化,整个 OSPF 网络将会十分安静;如果网络发生了任何变化,OSPF 协议通过链路状态进行通告,但只通告变化的链路状态,涉及变化的路由器将重新运行 Dijkstra 算法,生成新的最短路径树。

**2. OSPF 路由协议工作原理**

首先,处于同一 OSPF 网络中的路由器之间,选举出同一区域中的一台路由器为主路由器。

接下来,区域内的每台 OSPF 路由器根据自己周围的网络结构,生成自己的链路状态通告信息 LSA。然后将 LSA 发送给网络中的主路由器,而不直接向自己的邻居发送。

每个区域内的主路由器都会收集其他路由器发来的通告信息,所有的链路通告信息放在一起,便组成了整个区域网络链路状态数据库 LSDB。并在此基础上,生成整个区域网络连接拓扑图,这张图便是对整个区域网络拓扑结构的真实反映。

最后,各台路由器从主路由器上得到的完全相同的网络连接拓扑图。每台路由器根据此拓扑图,计算出以自己为根的最短路径树,这棵树给出了每台路由器到自治系统中各个节点路由器的路由。

在同一 OSPF 路由区域中,只拥有一个相同的网络路由信息数据库,OSPF 路由主要关注的是链路的状态,也就是哪条链路最好用,通过哪条链路转发报文代价最小,而且不会有环路。因此,OSPF 协议生成的路由表要比 RIP 生成的路由表更可靠。

**3. OSPF 路由协议工作状态**

在 OSPF 路由区域内,每台路由器的 OSPF 路由协议工作过程,都呈现 4 种工作状态,分别为:初始化状态,双向状态,启动和交换状态,以及最后的载入和完全状态。

下面就 OSPF 路由协议每种工作状态进行详细描述。

第一步:建立路由器邻接关系

所谓"邻接关系"(Adjacency),是指 OSPF 路由器以交换路由信息为目的,在所选择的相邻路由器之间建立的一种关系。

首先,一台路由器发送拥有自身 ID 信息(Loopback 端口或最大有效 IP 地址)的 Hello 报文给邻近路由器。与之相邻的路由器如果收到这个 Hello 报文,就将这个报文内的 ID 信息加入到自己的 Hello 报文内。如果路由器的某端口收到从其他路由器发送的含有自身 ID 信息的 Hello 报文,则根据该端口所在网络类型确定是否可以建立邻接关系。

其中,在点对点网络中,路由器将直接和对端路由器建立起邻接关系。并且,该路由器将直接进入到第三步操作:发现其他路由器。若为广播型、多播型的网络环境中,该台路由器将进入第二步选举步骤。

第二步:选举 DR 和 BDR

DR 是 OSPF 区域内部的指定路由器(Designated Router),BDR 是区域内 DR 备份路由器。

由于 OSPF 路由器之间通过建立相邻关系,以及泛洪(Flooding)方式来进行链路状态数据库同步,因此,可以说 DR 路由器是一个区域的中心。

正常情况下,所有区域内的信息都由 DR 路由器来完成。BDR 是区域内 DR 备份路由器,只有当区域内 DR 路由器失效时,BDR 路由器才开始履行 DR 路由器的功能。

需要注意的是,不同类型的网络环境中,选举 DR 和 BDR 的方式不同。其中,在一个广播型的、多接入型的网络(如 Ethernet、TokenRing 及 FDDI 环境)中,都存在一台 DR 路由器。

在 OSPF 协议中 DR 路由器主要完成如下工作:DR 路由器产生用于描述所处网段的链路数据包,该数据包里包含在该网段上的所有路由器,包括指定路由器本身的状态信息。DR 路由器与所有与其处于同一网段上的 OSPF 路由器,建立邻接关系。

第三步:发现路由器

在这个步骤中,路由器与路由器之间首先利用 Hello 报文 ID 信息,确认主、从关系。

　　然后,主、从路由器相互交换部分链路状态信息。每台路由器都对收到的信息进行分析,如果收到信息有新的内容,路由器将要求对方发送完整的链路状态信息。这个状态完成后,路由器之间建立完全相邻(Full Adjacency)关系,同时邻接路由器拥有自己独立、完整的链路状态数据库。

　　第四步:选择适当的路由器

　　当一台路由器拥有完整独立的链路状态数据库后,它将采用SPF算法,计算并创建路由表。OSPF路由器依据链路状态数据库的内容,各自独立地使用SPF算法计算出到达每一个目的网络的路径,并将路径存入路由表中。

　　OSPF路由协议利用量度(Cost)计算目的路径,其中:Cost值最小者即为最短路径。在配置OSPF路由器时可根据实际情况,如链路带宽、时延或经济上的费用设置每条链路上,Cost开销值大小。Cost越小,则该链路被选为最佳路由的可能性越大。

　　其中,SPF路径算法是OSPF路由协议的基础。该最短路径优先算法有时也被称为Dijkstra算法,由Dijkstra发明。

　　最短路径优先算法将每一台路由器作为根(Root),来计算其到达每一个目的地路由器的最短距离。每一台路由器根据一个统一链路状态数据库,计算出路由区域的拓扑结构图。该结构图类似于一棵树,在SPF算法中,被称为最短路径树。

　　在OSPF路由协议中,最短路径树的树干长度,即是OSPF路由器至每一个目的地路由器的距离,称为OSPF的Cost。

　　第五步:维护路由信息

　　当链路状态发生变化时,OSPF通过Flooding过程通告网络上的其他路由器。

　　OSPF路由器接收到包含新信息的链路状态更新报文,将更新自己的链路状态数据库,然后用最短路径优先算法重新计算路由表。

　　在重新计算过程中,路由器继续使用旧路由表,直到SPF完成新的路由表计算。新的链路状态信息将发送给其他路由器。

　　值得注意的是,即使链路状态没有发生改变,OSPF路由信息也会自动更新,默认时间为30min。

## 6.7.4　配置OSPF协议(单区域)

　　一组运行OSPF路由协议的路由器,组成了OSPF路由域的自治系统。当OSPF路由域规模较大时,一般采用分层结构进行规划和设计,即将OSPF路由域分隔成几个子区域(Area),区域之间通过一个骨干区域互连,每个非骨干区域都需要直接与骨干区域连接。默认情况下,骨干区域为区域0或表示为区域0.0.0.0,其主要工作是在其余区域之间传递路由信息。

　　在配置OSPF时,首先要在路由器上启动OSPF协议,并配置路由器的网络地址和区域信息,配置步骤如下。

### 1. 配置回环地址

　　配置回环地址的目的是设置路由器标识符(Router ID)。在OSPF的报文中,需要提供路由器标识符。如果没有配置回环地址,OSPF 路由进程会选择有效最大的接口 IP 地址,作为路由器标识符。如果该接口关闭或者该 IP 地址不存在,OSPF 路由进程必须重新选择路由标识符,并发送所有的路由信息给邻居。

如果配置了本地环路地址(Loopback),则路由进程会选择最大的 Loopback 接口的 IP 地址作为路由器标识符。

值得注意的是,为了防止伪路由的传播,OSPF 通常把 Loopback 回环地址用一个 32 位掩码的主机 IP 地址来标示,如下所示。

```
Router#configure terminal
Router(config)#interface loopback 0
Router(config-if)#ip address 192.168.1.1 255.255.255.255
```

### 2. 创建 OSPF 路由进程

```
Router#configure terminal
Router(config)#router ospf (100)
```

这里的 100 作为 OSPF 的进程号,默认会启动一个 OSPF 进程。路由器支持多个 OSPF 进程,在配置时使用进程号(1～65 535)加以区别。需要说明的是,一台路由器上运行多个 OSPF 进程会产生多个拓扑数据库,会额外增加路由器开销,因此可以省略。

### 3. 定义接口所属区域

```
Router(config-router)#network network wildcard area area-id
```

定义 OSPF 路由进程关联的 IP 地址范围,以及该 IP 地址所属的 OSPF 区域。

OSPF 路由进程只在属于该 IP 地址范围的接口发送、接收 OSPF 报文,并且对外通告该接口的链路状态。当路由器的接口地址与 Network 命令定义的 IP 地址范围相匹配时,该接口就属于指定的区域。

就配置而言,Network 命令中采用的通配符掩码与子网掩码的方式刚好相反。其中,二进制的 0 表示一个"检测"条件,二进制的 1 表示一个"忽略"条件。

假设检测一个 C 类网络 198.78.46.0,若不使用子网,则当配置网络中的每一个工作站时,使用子网掩码 255.255.255.0。在子网掩码中,1 表示一个"检测",而 0 表示一个"忽略"的条件。因此,网络地址要求匹配 24 位 1,主机地址忽略 8 位 0。

而通配符掩码的检测条件与子网掩码是相反的,网络地址要求匹配 24 位 0,主机地址忽略 8 位 1。所以匹配源地址 198.78.46.0 中的所有分组的通配符掩码为 0.0.0.255。

如图 6-17 所示的网络拓扑,是某学校网络中心出口路由器安装场景,需要启用 OSPF 路由协议。

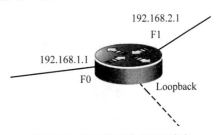

**图 6-17　配置单区域 OSPF 路由**

### 1. 路由器基本信息配置

```
Router#configure terminal
Router(configure)#interface fa1/0
Router(configure)#ip address 192.168.1.1 255.255.255.0
Router(configure)#no shutdown
Router(configure)#interface fa1/1
Router(configure)#ip address 192.168.2.1 255.255.255.0
Router(configure)#no shutdown
Router(configure)#interface loopback0
Router(configure)#ip address 192.168.3.1 255.255.255.0
Router(configure)#no shutdown
```

### 2. 配置单区域 OSPF

```
Router#configure terminal
Router(config)#router ospf
Router(config-router)#network 192.168.1.0   0.0.0.255   area 0
                                              !声明本网段信息,分配区域号
Router(config-router)#network 192.168.2.0   0.0.0.255   area 0
Router(config-router)#network 192.168.3.0   0.0.0.255   area 0
Router(config-router)#end
```

### 3. 查看配置信息

```
Router#show ip route                     !查看路由表
...
Router#show ip ospf   interface          !查看区域号和与此相关的信息
...
Router#show ip ospf   neighbor           !查看在每一个接口上的邻居信息
...
```

## 工程案例：配置 OSPF 路由,实现网络连通

【工程名称】　配置 OSPF 路由实现网络连通。

【工程目标】　通过 OSPF 动态路由,实现区域网络的连通。

【材料清单】　路由器(两台),网络连线(若干根),测试 PC(若干台)。

【工程场景】

如图 6-18 所示场景是中山大学相邻两个校区网络拓扑。

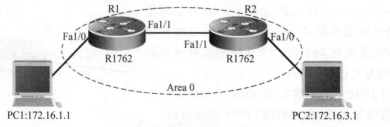

图 6-18　园区网络连接场景

学校合并前,两个校区校园网都使用一台路由器作为出口设备;校区合并后,两个校区的网络合为一体,希望使用 OSPF 动态路由技术,实现互联互通。

两个校区校园网的地址规划如表 6-8 所示。

表 6-8 两个校区网络地址规划

| 设 备 名 称 | | 设备及接口地址 | 备 注 |
|---|---|---|---|
| R1 | Fa1/0 | 172.16.1.2/24 | 局域网端口,连接 PC1 |
| | Fa1/1 | 172.16.2.1/24 | 局域网端口,连接 R2 路由器 Fa1/1 |
| R2 | Fa1/1 | 172.16.2.2/24 | 局域网端口,连接 R1 路由器 Fa1/0 |
| | Fa1/0 | 172.16.3.2/24 | 局域网端口,连接 PC2 |
| PC1 | | 172.16.1.1/24 | 网关:172.16.1.2 |
| PC2 | | 172.16.3.1/24 | 网关:172.16.3.2 |

**备注 1**:本例中使用锐捷网络的 R1700 系列路由器完成。在实际使用中,任意两台模块化路由器完成任务,配置方法和配置过程一样,但显示的结果可能稍有区别。

**备注 2**:二个校区的路由器之间通常使用广域网技术连接,本例为简化配置,使用普通网线示例。

【施工过程】

【步骤一】 连接设备,组网。

如图 6-18 所示,连接好设备,尽量保证连接的接口相同,以免产生不一致的显示结果。如果实际路由器接口名称不同,请按实际名称配置。

【步骤二】 配置路由器设备基本信息。

(1) 配置 R1 路由器端口的地址,如图 6-19 所示。

图 6-19 配置 R1 路由器端口地址

(2) 配置 R2 路由器端口的地址,如图 6-20 所示。

【步骤三】 配置计算机地址,测试网络连通。

(1) 配置 PC1 的地址:172.16.1.1/24,网关:172.16.1.2。

配置 PC2 的地址:172.16.3.1/24,网关:172.16.3.2。

(2) 使用 ping 命令,测试网络连通,如图 6-21 所示。互相连接的校区网络之间缺少路由,因此 PC1 无法和 PC2 通信。

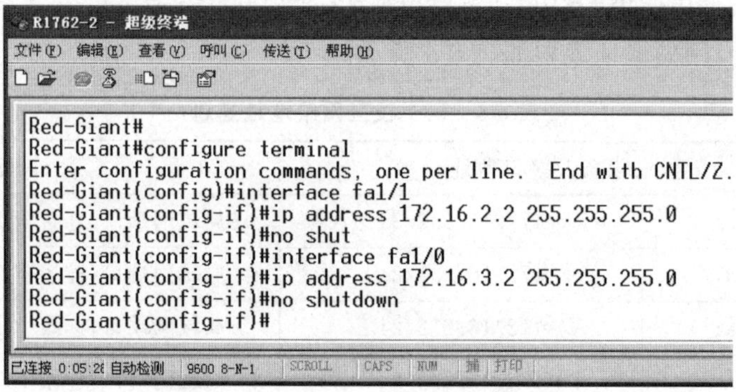

**图 6-20    配置 R2 路由器端口地址**

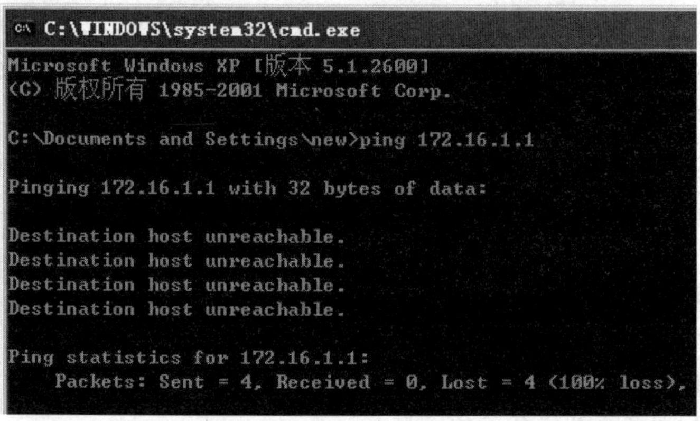

**图 6-21    测试网络不通**

(3) 查询网络不通原因。

查看 R1 路由表,缺少到 172.16.3.0/24 网络的路由。

```
R1# show ip route
```

```
Codes: C - connected, S - static,  R - RIP
       O - OSPF, IA - OSPF inter area
       N1 - OSPF NSSA external type 1, N2 - OSPF NSSA external type 2
       E1 - OSPF external type 1, E2 - OSPF external type 2
       * - candidate default
Gateway of last resort is no set
C    172.16.1.0/24  is directly connected, FastEthernet 1/0
C    172.16.1.2/32  is local host
C    172.16.2.0/24  is directly connected, FastEthernet 1/1
C    172.16.2.1/32  is local host
```

【步骤四】    配置网络 OSPF 路由。

(1) 配置 R1 路由器到达 172.16.3.0/24 网络 OSPF 路由,如图 6-22 所示。

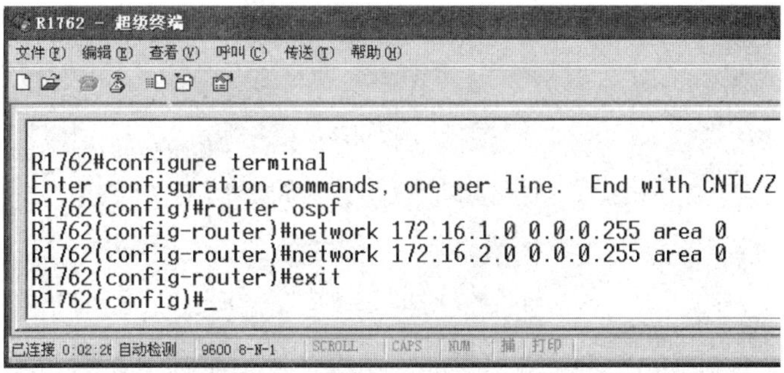

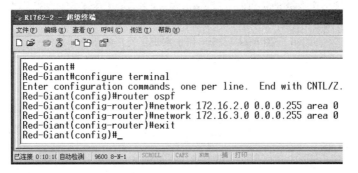

图 6-22　配置 R1 路由器 OSPF 路由

（2）配置 R2 路由器到达 172.16.1.0/24 网络的 OSPF 路由，如图 6-23 所示。

图 6-23　配置 R2 路由器 OSPF 路由

（3）查看 R1 路由表，通过 OSPF 路由协议学习到达 172.16.3.0/24 网络的路由。

```
R1# show ip route
```

```
Codes: C - connected, S - static,  R - RIP
       O - OSPF, IA - OSPF inter area
       N1 - OSPF NSSA external type 1, N2 - OSPF NSSA external type 2
       E1 - OSPF external type 1, E2 - OSPF external type 2
       * - candidate default
Gateway of last resort is no set
C    172.16.1.0/24  is directly connected, FastEthernet 1/0
C    172.16.1.2/32  is local host
C    172.16.2.0/24  is directly connected, FastEthernet 1/1
C    172.16.2.1/32  is local host
O    172.16.3.0/24 [110/1] via 172.16.2.2, 00:00:16, FastEthernet 1/1
```

【项目测试】

（1）再次使用 ping 命令，测试二个校区网络连通，如图 6-24 所示。

（2）PC1 和 PC2 能通信。通过 OSPF 路由路由器之间互相学习到全网路由信息，实现中山大学二个校区网络，网络互联互通。

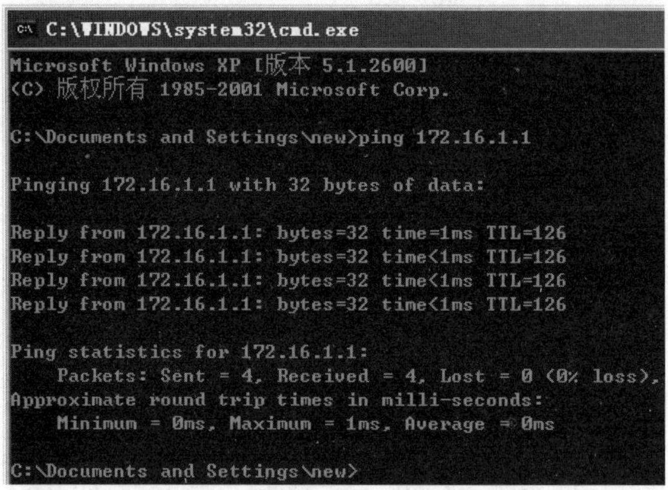

图 6-24　OSPF 路由实现了网络的连通

## 认证测试

以下每道选择题中,都有一个正确答案或者是最优答案,请选择出正确答案。

1. 三层交换机在转发数据时,可以根据数据包的_____进行路由的选择和转发。

　　A. 源 IP 地址　　　　B. 目的 IP 地址　　　C. 源 MAC 地址　　　D. 目的 MAC 地址

2. 在企业内部网络规划时,下列哪些地址属于企业可以内部随意分配的私有地址?_____

　　A. 172.15.8.1　　　B. 192.16.8.1　　　C. 200.8.3.1　　　D. 192.168.50.254

3. 企业网规划选择三层交换机而不选择路由器的原因中,不正确的是_____。

　　A. 在一定条件下,三层交换机的转发性能要远远高于路由器

　　B. 三层交换机的网络接口数相比路由器的接口要多很多

　　C. 三层交换机可以实现路由器的所有功能

　　D. 三层交换机组网比路由器组网更灵活

4. 下列的 IP 地址,哪个可以正确地分配给主机使用?_____

　　A. 192.168.1.256　　　　　　　　　　B. 224.0.0.1

　　C. 172.16.0.0　　　　　　　　　　　D. 10.8.5.1

5. 三层交换机中的三层表示的含义不正确的是_____。

　　A. 是指网络结构层次的第三层　　　　B. 是指 OSI 模型的网络层

　　C. 是指交换机具备 IP 路由、转发的功能　D. 和路由器的功能类似

6. 静态路由协议的默认管理距离是_____;RIP 的默认管理距离是_____;OSPF 路由协议的默认管理距离是_____。

　　A. 1,40,120　　　B. 1,120,110　　　C. 2,140,110　　　D. 2,120,120

7. OSPF 网络的最大跳数是_____。

　　A. 24　　　　　　B. 18　　　　　　C. 15　　　　　　D. 没有限制

8. 配置 OSPF 路由,最少需要多少条命令? _____

    A. 1                 B. 2                 C. 3                 D. 4

9. 配置 OSPF 路由,必须具有的网络区域是_____。

    A. Area 0         B. Area 1         C. Area 2         D. Area 3

10. OSPF 的管辖距离(Administrative Distance)是_____。

    A. 90             B. 100            C. 110            D. 120

11. 以下是距离向量路由协议的有_____;是链路状态路由协议的有_____。

    A. RIPv1/v2     B. IGRP 和 EIGRP    C. OSPF         D. IS-IS

12. OSPF 路由协议是一种什么样的协议? _____

    A. 距离向量路由协议            B. 链路状态路由协议

    C. 内部网关协议                D. 外部网关协议

13. 在路由表中 0.0.0.0 代表什么意思? _____

    A. 静态路由       B. 动态路由       C. 默认路由       D. RIP 路由

14. 如果将一个新的办公子网加入到原来的网络中,那么需要手工配置 IP 路由表,请问需要输入哪个命令? _____

    A. Ip route      B. Route ip      C. Sh ip route    D. Sh route

15. RIP 路由默认的 Holddown time 是_____。

    A. 180           B. 160           C. 140           D. 120

16. 默认路由是_____。

    A. 一种静态路由

    B. 所有非路由数据包在此进行转发

    C. 最后求助的网关

17. 当 RIP 向相邻的路由器发送更新时,它使用多少秒为更新计时的时间值? _____

    A. 30            B. 20            C. 15            D. 25

18. 路由协议中的管理距离,是告诉我们这条路由的_____。

    A. 可信度的等级                B. 路由信息的等级

    C. 传输距离的远近               D. 线路的好坏

19. 一个只有一条出口路径的网络称作_____。

    A. 动态网络       B. 静态网络       C. 独立网络       D. 存根网络

20. 下列哪一项准确描述了默认路由? _____

    A. 网络管理员手工输入的紧急数据路由

    B. 网络部分失败时使用的路由

    C. 小的网络中没有明确在路由选择表中列出时使用的路由

    D. 预先调整的最短距离路由而不需要考虑其他的路由

21. 下面哪一项正确描述了 OSI 模型中第三层(网络层)的一个功能? _____

    A. 节点间可靠的网络通信负责

    B. 关心的是物理地址和网络拓扑

    C. 决定经过网络传输的通信数量的最佳路径

    D. 处理表示层实体之间的数据交换

22. 外部路由协议的用途是什么？ _____
   A. 网络中节点之间的数据包的发送
   B. 自治系统之间的通信
   C. 网络之间实现兼容性

23. 内部路由协议的用途是_____。
   A. 网络之间实现兼容性      B. 自治系统之间的通信
   C. 网络中节点之间的数据包发送      D. 单个自治系统内的信息传递

24. RIP 使用下列哪项来为消息确定最佳路径？ _____
   A. 带宽      B. 跳数
   C. 传递消息的不同而变化      D. 管理距离

25. 在 RIP 中,路由更新多长时间发送一次？ _____
   A. 30s      B. 60s      C. 90s      D. 随机的时间

26. 下面哪个命令用于检查路由协议状况？ _____
   A. show ip route      B. show ip protocols
   C. debug ip rip      D. clear ip route

27. 为了避免路由循环,RIP 等距离向量算法实现了哪几个机制？ _____
   A. 水平分割      B. 毒性逆转      C. 触发更新      D. 抑制计时

28. 属于距离矢量路由协议的是_____。
   A. RIP      B. OSPF      C. BGP

# 第 7 章　三层交换技术

## 项目背景

如图 7-1 所示的网络拓扑是中山大学校园网网络中心改造场景。

为增加网络的稳定性,网络中心使用多台三层设备形成冗余备份。学校各院系的网络都通过三层设备接入到网络中心。图中灰色部分显示的区域是网络中心网络配置三层设备的场景。

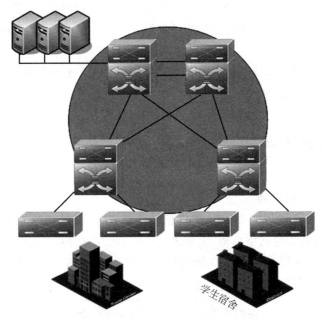

**图 7-1　中山大学网络中心拓扑**

## 项目分析

中山大学校园网早期建设的是单核心的网络架构,网络的稳定性差。学校合并多个分校后,集中访问网络中心的流量加大,加重了网络中心设备的负担。

为保障网络中心网络畅通访问,共享校园网中资源,需要增加三层设备,在网络中心实施双备份、双冗余的三层网络架构,保障网络中心的核心网络稳定,实现校园网中所有部门子网络之间互联互通。

如图 7-1 中灰色部分显示的区域,是本节知识和技术发生的场景。

建设具有冗余备份功能的网络中心改造的主要内容包括：各学院网络之间，增加三层交换设备，实现和网络中心的直连；网络中心安装多台万兆设备，实施双链路，多连接，形成冗余备份。通过三层交换技术，实现网络互联互通，提升网络传输效率。

通过本节的学习，读者将能够了解如下知识内容。

（1）三层交换技术原理。

（2）动态地址获取技术。

（3）虚拟冗余路由技术。

随着当今网络业务流量呈几何级数爆炸式增长，多媒体以及视频流大规模应用改变了互联网传统的传输模式，网络中穿越路由器的业务流也大大增加。传统的路由器低速、传输过程复杂等所造成的网络瓶颈也一下子凸现出来。

第三层交换技术的出现，很好地解决了局域网中业务流跨网段引起的低转发速率、高延时等网络瓶颈问题。第三层交换设备的应用领域也从最初的骨干层、汇聚层，一直渗透到边缘的接入层，应用日益广泛。

三层交换技术解决了局域网中网络分段之后，网段中子网必须依赖路由器进行管理的局面，解决了传统路由器低速、复杂所造成的网络瓶颈问题。

## 7.1　三层交换技术背景

### 1. VLAN 隔离二层广播

以太网技术以其组网设备成本低、网络拓扑简单、故障排除快速等优点，在网络技术发展的过程中，逐渐战胜其他网络模型，发展成为应用最为广泛的局域网组网技术。

但以太网络因为使用 CSMA/CD 传输机制，其广播和冲突检测传输机制，造成了网络内部充满广播和冲突而影响传输效率，如图 7-2 所示。

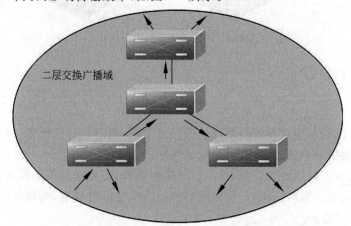

图 7-2　以太网内广播和冲突

VLAN 技术的出现,有效解决了局域网内广播干扰的问题。VLAN 技术隔离二层广播域,也就相应隔离了各个局域网网段之间的任何广播流量,不同 VLAN 的用户不能互相通信,从而解决了网络内部广播干扰的难题,如图 7-3 所示。

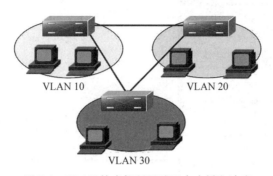

图 7-3    VLAN 技术抑制局域网内广播和冲突

**2. VLAN 间通信**

但 VLAN 技术又造成了互联互通网络之间的隔离。不同 VLAN 之间的流量,不能直接跨越 VLAN 的边界,在二层交换的网络环境中直接通信,造成了网络之间传输的障碍。

不同 VLAN 之间需要通信,需要第三层路由技术实现通信。一个 VLAN 中数据,通过三层设备,将数据报文从一个 VLAN,转发到三层设备上;利用三层设备路由功能作为桥接,再转发到另外一个 VLAN 三层路由上,再传输到另外一个 VLAN 中,如图 7-4 所示。

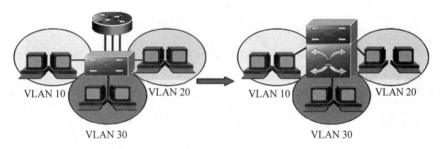

图 7-4    三层路由技术实现 VLAN 间通信

# 7.2   三层交换技术概述

## 7.2.1   OSI 模型分层结构

网络中常说的第三层是指 OSI 参考模型中的网络层,如图 7-5 所示。

三层交换技术是发生在 OSI 模型第三层的交换技术。传统交换技术是由电路交换技术发展而来,发生在 OSI 模型的第二层。二层交换机收到一个数据帧后,查看 MAC 地址映射表,直接交换转发到对应端口。

第三层交换技术则发生在网络层,依据路由表来转发信息。

如图 7-6 所示,显示三层交换中数据包组成信息:内层三层封装(第三层 IP 数据包格式)和外层二层封装(第二层以太网数据帧的格式)结构形态。

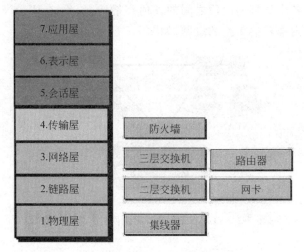

**图 7-5　网络互连设备和 OSI 分层模型对应关系**

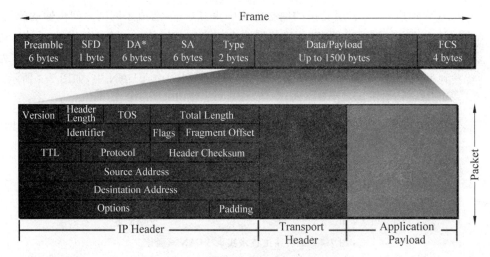

**图 7-6　三层交换中数据包组成信息**

## 7.2.2　传统二层交换技术

　　传统的局域网交换机是一台二层网络设备,通过不断收集信息去建立一个 MAC 地址映射表。当交换机收到数据帧时,它便会查看该数据帧目的 MAC 地址,核对 MAC 地址表,确认从哪个端口把帧交换出去。

　　当交换机收到一个"不认识"的帧时,也即该目的 MAC 地址不在 MAC 地址表中,交换机便会把该帧"扩散"出去:除自己之外所有端口广播出去。广播传输特征暴露出传统局域网交换机的弱点:不能有效解决广播、安全性控制等问题。为了解决这个难题,产生了二层交换机上 VLAN(虚拟局域网)技术。

　　如图 7-7 所示网络拓扑,一台二层交换机连接两台计算机,PC1(200.1.1.1/24)向同网中 PC2(200.1.1.2/24)传输过程中,如图 7-8 所示显示了帧执行二层交换过程,如下所示。

（1）PC1 在本机检验目标主机 PC2 的 IP 地址,看是否与自己在一个网段;

（2）PC1 开始本网段寻址,在全网发 ARP 报文(ARP request),请求 PC2 的 MAC 地址;

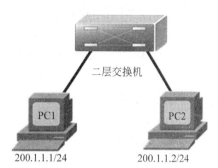

图 7-7　二层交换网络拓扑

（3）ARP 报文被交换机收到,学习到 PC1 的 MAC 地址,向所有端口转发 ARP 报文;

（4）PC2 收到该 ARP 报文,学习到 PC1 的 MAC 地址;

（5）PC2 向 PC1 回应一个 ARP 报文(ARP reply);

（6）交换机将回应 ARP 报文,单播转发给 PC1;

（7）PC1 学到 PC2 的 MAC 地址;

（8）PC1 向 PC2 发 icmp request 报文;

（9）PC2 向 PC1 回应 icmp reply 报文;

（10）二层交换结束。

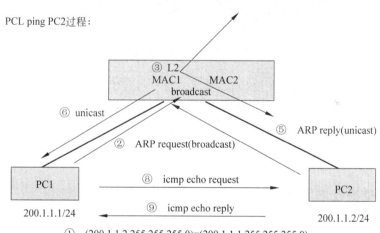

图 7-8　二层交换过程

由此看出：二层交换技术是传统交换技术,为了实现二层交换,交换机维护一张"MAC 地址、交换机端口"转发表;当交换机接收到数据时,根据帧中"目的 MAC 地址",查询 MAC 地址转发表;匹配到相同"目的 MAC 地址"项时,根据对应端口进行线速转发。

## 7.2.3　第三层交换技术

三层交换(也称多层交换技术或 IP 交换技术)是相对于传统交换概念而提出。

众所周知,传统交换技术发生在 OSI 网络标准模型中第二层的数据链路层,而三层交换技术则在第三层网络层实现高速转发。简单地说,三层交换技术就是"二层交换技术＋三层转发"。

三层交换技术解决局域网网段划分后,网段中子网必须依赖路由器通信局面,解决了传统路由器低速、复杂所造成的网络瓶颈问题。

一台三层交换设备是一台具有路由功能的交换机。为了实现三层交换技术,交换机将维护一张"MAC 地址表"、一张"IP 路由表"以及一张包括"目的 IP 地址,下一跳 MAC 地址"在内的硬件转发表。

如图 7-9 所示,当三层交换机接收到数据包时,首先解析出 IP 数据包中的目的 IP 地址,并根据数据包中的"目的 IP 地址",查询硬件转发表,根据匹配结果进行相应的数据转发。这种采用硬件芯片或高速缓存支持的转发技术,可以达到线速交换。

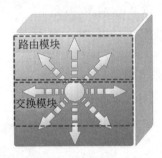

**图 7-9　三层交换过程**

三层交换中的重要设备三层交换机,除了二层交换技术外,在三层数据转发技术中使用到了路由技术。此外,在进行三层交换技术的数据转发时,通过检测 IP 数据包中的"目的 IP 地址"和"目的 MAC 地址"关系,来判断应该如何进行数据包的高速转发,也即采用硬件芯片或高速缓存支持。它把路由性能叠加在二层交换架构上,实现路由传输的高速交换。

## 7.2.4　三层交换技术原理

如图 7-10 所示某校园网络场景,使用两台三层交换机互联二个独立的子网络。下面依托该网络场景,说明三层交换的工作原理。

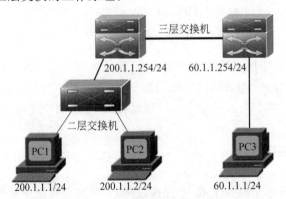

**图 7-10　三层交换机组建的网络**

其中,PC1(200.1.1.1/24)和 PC2(200.1.1.2/24)都连接在一台二层交换机上。

如果 PC1 要向同网中 PC2 传输信息,直接通过二层交换即可完成。

如果 PC1 要向另一子网中 PC3(60.1.1.1/24)传输信息,由于处于两个不同子网(200.1.1.1/24→60.1.1.1/24),就需要通过三层交换机转发。转发过程如下。

首先,PC1 在发送前,把自己的 IP 地址与目标 PC3 的 IP 地址比较,判断 PC3 是否在同一子网内?

若目的站 PC3 与发送站 PC1 在同一子网内,直接进行二层转发。

若目的站 PC3 与发送站 PC1 不在同一子网内,按照默认规则,发送站 PC1 要把该封装完成的数据包,发给"默认网关(200.1.1.254/24)"设备。而 PC1 的"默认网关"就是连接外网三层交换机 L3-1。

三层交换机 L3-1 收到该数据包后,提取该数据包的目标 IP 地址,查询路由表信息。根据其路由表信息,把该数据包转发给直连三层交换机 L3-2 设备。

三层交换机 L3-2 收到该数据包后,也提取该数据包的目标 IP 地址,依据路由表信息,转发给 PC3 设备连接的端口。并根据 PC3 的 MAC 地址,建立三层路由到二层交换的映射,后面同样的数据,就直接依据线速交换表(交换引擎),把 PC1 发来的信息,转发给 PC3,完成三层交换过程。

以后,当 PC1 向 PC3 发送数据包,便全部交给三层交换引擎处理,实现信息的高速交换。三层交换过程模型化如图 7-11 所示。

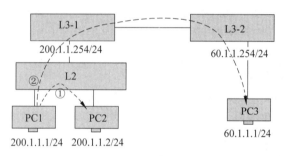

**图 7-11　三层交换原理**

## 7.3　认识三层交换机

### 1. 认识三层交换设备

三层交换通过三层交换设备实现,三层交换机也是工作在网络层的设备,和路由器一样可连接任何子网络。但和路由器的区别是,三层交换机工作在同型子网中,使用硬件 ASIC 芯片解析传输信号。通过使用先进的 ASIC 芯片,三层交换机可提供远远高于路由器的网络传输性能,如每秒 4000 万个数据包(三层交换机)对每秒 30 万个数据包(路由器),如图 7-12 所示。

在园区网络的组建中,大规模使用三层交换机

**图 7-12　三层交换机设备**

设备,组建千兆、万兆骨干架构网络。如图7-13所示千兆、万兆骨干路由交换机,不仅提供园区网络中所需的路由性能,还提供了园区网高速传输功能。因此三层交换机通常部署在园区网络中,具有更高的战略意义,提供远远高于传统路由器的性能,非常适合在网络带宽密集型以太网工作环境中应用。

图 7-13　千兆、万兆骨干路由交换机

### 2. 三层交换的突出特点

三层交换设备是一台带有三层路由功能的交换机,但它不是简单地把路由器硬件及软件,简单地叠加在二层交换机上。第三层交换技术具有以下突出特点。

(1) 软件和硬件有机结合,使得数据交换加速;

(2) 优化的路由软件,使得路由过程效率提高;

(3) 除了必要的路由决定过程外,大部分数据转发过程由第二层交换处理;

(4) 多个子网互联时,只与第三层交换模块连接,不需外接路由器。

三层交换机将第二层交换技术和第三层路由技术优势智能化结合起来,在各个层次提供线速交换。这种集成化结构还引进策略管理属性,不仅使第二层和第三层关联起来,而且还提供了流量优化处理、安全访问机制以及其他多种功能。

如在一台三层交换机内,分别设置了交换模块和路由模块,内置路由模块与交换模块类似,也使用了 ASIC 硬件处理路由。因此,与传统的路由器相比,可以实现高速路由。而且路由与交换模块是汇聚链路,通过内部总线连接,可以确保园区网络拥有相当高速的带宽。

### 3. 三层交换路由技术

和路由器设备一样,三层交换机可通过三种方式实现路由功能。

(1) 使用默认路由生成路由表;

(2) 使用静态路由生成路由表;

(3) 使用动态路由协议生成路由表。

三层交换机的最重要目标是加快大型网络内部的高速数据交换,所具有的路由功能也是为这个目的服务,能够做到一次路由,多次转发。对于数据包转发等规律性的传输,由硬件加速实现。而像路由信息更新、路由表维护、路由计算、路由确定等功能,则由软件实现。

此外,出于安全和管理方便的考虑,在大型园区网网络规划和设计过程中,必须把大型局域网按功能或地域等因素,划成一个个虚拟局域网或子网,而不同 VLAN 或者子网间通信,都要经过三层路由技术来转发。传统的解决方法多使用路由器来实现网间访问,不但由于端口数量有限限制了网络连接,而且由于路由器传输速度较慢,从而限制了园区网络的规模和访问速度。

三层交换机是为解决大型园区 IP 子网通信而设计的三层设备,不仅拥有很强的二层包处理能力,而且其三层接口丰富,扩展了网络的范围,适用于大型园区网内的数据交换;并且,还可以工作在三层,替代传统意义上子网通信的路由器设备,完成传统路由器的三层路由通信功能。

#### 4. 三层交换组网应用

近年来,随着宽带 IP 网络建设成为热点,三层交换机也开始定位于接入层、汇聚层,甚至是中小规模网络的核心层产品。三层交换机具有传统二层交换机没有的特性,这些特性给校园网和城域教育网建设带来许多好处。

尤其是在中小规模网络的核心骨干网中,一定要用三层交换机设备组网,否则整个网络成千上万台的计算机都在一个子网中,不仅毫无安全可言,也会因为无法分割广播域,而无法隔离广播风暴,造成网络效率低下,如图 7-14 所示。

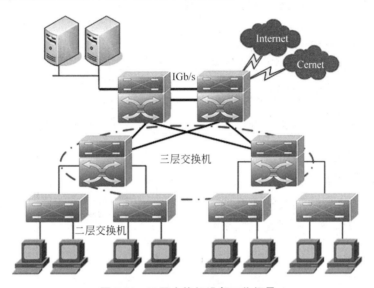

图 7-14　三层交换机设备工作场景

三层交换机通过硬件架构实现了 IP 的路由,其优化的路由功能使得路由效率提高,解决了传统路由器软件路由的速度问题,实现了"路由器的功能,交换机的性能"。

## 7.4　配置三层交换机

三层交换机最优秀的特色是,其不仅具有交换功能,还具有路由功能,每一个物理接口还可以是一个路由接口,连接一个子网络。

三层交换机物理接口默认是交换接口,如果需要开启路由接口,配置命令为:

```
Switch#configure terminal
Switch(config)#no switching                    !开启三层交换机路由功能
注意:三层交换机默认未开启路由功能。
```

在三层交换机上,可以创建一个物理的三层端口,并赋予该三层接口 IP 地址。实现方法是通过 no switchport 命令把一个二层口设为三层口,再配置 IP 地址。

```
Switch#configure terminal
Switch(config)#interface fastethernet 0/5
Switch(config-if)#no switchport                              !开启物理接口 Fa5 的路由功能
Switch(config-if)#ip address 192.168.1.1 255.255.255.0
                                                         !配置接口 Fa5 的 IP 地址
Switch(config-if)#no shutdown
```

如果需要关闭物理接口路由功能,则可以执行下面的命令。

```
Switch#configure terminal
Switch(config)#interface fastethernet 0/5
Switch(config-if)#switchport        !把该端口还原为交换端口
Switch(config-if)#no shutdown
Switch(config-if)#end
```

三层交换机路由配置和路由器中没有区别,在配置时只需启用设备路由功能。

**1. 配置静态路由**

```
Switch(config)#   ip route 目标网络 子网掩码   下一跳 IP 地址
```

**2. 配置 RIP**

```
Switch(config)#router rip
Switch(config-router)#network 主网络地址
Switch(config-router)#version 2
```

**3. 配置 OSPF 路由协议**

```
Switch(config)#router ospf
Switch(config)#network 宣告网络地址 通配符掩码 area 区域号
```

## 工程案例:配置三层交换机,实现不同区域网络连通

【工程名称】 使用三层交换技术实现不同区域网连通。

【目标技能】 实现中山大学校园内部不同部门网络之间连通。

【材料准备】 三层交换机(两台),网线(若干),测试计算机(若干)。

【工作场景】

如图 7-15 所示网络场景,是中山大学网络中心网络改造场景。

一台三层交换机作为某系部的接入设备,把系部网络接入到网络中心的万兆交换机上。
希望实施三层交换技术,通过 RIPv2 动态路由协议实现系部和网络中心之间的连通。

该网络的地址规划如表 7-1 所示。

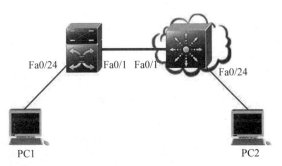

图 7-15　中山大学网络中心部分网络连接场景

表 7-1　园区网络地址规划

| 设备名称 | 设备及端口地址 | | 备　　注 |
|---|---|---|---|
| S3760(左) | Fa0/1 | 172.16.1.1/24 | 网络中心端口,连接 S8600 的 Fa0/1 |
| | Fa0/24 | 172.16.2.1/24 | 学院网端口,连接模拟客户 PC1 |
| S8600(右) | Fa0/1 | 172.16.1.2/24 | 局域网端口,连接 S3760 的 Fa0/1 |
| | Fa0/24 | 172.16.3.1/24 | 网络中心,连接网络中心设备 PC2 |
| PC1 | 172.16.2.2/24 | | 网关:172.16.2.1 |
| PC2 | 172.16.3.2/24 | | 网关:172.16.3.1 |

**【施工过程】**

**【步骤一】** 如图 7-15 所示,使用网线在工作现场连接好设备。注意连接接口应一致,以方便以下相关配置操作。

**【步骤二】** 配置三层交换机设备基本信息。

(1) 配置 S3760 三层交换机端口地址。

```
Switch#configure terminal
Switch (config)#hostname S3760
S3760 (config)#interface fa0/1
S3760 (config)#no switchport          !开启三层路由
S3760 (config-if)#ip address 172.16.1.1  255.255.255.0
S3760 (config-if)#no shutdown
S3760 (config-if)#exit

S3760 (config)#interface fa0/24
S3760 (config)#no switchport
S3760 (config-if)#ip address 172.16.2.1  255.255.255.0
S3760 (config-if)#no shutdown
S3760 (config-if)#end
```

(2) 配置 S8600 三层路由交换机的地址。

```
Switch#configure terminal
Switch (config)#hostname S8600
S8600 (config)#interface fa0/1
S8600 (config)#no switchport
S8600 (config-if)#ip address 172.16.1.2   255.255.255.0
S8600 (config-if)#no shutdown
S8600 (config-if)#exit

S8600 (config)#interface fa0/24
S8600 (config)#no switchport
S8600 (config-if)#ip address 172.16.3.1   255.255.255.0
S8600 (config-if)#no shutdown
S8600 (config-if)#end
```

**备注**：实际工程项目中没有多层万兆交换机,可使用普通三层交换机替代。

【步骤三】 配置三层交换机设备 RIPv2 动态路由技术。

(1) 配置 S3760 三层交换机 RIPv2 动态路由。

```
S3760#configure terminal
S3760 (config)#router rip
S3760 (config-router)#version 2
S3760 (config-router)#network   172.16.1.0
S3760 (config-router)#network   172.16.2.0
S3760 (config-router)#no autosummary
S3760 (config-router)#end

S3760#show ip route
...
```

(2) 配置 S8600 三层路由交换机。

```
S8600#configure terminal
S8600 (config)#router rip
S8600 (config-router)#version 2
S8600 (config-router)#network   172.16.1.0
S8600 (config-router)#network   172.16.3.0
S8600 (config-router)#no autosummary
S8600 (config-router)#end

S8600#show ip route
...
```

【步骤四】 测试网络连通。

(1) 配置 PC1 的地址：172.16.2.2/24,网关：172.16.2.1。
　　配置 PC2 的地址：172.16.3.2/24,网关：172.16.3.1。

（2）在 PC1 上，使用 ping 命令，测试网络连通，如图 7-15 所示。

网络能正常实现连通。通过三层交换机的动态路由技术，实现中山大学计算机科学技术学院网络扩充改造后办公楼网络和网络中心网络正常通信。

如果出现不能连通情况，应及时排除网络故障。

## 7.5　配置动态地址 DHCP 技术

### 7.5.1　什么是 DHCP

DHCP（Dynamic Host Configuration Protocol，动态主机配置协议）服务是指网络中的每台计算机，都没有自己固定的 IP 地址，当计算机开启后，从网络中的一台 DHCP 服务器上，获取一个暂时提供给这台机器使用的 IP 地址、子网掩码、网关以及 DNS 等信息；计算机关机后，就自动退回 IP 地址，分配给其他计算机使用。DHCP 动态地址获取协议允许计算机以及网络设备快速、动态地获取 IP 地址。

DHCP 的服务分为两个部分：一个是服务器端，而另一个是客户端。所有的 IP 网络信息设定都由 DHCP 服务器集中管理，并负责处理客户端的 DHCP 要求；而客户端设备则会使用从 DHCP 服务器分配下来的 IP 配置信息。

DHCP 协议通过"租约"的方式，有效且动态地分配给客户端设备的 IP 地址配置信息，如获取 IP 地址，获取子网掩码，获取网关以及 DNS 域名服务器地址，如图 7-16 所示。

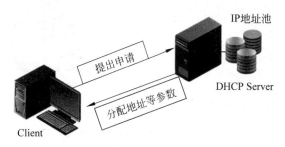

**图 7-16　DHCP 通过"租约"的方式获取地址**

整个 DHCP 配置过程自动实现，保证任何 IP 地址在同一时刻只能由一台 DHCP 客户端设备所使用。

通过 DHCP 动态地址配置技术，把手工配置 IP 地址所导致的错误减少到最低程度，例如已分配的 IP 地址再次分配给另一设备所造成的地址冲突等将大大减少。不需要网络管理员手工配置，减少了网络管理工作量。

### 7.5.2　DHCP 地址分配流程

DHCP 的工作环境采用客户/服务器结构。

首先，保证至少有一台 DHCP 服务器在网络中，它会监听网络中的 DHCP 请求，并与客户端 TCP/IP 设定工作环境。DHCP 服务器拥有一个 IP 地址池，当任何启用 DHCP 协议的客户机登录到网络时,可从 DHCP 服务器那里租借一个 IP 地址,不使用的 IP 地址就自动返回地址池,供服务器再分配,如图 7-17 所示。

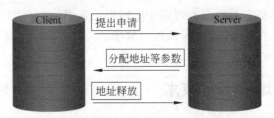

图 7-17 DHCP 客户/服务器工作结构

DHCP 服务器提供以下两种 IP 地址定位方式。

**1. 自动分配**

自动分配的情形是:一旦 DHCP 客户端设备第一次成功从 DHCP 服务器端租用到 IP 地址之后,就永远使用这个地址。

**2. 动态分配**

动态分配的情形是:当客户机第一次从 DHCP 服务器租用到 IP 地址后,并非永久使用该地址,只要租约到期,客户端就释放这个 IP 地址,给其他工作站使用。

使用 DHCP 服务从网络中的服务器获取 IP 地址的工作过程共分为 4 个阶段:发现阶段,提供阶段,选择阶段,确认阶段,如图 7-18 所示。

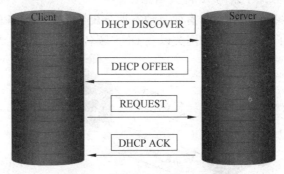

图 7-18 DHCP 服务的 4 个阶段

(1) 发现阶段

客户端计算机先发出 DHCP DISCOVER 广播信息到网络中,查找网络中可以提供 IP 地址的 DHCP 服务器,即 DHCP 客户机寻找 DHCP 服务器阶段。

当 DHCP 客户端设备第一次登录网络时,发现本机上没有任何 IP 地址,它会以广播方式向本地网络发出一个 DHCP DISCOVER 包,寻找 DHCP 服务器,即使用广播地址 255. 255.255.255 发送特定广播信息。

因为客户端设备还不知道自己属于哪一个网络,所以包源地址为 0.0.0.0,而目的地址为 255.255.255.255,然后再附上 DHCP DISCOVER 信息,在本地向全网广播。本地网络中每一台安装有 TCP/IP 的主机都会收到这种广播,但只有 DHCP 服务器才会做出响应,如图 7-19 所示。

(2) 提供阶段

网络中的 DHCP 服务器收到客户端计算机发来的广播后,在 IP 地址池中挑选一个还

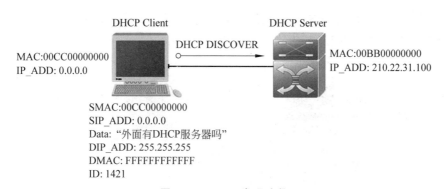

图 7-19　DHCP 发现阶段

没有出租的 IP 地址,利用广播的方式提供给发出请求的客户端计算机,即 DHCP 服务器提供 IP 地址阶段。

DHCP DISCOVER 等待时间预设为 1s,也就是当客户端设备将第一个 DHCP DISCOVER 请求包送出去后,在 1s 之内如果没有得到响应,就会进行第二次 DHCP DISCOVER 广播。若一直得不到响应,客户端一共会有 4 次 DHCP DISCOVER 广播(包括第一次),除第一次会等待 1s 之外,其余三次等待时间分别是 9s、13s、16s。如果都没有得到 DHCP 服务器的响应,客户端则会显示错误信息,宣告 DHCP DISCOVER 失败。

系统会在 5min 之后,再重复一次 DHCP DISCOVER 过程。

当 DHCP 服务器再次监听到客户端发出的 DHCP DISCOVER 广播后,也即收到本地网络中计算机发来的 DHCP DISCOVER 请求后,DHCP 服务器及时响应。从还没有租出的 IP 地址池中,发送一个包含出租的 IP 地址和其他设置,通过 DHCP OFFER 方式提供信息给客户机,如图 7-20 所示。

图 7-20　DHCP 提供阶段

由于客户端设备在开始时还没有 IP 地址,所以在其 DHCP DISCOVER 请求包内,会带有其 MAC 地址信息,并且有一个 XID 编号来辨别该包。DHCP 服务器提供的响应 DHCP OFFER 封包会根据这些资料,传递给要求 IP 租约客户。根据服务器端设定,DHCP OFFER 封包还会包含一个地址租约期限。

(3) 选择阶段

如图 7-21 所示,客户端计算机收到服务器发来的 DHCP OFFER 信息后,利用广播方式,响应一个 DHCP REQUEST 信息给 DHCP 服务器,即 DHCP 客户机决定选择某台 DHCP 服务器提供 IP 地址阶段。

DHCP Client　　　　　　　　DHCP Server

MAC:00CC00000000　　　DHCP REQUEST　　　MAC:00BB00000000
IP_ADD: 0.0.0.0　　　　　　　　　　　　　　　　IP_ADD: 210.22.31.100

SMAC:00CC00000000
SIP_ADD: 0.0.0.0
Data: "我要使用IP地址
　　　210.22.31.157了
　　　谢谢其他响应的系统"
DIP_ADD: 255.255.255.255
DMAC: FFFFFFFFFFFF
ID: 18823

图 7-21　DHCP 选择阶段

如果网络中有多台 DHCP 服务器,向申请 IP 地址的客户机都发来 DHCP OFFER 地址提供信息,则客户机只接收第一个收到的 DHCP OFFER 提供地址信息。然后以广播方式回答一个 DHCP REQUEST 请求,该信息包含向它所选定 DHCP 服务器请求的 IP 地址内容。

之所以以广播方式回答,是为了通知网络中所有的 DHCP 服务器,已经选择了某台 DHCP 服务器所提供的 IP 地址。

(4) 确认阶段

DHCP 服务器收到客户端设备发送的 DHCP REQUEST 信息后,也利用广播的方式向客户端计算机发送一个 DHCP ACK 确认信息,即 DHCP 服务器确认所提供的 IP 地址阶段。

网络中 DHCP 服务器收到客户计算机回答 DHCP REQUEST 请求后,便向客户机发送一个包含所提供 IP 地址和其他设置 DHCP ACK 的确认信息,告诉客户机可以使用其提供的 IP 地址。

然后 DHCP 客户机将该 IP 地址与网卡建立映射。此时,其他 DHCP 服务器都将收回提供的 IP 地址,如图 7-22 所示。

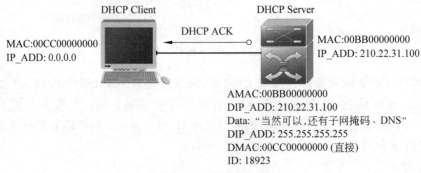

DHCP Client　　　　　　　　DHCP Server

MAC:00CC00000000　　　DHCP ACK　　　MAC:00BB00000000
IP_ADD: 0.0.0.0　　　　　　　　　　　　　　　　IP_ADD: 210.22.31.100

AMAC:00BB00000000
DIP_ADD: 210.22.31.100
Data: "当然可以,还有子网掩码、DNS"
DIP_ADD: 255.255.255.255
DMAC:00CC00000000 (直接)
ID: 18923

图 7-22　DHCP 确认阶段

## 7.5.3 配置 DHCP 服务

配置给客户端计算机 DHCP 的各项参数,都需要在 DHCP 服务器地址池中定义。

如果没有配置 DHCP 服务器,即使启用 DHCP 服务器,也不能对客户端进行地址分配;启用 DHCP 服务器后,不管是否配置 DHCP 地址池,DHCP 中继代理特性总起作用。

### 1. 配置地址池名

给 DHCP 地址池起一个容易记忆的名字,可以定义多个地址池。DHCP 服务器将根据 DHCP 请求包中继代理 IP 地址,决定分配哪个地址池的地址给客户机。

如果 DHCP 请求包中没有中继代理 IP 地址,就分配与请求接口 IP 地址同一子网的地址给客户端。如果没有定义这个网段地址池,则地址分配失败。

如果 DHCP 请求包中,有中继代理 IP 地址,就分配与该地址同一子网的地址给客户端,如没有查到定义这个网段的地址池,地址分配就失败。

配置 DHCP 服务器,需要为 DHCP 服务器提供分配给客户端的地址空间,除非有地址排斥配置,否则所有地址池中的地址都有可能分配给客户端。

DHCP 在分配地址池中的地址时,按顺序进行。如果该地址已经在 DHCP 绑定,或者检测到该地址已在该网段中存在,就检查下一个地址,直到分配一个有效的地址。

进入配置模式,配置地址池。

```
switch (config)#service DHCP                          !开启 DHCP 服务
switch (config)#ip dhcp pool  ABC                     !定义地址名为 ABC 的地址池
switch (dhcp-config)#network 10.1.1.0  255.255.255.0!配置地址池子网和掩码
```

### 2. 配置地址租约

DHCP 服务器给客户端计算机分配 IP 地址,默认情况下租约为 1 天。当租期快到时,客户机需要请求续租,否则过期后不能使用该 IP 地址。

使用以下命令,可以定义地址的租约。

```
Lease  { days [ hours ] [ minutes ] |[ infinite ] }
```

其中,各命令参数如表 7-2 所示。

表 7-2　地址租约参数

| 参　　数 | 描　　述 |
|---|---|
| days | 定义租期时间,以天为单位 |
| hours | (可选)定义租期时间,以小时为单位,定义小时数前必须定义天数 |
| minutes | (可选)定义租期时间,以分钟为单位,定义小时数前必须定义天数和小时 |
| infinite | 定义没有限制租期 |

以下示例为配置地址租约过程。

```
switch (config)#ip dhcp pool ABC
switch (dhcp-config)#network 10.1.1.0  255.255.255.0
switch (dhcp-config)#lease 8 0 0         !配置地址租约为 8 天
```

### 3. 配置客户机所在网络的网关

客户端计算机启动后,将所有不在同网络的数据包,转发到默认网关。默认网关 IP 地址必须与 DHCP 客户端计算机 IP 地址在同一网络。

以下示例为配置默认网关过程。

```
switch (config)#ip dhcp pool  ABC
switch (dhcp-config)#network 10.1.1.0  255.255.255.0
switch (dhcp-config)#lease 8 0 0
switch (dhcp-config)#default-router 10.1.1.1        !配置默认网网关
```

### 4. 配置客户机所在网络域名

可以指定客户端计算机的域名,当客户端主机访问网络时,不完整主机名会自动加上域名后缀,形成完整的主机名。

以下为使用命令 domain-name domain 给客户端分配域名为"ruijie.com.cn"。

```
switch (config)#ip dhcp pool  ABC
switch (dhcp-config)#network 10.1.1.0 255.255.255.0
switch (dhcp-config)#lease 8 0 0
switch (dhcp-config)#default-router 10.1.1.1  10.1.1.2
switch (dhcp-config)#domain-name ruijie.com.cn  !给客户端分配的域名
```

### 5. 配置客户端域名服务器

当客户端计算机需要通过主机名访问网络资源时,可以指定 DNS 服务器进行域名解析,配置 DHCP 客户端可使用域名服务器。

使用命令 dns-server address,分配给客户端 DNS 服务器的地址为 202.106.0.20。

```
switch (config)#ip dhcp pool  ABC
switch (dhcp-config)#network 10.1.1.0  255.255.255.0
switch (dhcp-config)#lease 8 0 0
switch (dhcp-config)#default-router 10.1.1.1  10.1.1.2
switch (dhcp-config)#domain-name ruijie.com.cn
switch (dhcp-config)#dns-server  202.106.0.10           !配置域名服务 IP 地址
```

### 6. DHCP 排除地址配置

如果没有特别配置,DHCP 服务器将地址池中所有地址分配给客户机。

如果想保留一些地址不想分配,如已分配给服务器或路由器,必须定义这些地址不允许分配给客户端。

使用命令 ip dhcp excluded-address start-address end-address 定义 IP 地址范围,这些地址 DHCP 不会分配给客户端。

```
switch (config)#ip dhcp pool   ABC
switch (dhcp-config)#network 10.1.1.0  255.255.255.0
switch (dhcp-config)#lease 8 0 0
switch (dhcp-config)#default-router 10.1.1.1   10.1.1.2
switch (dhcp-config)#domain-name ruijie.com.cn
switch (dhcp-config)#dns-server   202.106.0.10
switch (dhcp-config)#ip dhcp excluded-address 10.1.1.150   10.1.1.200
                          !定义排除地址配置范围为 10.1.1.150~10.1.1.200
```

## 工程案例：配置三层交换机自动获取 IP 地址

**【工程名称】** 配置三层交换机自动获取 IP 地址。

**【目标技能】** 实现中山大学校园内部所有三层设备，都能自动获取到 IP 地址。

**【材料准备】** 三层交换机（一台），网线（若干），测试计算机（若干）。

**【工作场景】**

如图 7-23 所示网络场景，是中山大学计算机科学技术学院某部门使用三层交换机接入场景。为减少手工配置地址的麻烦，配置三层设备 DHCP 技术，帮助学院所有计算机自动获得 IP 地址。

**【施工过程】**

**【步骤一】** 如图 7-23 所示，组建网络场景。

**【步骤二】** 登录三层交换机，配置三层交换机 DHCP 功能。

需要在三层设备上开启 DHCP 服务，让连接计算机设备自动获取地址，配置如下。

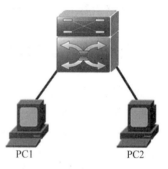

图 7-23　某一部门网络 DHCP 自动获取地址

```
Switch#configure terminal
Switch(config)#Interface vlan 1                      !配置交换机管理地址
Switch(config-if)#Ip address 10.1.1.1   255.255.255.0
Switch(config-if)#No shutdown
Switch(config-if)#exit

Switch(config)#Service dhcp
Switch(config)#ip dhcp pool vlan 1                    !配置地址池名为 vlan-1
Switch (dhcp-config)#network 10.1.1.0   255.255.255.0
                                                      !可供客户端使用地址段
Switch (dhcp-config)#default-router 10.1.1.1          !配置默认网关
Switch (dhcp-config)#dns-server 10.1.1.254
Switch (dhcp-config)#lease 1 1 1
                                           !租期为 1 天 1 小时 1 分（默认一天）

Switch (dhcp-config)#ip dhcp excluded-address 10.1.1.1,10.1.1.254
!移除 10.1.1.1 和 10.1.1.254，某些 IP 不提供给客户端，如网关地址，要将这些地址从地址池中
移除，这样服务器就不会将这些地址发给客户端
Switch(config)#end
```

**【步骤三】** 查看结果。

打开客户端连接的计算机设备,在"开始"→"运行"对话框中,使用 CMD 命令转到 DOS 命令窗口。

在 DOS 命令行状态下,使用 IPConfig 命令,查看获取到的 IP 地址。

如果使用该命令,没有获取到相应的 IP 地址信息,应及时排除网络故障。

# 7.6 虚拟路由冗余技术

随着网络应用的不断深入和发展,用户对网络可靠性的需求越来越高。网络中三层设备都可以运行动态路由协议,如 RIP、OSPF,实现网络路由的冗余备份。

当一台主路由设备发生故障后,网络可以自动切换到它的备份路由上,实现网络的自动连通。

如何实现企业网中终端用户实现网络冗余,保持网络的畅通? 在配置有冗余的三层网络中,在网关设备发生切换的情况下,终端设备上默认网关也能发生自动切换?

虚拟路由器冗余协议技术,很好地解决了这个难题。

## 7.6.1 什么是虚拟路由器冗余协议

虚拟路由器冗余协议(Virtual Router Redundancy Protocol,VRRP)是一种容错选择协议,通过建立一台虚拟路由器,能动态分配出口路由到局域网内配置有 VRRP 的路由器中。

VRRP 工作时保障当主机的下一跳路由失效时,可以及时由另一条路由来替代,从而保持通信的连续性和可靠性。

为了保障 VRRP 正常工作,需要在三层路由设备上配置虚拟路由器号和虚拟 IP 地址,同时产生一个虚拟 MAC 地址,这样在整个网络中,就相当于加入了一台虚拟路由器。

当网络上主机与虚拟路由设备通信时,无须了解这个网络上物理状态的三层路由设备信息,自动切换,实现三层路由的冗余备份。此外,使用 VRRP 的好处还有,当出现更高的默认路径可选择路由时,无须在每个终端主机上配置路由或路由发现功能,能实现自动切换,如图 7-24 所示。

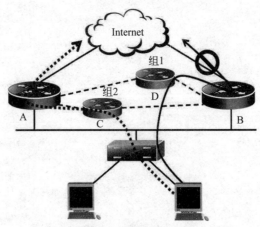

**图 7-24 虚拟路由器冗余协议工作场景**

一台虚拟路由设备由一台主路由设备和若干台备份路由设备组成,主路由设备实现真正的转发功能。在网络组建中,把配置虚拟路由 IP 地址的 VRRP 路由设备称为主路由器,它负责转发数据包到这个虚拟 IP 地址。允许虚拟路由设备的 IP 地址作为终端主机的默认第一跳路由。

一旦主路由设备不可用,出现故障时,一台备份路由设备将成为新的主路由设备,接替它的工作,提供了动态的故障转移机制。

### 7.6.2 虚拟路由冗余协议概述

通常一个网络内的所有主机,都会设置一条默认路由作为去往外网的默认路径。

#### 1. 单网络出口故障

如图 7-25 所示某企业网络,内部网络上的所有主机,都配置了一个默认网关 10.100.10.1,该地址为该网络出口路由设备 Router-a 连接内部网络的接口地址。

默认情况下,网络内部的所有主机发往外部网络的信息,都将发往本机上的默认网关,也即本网的出口路由 Router-a 设备,实现内部主机与外部网络通信。

其中,网络出口设备是这个网络中的关键设备。当本网出口路由 Router-a 出现故障时,本网内所有以出口路由 Router-a 为默认路由的下一跳主机,都将失去通往外部网络的路由,局域网将中断与外网通信。

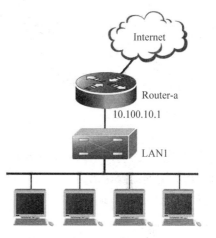

图 7-25 本网设备配置默认
网关(10.100.10.1)

#### 2. 具有多出口的虚拟路由冗余备份

为提高网络的可靠性,在大中型企业网络构建时,往往会多增设一台出口设备。若仅在网络内安装一台出口路由设备,不能实现在网络出口出现故障的情况下,出口路由的自动切换。

VRRP 就是针对上述网络出口备份问题而提出的解决方案。实现内部网络在不改变组网的情况下,自动切换到备份的出口路由设备上,在网络出口发生故障的情况下,不需要在网络内部的终端主机上做任何更改配置,就能实现下一跳网关的备份,保障网络安全畅通。

#### 3. 虚拟路由器冗余技术

VRRP 为具有多播或广播能力的企业内部网络规划而设计。

在局域网的内部配置一组 VRRP 出口路由组网结构:包括一台 Master 路由器,即活动路由器,以及若干个 Backup 路由器,即备份路由器。它们组织成一台虚拟路由器,称为一个 VRRP 备份组结合。这台虚拟路由器可以拥有自己的 IP 地址:如 10.100.10.1(这个 IP 地址可以和备份组内某台路由器接口地址相同,也可以不同)。

VRRP 备份组内的其他路由器也有自己的 IP 地址,如图 7-26 所示,设置 Router-a 为

Master 路由器,其 IP 地址为 10.100.10.2;设置 Router-b 为 Backup 路由器,其 IP 地址为
10.100.10.3。连接在局域网内的主机仅需要知道这台虚拟路由器的 IP 地址为 10.100.
10.1,而不需要知道具体的 Master 路由器 IP 地址 10.100.10.2 以及 Backup 路由器 IP 地
址 10.100.10.3。

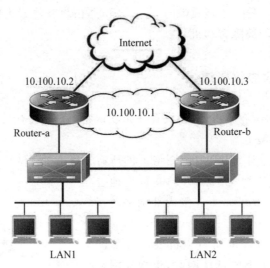

图 7-26　虚拟路由器工作示意图

　　配置时,将局域网内所有主机的默认网关设为该台虚拟路由器的 IP 地址(10.100.10.
1),作为全网的默认网关。网络内的所有主机就通过这台虚拟路由器与外部网络通信,作为
通向外网下一跳地址,但实际的数据包的转发处理,由备份组内的 Master 路由器执行。

　　如果备份组内的 Master 路由器出现故障,备份组内的其他 Backup 路由器将会通过选
举策略,接替成为新的 Master,继续使用之前的虚拟网关的 IP 地址,向网络内的所有主机
提供路由服务,从而实现网络内的主机不间断地与外部网络通信。

　　VRRP 通过多台路由器互相备份实现网络路由的冗余,任何时候只允许有一台路由器
成为主路由器,其他的为备份路由器。主、从路由器之间的切换过程,对用户来说是完全透
明的,用户不必关心具体过程,只要把本网内的所有主机的默认网关,都设为虚拟路由器 IP
地址即可。

### 7.6.3　虚拟路由冗余协议报文

　　虚拟路由冗余协议中只定义了一种报文:VRRP 报文,这是一种组播报文,由主路由器
定时发出来广播它的存在。通过这 VRRP 报文可以了解虚拟路由的各种参数,此外,
VRRP 报文还用于主路由器的策略选举。

　　在工作过程中 VRRP 报文定义了三种状态:初始状态(Initialize)、活动状态(Master)、
备份状态(Backup)。只有在活动状态下才可以为配置虚拟 IP 地址的主机设备发出请求,
提供数据包转发服务。

　　VRRP 采用竞争方式选择主路由器。首先比较各台路由器优先级的大小。在 VRRP
路由组中,VRRP 优先级范围是 0～255,优先级最大的选择成为主路由器,其 VRRP 的报文

状态也修改为 Master 路由器。最高优先级为 255,若 VRRP 路由器的 IP 地址和虚拟路由器接口 IP 地址相同,则称该虚拟路由器为 VRRP 组中的 IP 地址所有者,IP 地址所有者具有最高优先级 255。

另外,0 优先级一般用在 IP 地址所有者,在主动放弃主控者角色时,所使用的优先级。

若所有路由器的优先级相同,则比较网络接口主 IP 地址,主 IP 地址最大成为主路由器,由它提供实际网络的路由转发服务。

VRRP 中可配置的优先级范围为 1~254。优先级的配置原则可以依据链路的速度和成本、路由器性能和可靠性以及其他管理策略设定。主控路由器的选举中,高优先级的虚拟路由器获胜,因此,如果在 VRRP 组中有 IP 地址所有者,则它总是作为主控路由的角色出现。对于相同优先级的候选路由器,按照 IP 地址大小顺序选举。

VRRP 还提供了优先级抢占策略,如果配置了该策略,高优先级的备份路由器便会剥夺当前低优先级的主控路由器而成为新的主控路由器。

主路由器选出后,其他路由器作为备份路由器,并通过主路由器发出的 VRRP 报文监测主路由器的状态。当主路由器正常工作时,它会每隔一段时间发送一个 VRRP 多播报文通知备份路由器,主路由器处于正常工作状态。

如果组内的备份路由器长时间没有接收到来自主路由器的报文,则将自己的状态转为 Master。当组内有多台备份路由器时,重复以上的竞选过程。通过这样一个过程就会将优先级最大的路由器选成新的主路由器,从而实现 VRRP 的备份功能。

## 7.6.4 配置虚拟路由冗余协议

在三层路由设备上,配置虚拟路由冗余协议的基本命令如下。
(1) 创建 VRRP 组并配置虚拟路由器的 IP 地址(可选)。

```
vrrp 组号 ip ip 地址
```

(2) 配置 VRRP 组优先级。

```
vrrp 组号 priority 优先级别
```

(3) 配置 VRRP 组抢占。

```
vrrp 组号 preempt
```

(4) 验证 VRRP 组结果。

```
show vrrp [brief]
show vrrp interface 接口
```

如表 7-3 所示是 VRRP 运行时的默认配置,管理员可以修改这些配置。

表 7-3　　VRRP 运行时默认配置

| VRRP 参数 | 默 认 设 置 |
|---|---|
| Standby group number | 1 |
| Standby priority | 100 |
| Standby Advertisement Interval | 1 second |
| Standby Preempt Mode | Preempt |

以下案例是在一台三层交换设备上,实际应用 VRRP 配置案例。

```
Switch#configure terminal
Switch (config)#interface vlan10
Switch (config-if)#ip address 10.10.10.1  255.255.255.0
Switch (config-if)#no shutdown

Switch (config-if)#vrrp 1 priority 120          !配置优先级
Switch (config-if)#vrrp 1 ip 10.10.10.1         !配置 VRRP 组和虚拟路由器的 IP 地址
Switch (config-if)#vrrp 1 preempt               !配置抢占
Switch (config-if)#vrrp 1 timer advertise 3     !配置 VRRP 组广播时间单位
Switch (config-if)#end

Switch #show vrrp                               !验证 VRRP 组结果
…
```

## 7.6.5　VRRP 应用于园区网络

虚拟路由冗余协议技术,不但用于上述企业网连接外网的出口路由的备份场景中,还广泛用于大型园区网络核心网络组建,实现三层核心骨干网络的冗余备份。

在大型园区网络中,核心层处于网络的中心,网络之间的大量数据都通过核心层设备进行交换,同时承担不同子网之间路由。如果网络核心层设备一旦宕机,整个网络即面临瘫痪。因此,在园区网络设计中,核心设备的选择,一方面要求其具有强大的数据交换能力,另一方面要求其具有较高的可靠性。同时,为进一步提高核心层的可靠性,避免核心层设备宕机造成整个网络瘫痪,一般在核心层再放置多台三层交换设备,互为冗余和备份。一旦主设备整机出现故障,立即切换到备用设备,确保网络的核心层具有高度稳定性和可靠性。

如图 7-27 所示某校园网络拓扑,为提高网络的稳定性,在网络核心层放置两台三层路由交换机(S1、S2),汇聚层三层交换机(SW1、SW2、…)分别连接两台核心交换机。

在大型园区网络中,为抑制广播信号提高网络的性能,实现网络的安全访问控制,一般根据具体情况将整个网络分成多个不同的 VLAN,VLAN 中主机的默认网关设置为三层交换机上 VLAN 的接口地址。

如图 7-27 所示拓扑,将网络中两台核心交换机(S1、S2)组成 VRRP 备份组。设置 VLAN 4 作为虚拟网关接口,虚拟网关接口默认网关地址设置为:192.168.4.1,该地址就是 VRRP 备份组配置的虚拟 IP 地址,为 192.168.4.1。

其中,S1 为主设备,允许抢占;S2 为从设备,备份组中 S1、S2 同时分别拥有自己的接口 IP。

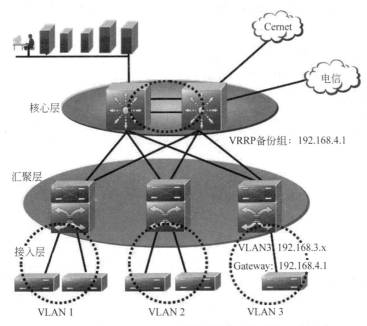

**图 7-27 VRRP 在园区网络中的应用**

以 VLAN 3 内主机的主机为例说明 VRRP 的应用过程:

设置 VLAN 3 内所有主机的默认网关为 VRRP 备份组网关地址,也即 VLAN 3 的虚拟网关 IP 地址为 192.168.4.1。VLAN 3 内的主机通过这个虚拟网关 IP 访问 VLAN 3 之外的网络资源。

如果主交换机发生了故障,VRRP 将自动由备份交换机(Backup)来替代主交换机工作。由于网络内终端配置 VRRP 虚拟网关地址,发生故障时,虚拟交换机没有改变,主机仍保持连接,网络将不会受到单点故障影响,很好地解决了核心网络交换机的切换问题。对于使用固定网关网络,当此网关出现故障时,要想将故障对用户影响降低到最小,VRRP 无疑是最低价的选择。

对于使用多个网关的网络中,可以使用 VRRP 让不同网关之间互相备份,这样既不会增加网络设备,同时又达到了热备份的目的,使网络故障发生时用户的损失降至最低。而且 VRRP 是 RFC 标准协议,能方便地实现各厂家设备间互通。正是由于 VRRP 具有这些优点,使得它成为建设一个稳定可靠网络所需的有力工具。

## 认证测试

以下每道选择题中,都有一个正确答案或者是最优答案,请选择出正确答案。

1. 已知同一网段内一台主机的 IP 地址,通过以下哪种方式可以获取其 MAC 地址? _____

A. 发送 ARP 请求      B. 发送 RARP 请求

C. 通过 ARP 代理      D. 通过路由表

2. 三层交换技术是在网络模型中的第三层实现了数据包的高速转发,既可实现网络路由功能,又可根据不同网络状况做到最优网络性能。三层交换机在收到一个流量的首个数据包后首先进行的操作是_____。

A. 发送 ARP 请求

B. 由 CPU 查路由表获取下一跳信息

C. 根据报文中的目的 MAC 查找 MAC 地址表

D. 用自己的 MAC 地址替换报文中的目的 MAC 地址

3. 在三层交换机上配置命令：Switch(config-if)♯ no switchport,命令的作用是_____。

A. 将该端口配置为 Trunk 端口      B. 将该端口配置为二层交换端口

C. 将该端口配置为三层路由端口      D. 将该端口关闭

4. 交换机如何将接口设置为 TAG VLAN 模式? _____

A. switchport mode tag      B. switchport mode trunk

C. trunk on      D. set port trunk on

5. 当要配置三层交换机的接口地址时应采用哪个命令? _____

A. no switch;   ip address 1.1.1.1 netmask 255.0.0.0

B. no switch;   ip address 1.1.1.1/24

C. no switch;   set ip address 1.1.1.1 subnetmask 24

D. no switch;   ip address 1.1.1.1 255.255.255.248

6. 在交换式以太网中,交换机上可以增加的功能是_____。

A. CSMA/CD      B. 网络管理

C. 端口自动增减      D. 协议转换

7. 三层交换机上有千兆,可以连接千兆以太网,下列关于千兆以太网的说法,正确的是_____。

A. 可使用光纤或铜缆介质      B. 可使用共享介质技术

C. 只能工作在全双工模式下      D. 介质访问控制方法仍采用 CSMA/CD

8. 三层交换机上可以划分子网,请说出划分 IP 子网的主要好处_____。

A. 可以隔离广播流量

B. 可减少网管人员 IP 地址分配的工作量

C. 可增加网络中的主机数量

D. 可有效地使用 IP 地址

9. IP、Telnet、UDP 分别是 OSI 参考模型的哪一层协议? _____

A. 1、2、3      B. 3、4、5      C. 4、5、6      D. 3、7、4

10. 为了防止冲击波病毒,请问在三层交换机上采用哪种技术? _____

A. 网络地址转换

B. 标准访问列表

C. 采用私有地址来配置局域网用户地址以使外网无法访问

D. 扩展访问列表

11. 以下对局域网的性能影响最为重要的是_____。

A. 拓扑结构　　　　　　　　　　　B. 传输介质

C. 介质访问控制方式　　　　　　　D. 网络操作系统

12. 在路由表中 0.0.0.0 代表_____。

A. 静态路由　　　　B. 动态路由　　　　C. 默认路由　　　　D. RIP 路由

13. 在以太网中,帧的长度有一个下限,这主要是出于哪方面的考虑?_____

A. 载波侦听　　　　　　　　　　　B. 多点访问

C. 冲突检测　　　　　　　　　　　D. 提高网络带宽利用率

14. 在 TCP/IP 网络中,传输层用什么进行寻址?_____

A. MAC 地址　　　　B. IP 地址　　　　C. 端口号　　　　D. 主机名

15. 当桥接收的分组的目的 MAC 地址在桥的映射表中没有对应的表项时,采取的策略是_____。

A. 丢掉该分组　　　　　　　　　　B. 将该分组分片

C. 向其他端口广播该分组　　　　　D. 不转发此帧并由桥保存起来

16. IEEE 802.1q 数据帧的 TAG 加在_____。

A. 头部　　　　　　B. 中部　　　　　　C. 尾部　　　　　　D. 头部和尾部

17. 二层交换机处理的是_____。

A. 脉冲信号　　　　B. MAC 帧　　　　C. IP 包　　　　D. ATM 包

18. 请说出 OSI 7 层参考模型中哪一层负责建立端到端的连接?_____

A. 应用层　　　　　B. 会话层　　　　　C. 传输层

D. 网络层　　　　　E. 数据链路层

19. 已知同一网段内一台主机的 IP 地址,通过以下哪种方式可以获取其 MAC 地址?_____

A. 发送 ARP 请求　　　　　　　　B. 发送 RARP 请求

C. 通过 ARP 代理　　　　　　　　D. 通过路由表

20. TAG VLAN 是由下面的哪一个标准规定的?_____

A. 802.1d　　　　　B. 802.1p　　　　　C. 802.1q　　　　　D. 802.1z

# 第8章 地址转换 NAT 技术

## 项目背景

随着 Internet 的应用快速地增长,一个重要而紧迫的问题出现:IPv4 地址空间使用接近枯竭。尽管 IPv6 技术是解决 Internet 地址发展的最佳解决方案,但是在 IPv6 技术正式实施之前,需要一些过渡性的解决方案,其中一项重要的技术就是地址转换技术。

中小企业的企业网在接入 Internet 时,受公有 IP 地址的限制,网络规划时都使用私有 IP 地址,在出口的路由设备上通过配置地址转换 NAT 技术,把私有网络接入到公有的 Internet 中,如图 8-1 所示。

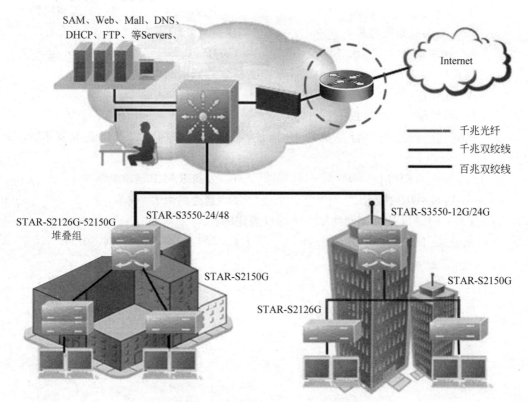

**图 8-1 校园网 NAT 技术接入 Internet**

本章以顶尖广告有限公司办公网为依托,介绍中小企业网络使用私有 IP 访问公网技术,了解私有地址和公有地址转换的 NAT 和 NAPT 技术。

地址转换技术 NAT 和端口地址转换技术 NAPT,很好地解决了网络中多台主机,共享有限的公有 IP 地址,把中小型的私有网络接入 Internet 的难题。

## 项目分析

顶尖广告公司是一家小型企业,为满足公司信息化建设需求,十几台计算机组成办公网络。办公网中使用一台二层交换机做互连,通过 ADSL 专线把部门网络接入 Internet,如图 8-2 所示。

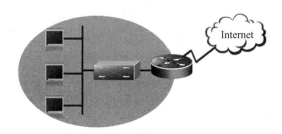

**图 8-2　企业网 NAT 技术接入 Internet**

顶尖广告公司的办公网,呈现两大特点:一是信息点少,不足 20 台设备;二是申请的 ADSL 专线接入 Internet。ADSL 专线无法保证每一台设备都能有一个固定的公有 IP 地址,因此需要解决办公网内部公有地址不足的问题。

目前,许多 SOHO 远程访问设备,都支持 PPP 动态地址协议。有些网络服务商甚至不需要 NAPT 地址转换技术,也可以做到多个私有 IP 共用一个公有 IP 地址访问 Internet,但缺点是网络繁忙时会造成一定的拥塞。考虑到节省费用和易管理的特点,小型企业网在出口设备上采用 NAPT 实现内部网络共享 IP 地址还是值得推荐的。

如图 8-2 所示的顶尖广告公司网络拓扑,用户计算机通过二层交换机接入;网络出口使用一台 HP 服务器,通过双网卡模拟企业网中的接入路由器,在服务器上配置 ADSL 专线接入 Internet。公司中所有设备通过动态 NAPT 地址转换技术,访问 Internet。

NAT 技术的出现,使人们对 IP 地址枯竭的恐慌得到了大大的缓解,甚至在一定程度上延缓了 IPv6 技术在网络中的发展和推广速度。

通过本章的学习,读者将了解到以下内容。

(1) 了解 NAT 和 NAPT 地址转换技术。

(2) 配置 NAT 地址转换技术。

(3) 配置 NAPT 端口地址转换技术。

## 8.1　IP 网络地址概述

按照 TCP/IP 规则,每一台接入到 Internet 上的主机都需要具有唯一的公有 IP 地址。

随着互联网技术的飞速发展,接入到 Internet 上的主机数量飞速增长,对公有 IP 地址的需求也越来越旺盛,现有的 IPv4 显然无法满足。

最初的 Internet 设计只考虑到美国政府和军事领域的应用,选择了长度为 32 位的地址进行编码,因此 IPv4 可提供地址数量大约为四十多亿个。但随着 Internet 技术超大规模发展,全球都面临严重的 IPv4 地址枯竭的危机,IP 地址短缺与 Internet 发展的矛盾日益严重。

为解决 IPv4 地址枯竭的问题,Internet NIC(Internet Network Information Center)于 20 世纪 90 年代初期,就启动了面对下一代网络——IPv6 的地址规划方案,编码长度为 128b 的 IPv6 地址技术,被视作解决 Internet 不断发展的长期解决方案。

目前针对 IPv6 应用的技术性的问题已经解决,但涉及具体 IPv6 网络的设备大规模安装组网还有一段时间。因此在 IPv6 技术的落地的很长一段时间中,针对日益枯竭的 IPv4 地址,需要提供一些短期性、过渡性的解决方案,因此代理服务器技术、NAT 地址转换技术等都应运而生。

特别是 NAT(Network Address Translation)技术的出现,使人们对 IP 地址枯竭的恐慌得到了大大缓解。作为一个比较完善的临时过渡性解决方案,NAT 技术可以说是解决 IPv4 地址短缺的"福音"。

借助于 NAT 地址转换技术,使用私有地址的私有网络通过出口路由发送数据包时,私有地址被转换成合法的 IP 地址。一个中小型企业网只需使用少量公有 IP 地址(甚至是一个),即可实现使用私有地址网络内所有计算机与 Internet 的通信需求,如图 8-3 所示。

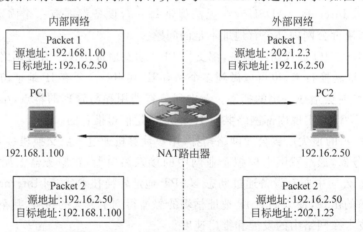

图 8-3　NAT 路由器用一个公网地址替换企业网内所有私有地址机器

**小知识:IPv6 地址**

依靠 TCP/IP 协议,Internet 在全球实现了不同硬件结构、不同网络系统的互联。在 Internet 中,每一台计算机都依靠一个唯一的 IP 地址实现相联。但随着 Internet 网络规模不断扩大,造成 IPv4 地址分配的日益枯竭,Internet NIC 组织启用了 IPv6 地址工作机制。考虑到未来的增长,IPv6 地址的长度规划为 128b。也就是说可以有 2 的 128 次方个 IP 地址数量,如此庞大的地址空间足以保证地球上每个人拥有多个 IP 地址。

**1. IPv6 地址类型**

在 RFC 1884 方案中指出了三种类型的 IPv6 地址,分别占用不同的地址空间。

（1）单点传送：这种类型的地址是单个接口的地址。具有单点传送地址的信息包，只会发送到地址为这个地址的接口。

（2）任意点传送：这种类型的地址是一组接口的地址，发送到一个任意点传送地址的信息包，只会发送到这组地址中的一个（根据路由距离的远近来选择）。

（3）多点传送：这种类型的地址是一组接口的地址，发送到一个多点传送地址的信息包会发送到属于这个组的全部接口。

**2. IPv6 地址表示**

考虑到 IPv6 地址长度是原来的 4 倍，RFC 1884 标准建议把 128b 的 IPv6 地址写成 8 个 16b 的无符号整数，每个整数用 4 个十六进制位表示，数之间用冒号（:）分开，例如：

3ffe：3201：1401：1：280：c8ff：fe4d：db39

同时为简化 IPv6 地址表示，只要保证数值不变，就可以将连续的 0 省略，例如：

1080：0000：0000：0000：0008：0800：200C：417A

可简写为：

1080：0：0：0：8：800：200C：417A

另外，还规定用符号：：表示一系列 0。那么上面的地址又可以简化为：

1080：：8：800：200C：417A

IPv6 地址前缀表示和 IPv4 地址前缀表示方法类似。例如 0020：0250：f002：：/48 表示一个前缀为 48b 的网络地址。

**3. IPv6 地址分配**

RFC 1881 规定，IPv6 地址空间的管理必须符合 Internet 的利益，需要一个权威中心机构来分配。目前，这个权威机构就是 IANA（Internet Assigned Numbers Authority，Internet 分配号码权威机构）。IANA 会根据 IAB（Internet Architecture Board）和 IEGS 的建议来进行 IPv6 地址的分配。目前，IANA 已经委派三个组织来执行 IPv6 地址分配任务，分别如下。

（1）欧洲的 RIPE-NCC（www.ripe.net）；

（2）北美的 INTERNIC（www.internic.net）；

（3）亚太平洋地区的 APNIC（www.apnic.net）。

## 8.2　私有 IP 地址

由于目前应用的 IPv4 地址日益枯竭，很多组织都无法获得多个接入 Internet 的公有 IP 地址。同时也为了扩大 IP 地址的应用范围，保证企业网也能建立具有像 Internet 一样的组织架构，Internet NIC 组织委员会专门从 Internet 现有的公有 IP 地址中，规划出一组 IP 地址，作为企业内部组网专用的 IP 地址。这种 IP 地址只能在本网内部通信，互联网上的公网中路由器不转发带私有 IP 地址数据包，也把此类地址称为私有 IP 地址。

私有地址属于非注册地址，专门为组织机构组建内部网络使用，IPv4 中规划的私有地址如下。

(1) A 类地址中 10.0.0.0～10.255.255.255 地址段；

(2) B 类地址中 172.16.0.0～172.31.255.255 地址段；

(3) C 类地址中的 192.168.0.0～192.168.255.255 地址段。

这些 IP 地址段只能在组建企业内部网络(Intranet)中使用。为保障 Internet 公网中主机之间的通信具有可识别性,Internet 网中的路由器设备不转发这些带有私有 IP 地址的数据包。私有地址具有以下重要的特征。

(1) 在全球范围内不具有唯一性,不能唯一标识 Internet 中的计算机。

(2) 私有地址禁止进入 Internet。

(3) 私有 IP 地址的路由信息不能对外发布。

(4) 带有私有 IP 地址的数据包,Internet 上的路由器不能执行存储转发操作。

带有私有地址的数据包,如果需要和 Internet 中的主机通信,需在内网出口设备上,把私有地址转换成公有地址之后进行通信,这就是 NAT 地址转换技术。

NAT 技术提供了将内部网络私有地址转换为公有地址的一种重要的解决方案,NAT 技术允许通过少数几个甚至一个公网 IP,作为企业网络所有计算机访问 Internet 资源的通用地址,从而最大限度地利用了 IP 地址,得到广泛的应用。

## 8.3 NAT 地址转换技术

在 RFC 1631 知识文档中,对 NAT 技术的描述是：和无类别域间路由(CIDR)一样,NAT 技术通过允许较少的公用 IP 地址,代表多数的私有 IP 地址,来减缓 IP 地址空间枯竭的速度。

在 NAT 技术配置的企业网络内,计算机间通过私有 IP 地址通信。而当内网中计算机要与外部 Internet 网中主机通信时,具有 NAT 功能的出口设备,负责将内部的 IP 地址转换为公有 IP 地址进行通信,重新打包成 Internet 上合法的公有地址数据包格式,转发到 Internet 中。

来自 Internet 上发往网络内部的数据包,在经过配置了 NAT 技术的网络出口设备时,也把从 Internet 上获得的数据包,根据请求端记录的 IP 地址信息,再转换为本地网客户端的私有 IP 地址,发送到内网的客户端。

如图 8-4 所示的网络拓扑,描述了 NAT 技术实现过程。

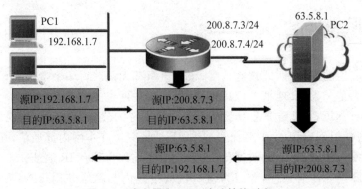

图 8-4 路由器上 NAT 地址转换过程

内网中的主机 PC1 配有私有 IP 地址 192.168.1.7/24,由于使用的 C 类私有地址,因此当 PC1 要访问 Internet 中的主机 PC2 时,数据包通过配置有 NAT 技术的接入路由器进行地址转换。

出口路由器通过配置 NAT 参数,生成 NAT 地址转换表,把 PC1 中发来的数据包中私有地址部分,转换成可以在 Internet 上传输的公有地址 200.8.7.3/24,来自企业网中的主机的数据包得以顺利转发。

当 Internet 网中主机 PC2 应答 PC1 反馈一个确认数据包时,PC2 封装的数据包的目标地址是 200.8.7.3/24。数据包转发到 NAT 接入路由器时,根据路由器配置的 NAT 地址转换表记录信息,路由器把数据包的目的地址转换成 PC1 的私有地址 192.168.1.7,并发到企业内部网络中,从而完成 PC1 和 PC2 的通信。

NAT 技术在网络通信的过程中具有双向性:对于 PC1 来讲,本身不知道 200.8.7.3/24 公有地址;对于 PC2 来讲,认为是自己在与 200.8.7.3/24 这个地址的主机进行通信,也不知道 PC1 的真实地址;对于网络上的终端用户来说,NAT 技术是透明的。

NAT 技术不仅完美地解决了 IP 地址不足的问题,还能有效地通过隐藏内部网络,避免了来自网络外部的攻击,从而保护了网络内部的计算机。

如图 8-5 所示的网络拓扑中,NAT 技术出口把整个网络分成内部网络和外部网络,其网络的地址也相应划分成两大部分,即内部地址和外部地址。

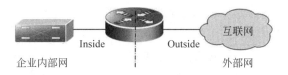

**图 8-5　NAT 技术把地址划分内部网络和外部网络**

内部地址分为内部本地(Inside Local,IL)地址和内部全局(Inside Global,IG)地址;外部地址分为外部本地(Outside Local,OL)地址和外部全局(Outside Global,OG)地址。

这 4 个地址阐明了在 NAT 技术中,同一台主机所处的位置理解不同的地址。

(1)内部本地地址:分配给网络内部设备的 IP 地址,这个地址可能是非法的、未向相关机构注册的 IP 地址,也可能是合法的、私有网络地址。

(2)内部全局地址:合法的 IP 地址,是由网络信息中心(NIC)或者服务提供商提供的、可在 Internet 上传输的地址,在外部网络中代表着一个或多个内部本地地址。

(3)外部本地地址:外部网络的主机在内部网络中表现的 IP 地址,该地址不一定是合法的地址,也可能是内部可路由地址。

(4)外部全局地址:外部网络分配给外部主机的 IP 地址,该地址是合法的全局可路由地址。

根据实际应用需求不同,NAT 地址转换技术分为静态 NAT、动态地址 NAT 和端口网络地址转换 NAPT 三种类型。

**1. 静态转换**

静态 NAT 技术通过把内部网络中的每台主机私有地址,永久地映射成外网中的公有地址。这是 NAT 技术设置中最简单和最容易实现的地址转换方式,也是从网络安全防范角度来实施 NAT 地址技术,把一个私有的地址隐藏在公有地址后面。通过手工配置私有 IP 地址和公有 IP 地址的静态对应关系,NAT 地址转换表将永久存在。

在实际应用中,最常见的例子是在出口路由器配置 NAT 技术,内网中一台服务器使用私网地址,为方便外网用户访问,分配一个固定的公网地址给外部网络用户访问。但同时为了保护网络服务器安全,配置 NAT 地址转换技术产生地址转换表,如 202.110.10.10→192.168.1.10,把这台服务器隐藏在私有 IP 后面防止被攻击。

### 2. 动态转换

动态 NAT 技术把申请到的多个公有 IP 地址,使用动态分配技术映射到内网所有私有地址上。动态 NAT 技术配置生效后,在内网接入路由器上,配置一个合法 IP 地址列表。每当有来自内部网络的主机访问 Internet,发出地址转换需求时,NAT 接入设备就从地址池列表中,选择一个闲置公有 IP 地址(内部全局地址)进行匹配,重新封转数据包。

需要注意的是:动态转换技术依然是一对一映射,只是需要时才从地址转换池的列表中选择;一旦一个公有地址被采用后,其他的转换需求就不能再使用这个 IP,只有使用完成后才会释放到地址池中供其他用户使用。

动态 NAT 配置技术最常见的例子是在拨号网络接入中,对于频繁变换的远程连接,电信接入端一般采用动态 NAT 配置技术。当访问的用户需要连接 Internet 时,动态地址 NAT 接入设备就会随机从配置好的地址池中分配给一个公有 IP 地址。而用户断开连接时,这个公有 IP 地址才会被释放到地址池中,留待后续连接使用。

### 3. 端口地址转换

网络端口地址转换(Network Address Port Translation,NAPT)技术是小型办公或SOHO 网络接入 Internet 中的常见技术。NAPT 技术通常配置在接入设备中,将一个小型网络隐藏在一个合法的 IP 地址后面。小型 SOHO 网络通常只能申请到一个公有 IP 地址,提供给私有网络内部的多台计算机使用,因此它需要将内部网络的多台配置有私有 IP 的主机地址,连接映射到外部网络的一个单独的公有 IP 地址上。

与动态 NAT 技术不同,为区分网络内部多台主机同时在使用该 IP 地址的网络连接,需要在该 IP 地址基础上,再加上一个由 NAT 设备选定的 TCP 端口,通过 IP+TCP 端口号方式,以区分不同的租用地址连接。这种多个内部网络私有地址,通过一个合法公有地址进行转换访问 Internet 技术,称为端口地址转换 NAPT 技术。

NAPT 技术在小型办公网内非常实用,日常生活中小型办公网通过从 ISP 处只能申请到有限的一个公有 IP 地址,实现将办公网内多台主机接入到 Internet 中,做到内网中多台主机通过多个私有 IP 地址共用一个公有 IP 地址访问 Internet,从而节省了网络建设和接入费用。

NAPT 设备配置的地址转换表项内容如下。

192.168.1.1:100→202.110.10.1:100

192.168.1.2:101→202.110.10.1:101

192.168.1.1:102→202.110.10.1:102

……

## 8.4   配置 NAT 技术

NAT 技术是企业网规划中最常用的技术,企业网络通常都只能申请到几个公有 IP 地址,通过 NAT 技术,将企业网中多台主机的私有 IP 地址映射转换成公网 IP 地址,它甚至还可以将某个公网 IP 与内网私有 IP 绑定(如 192.168.0.23 和 210.42.106.35 建立映射),提供永久在线服务(如企业网内部对外提供服务的网络服务器)。这样使得内网中的主机,不至于直接暴露在外部公网上,在一定程度上防范网络攻击的发生,实现对内部网络的保护策略。

**1. NAT 技术工作过程**

在如图 8-6 所示网络拓扑中,企业网内任意两台主机地址为 192.168.12.1/24 和 192.168.12.2/24,企业网申请到两个公有 IP 地址 200.8.7.3/24 和 200.8.7.4/24。它们需要访问外部网络的一台 HTTP 服务器,IP 地址为 63.5.8.1/24。

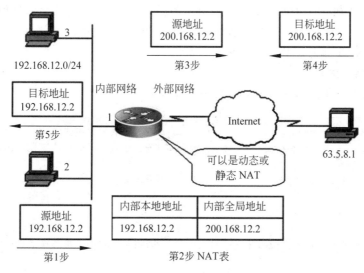

**图 8-6   动态 NAT 网络地址转换的过程**

在内部网络接入设备上配置动态 NAT 技术,生成对应的动态 NAT 地址转换表如表 8-1所示。

**表 8-1   NAT 地址转换表**

| 内部本地地址 | 内部全局地址 | 外部全局地址 |
| --- | --- | --- |
| 192.168.1.7 | 200.8.7.3 | 63.5.8.1 |
| 192.168.1.8 | 200.8.7.4 | — |

来自内部网络的主机,通过出口路由器访问外部网络时,完整 NAT 地址转换技术的访问过程描述如下。

(1)内部网络的主机 192.168.12.2/24 发起到 Internet 主机 63.5.8.1/24 的通信

连接。

（2）出口路由器接收到以 192.168.12.2/24 为源地址,63.5.8.1/24 为目的地址的第一个数据包,路由器检查内存中 NAT 地址映射表。

（a）如果该设备地址映射表配置有静态映射,就直接执行第（3）步;

（b）如果没有静态映射,就进行动态映射。从地址池中选择一个有效公有 IP 地址,并在 NAT 映射表中创建 NAT 转换记录。

（3）出口路由器使用 NAT 地址转换表中 192.168.12.2/24 映射的公有 IP 地址,重新封装该数据包,数据包的源地址变为 200.168.12.2/24,目的地址不变,然后路由器转发该数据包。

（4）Internet 网中 IP 地址为 63.5.8.1/24 主机收到该数据包后,接着,向收到数据包中目标地址为 200.168.12.2/24 主机发送一个回程确认。

（5）Internet 中回程确认数据包到达企业接入路由器时,路由器将以 200.168.12.2/24 为关键字查找 NAT 地址转换表。根据转换记录,将响应包中目的地址转换成 192.168.12.2/24,并转发到内网的主机 192.168.12.2/24,完成一次完整的通信过程。

（6）内网的主机 192.168.12.2/24 收到应答数据包后,继续保持会话过程。

从以上的通信过程来看,全部的通信过程遵循 TCP/IP 完整的通信过程,其中的关键在于接入设备上 NAT 地址转换表的生成。

**2. 配置 NAT 技术**

在特权模式下,通过如下步骤完成基础 NAT 配置。

```
（1）configure terminal                  !进入全局配置模式
（2）interface fastethernet1/0           !进入连接内网的快速以太网接口
（3）ip nat inside                       !将该接口定义为内部接口
（4）interface serial 0                  !进入连接外网的同步串口
（5）ip nat outside                      !将该接口定义为外部接口
（6）ip nat inside source static 192.168.1.2 202.68.3.2
                          !将服务器私有地址 192.168.1.2 和公网地址 202.68.3.2 建立映射
（7）show ip nat translations            !查看路由器的地址转换信息表
```

下面就具体案例说明 NAT 技术配置方法,增加对 NAT 技术更明晰的认识。

为方便客户共享公司资源,顶尖广告公司准备在办公网内架设一台 FTP 服务器:一是希望外部的客户通过 Internet 能访问到公司内部 FTP 服务器,二是公司不想让外网获悉本地网络结构,以保护企业服务器的安全。

因此,采用 NAT 地址映射技术,来实现外网对内网服务器的安全访问,如图 8-7 所示。

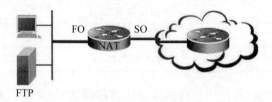

**图 8-7 顶尖广告公司架设 FTP 服务器**

　　该服务器被外界用户访问时,外界用户将访问 202.68.3.2 这个公网地址,而不知道该服务器的真正内网地址,从而防范外网对服务器攻击。

```
Router#configure terminal
Router(config)#interface fastethernet 1/0
Router(config-if)#ip address 192.168.1.1 255.255.255.0
Router(config-if)#no shutdown
Router(config-if)#ip nat inside
Router(config-if)#exit

Router(config)#interface Serial 1/0
Router(config-if)#ip address 202.68.3.1　255.255.255.0
Router(config-if)#no shutdown
Router(config-if)#ip nat outside
Router(config-if)#exit

Router(config)#ip nat inside source static 192.168.1.2　202.68.3.2
Router(config)#ip route 0.0.0.0　0.0.0.0 Serial 1/0
Router(config)#exit

Router#show ip nat translations
...
```

# 8.5　配置 NAPT 端口地址转换技术

　　在一些 SOHO 型网络中,很多时候只能申请到一个公有 IP 地址,在这种情况下基于 NAT 技术无法实现一个公有 IP 对内网中所有主机提供服务。

**1. 什么是 NAPT 端口地址转换技术**

　　NAPT 网络地址端口转换技术很好地解决了这个问题,NAPT 技术可以把内网中的多个私有网络地址,映射到内网申请到的一个内部全局 IP 地址的不同端口上,以区别内部网络主机由于使用相同的内部全局地址,而建立的不同网络连接。

　　在 TCP/IP 网络中,网络中不同的应用服务可以通过 TCP/UDP 端口来进行区分,每种网络应用服务都有自己默认的端口,在这种通信服务模式下,网络中的每种应用服务都可虚拟成 Internet 上的一台主机。

　　通过在 TCP/IP 网络中建立的一个完整的 TCP 连接的套接字,以区分不同的服务连接。一个完整的套接字连接由 IP 地址信息和端口信息两部分组成,如 Web 服务使用 80 端口号、FTP 服务使用 20 和 21 端口号、SMTP 服务使用 25 端口号、POP3 服务使用 110 端口号等。

　　在 NAPT 地址转换技术中,为区别网络内部的多台主机能同时共享一个本地的全局 IP 地址,在接入路由器上通过配置 NAPT 技术,因此发往外网中的数据包在发送到接入路由器时,会把数据包中的源私有 IP 地址转换为本地全局 IP 地址时,还需要加上一个由 NAT 设备选定的 TCP 端口号,以区分一个具体的通信连接。

　　网络地址端口转换 NAPT 技术广泛应用于小型网络的接入设备上,它可以将一个中小型的网络隐藏在一个合法的 IP 地址后面。在 NAPT 技术中,所有不同的 TCP 和 UDP 信息流,看起来好像来源于同一个 IP 地址。这个优点在小型办公室内非常实用,通过从 ISP 处申请的一个内部全局地址,将多个连接通过 NAPT 接入 Internet。

> **小知识：PPP 的动态地址协议**
>
> 　　实际上目前许多 SOHO 远程访问设备都支持基于 PPP 的动态地址协议。这样有些 ISP 甚至不需要采用 NAPT 网络地址转换技术,也可以做到多个内部私有 IP 地址共用一个外部公有 IP 地址访问 Internet,但这样实施会导致信道在网络繁忙时的一定拥塞。
>
> 　　考虑到节省的 ISP 上网费用和易管理的特点,采用 NAPT 技术实现内部网络共享一个全局地址技术还是很值得的。
>
> 　　同样的道理,要允许企业网内的多台主机和共享一个内部全局地址访问 Internet,需要在内网的接入设备上进行预先 NAPT 配置操作,生成地址转换表信息。

**2. NAPT 端口地址转换技术工作原理**

如图 8-6 所示的企业网网络拓扑内有多台主机,规划私有 IP 地址为 192.168.1.5/24、192.168.1.7/24……都共享一个唯一的公有 IP 地址 200.8.7.3/24。

假设有两台主机都同时访问外部网络上的一台 Web 网络服务器 63.5.6.1/24,需要在内网的接入设备上配置 NAPT 技术,生成的地址映射表见表 8-2 所示,其中,内网中主机产生的每一组的内部连接,都映射到一个单独的公有 IP 地址上,都加上由设备选定的 TCP 端口,主机的本地源端口号是随机启用的,保证具有唯一性。

表 8-2　NAPT 端口地址转换表

| 内部本地地址 | 内部本地源端口号 | 内部全局地址 | 目的端口 | 传输层协议 |
|---|---|---|---|---|
| 192.168.1.7 | 1024 | 200.8.7.3 | 80 | TCP |
| 192.168.1.5 | 1136 | 200.8.7.3 | 80 | TCP |
| … | … | … | … | … |

如图 8-8 所示通信过程,反映了小型企业内部网络本地主机,通过 NAPT 地址转换技

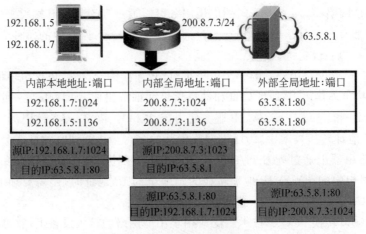

图 8-8　NAPT 地址转换过程

术的完整通信过程。

（1）内网中的 PC1(192.168.1.7/24)发起一个访问外部网络中 Web 服务器 63.5.6.1/24
的连接。

（2）内网出口路由器接收到以 IP 192.168.1.7/24 为源地址的数据包,检查内存中
NAPT 地址映射表。然后,路由器将 IP 地址 192.168.1.7/24 作源地址,转换为对应本地全
局地址 200.8.7.3/24,同时加上源端口号 1024 连接,完成一次地址转换。

经过转换后,PC1 上发出的 IP 数据包源地址变为 200.8.7.3/24 和源端口 1024,最后
出口路由器转发该数据包。

（4）外部网络中 Web 服务器 63.5.6.1/24 接收到数据包后,将向源主机 200.8.7.3/24
发送一个响应包,完成一次通信连接。

（5）当内部网络接入路由器收到来自外部网络的数据包时,路由器将以内部全局地址
200.8.7.3/24 及其端口号(1024)、外部全局地址(63.5.6.1/24)及其端口号(80)为关键字,
在路由器中查找 NAPT 记录映射表,将外网的数据包的目的地址转换成 192.168.1.7/24,
转发给 PC2 主机 192.168.1.7/24。

（6）PC2 主机(192.168.1.7/24)收到应答包,并继续保持会话。

从以上通信过程可以看出,使用一个本地全局地址,也可以完成一次完整的通信过程。
而且使用端口地址转换技术,既能节省 IP 地址,又可有效保护网络内部计算机。

**3. 配置端口地址转换技术 NAPT**

在特权模式下,通过如下步骤,可以完成 NAPT 的设备参数配置。

```
(1) configure terminal                          !进入全局配置模式
(2) interface fastethernet 0                     !进入连接内网的快速以太网接口
(3) Ip address 192.168.1.1   255.255.255.0       !定义本地端口 IP 地址
(3) ip nat inside                                !将该接口定义为内部接口
(4) interface serial 0                           !进入连接外网的同步串口
(5) ip nat outside                               !将该接口定义为外部接口
(7) access-list 10 permit 172.16.1.0   0.0.0.255 !定义允许转换本地网络范围
(8) ip nat pool to_internet 200.1.8.7   200.1.8.7 netmask 255.255.255.0
                                                 !定义内部网络全局地址池
(9) ip nat inside source list 10 pool to_internet overload
                                                 !为内部本地地址复用调用全局地址转换池
```

## 工程案例：使用 NAPT 技术实现小型办公网接入 Internet

【工程名称】　配置 NAPT 实现小型办公网接入 Internet。

【目标技能】　解决小型企业网多台主机共享一个公有 IP 访问 Internet。

【材料准备】　路由器(两台),V.35 线缆(两条),测试 PC(两台),网线(若干条)。

【工作场景】

顶尖广告公司的办公网环境呈现两大特点:一是信息点少,不足 20 个;另外申请的
ADSL 专线接入 Internet,ADSL 专线无法保证每一个节点都能拥有一个公有 IP 地址,为解
决办公网内部公有地址不足的问题,公司向 ISP 申请了一个公网 IP 地址实现公司的主机都

网络互联技术与实践(第 2 版)

能访问外网,如图 8-9 所示。

【网络拓扑】

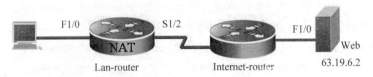

图 8-9　中小企业办公网接入互联网拓扑

【施工过程】

【步骤一】　配置局域网接入路由器

```
Router(config)#
Router(config)#hostname Lan-router
Lan-router(config)#interface fastEthernet 1/0
Lan-router(config-if)#ip address 172.16.1.1   255.255.255.0
Lan-router(config-if)#no shutdown
Lan-router(config-if)#exit
Lan-router(config)#interface serial 1/2
Lan-router(config-if)#ip address 200.1.8.7   255.255.255.0
Lan-router(config-if)#no shutdown
Lan-router(config-if)#exit
```

【步骤二】　配置互联网路由器

```
Router(config)#
Router(config)#hostname Internet-router
Internet-router(config)#interface fastEthernet 1/0
Internet-router(config-if)#ip address 63.19.6.1   255.255.255.0
Internet-router(config-if)#no shutdown
Internet-router(config-if)#exit
Internet-router(config)#interface serial 1/2
Internet-router(config-if)#ip address 200.1.8.8   255.255.255.0
Internet-router(config-if)#clock rate 64000
Internet-router(config-if)#no shutdown
Internet-router(config-if)#end
```

【步骤三】　配置在接入路由器 Lan-router 上的默认路由

```
Lan-router(config)#ip route 0.0.0.0 0.0.0.0 serial 1/2
```

【步骤四】　验证测试

```
Internet-router#ping 200.1.8.7
Type escape sequence to abort.
Sending 5, 100-byte ICMP Echoes to 200.1.8.7, timeout is 2 seconds:
!!!!!
```

**【步骤五】** 在办公网出口路由器上配置动态 NAPT 映射

```
Lan-router(config)#interface fastEthernet 1/0
Lan-router(config-if)#ip nat inside          !定义 F1/0 为内网接口
Lan-router(config-if)#exit
Lan-router(config)#interface serial 1/2
Lan-router(config-if)#ip nat outside         !定义 S1/2 为外网接口
Lan-router(config-if)#exit

Internet-router(config)#ip nat pool to_internet 200.1.8.7 200.1.8.7 netmask
255.255.255.0                                !定义内部全局地址池
Internet-router(config)#access-list 10 permit 172.16.1.0  0.0.0.255
                                             !定义允许转换的地址
Internet-router(config)#ip nat inside source list 10 pool to_internet  overload
                                             !为内部本地调用转换地址池
```

**【步骤六】** 验证测试

在路由器 Lan-router 上查看 NAPT 映射关系。

```
Lan-router#show ip nat translations           !查看 NAPT 的动态映射表
...
```

## 认证测试

以下每道选择题中，都有一个正确答案或者是最优答案，请选择出正确答案。

1. NAT 技术产生的目的描述准确的是_____。
   A. 为了隐藏局域网内部服务器真实 IP 地址
   B. 为了缓解 IP 地址空间枯竭的速度
   C. IPv4 向 IPv6 过渡时期的手段
   D. 一项专有技术，为了增加网络的可利用率而开发

2. 常以私有地址出现在 NAT 技术当中的地址概念为_____。
   A. 内部本地　　　B. 内部全局　　　C. 外部本地　　　D. 转换地址

3. 将内部地址映射到外部网络的一个 IP 地址的不同接口上的技术是_____。
   A. 静态 NAT　　　B. 动态 NAT　　　C. NAPT　　　　D. 一对一映射

4. 关于静态 NAPT 下列说法错误的是_____。
   A. 需要有向外网提供信息服务的主机
   B. 永久的一对一"IP 地址＋端口"映射关系
   C. 临时的一对一"IP 地址＋端口"映射关系
   D. 固定转换端口

5. 将内部地址 192.168.1.2 转换为 192.1.1.3 外部地址正确的配置为_____。
   A. router(config)#ip nat source static 192.168.1.2   192.1.1.3
   B. router(config)#ip nat static 192.168.1.2   192.1.1.3

　　C. router♯ip nat source static 192.168.1.2　192.1.1.3

　　D. router♯ip nat static 192.168.1.2

6. 在配置静态 NAT 时,不是必须在路由器上配置的项目有_____。

　　A. 静态路由　　　B. 默认路由　　　C. 访问控制列表　　D. 地址转换

7. 查看静态 NAT 映射条目的命令为_____。

　　A. show ip nat statistics　　　　　B. show nat ip statistics

　　C. show ip interface　　　　　　　D. show ip nat route

8. 下列说法正确的是_____。

　　A. inside local address 一般是局域网分配给主机的地址

　　B. inside global address 一般是外网分配给局域网的公网 IP

　　C. outside local address 一般是外网主机在局域网中的可路由的地址

　　D. outside global address 一般是外网主机的公网 IP

9. 下列配置中属于 NAPT 地址转换的是_____。

　　A. ra(config)♯ip nat inside source list 10 pool abc

　　B. ra(config)♯ip nat inside source 1.1.1.1　2.2.2.2

　　C. ra(config)♯ip nat inside source list 10 pool abc overload

　　D. ra(config)♯ip nat inside source tcp 1.1.1.1 1024　2.2.2.2 1024

10. 什么时候需要 NAPT? _____

　　A. 缺乏全局 IP 地址

　　B. 没有专门申请的全局 IP 地址,只有一个连接 ISP 的全局 IP 地址

　　C. 内部网要求上网的主机数很多

　　D. 提高内网的安全性

11. 网络地址和端口翻译(NAPT)用____(1)____,这样做的好处是____(2)____。

　　(1)

　　A. 把内部的大地址空间映射到外部的小地址空间

　　B. 把外部的大地址空间映射到内部的小地址空间

　　C. 把内部的所有地址映射到一个外部地址

　　D. 把外部的所有地址映射到一个内部地址

　　(2)

　　A. 可以快速访问外部主机　　　　　B. 限制了内部对外部主机的访问

　　C. 增强了访问外部资源的能力　　　D. 隐藏了内部网络的 IP 配置

12. NAT(网络地址转换)的功能是_____。

　　A. 将 IP 协议改为其他网络协议

　　B. 实现 ISP(因特网服务提供商)之间的通信

　　C. 实现拨号用户的接入功能

　　D. 实现私有 IP 地址与公共 IP 地址的相互转换

13. 如果企业内部需要连接入 Internet 的用户一共有 400 个,但该企业只申请到一个 C
类的合法 IP 地址,则应该使用哪种 NAT 方式实现? _____

　　A. 静态 NAT　　　　　　　　　　　B. 动态 NAT

C. PAT　　　　　　　　　　　　D. TCP 负载均衡

14. Tom 的公司申请到 5 个 IP 地址,要使公司的 20 台主机都能连到 Internet 上,它需要防火墙的哪个功能? _____

    A. 假冒 IP 地址的侦测　　　　　　B. 网络地址转换技术

    C. 内容检查技术　　　　　　　　　D. 基于地址的身份认证

15. 当运行 NAT 时,地址过载的用途是什么? _____

    A. 限制可以连接到 WAN 的主机的数量

    B. 允许多个内部地址共享一个全局地址

    C. 强制主机等待可用地址

    D. 允许外部主机共享内部全局地址

16. 当使用下列命令配置了路由器后,将有多少地址可用于进行动态 NAT 转换? _____

```
Router(config)#ip nat pool TAME 209.165.201.23  209.165.201.30 netmask 255.255.
255.224
Router(config)#ip nat inside source list 9 pool TAME
```

    A. 7　　　　　　B. 8　　　　　　C. 9　　　　　　D. 10

    E. 24　　　　　F. 31

17. 当在 Cisco 路由器上配置 NAT 时,内部本地 IP 地址是什么? _____

    A. 内部主机显示给外部网络的 IP 地址

    B. 外部主机显示给内部网络的 IP 地址

    C. 内部主机显示给内部网络的 IP 地址

    D. 分配给外部网络中的主机的已配置的 IP 地址

18. 下面哪两个地址可用作 LAN 中的私有 IP 地址? _____

    A. 10.10.1.200　　　　　　　　　B. 172.31.100.254

    C. 172.64.10.10　　　　　　　　　D. 192.169.1.1

19. 如果某路由器到达目的网络有三种方式:通过 RIP,通过静态路由,通过默认路由,那么路由器会根据哪种方式进行转发数据包? _____

    A. 通过 RIP　　　B. 通过静态路由　　C. 通过默认路由　　D. 都可以

20. 动态路由协议的开销大,还是静态路由的开销大? _____

    A. 静态路由　　　B. 动态路由　　　C. 开销一样大

# 第9章 无线局域网技术

## 项目场景

近几年来,随着 3G、WiFi 等技术的发展,互联网技术正逐渐向移动互联网应用方向转移和发展,这给无线局域网技术的发展带来更加广阔的发展空间。

中山大学为适应移动互联网时代的到来,希望实施无线校园网工程项目,解决越来越多的师生员工对移动互联网应用的问题。

经过可行性分析与周密的论证之后,中山大学首先在计算机科学技术学院启动无线校园网一期建设项目。本章的项目场景,依托如图 9-1 所示的项目场景展开。

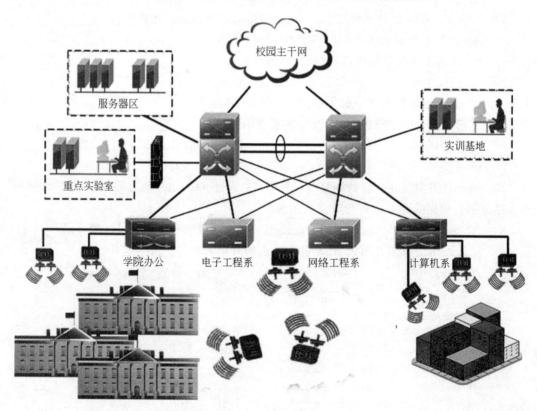

图 9-1 中山大学无线校园网拓扑

## 项目分析

如图 9-2 所示网络场景是中山大学在计算机科学技术学院建设无线校园网一期项目拓扑,通过无线互连设备把移动终端设备接入到有线网中,构建一个覆盖范围更大的校园网。

一期无线校园网建设项目中,使用无线交换机和学院的核心网络连接,使用无线接入设备 AP 作为终端移动设备的接入,实现校园网络的无缝覆盖,建成一张高速率、广覆盖、易管理的安全可信校园无线局域网,为移动终端提供了方便的连接,实现校园信息资源共享。

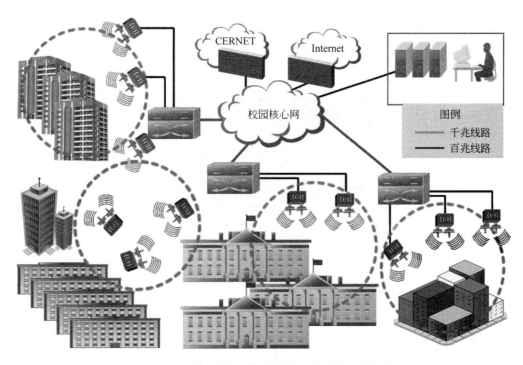

**图 9-2　生活中无线局域网技术和设备发生网络场景**

本章的项目,依托如图 9-2 所示的项目场景展开,图中虚线部分显示的区域是无线校园网一期项目建设区域。

通过本章的学习,读者将了解到如下内容。

(1) 认识无线局域网组网设备。

(2) 熟悉无线局域网传输原理。

(3) 了解无线局域网的传输协议。

(4) 掌握无线局域网组网模式。

## 9.1　认识无线局域网

**1. 无线网络分类**

无线网络就是利用电磁波作为传输介质,在空气中发送和接收数据,实现网络数据传输方式。无线网络无须线缆连接,网络的组建、配置和维护较为便利,用户的接入也更加灵活。无线网络技术的出现,弥补了传统有线网络在实现移动性、灵活性上的不足,为通信网络建设提供了新的思路和解决方案。

生活中常见的无线网络主要有如下几种类型。

1) 无线个人局域网

无线个人局域网通信技术(Wireless Personal Area Network Communication Technologies,WPAN)是一种采用无线连接设备实现个人终端设备通信的网络。它被用在诸如电话、计算机、附属设备以及小范围(个人局域网的工作范围一般是在 10m 以内)内的数字助理设备之间的通信,如图 9-3 所示。

图 9-3　无线个人局域网

WPAN 是为了实现活动半径小、业务类型丰富、面向特定群体、使用无线实现无缝的连接而提出的新兴无线通信网络技术。

WPAN 有效地解决"最后的几米电缆"的问题,实现较短传输距离的数字设备之间网络连接。支持无线个人局域网的技术包括:蓝牙、ZigBee、超频波段(UWB)、IrDA、HomeRF等,其中,蓝牙技术在无线个人局域网中使用的最广泛。

2) 移动宽带网络

无线广域网(Wireless Wide Area Network,WWAN)也称为移动宽带网络,是一种提供广域网范围接入的高速数字蜂窝网络。和无线局域网 WLAN 相比,无线广域网 WWAN 覆盖的范围要更广泛得多,一般传输距离可达 100~1000 千米。

WWAN 技术使得笔记本电脑或者其他的移动设备,在 WWAN 蜂窝网络覆盖范围内,可以在任何地方连接到互联网中,如图 9-4 所示。

无线广域网多使用移动电话信号传输和覆盖,也就是生活中的 3G 和 4G 技术。其宽带网络的提供和维护一般依靠特定移动电话(蜂窝)服务提供商。只要可以获得服务提供商蜂窝电话服务的地方,就能获得该运营商提供的无线广域网的网络信号连接。

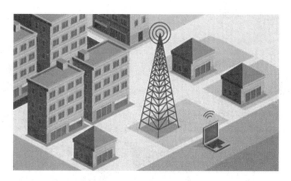

图 9-4　移动宽带网络

目前，主要的无线广域网服务提供商（Verizon Wireless，Sprint Nextel 等）如中国移动，中国联通，中国电信等提供 WWAN 服务，其下载速度可以与 ADSL 相媲美。移动数字终端设备只要处于蜂窝数据传输基站信号覆盖的服务区域内，就能保持移动宽带网络接入。

3）无线局域网络

WLAN（Wireless Local Area Network、无线局域网络）指应用无线通信技术将移动数字终端设备互连起来，构成可以互相通信和实现资源共享的网络体系。

WLAN 利用无线电波作为信息传输的媒介构成区域范围内的设备之间互相连接，与有线网络的用途十分类似，最大的不同在于传输媒介不同，利用无线电技术取代网线，可以和有线网络互为备份，如图 9-5 所示。

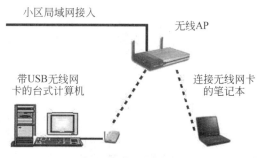

图 9-5　无线局域网

无线局域网本质的特点是：不再使用通信电缆将计算机与网络连接起来，而是通过无线的方式连接，从而使网络的构建和终端的移动更加灵活。

4）无线城域网络

无线城域网（Wireless Metropolitan Area Networks，WMAN）主要解决城域网接入问题，覆盖范围为几千米到几十千米，除提供固定的无线接入外，还提供移动性接入能力，包括多信道多点分配系统（Multichannel Multipoint Distribution System，MMDS）、本地多点分配系统（Local Multipoint Distribution System，LMDS）和 ETSI HiperMAN（High Performance MAN，高性能城域网）技术。无线城域网的推出满足日益增长的宽带无线接入（BWA）市场需求，如图 9-6 所示。

## 2. 什么是无线局域网技术

无线局域网络利用射频（Radio Frequency，RF）技术，取代旧式碍手碍脚的双绞铜线所构成的无线局域网络,如图 9-7 所示。

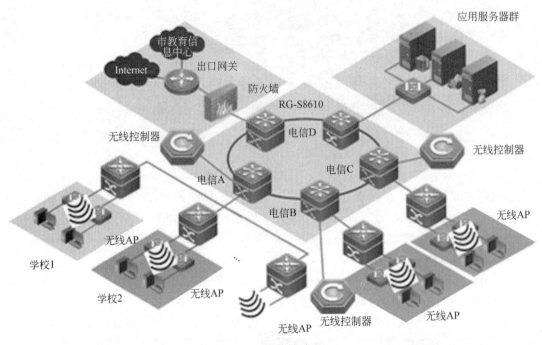

图 9-6　无线城域网

图 9-7　无线局域网

"无线局域网"的定义中的"无线"规定了网络连接的方式,这种连接方式省去了有线局域网中的传输线缆,而是利用红外线、微波等无线射频技术进行信息传输。

定义中的"局域网"定义了网络应用的范围,是相对于"广域网"而言。它是将小区域内的各种通信设备互连在一起的通信网络,这个区域可以是一个房间、一个建筑物内,也可以是一个校园或者大至几千千米的区域。

**3. 无线局域网的优点**

与有线网络相比,WLAN 具有以下优点。

1) 灵活性和移动性

在有线网络中,网络设备的安放位置受网络接口位置的限制,而无线局域网在无线信号覆盖区域内的任何一个位置都可以接入网络。无线局域网最大的优点在于其移动性,连接到无线局域网的用户可以方便地移动且能同时与网络保持连接。

2) 安装便捷

WLAN 的安装工作简单,不需要布线或开挖沟槽。相比有线网络的安装时间,WLAN 的安装时间将少得多。无线局域网组网过程可以最大程度地减少布线的工作量,一般只要安装一个或多个接入点设备,就可建成覆盖整个区域的局域网络。

3) 易于进行网络规划和调整

对于有线网络来说,办公地点或网络拓扑的改变通常意味着重新建网。重新布线是一个昂贵、费时、浪费和琐碎的过程,无线局域网可以避免或减少以上情况的发生。

4) 故障定位容易

有线网络一旦出现物理故障,尤其是由于线路连接不良而造成的网络中断,往往很难查明,而且检修线路需要付出很大的代价。无线网络则很容易定位故障,只需在无线交换机上集中巡检即可排除网络故障恢复网络连接。

5) 易于扩展

无线局域网有多种配置方式,可以方便实现网络扩展,能很快从只有几个用户的小型局域网扩展到上千用户的大型网络,并且能够提供节点间"漫游"等有线网络无法实现的特性。

由于无线局域网具有以上诸多优点,因此其发展十分迅速。最近几年,无线局域网已经在企业、医院、商店、工厂和学校等场合得到了广泛的应用,发展成为未来网络建设的主要市场。

**4. 无线局域网的缺点**

无线局域网在能够给网络用户带来便捷和实用的同时,也存在着一些缺陷,不足之处体现在以下几个方面。

1) 性能

无线局域网是依靠无线电波进行传输,这些电波通过无线发射装置进行发射,而建筑物、车辆、树木和其他障碍物都可能阻碍电磁波的传输,所以会影响网络的性能。

2) 速率

无线信道的传输速率与有线信道相比要低得多。无线局域网的最大传输速率为在 10~800Mbps 之间,和有线网络相比还有很大的距离,只适合于个人终端和小规模网络应用。

3) 安全性

本质上无线电波不要求建立物理的连接通道,无线信号传输是发散的,因此从理论上讲,在信号覆盖范围内的任何设备都能很容易监听到无线电波广播范围内的任何信号,容易造成通信信息泄漏。

> **无线局域网组织：WiFi 联盟**
>
> WiFi（Wireless Fidelity，国际 WiFi 联盟组织）是一个商业联盟，总部位于美国得州奥斯汀（Austin），拥有 WiFi 商标，负责 WiFi 认证与商标授权工作。
>
> WiFi 联盟成立于 1999 年，主要目的是在全球范围内推行 WiFi 产品的兼容认证，发展 IEEE 802.11 标准的无线局域网技术。目前，该联盟成员单位超过两百家，其中，42%的成员单位来自亚太地区，中国区会员也有 5 个。
>
> WiFi 是 WiFi 联盟商标可作为产品品牌的认证，WiFi 在无线局域网范畴为"无线相容性认证"，实质上是一种商业认证，同时也是一种无线联网技术，是一个建立于 IEEE 802.11 标准的无线局域网络设备，是目前应用最为广泛的一种无线传输技术。基于两套系统密切相关，也常有人把 WiFi 当作 IEEE 802.11 标准的同义词，如图 9-8 所示。
>
>
>
> 图 9-8　WiFi 标识

## 9.2　无线传输信道

### 1. 什么是射频

无线局域网采用电磁波作为信息传输的载体，在空气中发送和接收数据。

射频（Radio Frequency，RF）表示可以辐射到空间的电磁频率，频率范围为 300kHz～300GHz。射频就是射频电流，它是一种高频交流变化电磁波的简称。每秒变化小于 1000 次的交流电称为低频电流，大于 10 000 次的称为高频电流，而射频就是这样一种高频电流。通常把大于 10kHz 的电磁波称为变频波，而射频的波段在 300kHz～300GHz 之间，是高频的较高频段。

### 2. 射频模式

生活中对电磁波的使用分为两种模式：窄带通信和扩频通信。

窄带通信（Narrowband Microwave）技术适用于长距离的点到点的信息传输，信息传输距离最远可以达到 40km。

扩频通信（Spread Spectrum）是把载有数据信息的基带信号频谱进行扩展，形成宽带、低功率、高频谱密度的信号来发射，如图 9-9 所示。

在较差的信噪比情况下，以相同的信息传输，增加带宽，可以更加可靠地传输信息。甚至信号在被噪声淹没的情况下，只要相应地增加信号带宽，仍然能够保持可靠的通信。

扩频技术就是增加无线带宽的技术，通过扩充无线信道频道带宽，增强无线信号传输的稳定性，适用于短距离数据的传输，如图 9-10 所示。

扩频技术最初为军事应用无线电技术开发，保证在不同频段中传输的数据不会相互干扰，传输更完整可靠。目前无线局域网都采用无线扩频技术来传输信息，保证信道的带宽远远大于射频信号带宽。

扩频技术的基本思想是将发送的信息扩展在更宽的带宽上，使信息的拦截和干扰更加

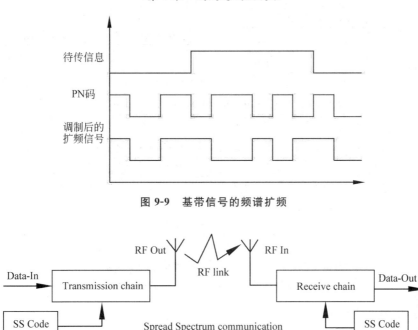

图 9-9　基带信号的频谱扩频

图 9-10　扩频通信的扩频过程

困难,确保射频信号安全可靠地通信。此外,扩频技术在克服信号传输的衰减方面也非常成功,从而获得广泛应用。

**3. 无线扩频技术**

扩频也叫扩展频谱(Spread Spectrum)技术,是一种常用的无线通信技术,简称展频技术。展频技术的无线局域网络产品依据 FCC(Federal Communications Committee,美国联邦通信委员会)规定 ISM(Industrial Scientific,and Medical,工业、医疗、科学)免费频率范围也即 902~928MHz 及 2.4~2.484GHz 两个频段。

展频技术主要又分为"跳频技术"、"直接序列"和"正交频分"扩频技术。

而前面两种扩频技术是在第二次世界大战中军队所使用的主要技术,其目的是希望在恶劣的战争环境中,依然能保持军队中无线通信信号的稳定性及保密性。

1) 跳频技术

所谓跳频技术(Frequency-Hopping Spread Spectrum,FHSS)指使用伪随机码序列进行频移键控,使载波频率不断跳变而扩展频谱的一种方法。跳频技术在同步且同时的情况下,接受两端以特定形式的窄频载波来传送信号。对于一个非特定的接收器,FHSS 所产生的跳动信号对它而言也只是脉冲噪声。

FHSS 所展开的信号特别设计来规避噪声或 One-to-Many 的非重复的频道,并且这些跳频信号必须遵守 FCC 的要求,使用 75 个以上的跳频子频道传输信号,数据按序列在各个子频道上传送,每次的会话都采用一种不同跳频模式,且跳频至下一个频率的最大时间间隔(Dwell Time)为 400ms,如图 9-11 所示。

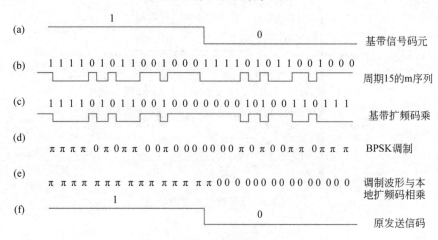

**图 9-11 跳频技术**

(a)基带信号;(b)扩频码;(c)扩频后的基带信号;(d)发送信号相位;

(e)接收端解扩后的基带信号;(f)接收端输出信号

2) 直接序列展频技术

直接序列展频技术(Direct Sequence Spread Spectrum,DSSS)将原来的信号"1"或"0",利用10 个以上的码片(chips)来代表"1"或"0"位,使原来较高功率、较窄的频率变成具有较宽频率、较低功率的频率。而每个位使用多少个码片(chips)称作扩频切片(Spreading chips)。

一个较高的 Spreading chips 可以增加抗噪声干扰,而一个较低的扩频定额(Spreading Ration)可以增加用户的使用人数。几乎所有的 2.4GHz 的无线局域网络产品所使用的 Spreading Ration 皆少于 20。而在 IEEE 802.11 的标准内,其 Spreading Ration 大约在 100 左右,如图 9-12 所示。

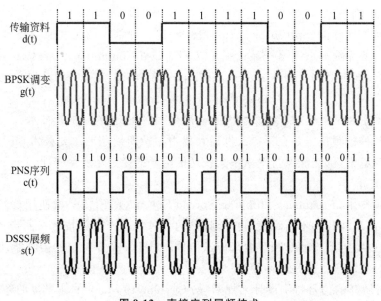

**图 9-12 直接序列展频技术**

直接序列扩频也工作在 2.4~2.4835GHz 频段,使用 ISM 免费频段传输。这个频段称为 ISM 频段(Industrial,Scientific,and Medical),主要开放给工业、科学、医学三个领域的无线设备使用。ISM 频段是依据美国联邦通信委员会(FCC)所定义的信号频段,属于免执照(Free License)不用授权频段。

直接序列扩频将 83.5MHz 的频带划分成 14 个子频道,每个频道带宽为 22MHz,如图 9-13 所示。在多个频道同时工作的情况下,为保证频道之间不相互干扰,标准要求两个频道的中频间隔不能低于 30MHz。从图 9-13 中看出,在一个频道区内,直接序列扩频技术最多提供三个不重叠的频道同时工作。

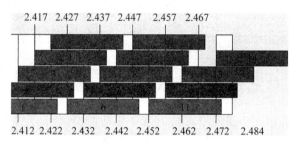

**图 9-13　直接序列频带的 14 个子频道**

3) 正交频分复用技术

正交频分复用 OFDM 技术是一种多载波发射技术,它将可用频谱划分为许多载波,每一个载波都用低速率数据流调制,实现高频谱利用率。

## 9.3　无线局域网介质存取方式

CSMA/CD 是有线局域网带冲突检测的载波侦听多路访问信息的技术,在这种介质访问机制下,准备传输数据的计算机首先检查传输通道。如果在一定时间内没有侦听到载波,那么计算机就可以发送数据。如果两台计算机同时发送数据,就会发生信号冲突,所有的设备都检测到这一冲突,这些计算机都在间隔一定的随机时间后,才可以发送数据。

无线局域网中无线信号经过无线电波发送,不容易监控到,更别说检测空气中的其他无线设备发送的射频信号。因此,在无线局域网中无法做到信号的冲突检测,侦听载波及冲突检测都不可靠。此外,还由于无线射频信号传输带宽的问题,如果采用 CSMA/CD 访问方法,过多的碰撞会降低网络传输效率。由于无线网卡不易检测到信道上是否存在冲突,无线标准 802.11 协议定义了一种新的物理层访问无线介质的方法,即载波侦听多点接入/冲突避免(CSMA/CA)。

虽一字之差,但工作原理差别却很大。有线局域网在 MAC 层使用冲突检测(Collision Detection),而无线局域网在 MAC 层冲突避免(Collision Avoidance)。

CSMA/CA 的基本工作原理是:一方面,传输载波侦听无线传输介质是否空闲;另一方面,通过随机的时间等待,使信号冲突发生的概率减到最小。当无线适配器侦听到无线介质空闲时,最先等待的信号优先发送。此外,CSMA/CA 还利用 ACK 确认信号,来避免冲突的发生。也就是说,只有当无线客户端设备收到无线网络上返回的 ACK 信号后,才确认送出的数据已经正确到达目的地。

CSMA/CA 访问无线信息的工作流程是:无线局域网中的一台计算机希望传送数据时,如果没有探测到网络中正在传送数据,则等待一段时间;在随机选择一个等待的时间片后,继续探测,如图 9-14 所示。

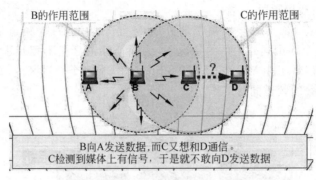

图 9-14 CSMA/CA 工作过程

如果探测到无线局域网中仍旧没有其他信号活动,就将数据发送出去。接收信号计算机在成功收到射频数据信号后,则回发一个 ACK 确认信息。只有当 ACK 确认数据报被接收端正确收到后,本次通信才正式结束。如果发送端没有收到回馈 ACK 数据报,数据报在发送端等待一段时间后被继续重传。

## 9.4 无线局域网协议标准

### 1. IEEE 802.11 标准

无线局域网工作组在经过了 7 年的工作以后,1997 年 IEEE 发布了 802.11 协议,这也是无线局域网领域内第一个被认可的标准协议。

802.11 标准的颁布,是无线局域网技术发展史上的一个里程碑,使得各家公司都能基于 802.11 标准,生产彼此兼容的无线局域网产品。

IEEE 802.11 使用 2.4GHz 的 ISM 免费频段传输数据信号,如图 9-15 所示。

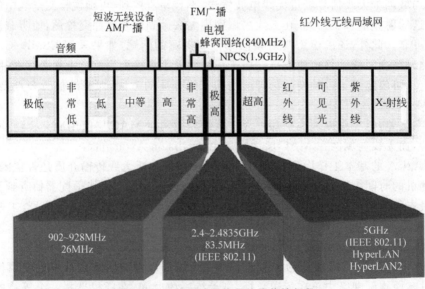

图 9-15 无线局域网使用信号传输频段

由于使用的是 ISM 公共频段,早期的无线局域网传输速率最高只能达到 2Mb/s 左右,主要解决办公网和校园网中无线终端设备接入网络,业务内容主要限于数据存取。由于它在传输速率和传输距离上都不能满足人们的需要,1999 年 IEEE 组织又颁布了高速率的 IEEE 802.11b 协议,用来对 802.11 协议进行补充,传输速率也提升到 11Mb/s。

**2. IEEE 802.11b 标准**

802.11b 是目前应用最早、最广泛、最成熟的无线局域网标准,最早得到大规模应用,其 11Mb/s 速度可满足商业用户的应用需求。802.11b 标准也使用免费的 2.4GHz 开放频段,传输距离可达到 130m,标准传输速率提高到 11Mb/s,与第一代有线以太网 10BASE-T 速度持平。

为了能够获得较好的传输速率,802.11b 采用了动态速率调节技术,允许用户在不同的环境下,自动使用不同的连接速度,以弥补环境的不利影响。

**3. IEEE 802.11a 标准**

为获得更高的无线局域网传输速度,在 1999 年 IEEE 组织又颁布了 IEEE 802.11a 标准。

802.11a 是在 802.11b 标准开发成功的基础上,对 802.11 标准修订的第二个版本。该标准为避免公共频段的信号干扰,802.11a 标准使用干扰较少的 5.8GHz 的频带来传输数据,传输距离控制在 10～100m。

802.11a 是对 802.11b 标准的修正,以解决无线局域网传输速率较低的问题,推动无线局域网产品的更广泛的应用。802.11a 使用干扰较少的 5.8GHz 频段传输信息,避开了微波、蓝牙以及大量工业设备广泛采用的 2.4GHz 频段,因此,在数据传输过程中,干扰大为降低,从而获得了高达 54Mb/s 的数据收发速率。由于在不同的频段传输信号,802.11a 和 802.11b 是互相不兼容的两套标准,设备之间不能互联互通。

**4. IEEE 802.11g 标准**

2003 年 6 月,经 IEEE 标准化委员会批准,又推出了 IEEE 802.11g 无线局域网协议,802.11g 标准是为了解决工作在 2.4GHz 公共频段下设备兼容和高速传输问题。802.11g 标准使用与 802.11b 标准相同的 2.4GHz 频段来传输信号,数据传输速度最高可达 54Mb/s。

802.11g 标准仍使用免费的 2.4GHz 频段传输,以保证和现有的很多无线局域网设备的兼容性。但大量工业设备也广泛采用 2.4GHz 频段传输信息,因此信号受外界的干扰较大。但 802.11g 标准改进了信号传输技术,采用正交频分 OFDM 扩频技术避免信号干扰,技术上要求较为复杂,因而产品的价格也比较昂贵。

802.11g 标准从目前的 802.11b 的 11Mb/s 速度提高到 54Mb/s 传输速度,并且能够完全兼容 802.11b 的设备,保护无线局域网中用户现有的设备和投资。

**5. IEEE 802.11n 标准**

一直以来,无线局域网的数据传输率低,网络的信号不稳定,信号传输范围小等问题一直阻碍着无线局域网的大规模应用。802.11n 标准的出现,将无线局域网的传输速率由目前的 54Mb/s 提高到 300Mb/s,甚至高达 800Mb/s 以上的数据传输率,即在理想状况下,802.11n 将可使无线局域网传输速率达到目前传输速率的 10 倍左右。

802.11n 采用智能天线技术,通过多组独立天线组成的天线阵列系统,动态地调整波束的方向,使无线信号的覆盖范围更广泛。同时802.11n为保证用户接收到稳定的信号,利用MIMO(多人多出)与OFDM(正交频分复用)技术,减少其他噪声信号的干扰,不但使传输速率得到极大提升,还大大提高了无线传输质量。

802.11n通过使用块应答,帧聚合,缩短帧间距,40MHz的信道合并,多天线的MIMO技术,使无线局域局获得了高带宽、广覆盖、密接入,信号易穿透,高稳定,以及兼容性好等特征,从而极大地推动了无线局域网的大规模应用。

> **小知识:什么是双频**
>
> 所谓"双频"产品,是指可以工作在2.4GHz和5GHz的自适应产品。
>
> 也就是说,可支持802.11a与802.11b两个标准的产品。由于802.11b和802.11a两种标准的设备互不兼容,用户在接入支持802.11a和802.11b的无线局域网络时,必须随着地点而更换无线网卡,这给用户带来很大的不便。而采用支持802.11a/b双频自适应的无线局域网产品,可以很好地解决这一问题。
>
> 双频产品可以自动辨认802.11a和802.11b信号并支持漫游连接,使用户在任何一种网络环境下都能保持连接状态。54Mb/s的802.11a标准和11Mb/s的802.11b标准各有优劣,但从用户的角度出发,这种双频自适应无线网络产品,无疑是一种将两种无线网络标准有机融合的解决方案。
>
> 随着802.11g标准的诞生,双频产品随后也将该标准融入其中,成为全方位的无线网络解决方案。而这种可与三个标准互联的产品叫做"双频三模"。
>
> "双频三模"就是运行在两个频段,支持三种模式(标准)的产品。即同时支持802.11a/b/g三个标准自适应的无线产品,通过该产品,可实现目前大多无线局域网标准的互联与兼容。可使用户顺畅地高速漫游于802.11a、b、g标准的无线网络中,横跨于三种标准之上,具有良好的前景。

## 9.5　无线局域网组成设备

常见的WLAN组网设备包括:无线客户端(STA)、无线网卡、天线、无接接入点(AP)、无线控制器(AC)。

下面分别介绍每种设备在无线局域网中的作用。

**1. 无线客户端**

无线客户端(Wireless Station,STA)就是可以接入无线的计算机或智能终端设备。包括:PDA、笔记本、台式PC、打印机、投影仪和WiFi电话,如图9-16所示。

**2. 无线网卡**

无线网卡作为无线网络的接口,实现与无线网络中射频信号的连接,作用类似于有线网络中的以太网网卡。无线网卡根据接口类型的不同分为三种,即PCMICA无线网卡、PCI无线网卡和USB无线网卡,如图9-17所示。

(1) 台式计算机专用的PCI接口无线网卡:PCI接口无线网卡适用于台式计算机使用,

图 9-16　各种 STA 设备

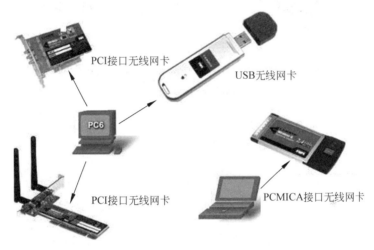

图 9-17　无线网卡

安装起来相对要复杂些,需安装驱动程序。

（2）笔记本专用的 PCMICA 接口网卡：PCMICA 无线网卡仅适用于笔记本,支持热插拔,可以非常方便地实现移动式无线接入。

（3）USB 无线网卡：这种网卡不管是台式计算机还是笔记本电脑,都可以使用,支持热插拔,即插即用。

**3. 无线天线**

天线用于发送和接收无线信号,提高无线设备输出的信号强度。

当无线工作站与无线 AP 或其他无线工作站相距较远时,随着信号的减弱,传输速率会明显下降,或者根本无法实现通信。此时就必须借助于天线,对所接收或发送的信号进行增益。天线的基本功能之一是把从 AP 取得的能量,向周围空间辐射出去,如图 9-18 所示。

天线输出获得的信号强度提升称为增益,增益越高,传输距离则越远。

天线有许多种类型,常见的有两种,一种是室内天线,一种是室外天线,如图 9-19 所示。室外天线的类型比较多,一种是锅状的定向天线,一种是棒状的全向天线。

发射天线
空间介质
接收天线
发射器
接收器

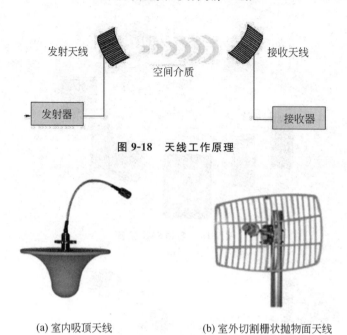

图 9-18　天线工作原理

(a) 室内吸顶天线　　(b) 室外切割栅状抛物面天线

图 9-19　天线类型

按照发射信号方式分类,定向天线将信号强度集中到一个方向发射。全向天线则朝所有方向均匀发射信号,如图 9-20 所示。

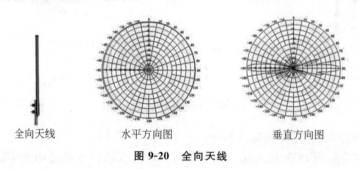

全向天线
水平方向图
垂直方向图

图 9-20　全向天线

定向天线通过将所有信号集中到一个方向,可以实现远距离传输。定向天线常用于桥接某些应用,而全向天线则常用于无线接入点(AP),如图 9-21 所示。

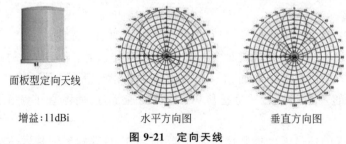

面板型定向天线
增益:11dBi
水平方向图
垂直方向图

图 9-21　定向天线

**4. 无线接入点**

无线接入点(Access Point,AP)实现无线局域中工作站设备的信号接入,并将无线客户端(或工作站)连接到有线网络中,如图 9-22 所示。

无线接入点的作用提供无线终端的接入功能,类似于以太网中的集线器,实现无线和有线网络的连接。当网络中增加一台无线 AP 之后,即可成倍地扩展网络覆盖范围直径。通常情况下,一台 AP 可以支持多达 30 台无线终端设备的接入,每一台 AP 都有一个以太网接口,实现无线局域网与有线网络的连接,使无线终端能够访问有线网络或 Internet 的资源,如图 9-23 所示。

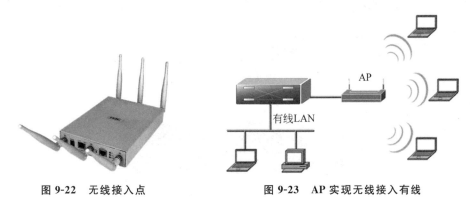

图 9-22　无线接入点　　　　　　图 9-23　AP 实现无线接入有线

通常有两类 AP 设备的类型,业内分别称为"瘦"AP(FIT-AP)和"胖"AP(FAT-AP)。

1) FAT-AP

胖 AP(FAT-AP)是生活中常见的一种集成型的 AP,除接入功能之外,还包含路由、交换功能。一体化的胖 AP 设备一般是无线局域网的组网核心,广泛应用于 SOHO 家庭网络或小型无线局域网,能直接对其配置和管理,组建以 AP 为核心的无线局域网络,无线终端通过 AP 直接访问 Internet,如图 9-23 所示。

在无线交换机应用之前,WLAN 主要通过胖 AP 设备组建无线局域网络。胖 AP 安装配置复杂,而且无线局域网规模越大,需要安装的 AP 设备越多,管理费用就越高。大型企业如果要部署全网无线网络,可能需要几百台胖 AP 覆盖无线网络所有用户,这给无线局域网管理带来巨大的工作量。

2) FIT-AP

另外一类是纯接入 AP 设备,只负责无线客户端设备的接入。纯接入 AP 通常作为无线局域网络扩展使用,与其他 AP 或者主 AP 连接,以扩大无线覆盖范围,这种纯接入 AP 也叫瘦 AP(FIT-AP)。瘦 AP 在部署无线局域网络时,需要有专门的无线交换机管理设备对其配置和管理,这种管理设备叫无线控制器(Wireless Access Point Controller),如图 9-24 所示。

**5. 无线控制器**

无线控制器(Wireless Access Point Controller,AC)是无线局域网中重要的组网设备,用来集中化管理和控制无线 FIT AP,AC 是 FIT AP＋AC 无线局域网络的组网核心,如图 9-25 所示。

安装在无线局域网中的无线控制器,负责管理无线局域网络中的所有 FIT AP 设备(瘦 AP)。无线控制器对瘦 AP 的管理包括:下发配置、修改相关配置参数、射频智能管理、接入安全控制等。

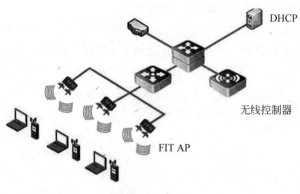

图 9-24 瘦 AP

图 9-25 无线控制器

无线控制器适用于大中型无线局域网络组建,支持大数量瘦 AP 组网的漫游管理,并能实现负载均衡、支持最多大数量的并发用户、支持 CAPWAP(专门用于和 AP 通信)、支持用户计费及认证等功能。

在传统的无线局域网络里面,由于没有集中管理的控制器 AC 设备,所有的无线终端设备都通过 FAT-AP(胖 AP)组网,实现和有线交换机连接。每台胖 AP 单独负担无线电射频 RF 管理、通信、身份验证、加密等工作,因此需要对每一台胖 AP 进行独立配置,难以实现统一管理和集中的 RF、接入和安全策略设置,网络管理工作量大。

而在基于无线控制器 FIT AP+AC 的新型无线局域网解决方案中,无线控制器 AC 能够出色地解决 FAT AP 组网麻烦问题。在 FIT AP+AC 方案中,所有的 AP 设备在功能上都减肥(瘦 AP),每台瘦 AP 只单独负责 RF 通信工作,其作用仅是一台简单的基于硬件的 RF 底层传感设备。

所有瘦 AP 对接收到的 RF 射频信号,经过 802.11 的编码封装之后,通过 CAPWAP 加密隧道协议,穿过有线以太网络,传送到网络中心的无线控制器 AC 设备上。进而由无线控制器 AC 设备上集中完成对编码流解密、验证、安全控制等工作,如图 9-26 所示。

因此,基于瘦 AP 和无线控制器的无线网络解决方案,具有统一管理的特性,并能够出色地完成 RF 配置、接入和安全控制策略等工作。

### 6. POE 交换机

POE (Power Over Ethernet)技术指在现有以太网布线架构上,为一些基于 IP 的终端设备(如 IP 电话机、无线局域网接入点 AP、网络摄像机等)在传输数据信号

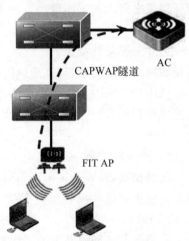

图 9-26 AC 通过有线网络
管理瘦 AP

的同时,还能为这些设备提供直流供电的技术。POE 技术确保现有结构化布线安全的同时,保障现有网络的正常运作,最大限度地降低成本。

POE 交换机就是支持网线供电的交换机,不但可以实现普通交换机的数据传输,还能同时对网络终端设备进行供电。交换机端口支持输出功率达 15.4W,符合 IEEE 802.3af 标准,通过网线供电的方式为标准的 POE 终端设备供电,免去额外的电源布线,如图 9-27 所示。

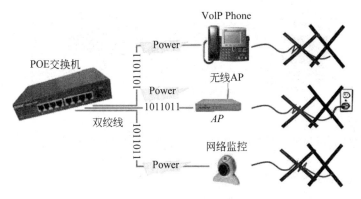

图 9-27 POE 交换机产品应用

## 9.6 无线局域网组网模式

无线局域网组网方案有两种:一种是无固定设施无线终端之间,自组网络 Ad-hoc 模式;一种是有固定组网设施,通过无线 AP 为中心的 Infrastructure 模式,分别如图 9-28 和图 9-29 所示。

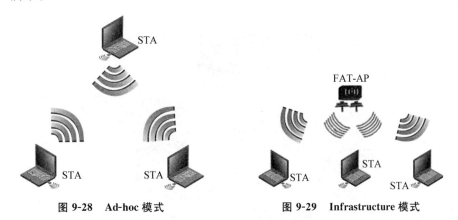

图 9-28 Ad-hoc 模式          图 9-29 Infrastructure 模式

其中,Infrastructure 模式被广泛应用。Infrastructure 模式无线局域网是指通过 AP 互连的工作模式,把 AP 看作是传统局域网中的集线器类似的功能。

Ad-hoc 模式是一种特殊模式,只要计算机上有无线网卡,把无线网卡的 ESSID 设为相同值,即可组建无线局域网,实现相互连接。

### 9.6.1 Ad-hoc 模式无线局域网

**1. 什么是 Ad-hoc 无线局域网**

Ad-hoc 模式无线局域网,即常说的无线对等网模式。和有线对等网一样,无线对等网也由两台以上安装有无线网卡的计算机组成无线局域网环境,实现文件共享,如图 9-30 所示。

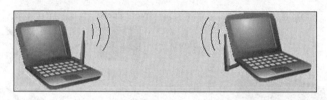

图 9-30　Ad-hoc 模式无线局域网

无线对等网络要求网络中任意两个终端站点之间,均直接进行信息交换,每个站点既是工作站,也是服务器,都把对方当成一台虚拟的 AP 接入设备。

**2. Ad-hoc 无线局域网工作模式特点**

(1) 安装简单:只需在计算机上安装无线网卡,进行简单的 SSID 配置即可。

(2) 节约成本:省去无线 AP 设备,节省网络建设成本,适合于规模小的网络环境。

(3) 通信距离近:无线网卡发射功率都比较小,所以计算机之间的距离不能太远。而且无线网卡对墙壁的穿透能力差,信号衰减会很大。

**3. Ad-hoc 网络连接标识 SSID**

接入到同一无线传输介质上多台计算机通过广播形式,把信息传播给网络中的所有设备。在无线局域网中,同一无线网络中的无线设备之间使用无线局域网标识符号来区别不同的无线局域网。就像对暗号一样,对得上暗号,就可以接入指定的无线局域网络;否则,就排斥在该无线局域网之外,如图 9-31 所示。

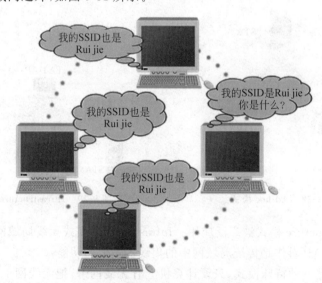

图 9-31　无线局域网设备标识符 SSID

这种无线局域网身份标识符号又叫做 SSID,SSID 是配置在无线局域网设备中的一种无线标识符号,WLAN 只允许具有相同的 SSID 无线用户端设备之间才能进行通信。

因此,在安装 Ad-hoc 模式无线局域网,除正确安装无线局域网硬件外,在无线网络连接的配置上要求设备必须配置相同的 SSID,作为该无线局域网的无线标识。

无线局域网中的标识符 SSID 的泄密与否,也是保证无线局域网接入设备安全的一个重要标志。配置有相同 SSID 连接标识符的无线网卡之间建立相同的无线网络连接,设备之间可以通过无线射频信号相互通信。

## 9.6.2　Infrastructure 模式无线局域网

Infrastructure 模式无线局域网通过无线接入 AP（Access Point)设备实现组网连接,可以把 AP 设备看作传统有线局域网中的集线器。AP 能接受和放大无线网卡发送来的射频信号,在无线工作站之间接收和转发数据,如图 9-32 所示。

无线 AP 可增大 Ad-hoc 网络模式中,无线工作站之间的有效距离到原来的两倍,因为 AP 访问设备可以连接在有线网络上,每一台移动 PC 都可经过接入点 AP,与其他移动 PC 实现网络的连接。

Infrastructure 基本结构模式,类似传统有线网络的星状网络拓扑方案,与 Ad-hoc 无线组网模式不同的是,此种模式需要通过无线接入 AP 设备实现所有设备之间连接,所有无线网络通信都通过 AP 实现连接。

当无线局域网络中的设备需要与有线网络互连,或无线局域网络中的节点之间,需要连接或者存取有线网络中的资源时,无线 AP 可以作为无线局域网和有线网之间的桥梁,如图 9-33 所示。

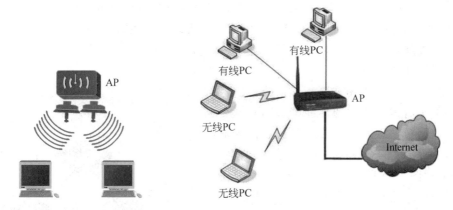

图 9-32　Infrastructure 模式无线局域网　　　图 9-33　AP 连接无线局域网和有线网

在基础结构无线局域网组网模式中,一台无线接入点 AP 设备与关联（Associate)无线客户端设备被称为一个 BSS（Basic Service Set,基本服务集);两个或多个 BSS 构成一个 ESS（Extended Service Set,扩展服务集),如图 9-34 所示。

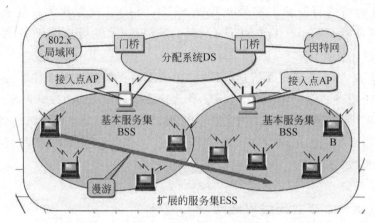

图 9-34　Infrastructure 模式无线局域网组成的服务集

## 9.7　以 AP 为核心的无线局域网组网

### 1. 以 AP 为核心的基础架构组网模式

以 AP 为核心的无线局域网组网模式称为基础架构模式(Infrastructure),由无线访问节点(AP)、无线工作站(STA)以及分布式系统(DSS)构成,无线覆盖区域称为一个基本服务区(BSS)。

其中,无线 AP 用于无线工作站和有线网络之间接收、缓存和转发数据的桥接设备,所有的无线通信都由 AP 来处理及完成,实现从有线网络向无线终端的连接。AP 的覆盖半径通常能达到几百米,能同时支撑几十至几百个用户。

此种模式下,AP 构成一个统一的无线工作组,所以设备配置 SSID 必须相同,其他的认证、加密模式的设置也都需要相同。而由于相同或相邻的信道(Channel)存在相互干扰,有必要将相邻的 AP 使用不同的信道。不仅能扩展无线网络覆盖范围,还能在信号重叠区域提供冗余性保障。

### 2. 胖 AP 组网模式

AP 是 WLAN 中的重要组成部分,其工作机制类似于有线网络中的集线器(Hub),无线终端可以通过 AP 进行终端之间的数据传输,还可以通过 AP 的有线接口实现与有线网络互相连接,如图 9-35 所示。

胖 AP 广泛应用于 SOHO 家庭网络或小型无线局域网,有线网络入户后,可以部署胖 AP 进行室内覆盖,室内无线终端可以通过胖 AP 访问 Internet。胖 AP 除无线接入功能外,还能支持 DHCP 服务器、DNS 和 MAC 地址克隆,以及 VPN 接入、防火墙等安全功能,如

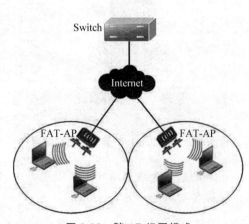

图 9-35　胖 AP 组网模式

图 9-36 所示。

日常应用中,胖 AP 和家用的无线路由器稍有不同。家用无线路由器设备除具有无线接入功能外,一般具备 WAN、LAN 两个接口,除支持 DHCP 服务器、DNS 和 MAC 地址克隆外,还具有路由功能,支持 PPOE 协议。

胖 AP 的应用场合仅限于 SOHO 或小型无线网络,小规模无线部署时胖 AP 是不错的选择,但是对于大规模无线部署,如大型企业网无线应用、行业无线应用以及运营级无线网络,胖 AP 则无法支撑如此大规模的部署。

**3. 瘦 AP 组网模式**

无线局域网组网中应用到的瘦 AP 设备(FIT AP),是指需要无线控制器(AC)进行集中管理、调试和控制的 FIT AP。瘦 AP 设备不能独立工作,只具有无线网络的射频信号的接入功能,必须与 AC(无线接入控制器)配合使用,才能正常工作,如图 9-37 所示。

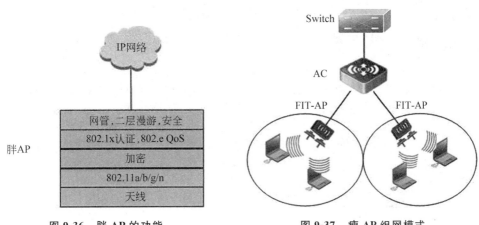

图 9-36　胖 AP 的功能　　　　　图 9-37　瘦 AP 组网模式

瘦 AP(FIT AP)的出现是随着建网、组网技术的不断更新,以及无线局域网组网新设备的出现应运而生。瘦 AP 组网模式中的"无线控制器＋FIT AP"控制架构,对无线局域网络中的组网设备的功能进行了重新划分。

其中,FIT AP 设备零配置,无线控制器 AC 设备负责无线局域网络的接入控制,转发和统计,以及对 FIT AP 的配置监控、漫游管理、FIT AP 的网管代理、安全控制。应用在WLAN 组网中的 FIT AP 只负责 802.11 报文的加解密、802.11 的物理层信号传输功能、接受无线控制器管理等功能。

其中,无线控制器设备(Wireless Access Point Controller)是一种无线局域网中的组网设备,主要用来集中化控制和管理瘦 AP 设备(FIT AP),下发 WLAN 配置给 FIT AP 设备,是一个无线网络的核心,负责管理无线网络中的所有瘦 AP(FIT AP),对瘦 AP 的管理包括:下发配置、修改相关配置参数、射频智能管理、接入安全控制等。

FIT AP＋AC 的无线组网方案中,AP 需配置,FIT AP 启动时会自动从无线控制器下载合适的设备配置信息。

瘦 AP 无线组网技术采用"交换机＋无线控制器＋瘦 AP"的组网方式。即 AP 作为简单的无线接入点,不具备管理控制功能,而通过无线控制器统一管理所有 FIT AP,向指定

AP下发控制策略,无须在FIT AP上单独配置,如图9-38所示。

AC通过有线网络与多个AP相连,用户只需在AC上对所关联的AP进行配置管理。

FIT AP和无线控制器之间可以支持以下三种网络拓扑结构。

1) 直连模式

FIT AP和无线控制器直接互连,中间不经过其他设备节点,如图9-39所示。

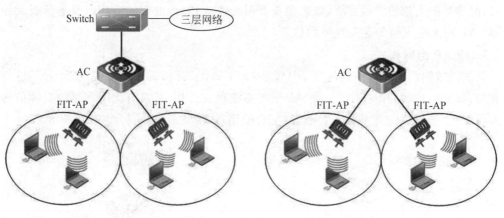

图9-38　瘦AP＋AC无线组网模式　　　　　图9-39　AC＋FIT AP直连模式

2) 二层网络连接模式

FIT AP和无线控制器同属于一个二层广播域,FIT AP和AC之间通过二层交换机互连,如图9-40所示。

3) 三层网络连接模式

FIT AP和无线控制器属于不同的IP网段。FIT AP和AC之间的通信需要通过路由器或者三层交换机三层转发来完成,如图9-41所示。

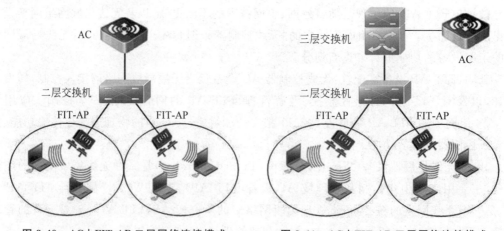

图9-40　AC＋FIT AP二层网络连接模式　　　　图9-41　AC＋FIT AP三层网络连接模式

## 工程案例1：组建Ad-hoc模式无线局域网

【工程名称】　组建Ad-hoc模式无线局域网。

【目标技能】 配置 Ad-hoc 模式无线局域网设备的 SSID。

【材料准备】 具有无线功能的无线终端 PC(两台或三台)。

【工作场景】

如图 9-42 所示网络是中山大学计算机科学技术学院某办公室临时组建的无线对等网络场景,希望组建无线对等网络,实现两台笔记本中的资料通过 WLAN 网络对传。

【施工过程】

【步骤一】 查看"无线连接"

打开"控制面板"中的"网络连接"窗口,找到"无线网络连接"图标。

显示该计算机具有无线接入功能,如图 9-43 所示,可以配置和管理无线接入功能。

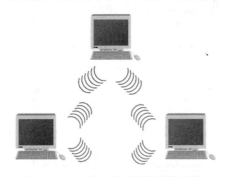

图 9-42 办公室临时无线局域网络                图 9-43 打开无线网络连接

【步骤二】 在 Windows 中配置无线网络

1) 配置无线连接

选择"无线网络连接"图标单击右键,选择快捷菜单中"属性"→"常规"→"TCP/IP 协议"→"属性"按钮,如图 9-44 所示。

2) 配置无线连接 IP 地址

在"TCP/IP 属性"对话框中,配置 IP 地址:192.168.1.2,255.255.255.0,如图 9-45 所示。

图 9-44 配置无线连接属性                图 9-45 配置无线连接地址

3) 修改无线标识

选择"无线网络连接",右键打开"无线网络配置"选项卡,选中"用 Windows 配置我的无线网络设置"复选框,配置无线网络环境,如图 9-46 所示。

4) 添加新的 SSID 标识

在"无线网络配置"选项卡中,单击"首选网络"选项中的"添加"按钮,打开如图 9-47 所示对话框。

在"关联"选项卡中,配置网络名(SSID)为 ruijie;网络验证为"开放式";数据加密为"已禁用"。

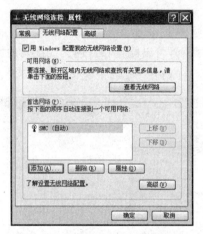

图 9-46　使用 Windows 配置无线

图 9-47　配置无线连接 SSID

5) 添加一个新的标识

为"无线网络连接"添加标识名(SSID):ruijie,如图 9-48 所示。

6) 配置无线网络的连接模式

在图 9-48 中,选择"首选网络"选项中的 ruijie 无线标识,单击"高级"按钮。

选中"仅计算机到计算机(特定)"单选框,表示建设无线对等网络,如图 9-49 所示。

图 9-48　添加无线网络标识

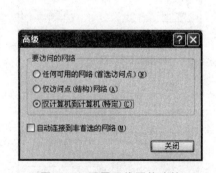

图 9-49　配置无线网络连接

7) 查看状态

选择"控制面板"中的"无线网络连接",打开"查看无线网络",如图 9-50 所示显示配置成功后的无线网络连接状态。

8）使用 Windows 连接无线网络

也可选择"无线网络连接"图标，单击右键，选择菜单中的"查看可用的无线连接"，使用 Windows 自带查看无线网络状态程序，如图 9-51 所示。

图 9-50　无线网络连接成功　　　　图 9-51　使用 Windows 自带程序查看无线网络连接

9）其他配置

同样配置其他计算机的"无线网络连接"属性，IP 地址保持在同一网段，如 192.168.1.1/24，其他参数配置同上。

**备注：**

（1）所有处于同一网络中的移动设备无线网卡的 SSID 必须一致。

（2）注意两块无线网卡的 IP 地址设置为同一网段（可选项）。

（3）无线网卡通过 Ad-hoc 方式互联，对两块网卡的距离有限制，一般不超过 10m。

10）项目测试

（1）打开任意一台设备的"开始"菜单，单击"运行"选项，输入 cmd 命令。

（2）在 DOS 命令环境中，使用 ping 命令，测试和另一台 PC 的网络连通性。

## 工程案例 2：组建办公室无线局域网

【工程名称】　组建 Infrastructure 结构无线局域网。

【目标技能】　配置胖 AP 设备，掌握 Infrastructure 结构无线局域网组网技术。

【材料准备】　胖 AP（一台）、交换机（一台），具有无线功能的 PC（两台）。

【工作场景】

如图 9-52 所示网络场景是中山大学计算机科学技术学院办公室无线局域网络组网场景，随着移动互联网时代的到来，希望在办公室组建无线网络，把广大师生员工的无线终端设备接入到校园网中。

【施工要点】

（1）连接好网络拓扑，保证 AP 能被供电，能正常开机。

（2）保证要接 AP 的网线接在计算机上，计算机可以使用网络，使用 ping 测试。

（3）完成 AP 基本配置后，验证无线 SSID 能否被无线用户端发现到。

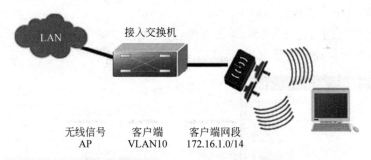

无线信号　　客户端　　客户端网段
AP　　　　VLAN10　　172.16.1.0/14

**图 9-52　胖 AP 的二层组网模式**

(4) 配置无线用户端 IP 地址为静态 IP,并验证网络连通性。

**注意**:第一次登录 AP 配置时,需要切换 AP 为胖模式工作,切换命令:

```
ruijie>ap-mode fat
```

【施工过程】

【步骤一】　配置无线用户 VLAN 和 DHCP 服务器(给连接的 PC 分配地址,如网络中已经存在 DHCP 服务器可跳过此配置)。

```
Ruijie>enable
Ruijie#configure terminal
Ruijie(config)#vlan 1                              !创建无线用户 VLAN
Ruijie(config)#service dhcp                        !开启 DHCP 服务
Ruijie(config)#ip dhcp excluded-address 172.16.1.253  172.16.1.254
                                                   !不下发地址范围

Ruijie(config)#ip dhcp pool test
                                                   !配置 DHCP 地址池,名称是"test"

Ruijie(dhcp-config)#network 172.16.1.0  255.255.255.0
                                                   !下发 172.16.1.0 地址段

Ruijie(dhcp-config)#dns-server 218.85.157.99       !下发 DNS 地址

Ruijie(dhcp-config)#default-router 172.16.1.254    !下发网关
Ruijie(dhcp-config)#exit
```

**注意**:如果 DHCP 服务器在上连设备做,请在全局配置无线广播转发功能,否则会出现 DHCP 获取不稳定现象。

```
Ruijie(config)#data-plane wireless-broadcast enable
```

【步骤二】　配置 AP 的以太网接口,让无线用户的数据可以正常传输。

```
Ruijie(config)#interface GigabitEthernet 0/1
Ruijie(config-if)#encapsulation dot1Q 1
```
　　　　　　　　　　　　　　　　　　　　!注意:要封装相应的 VLAN,否则无法通信

```
Ruijie(config-if)#exit
```

【步骤三】　配置 WLAN,并广播 SSID。

```
Ruijie(config)#dot11 wlan 1
Ruijie(dot11-wlan-config)#vlan 1                    !关联 VLAN 1
Ruijie(dot11-wlan-config)#broadcast-ssid           !广播 SSID
Ruijie(dot11-wlan-config)#ssid AP                  !SSID 名称为 AP
Ruijie(dot11-wlan-config)#exit
```

【步骤四】　创建射频子接口,封装无线用户 VLAN。

```
(注意:有 6 根天线的 AP 还有一个无线接口,Dot11radio 2/0)
Ruijie(config)#interface Dot11radio 1/0.1
Ruijie(config-if-Dot11radio 1/0.1)#encapsulation dot1Q 1
Ruijie(config-if-Dot11radio 1/0.1)#mac-mode fat
```

注意:mac-mode 模式必须为 FAT,否则会出现能搜索到信号,连接不上无线网络现象。

【步骤五】　在射频口上调用 WLAN-ID,使能发出无线信号。

```
Ruijie(config)#interface Dot11radio 1/0
Ruijie(config-if-Dot11radio 1/0)#channel 1
                        !信道为 channel 1,802.11b 中互不干扰信道为 1、6、11
Ruijie(config-if-Dot11radio 1/0)#power local 100
                        !功率改为 100% (默认)
Ruijie(config-if-Dot11radio 1/0)#wlan-id 1      !关联 WLAN 1
Ruijie(config-if-Dot11radio 1/0)#exit
```

注意:步骤三、四、五的顺序不能调换,否则配置不成功。

【步骤六】　配置 Interface VLAN 地址和静态路由。

```
Ruijie(config)#interface BVI 1          !配置管理地址接口
Ruijie(config-if)#ip address 172.16.1.253   255.255.255.0
                        !该地址只能用于管理,不能作为无线用户网关地址
Ruijie(config)#ip route 0.0.0.0 0.0.0.0   172.16.1.254
Ruijie(config)#end
Ruijie#write                            !确认配置正确,保存配置
```

## 工程案例 3:组建 AC+FIT AP 无线局域网

【工程名称】　组建 AC+FIT AP 结构无线局域网。

【目标技能】　配置瘦 AP 设备,掌握 AC+FIT AP 模式的 Infrastructure 结构无线局域网组网技术。

【材料准备】　瘦 AP(一台)、交换机(一台),具有无线功能的 PC(两台)。

【工作场景】

如图 9-53 所示网络拓扑,是中山大学网络中心的无线局域网络组网场景,随着移动互

联网时代到来,希望在校园中组建无线网络,把广大师生员工的无线终端设备通过无线 FIT AP 设备接入到校园网中。

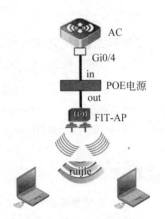

**【施工要点】**

无线网络中的 AP 数量众多,而且需要统一管理和配置,因此需要通过无线核心控制设备 AC 集中控制瘦 AP 设备。

AC+FIT AP 架构方案的优点是:通过 AC 统一配置和管理瘦 AP,包括配置下发、升级、重启等。该方案的缺点是:需要增加网络设备 AC,增加有线网络的配置,不同厂商设备不兼容。

**【施工过程】**

图 9-53　AC+FIT AP 架构的
无线局域网

**【步骤一】**　组网

按如图 9-53 所示无线 AC 关联 FIT AP 网络场景组建无线局域网,其中,瘦 AP 设备直连 AC,注意不带点连接设备。

**【步骤二】**　配置 FIT AP 基础信息

(1)确认 AC 无线交换机和 AP 是同一个软件版本,使用命令查看,查看命令为:

```
Ruijie>show verison
```

(2)确认 AP 是工作在瘦模式下,使用命令验证查看 AP 模式,需要显示 FIT 是瘦模式。

```
Ruijie>show ap-mode
```

如果显示 FAT 模式,那么需要用以下命令进行更改。

```
Ruijie>enable                          !进入特权模式
Ruijie#configure terminal              !进入全局配置模式
Ruijie(config)#ap-mode fit             !修改成瘦模式
Ruijie(config)#end                     !退出到特权模式
```

**【步骤三】**　配置 AC 设备

使用配置终端设备,通过 AC 设备的 Console 登录 AC 设备,开启配置功能。

(1)在 AC 上配置 VLAN 信息,创建用户 VLAN,AP VLAN 和互联 VLAN。

```
Ruijie>enable                          !进入特权模式
Ruijie#configure terminal              !进入全局配置模式
Ruijie(config)#vlan 1                  !AP 的 VLAN
Ruijie(config-vlan)#vlan 2             !用户的 VLAN
```

(2)在 AC 上配置 AP、无线用户网关和 Loopback 0 地址。

```
Ruijie(config)#interface vlan 1                        !配置 AP 的网关
Ruijie(config-int-vlan)#ip address  172.16.1.1  255.255.255.0
Ruijie(config-int-vlan)#interface vlan 2              !用户的 SVI 接口(必须配置)
```

```
Ruijie(config-int-vlan)#ip address  172.16.2.1  255.255.255.0
Ruijie(config-int-vlan)#interface loopback 0
Ruijie(config-int-loopback)#ip address 1.1.1.1  255.255.255.0
                   !必须是 Loopback 0,用于 AP 寻找 AC 的地址,DHCP 中的 option138 字段
Ruijie(config-int-loopback)#exit
```

（3）在 AC 上配置无线信号。

① WLAN-config 配置,创建 SSID。

```
Ruijie(config)#WLAN-config 2  Ruijie
                   !配置 WLAN-config,id 是 2,SSID(无线信号)是 Ruijie
Ruijie(config-wlan)#enable-broad-ssid           !允许广播 SSID
Ruijie(config-wlan)#exit
```

② ap-group 配置,关联 WLAN-config 和用户 VLAN。

```
Ruijie(config)#ap-group Ruijie_group
Ruijie(config-ap-group)#interface-mapping 2 2
                   !把 WLAN-config 2 和 VLAN 2 进行关联
Ruijie(config-ap-group)#exit
```

③ 把 AC 上的配置分配到 AP 上。

```
Ruijie(config)#ap-config xxx
!把 AP 组的配置关联到 AP 上(XXX 为某台 AP 的名称时,那么表示只在该 AP 下应用 ap-group;
XXX 为 all 时,表示应用在所有 AP 上,默认调用 ap-group default,不能修改)
Ruijie(config-ap-config)#ap-group Ruijie_group
            !注意:ap-group Ruijie_group 要配置正确,否则会出现无线用户搜不到 SSID
Ruijie(config-ap-group)#exit
```

（4）配置 AC 连接 AP 的接口所属 VLAN。

```
Ruijie(config-int-loopback)#interface GigabitEthernet 0/1
Ruijie(config-int-GigabitEthernet 0/1)#switchport access vlan 1
                   !与 AP 相连的接口,把接口划到 AP 的 VLAN 中
```

（5）在 AC 上配置 AP 的 DCHP 功能。

```
Ruijie(config)#service dhcp                !开启 DHCP 服务
Ruijie(config)#ip dhcp pool ap_ruijie
                   !创建 DHCP 地址池,名称是 ap_ruijie
Ruijie(config-dhcp)#option 138 ip 1.1.1.1
            !配置 option 字段,指定 AC 的地址,即 AC 的 Loopback 0 地址
Ruijie(config-dhcp)#network 172.16.1.0  255.255.255.0
                   !分配给 AP 的地址
Ruijie(config-dhcp)#default-route 172.16.1.1
                   !分配给 AP 的网关地址
Ruijie(config-dhcp)#exit
!注意:AP 的 DHCP 中的 option 字段和网段、网关要配置正确,否则会出现 AP 获取不到 DHCP 信息
导致无法建立隧道
```

(6) 在 AC 上配置无线用户的 DHCP。

```
Ruijie(config)#ip dhcp pool user_ruijie          !配置 DHCP 地址池,名称是 user_ruijie
Ruijie(config-dhcp)#network 172.16.2.0  255.255.255.0
                                                 !分配给无线用户的地址
Ruijie(config-dhcp)#default-route 172.16.2.1  !分给无线用户的网关
Ruijie(config-dhcp)#dns-server 8.8.8.8         !分配给无线用户的 dns
Ruijie(config-dhcp)#exit
```

【步骤四】 验证命令

(1) 在无线客户端设备,搜索、查看发现到的连接无线信号。

(2) 登录无线 AC 设备,使用以下命令,查看瘦 AP 设备的基本配置信息。

```
Ruijie#show ap-config summary              !查看 AP 配置汇总
…
Ruijie#show ap-config running-config       !查看 AP 详细配置
…
```

(3) 查看关联到无线的无线客户端。

```
Ruijie#show ac-config client summary by-ap-name
…
```

## 认证测试

以下每道选择题中,都有一个正确答案或者是最优答案,请选择出正确答案。

1. 无线局域网常用的传输协议有哪些 _____。

　　A. 802.11b　　　　　B. 802.11c　　　　　C. 802.11e

　　D. 802.11g　　　　　E. 802.11a　　　　　F. 802.11f

2. 双路双频三模中的三模是指_____。

　　A. IEEE 802.11a　　B. IEEE 802.11g　　C. IEEE 802.11e　　D. IEEE 802.11b

3. 无线网络中使用的通信原理是_____。

　　A. CDMA　　　　　B. CSMA/CD　　　　C. CSMA　　　　　D. CSMA/CA

4. 无线接入设备 AP 是互连无线工作站的设备,其功能相当于有线互连设备_____。

　　A. Hub　　　　　　B. Bridge　　　　　C. Switch　　　　　D. Router

5. 无线网络中使用的 SSID 是_____。

　　A. 无线网络的设备名称　　　　　　B. 无线网络的标识符号

　　C. 无线网络的入网口令　　　　　　D. 无线网络的加密符号

6. 组建 Infrastructure 模式的无线网络_____。

　　A. 只需要无线网卡

　　B. 需要无线网卡和无线接入 AP

C. 需要无线网卡、无线接入 AP 和交换机

D. 需要无线网卡、无线接入 AP 和 Utility

7. 无线基础组网模式包括_____。

    A. Ad-hoc　　　　　B. Infrastructure　　　C. 无线漫游　　　　D. any IP

8. 对"迅驰"技术说法正确的是_____。

    A. 迅驰是一种技术、一种新型的平台技术

    B. 迅驰是三种部分的合成,这三个部分是处理器(CPU)、芯片组、无线模块

    C. 迅驰是芯片的名称

    D. 迅驰 1.8GHz 的处理能力弱于奔腾 4 的 1.8GHz 的处理能力

9. 以下哪种材料对于无线信号的阻挡是最弱的?_____;最强的是什么?_____

    A. 玻璃　　　　　　B. 木板　　　　　　C. 金属　　　　　　D. 水

10. 产品所支持的双路双频三模技术中,双频指的是对哪两个工作频段的支持?_____

    A. 2.4GHz　　　　B. 1.9GHz　　　　　C. 900GHz　　　　D. 5.8GHz

11. 无线局域网 WLAN 的传输介质是_____。

    A. 无线电波　　　　B. 红外线　　　　　C. 载波电流　　　　D. 卫星通信

12. IEEE 802.11b 射频调制使用_____调制技术,最高数据速率达_____。

    A. 跳频扩频,5M　　　　　　　　　B. 跳频扩频,11M

    C. 直接序列扩频,5M　　　　　　　D. 直接序列扩频,11M

13. 无线局域网的最初协议是_____。

    A. IEEE 802.11　　B. IEEE 802.5　　　C. IEEE 802.3　　　D. IEEE 802.1

14. 802.11 协议定义了无线的_____。

    A. 物理层和数据链路层　　　　　　B. 网络层和 MAC 层

    C. 物理层和介质访问控制层　　　　D. 网络层和数据链路层

15. 802.11b 和 802.11a 的工作频段、最高传输速率分别为_____。

    A. 2.4GHz、11Mb/s;2.4GHz、54Mb/s　B. 5GHz、54Mb/s;5GHz、11Mb/s

    C. 5GHz、54Mb/s;2.4GHz、11Mb/s　D. 2.4GHz、11Mb/s;5GHz、54Mb/s

16. 802.11g 规格使用哪个 RF 频谱?_____

    A. 5.2GHz　　　　B. 5.4GHz　　　　　C. 2.4GHz　　　　D. 800MHz

17. 在 2.4GHz 的信道中,有几个相互不干扰的信道?_____

    A. 3　　　　　　　B. 5　　　　　　　C. 11　　　　　　D. 13

18. 当同一区域使用多个 AP 时,通常使用_____信道。

    A. 1、2、3　　　　B. 1、6、11　　　　C. 1、5、10　　　　D. 以上都不是

19. 两台无线网桥建立桥接,_____必须相同。

    A. SSID、信道　　　　　　　　　　B. 信道

    C. SSID、MAC 地址　　　　　　　　D. 设备序列号、MAC 地址

# 第 10 章　广域网接入技术

## 项目背景

　　如图 10-1 所示的网络拓扑是中山大学网络中心改造场景。

　　改造后的校园网出口使用光纤专线技术,把校园网接入 Internet。学校通过从申请电信专线接入到网络中心万兆核心交换机上,获得高速网络带宽。

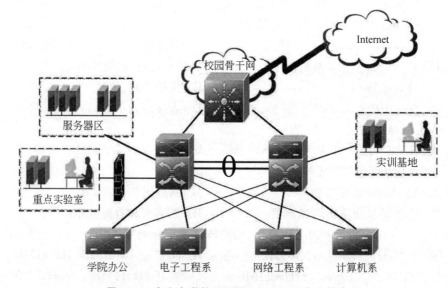

**图 10-1　中山大学校园网接入 Internet 出口技术**

　　本章以中山大学校园网专线接入 Internet 项目为依托,介绍如图 10-1 所示校园网接入广域网的过程,了解广域网接入技术。

## 项目分析

　　中山大学校园网筹建于 20 世纪 90 年代中期,在校园网早期的规划过程中,由于网络应用有限,在接入 Internet 时采用 DDN 专线的接入方式,DDN 接入的网络的带宽基本满足了当时有限的需求。

　　随着互联网大规模的发展,原来的网络出口速度已经无法面对越来越多的互联网应用需求。在经过可行性分析和详细的论证之后,中山大学启动光纤专线接入 Internet 建设项目,旨在建成高速率、广覆盖、易管理、高速度的校园网络,以满足校园网的可持续性发展要求。

　　如图 10-2 所示网络拓扑是中山大学校园网使用光纤专线技术,接入 Internet 的网络场景。通过更换校园网的出口设备,使用光纤专线技术把校园网接入 Internet。

　　中山大学通过从电信申请光纤专线技术,直接接入到学校网络中心的万兆核心交换机上,实现点对点的数据连通,从而获得高速网络。

　　如图 10-2 所示网络拓扑中虚线绘制的区域,是本章知识和技术发生的网络场景。

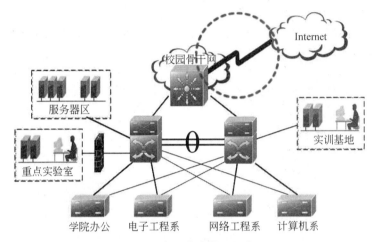

图 10-2　中山大学校园网出口

　　通过本章的学习,读者将能够了解如下知识内容。

（1）熟悉广域网传输方式。

（2）了解广域网传输原理,熟悉 SDH 光互连设备。

（3）掌握广域网的传输协议 HDLC 协议、PPP 协议。

（4）配置 PPP 协议的 PAP 认证、CHAP 安全认证。

# 10.1　广域网概述

　　局域网只能在一个相对比较短的距离内实现,当主机之间的距离较远时,如相隔几十或几百千米甚至几千千米,局域网显然就无法完成主机之间的通信任务。这时就需要另一种结构的网络,即广域网。

　　广域网的地理覆盖范围可以从数千米到数千千米,可以连接若干个城市、地区甚至跨越国界而成为遍及全球的一种计算机网络。

## 10.1.1　广域网的概念

　　广域网（Wide Area Network,WAN）是在一个更广阔的范围内建立,跨地区的数据通信网络,广域网的范围可以超越一个城市,一个国家甚至全球计算机的互联。Internet 是目前最大的广域网,需要澄清的是广域网不等于 Internet,其中:

Internet 是以不同类型、协议的网络"互联"为主要特征。而广域网是由众多的大大小小的局域网(LAN)互联而成,从构成上来说,局域网只是广域网的一个终端系统。

## 10.1.2 广域网的组成

对照 OSI (Open System Interconnect,开放式系统互连)参考模型,广域网技术主要位于 OSI 模型的下面三个层:物理层、数据链路层和网络层。

从资源组成角度来说,广域网由通信子网与资源子网两部分组成。通过将通信部分(通信子网)和应用部分(资源子网)分开,使得网络设计简化,如图 10-3 所示。

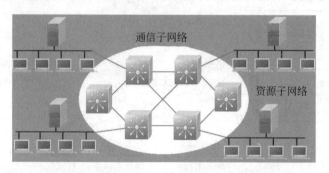

**图 10-3　广域网组成中的通信子网与资源子网**

其中,通信子网实际上是一个数据通信网,主要功能是把数据信息从一个网络中的主机传送到另一个网络中的主机上。广域网中的通信子网常常使用电信运营商提供的设备作为信息传输平台,如通过电话网连接到广域网,也可以通过专线或卫星连接。

而广域网中的资源子网是联在网上的各种计算机、终端、数据库资源等,这里的资源不仅指硬件资源,也包括软件和数据资源。

此外,从网络的系统组成角度来看,广域网可分为骨干网、城域网和接入网三个层次,如图 10-4 所示。和生活中的道路网络相似,骨干网相当于城市与城市之间的高速公路,城域网相当于城市市区内的道路,用户接入网抵达每个家庭用户。

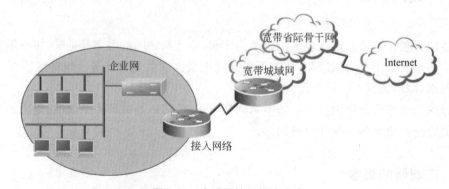

**图 10-4　广域网接入解决方案**

在实际应用中,广域网中的接入部分如图 10-4 所示,位于用户局域网边界的接入路由器,通过采用点到点链路,将局域网连接到 Internet。

　　这里所说的点到点链路,提供的是一条预先建立的从客户端经过运营商网络,到达远程目标网络的广域网通信路径。一条点到点链路通常就是一条租用的专线,可在数据收发双方之间,建立起永久性的固定连接,网络运营商负责点到点链路的维护和管理。

## 10.2　广域网交换技术

　　广域网在接入和传输的过程中,常用的技术有多种,常见的有电路交换、包交换、虚电路交换和光交换等。

### 10.2.1　电路交换

　　电路交换是广域网中最常见的一种数据交换技术,在电信运营商的网络中被广泛使用,其操作过程与普通的电话拨号过程相似。

　　电话网就是采用电路交换方式。打电话时,首先摘下话机拨号;拨号完毕,交换机为双方建立连接,等一方挂机后,交换机就把双方线路断开,为双方开始一次新的通话做好准备。

　　在电路交换中,由电信运营商的网络为通信双方每一次会话过程的建立、维持和终止提供一条专用的物理电路。

　　和电话交换技术一样,在电路交换方式中,当一方要发送信息时,由源交换机根据信息的目标地址,把线路接到目的交换机,经局间中继线传送给被叫交换局,并最终转给被叫用户,如图 10-5 所示,线路接通后就形成一条端对端的信息通路完成通信。

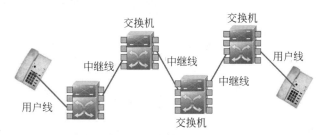

**图 10-5　电路交换技术**

　　通信完毕,由通信双方向所属交换机发出拆除线路的要求,交换机收到此信号后就将此线路拆除,以供别的用户呼叫使用。

　　电路交换的动作就是在通信时建立(连接)电路,通信完毕时拆除(断开)电路。综合业务数字网(ISDN)就是一种采用电路交换技术的广域网技术。

### 10.2.2　包交换

　　包交换采用存储转发方式。首先,把来自用户的数据信息暂存于存储装置中,并分割为多个一定长度的分组包,在每个分组包前边都加上固定格式的分组信息,用于指明该分组包的发端地址、收端地址及分组序号等。

分组的数据包作为存储转发的基本单位,在网络中的各个交换节点之间传送。其中,短的分组包在传输过程中,比长分组包可减少差错的产生和传输延迟,提升网络传输的可靠性。

包交换是广域网上最重要的传输技术。在运营商的传输网络中,通过包交换技术,在信源和信宿网络设备之间共享一条点对点链路,进行数据包的传递。包交换方式的点对点链路,也能提供一条预先建立的、从客户端经过运营商网络,以及到达远端目标网络的广域网通信路径,如图 10-6 所示。

**图 10-6　包交换中建立一条点对点链路**

包交换主要采用多路复用技术,能在多台网络中的设备之间实现链路共享,如 ATM,帧中继以及 X.25 等广域网传输技术都是采用包交换技术。

### 10.2.3　虚电路

所谓虚电路就是在网络中的两台用户端设备之间,在发送数据之前首先通过网络建立一条逻辑链路。虚电路中使用的逻辑连接是在网络中的两个节点的对等层之间通信,建立起多条虚拟的连接,如图 10-7 所示。

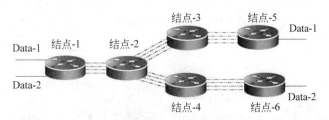

**图 10-7　虚电路中的逻辑连接**

一旦逻辑连接建立之后,在网络中保持已建立的数据链路,用户发送的数据分组,将按顺序通过网络到达终点。当用户不需要发送和接收数据时,就释放掉该条连接。

虚电路的通信方式主要有以下几个特点。

(1) 一次完整的通信过程分为呼叫建立、数据传输和呼叫清除三个阶段。数据分组中不需要包含终点地址,对于需要传输数据量较大的流媒体通信,能提供虚拟效率高传输。

(2) 数据分组按预先建立好的固定的路径顺序通过网络,在网络终点才对收到的数据分组重新排序。分组传输时延小,而且不容易产生数据分组的丢失。

(3) 当网络中由于线路或设备故障时,可能导致虚电路链路的中断,需要重新呼叫,建立新的连接。但目前许多采用虚电路方式的网络,都提供了呼叫重新连接的功能。

当网络出现故障时,将由网络自动选择,并建立新的虚电路,不需要用户重新呼叫,并且不丢失用户数据。

虚电路可以建立临时虚电路连接,也可以建立虚电路连接,相应的也称为交换虚拟电路

(SVC)和永久性虚拟电路(PVC)两种不同的技术。

　　SVC 技术是一种按照需求动态建立的虚拟电路,数据分组传送结束后,虚电路将被自动终止。SVC 技术的通信过程包括三个阶段:电路创建、数据传输和电路终止。由于在虚电路的创建和终止阶段,需要占用较多网络带宽,所以 SVC 技术适用于非经常性的数据传送网络环境中。

　　PVC 技术是在通信双方的设备之间,建立起一条永久性虚拟电路,如图 10-8 所示,PVC 技术适应于流媒体数据的传输。由于 PVC 技术不需要创建或终止临时的虚电路,所以适用于数据传送频繁的网络环境,对带宽的利用率更高。

　　但与 SVC 技术相比,PVC 技术的传输成本较高。

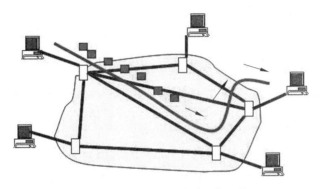

图 10-8　永久性虚拟电路逻辑连接

## 10.3　广域网传输技术

### 10.3.1　X.25 技术

　　X.25 协议是由 CCITT 组织在 20 世纪 70 年代制定的广泛应用于分组交换网络中的WAN 传输协议。X.25 允许不同网络中的计算机通过网络层设备实现相互通信。

　　X.25 协议应用在分组交换网络环境中,早期的 X.25 网络技术主要应用在电话网中传输语音信号。由于电话线传输介质的可靠性不高,必须启用一套复杂的差错处理及重发机制来保证通信质量,因此纠错机制严重地影响了 X.25 的运行速度。

　　X.25 技术使得两台数据终端设备,通过现有分组交换网络就能实现直接通信。其完整的通信过程首先由通信的一端呼叫,另一端响应启动,请求在它们二端设备之间建立一个会话连接。被呼叫的一端可以根据自己的情况,接收或拒绝这个连接请求。一旦这个连接建立完成,两端的设备可以利用这条连接全双工地进行传输;并且,任何一端在任何时候,均有权随时拆除这条连接。

　　今天的 X.25 网络主要定义了同步分组网络的传输模式,规范了网络中的设备和公共数据网络之间的接口规程。这个接口实际上是数据终端设备(DTE)和数据电路终接设备(DCE)之间的接口。这里的 DTE 设备通常指路由器等用户接入设备,而 DCE 是指网络中承担传输的交换机设备。

按照 OSI 参考模型的结构,X.25 协议定义了从物理层到分组层一共三层的内容。

X.25 协议的第三层(分组层),描述了分组层所使用分组的格式,以及和两个三层实体之间进行分组交换的规程。

X.25 协议的第二层(链路层),也叫做平衡型链路访路规程(LAPB)。LAPB 定义了 DTE 与 DCE 设备之间交互的帧格式和规程。

X.25 协议第一层(物理层),定义了 DTE 与 DCE 设备之间进行连接时的一些物理电气特性。

X.25 协议描述了如何在 DTE 和 DCE 设备之间,建立虚电路、传输分组、建立链路、传输数据、拆除链路、拆除虚电路等完整的传输过程,同时完成网络传输过程中的差错控制、流量控制、传输统计等网络管理功能。

## 10.3.2　帧中继技术

帧中继(Frame Relay)是一种更先进的包交换技术,它是从分组交换技术发展而来,是一种快速分组通信方式。帧中继也采用包交换技术,能够支持比 X.25 网络传输更高的带宽,并提供更大的吞吐量。

帧中继协议是在 X.25 分组交换技术的基础上,发展起来的一种快速分组交换技术,是对 X.25 协议的传输改进。帧中继采用永久虚电路技术,对分组数据包在传输交换过程中进行简化,充分利用网络资源,具有吞吐量大、时延小,适合突发性业务等特点。

帧中继是一种高性能的 WAN 传输协议,对应于 OSI 参考模型的最低两层,运行参考模型的物理层和数据链路层。帧中继仅完成数据传输过程中物理层和链路层的功能,通过将流量控制、纠错等对数据分组处理过程留给智能端设备完成,大大简化了节点设备之间的传输进程。

帧中继交换技术是对 X.25 传输协议的简化版本,它省略了 X.25 传输协议的一些通信管理功能,如不提供窗口技术和数据重发技术,而是依靠高层协议提供纠错功能。这是因为帧中继于 1984 年形成标准,工作在更好的 WAN 传输设备上,这些设备较之前安装在 X.25 网中的设备,具有更可靠的连接服务和更高的可靠性,所以,帧中继比 X.25 具有更高的性能和更有效的传输效率。

工作在广域网中的帧中继设备也分为数据终端设备(DTE)和数据电路终端设备(DCE)。帧中继技术在每对设备之间,都预先定义好一条帧中继通信链路,且该链路配置有一个专门的链路识别码作为专线传输。帧中继服务通过帧中继虚电路实现,每条帧中继虚电路都以数据链路识别码(DLCI)标识自己,DLCI 的值一般由帧中继服务提供商指定。

此外,在帧中继设备上定义本地管理接口(LMI),用以对基本的帧中继标准的扩展,它是路由器和帧中继交换机之间的信令标准,提供对帧中继管理传输过程。

## 10.3.3　异步传输模式

ATM 是广域网的另外一种传输方法,它利用固定大小数据包的方法,实现了 25～622Mb/s 的高速传输。

ATM 异步传输模式最初由美国贝尔实验室的研究人员在 1983 年提出,此后经过近十二年的时间才逐渐形成标准化的网络传输规范。ATM 把需要传输的数据划分成大小固定的数据包,这种固定大小的数据包又叫做信元,由 48B 的数据加上 5B 的头信息组成。

通过使用大小固定的数据包,ATM 网络能提供可预料的通信模式,并能够更好地控制网络传输带宽的使用。

和帧中继一样,ATM 传输技术也采用虚电路方式传输数据。既可以使用专用虚电路(PVC),也可以使用交换虚电路(SVC)。其中,SVC 是一种逻辑上的点对点连接,通过 ATM 交换机来选择发送者和接收者间的最优路径。

ATM 交换机是 ATM 网络中重要的传输设备,通过在网络传输 ATM 数据之前,就建立起这种虚电路连接,依靠"干净"的数字传输介质,如光纤来获得高速的传输速率。

在 WAN 实际应用中,针对时间延迟要求严格数据,如视频、音频、图像和其他超大型文件传输都是非常适合采用 ATM 技术实现高速传输。

### 10.3.4　DDN 接入

DDN 数字数据网(Digital Data Network)是利用光纤数字电路和分组交换设备连接组成的数字数据传输网。在 WAN 所有传输技术中,DDN 传输具有传输时延短,用户可选用的传输带宽范围大,信息传输质量高等优点,适合于广域网中传输的信息量大、实时性要求高的业务,如视频。

DDN 广泛应用于政府、教育、企业、金融、税务、交通等各行各业组建数字专网中传输。另外,用户还可通过 DDN 专线技术,把本地网络高速接入到 Internet 中,享受高速、稳定的网上冲浪感觉,如图 10-9 所示显示了 DDN 互联的场景。

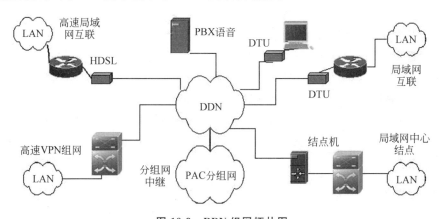

图 10-9　DDN 组网拓扑图

DDN 在远程网络接入上,具有以下特点。

(1) DDN 是同步数据传输网,用户电路链接的建立须在入网设备上预先设定,根据用户需要提供永久或半永久连接的专线电路,但不具备交换功能。

(2) DDN 传输速率高,传输质量好,网络时延小。目前,DDN 可达到的最高传输速率为 150Mb/s,平均时延不大于 450ms。

（3）DDN 为全透明网。支持任何通信规程，适合于开放数据、图像、话音等多种业务。网络运营的管理灵活、方便，维护质量高。

# 10.4 广域网接入技术

根据国际电信联盟(ITUT)于 1995 年 7 月通过的 G.902 标准规定，接入网络由业务节点接口(SNI)和用户网络接口(UNI)，以及它们之间的一系列传送实体(如线路设施和传输设施)组成，为传送电信业务，提供传送承载能力的设施系统。

广域网的接入网部分是通信网络(包括电信网络与 IP 网络)中的重要组成部分，接入网络为资源网络提供最后一千米的网络连接，即实现用户网络和骨干网络之间的连接。接入网络的功能是负责将业务信息透明地传送到用户网络中，即用户通过接入网络，灵活地接入到不同的业务节点上。

广域网中常见的接入技术通常有以下几种类型。

## 10.4.1 PSTN 接入技术

PSTN 接入技术即公用电话交换网 (Public Switched Telephone Network)。

PSTN 是公用通信网中的基础网，通信区域覆盖全国，是进行远程通信投资少、见效快、实现大范围数字通信最便捷的方法。PSTN 开始主要由模拟线路组成，现在大多数的 PSTN 都通过光纤、铜缆等多种介质来传输数字信号的业务。

目前，很多的家庭用户通过公用电话把家庭的网络接入到 Internet 中，用户在家庭中通过电话线，利用 Modem 设备进行数据通信，实现家庭网络接入到 Internet。

由于电话线上主要用来传输语音的模拟信号，而计算机使用的是数字信号，因此需要借助调制解调器 Modem 设备实现信号转换。当用户通信的数据信号经过用户端 Modem 时进行调制，使数据信号转为模拟信号在电话线上传输；当网络上的模拟信号传输到局端 Modem 时进行解调，使模拟信号还原成数字信号，如图 10-10 所示。

因此，通过公用电话网传输数据的通信速率非常有限，还取决于 Modem 的性能和电话线路的质量。早期大部分公用电话网络都只能支持最高速率为 56kb/s，随着新技术的推出，高速的 ADSL 技术逐渐成为主流的家用网络接入技术，提供高达 1Mb/s 的传输速率。

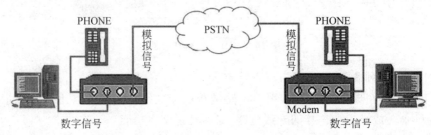

图 10-10 通过 PSTN 公用电话网接入 Internet

## 10.4.2　ISDN 接入技术

综合业务数字网（Integrated Services Digital Network，ISDN）是国际电信联盟（ITU）为了在模拟线路上传输数据而开发的接入技术。与公用电话交换网一样，ISDN 使用电话载波线路实现拨号连接，把家庭网络接入到互联网中。

但和 PSTN 截然不同的是，ISDN 通过独特的数字链路技术，把数字信号加载到模拟线路上，因此，可以一条电话线路上同时传输两路话音和一路数据信号，通信的速度和通信的质量都大大提高。

ISDN 接入技术主要具有以下特点。

（1）端到端的数字连接。ISDN 采用了完全数字传输和数字交换技术，能够提供端到端的数字连接，具有优良的传输性能，而且信息的传输速度更快。

（2）综合业务功能。ISDN 能够通过一根电话线路，为用户同时提供多种综合业务的支持（俗称"一线通"），能够支持的服务包括语音、数据、文本、传真、图像、可视电话等多种综合业务。

（3）标准化用户接口。ISDN 使用了标准化的用户接口，标准化的接口能够保证不同终端间的设备互相连通，易于接入各种用户终端设备。

ISDN 接入体系结构主要涉及用户设备和 ISDN 交换系统之间的接口，如图 10-11 所示。

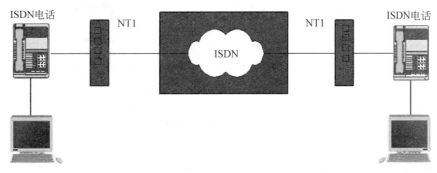

**图 10-11　ISDN 数字通信体系**

ISDN 接入技术称为数字信号管道，即在用户端设备和传输网络中的设备之间，通过建立二进制比特流的数据传输管道，不管这些数字信号来自于数字电话、数字终端、数字传真机，或任何其他设备，都能实现双向数据流通过管道。

基于 ISDN 的链接技术通常有两种管道形式：B 信道和 D 信道。其中：B 信道是承载信道，传输话音、视频、音频和其他类型的数据；而 D 信道是数据信道，多采用分组交换技术传输呼叫的信息。

## 10.4.3　ADSL 接入技术

非对称数字用户环路（Asymmetric Digital Subscriber Loop，ADSL）接入技术是最新的

宽带接入 Internet 技术。

　　ADSL 也是基于普通电话线的宽带网接入技术,利用现有电话线路,ADSL 采用先进的多路复用调制技术,使得数字和语音信息能调制在电话线上的不同频段上同时传输。ADSL 在一根铜线上同时传输数据和语音信号,为用户提供上、下非对称的传输速率。其中,上行最高可达 1Mb/s,下行最高可达 8Mb/s。

　　ADSL 宽带业务是利用用户的电话业务,共享电话线路链接传输数字业务,克服了传统用户在"最后一千米"的瓶颈,实现了真正意义上的宽带接入。

　　下面是 ADSL 接入的两种典型应用。

### 1. 家庭接入 Internet

　　个人家庭用户采用 ADSL 接入 Internet,可以是上网、打电话两不误,接入速度比普通拨号上网用户快很多倍,能享受到高达 10M 的宽带接入速度,网络连接如图 10-12 所示。

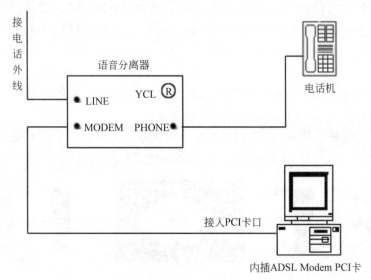

图 10-12　个人用户通过 ADSL 接入 Internet

### 2. 企业网接入 Internet

　　中小型的企业网宽带接入 Internet 时,也可以通过使用一条电话线路,一台 ADSL 设备和一个接入 Internet 的电信账号,将整个企业网中所有的 PC 接入到 Internet 上。这样,不但可以大大节约企业上网所需的费用,而且还能获得比 ISDN 接入技术更高的速度。

　　企业网通过 ADSL 接入 Internet 的示意图,如图 10-13 所示。

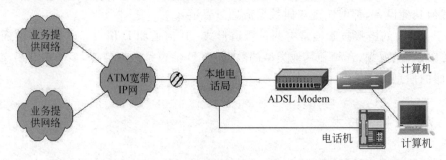

图 10-13　企业网通过 ADSL 接入 Internet

### 10.4.4　Cable Modem 接入

　　HFC 混合光纤同轴电缆(Hybrid Fiber Coax)接入网主要用来传输视频信号,俗称有线电视网(Community Antenna Television Network,CATVN)。

　　HFC 是一种双向共享媒介传输系统,通过光纤节点设备,将光纤干线和同轴电缆线路互相连接,组建骨干传输网络,可以同时为 300～500 个终端用户提供服务。HFC 共享同一根线缆的传输带宽,改善了信号传输质量,提高了传输的可靠性。

　　HFC 网络中的用户端系统,主要由 Cable Modem、计算机和应用软件组成,如图 10-14所示。其中,Cable Modem 是实现有线电视网络接入 Internet 的重要设备。Cable Modem的主要功能是把从 HFC 网络上传输的信号,从网络中接入到用户端设备,以及把用户端设备接入到高速的网络中,实现高速数据传输。

　　在用户端网络中,通过配置 Cable Modem 设备,实现用户端网络接入到 HFC 网络中,从而实现通过 HFC 宽带传输数字信息。

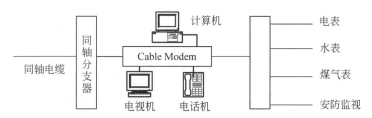

**图 10-14　Cable Modem 用户端结构**

　　在 HFC 网络传输过程中承担接入的重要设备 Cable Modem,不仅是传统意义上的调制解调器,还更多作为终端网络的接口连接 IP 网络。

　　Cable Modem 通过分离信道,对下行和上行通信提供网络接入,其提供的信道传输速度也是非对称的。其中,下行信道的容量和数据率,比上行信道的高。下行信道的传输网络数据,速率可以从很低一直达到 36Mb/s;上行信道传输用户操作指令,数据速率最高可达到 10Mb/s。

### 10.4.5　光纤接入

　　光纤接入网(Optical Access Network,OAN)是光纤传输网络,一般电信运营商局端与用户网络之间,完全使用光纤作为传输媒体。

　　光纤接入可以分为有源光纤接入和无源光纤接入两种方式。

**1. 无源光网络**

　　无源光网络(Passive Optical Network,PON)接入技术是一种点到多点的光纤接入技术,这里的"无源"是指光分配网络(Optical Distribution Network,ODN)中,不含有任何有源电子器件及电子电源,全部由光分路器(Splitter)等无源器件组成,因此无源光网络的管理维护成本较低。

　　PON 一般由电信运营商局端的 OLT(光纤路局端)、用户端的 ONU(光网络单元)以及

ODN(光纤分配网络)组成。其中,ODN是基于PON设备的FTTH光缆网络,主要是为OLT局端和ONU用户端之间提供光传输通道。

从功能上分,ODN从局端到用户端可分为馈线光缆子系统、配线光缆子系统、入户线光缆子系统和光纤终端子系统,如图10-15所示。

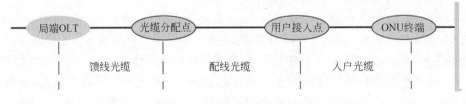

图 10-15 PON 接入结构

PON下行采用TDM广播方式,上行采用TDMA(时分多址接入)方式,灵活地组成树状、星状等拓扑结构(典型结构为树状结构),可以传输多种服务,如语音(传统电话业务或VOIP)、数据、视频等。

目前,最新PON标准由ITU-T组织和IEEE组织制定,电信局端的光线路终端OLT作为无源光网络和骨干网之间的接口,用户端的光网络作为终端用户的服务接口。

PON的典型组网拓扑结构如图10-15所示。

ODN是基于PON设备的FTTH光缆网络,主要为OLT局端和ONU用户端之间网络,提供光传输通道。这里的FTTX(Fiber To The X)网络类型可表示为:光纤到小区FTTZ;光纤到楼FTTB;光纤到路边FTTC;光纤到家庭FTTH。

ODN的建设成本相对高昂,最高可达总体投资的$50\%\sim70\%$,是FTTX投资的重点,同时也是FTTX管理的难点。其中,在光纤到路边的FTTC网络、光纤到小区的FTTZ网络规划类型下,仍需要在路边或交接箱中,安装室外型设备的有源器件;而在光纤到楼FTTH/B网络类型配置下,所有的有源器件都从室外设备中省掉。

而FTTX+LAN网络类型,则采用千兆以太网结构的光交换方式。该网络模型采用光纤为主干网络接入,6类双绞线作为用户接入端,来实现用户高速接入网络的一种方式。

FTTX+LAN网络模型的用户端网络接入方式如图10-16所示,用户端设备通过局域

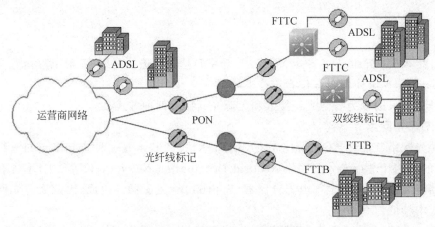

图 10-16 FTTX+LAN 网络模型

网接入宽带 IP 网络中,小区内的交换机和局端交换机采用光纤直接连接,小区内建筑楼内采用 UTP 布线,实现用户上网速率可达 1Gb/s 的高速网络接入。

此外,由于采用以太网组网结构,网络可扩展性强,投资规模小。

FTTX＋LAN 网络接入方式,特别适用网络接入区域为住宅小区、智能大厦、现代写字楼的局域网区域,能实现万兆到小区、千兆到大楼、百兆到桌面的宽带接入。

其中,在局域网中的用户接入设备上,采用固定 IP 地址或动态 IP(利用 DHCP 获取的IP)地址连接方式,也可以采用 PPPoE 协议动态连接网络。

**2. 有源光网络**

有源光网络(Active Optical Network,AON)是指信号在传输过程中,从局端设备到用户分配单元之间采用光电转换设备、有源光电器件,以及光纤等有源光纤传输设备进行传输的网络。有源光器件包括光源(激光器)、光接收机、光收发模块、光放大器(光纤放大器和半导体光放大器)等。

顾名思义,有源光网络的电信运营商局端的设备(CE)和用户端的设备(RE),主要通过有源光传输设备相连,骨干传输网采用同步数字传输(Synchronous Digital Hierarchy,SDH)和准同步数字传输(Plesiochronous Digital Hierarchy,PDH)技术,但多以 SDH 传输技术为主的网络体系结构。

在整个网络体系中,用户端设备主要完成业务的收集、接口适配、复用和传输功能;而电信运营商局端设备主要完成接口适配、复用和传输功能。

在实际接入网建设中,有源光网络的拓扑结构通常是星状或环状网络拓扑结构。

有源光网络具有以下技术特点。

(1) 传输容量大。

目前用在接入网的 SDH 传输设备一般可提供高达 155Mb/s 或 622Mb/s 的接口,有的甚至提供 2.5Gb/s 的接口。将来只要有足够的业务量需求,传输带宽还可以增加,光纤的传输带宽潜力相对接入网的需求而言几乎是无限的。

(2) 传输距离远。

即使在不加中继设备的情况下,传输距离也可达 70～80km。

(3) 用户信息隔离度好。

有源光网络的网络拓扑结构无论是星状还是环状,从逻辑上看,用户信息的传输方式都是点到点方式。

(4) 技术成熟。

无论是 SDH 设备还是 PDH 设备,均已在以太网中大量使用。由于 SDH/PDH 技术在骨干传输网中大量使用,有源光接入设备的成本已大大下降,但在接入网中与其他接入技术相比,成本还是比较高的。

当前,有代表性的有源光接入网络主要采用单纤双向点对点直接接入用户,大大提高了带宽,同时也增加了成本。因而,现在有源光接入技术逐渐被无源光接入技术(PON)替代,PON 在带宽/成本等方面具有较高的性价比,且成本适宜。

**FTTX＋LAN 典型案例**

山西师范大学贡院街住宅小区有6栋楼,共有住房168套。每栋楼高6层,除3号楼外(两单元),其他各栋楼均为三个单元,单元每层均为两家住户。鉴于现在大多数网络用户都喜欢上网学习、看电影和下载软件等,预计流量高发时期,会有近30%的用户同时进行视频点播和近40%的下载服务,还有30%的用户进行收发邮件和网页浏览等。每栋楼按28户计算,约需网络带宽20Mb/s,采用1000Mb/s汇聚到主干网络以满足要求。

根据贡院街住宅小区的情况,小区网络的综合布线采用光缆到楼,超5类UTP电缆入室。每栋楼内按照用户数量安装交换机,小区网络中心安装三层千兆交换机,通过光纤以千兆速率上连至ISP服务提供者。小区内部网络拓扑结构为扩展星状,如图10-17所示。每栋单元楼内放置24口交换机,通过百兆光纤将小区网络中心和单元楼连接起来。

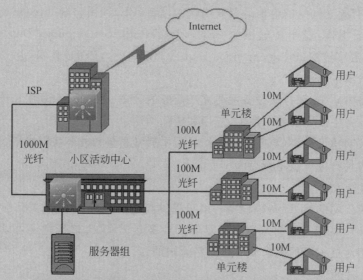

图 10-17 贡院街住宅小区信息化小区网络拓扑图

小区内依据用户类型划分VLAN,以避免不必要的资源竞争和广播风暴。一般按小区楼宇划分VLAN,每个楼宇为一个VLAN,每个VLAN为一个子网。例如,将网段202.207.171.0划分成8个子网段:202.207.171.0、202.207.171.32、202.207.171.64、202.207.171.96、202.207.171.128、202.207.171.160、202.207.171.192、202.207.171.224,子网掩码均为255.255.255.224。

这样,每个楼宇分配一个子网段,不同子网用户通过三层交换实现相互之间的通信。

小区网络中心安装服务器,服务器设置用户名和密码,供小区网络管理员及拥有权限的用户管理、维护和访问。普通小区内用户只能以只读的方式访问服务器,杜绝外部用户对本地服务器的访问。

在三层交换机上设计ACL,限制外部流量,保护小区网络的安全。如果预算允许,可以购置一台专门的防火墙,以进一步保护小区网络的安全。

## 10.5　广域网通信协议

对照 OSI 开放式系统互连参考模型,广域网技术主要位于底三层,分别是:物理层、数据链路层和网络层。由于广域网主要是传输网络,承担远距离数据传输功能,因此主要工作内容都发生在下面两层,其中远程数据传输链路的建立过程是广域网的核心。

在广域网传输过程中,物理层提供了广域网传输中电子、机械、程序和功能方面的连接。大多数广域网都通过网络服务商提供的网络传输服务,包括专线、电路和包交换方式。此外,广域网的物理层还规范了服务商和用户端设备的不同类型接口标准。

在广域网传输过程中,链路层提供了广域网中的数据传输通道。广域网中的数据链路层的主要功能是:利用物理层提供的比特流传输接口,实现在相邻节点间的透明、可靠传输。

链路层实现的功能包括:链路管理、帧同步、差错控制、流量控制。如果没有正确配置设备数据链路层协议,数据信息将无法顺利传输。

常见链路层协议有:X.25 协议,HDLC 协议,PPP 协议,帧中继和 ATM 协议等。

下面针对这些协议分解进行介绍。

### 10.5.1　X.25 协议

X.25 协议定义了终端计算机到分组交换网络之间的网络连接,以及在分组交换网络上为数据分组选择到达目的地的路由。X.25 很好地实现了分组交换服务,为网络中同时在线的多个用户,提供任意点对任意点的网络连接。

来自一个网络的多个用户的数据信号,通过多路选择 X.25 接口进入分组交换网络,在一条预定义的路径上建立连接,使用一种称为虚电路的通信信道,把数据分组分发到不同的远程地点。

通过 X.25 网络中传输的数据开销,要比帧中继高许多。在 X.25 网络中,一个数据分组经过的传输路径上的每个节点上,都必须在设备完整地接收一个分组后才能传输网络。并且,发送之前,还必须完成错误检查,以保证分组传输的正确性。而在帧中继网络中的每个传输节点,只是简单地查看接收到分组数据头中的目的地址信息,就立即转发该分组;甚至在一些情况下,节点设备在还没有完整地接收完成一个分组之前就开始转发。帧中继也不需要像 X.25 网中必须在每个中间节点进行流控和错误检查,但在端点之间必须对丢失的帧进行检查,并请求重发。

如图 10-18 所示的网络拓扑是某校园网络改造之前,和电信网之间通过 X.25 公用数据

图 10-18　校园网和电信网通过 X.25 接入

网络接入 Internet 的场景,通过两台路由器 R1 和 R2 设备经过 X.25 公用数据网络实现 WAN 网络接入。其中,主校区接入路由器 R1 连接电信网络接口上封装 LAPB,IP 地址为 200.102.1.1/30;电信接入路由器 R2 的同步串口上也封装 LAPB,IP 地址 200.102.1.2/30。通过 X.25 公用数据网络接入 Internet,完成 IP 报文转发的目的。

在接入路由器上,完成 X.25 接入配置过程如下。

(1) 配置校园网络接入路由器 R1。

```
Red-Giant#configure terminal
Red-Giant(config)#hostname Router1

Router1 (config)#interface serial 1/0
Router1 (config-if)#ip address 200.102.1.1   255.255.255.252
Router1 (config-if)#encapsulation LAPB   DTE
                                                   !接口封装 LAPB 协议,设置为 DTE 端
Router1 (config-if)#end
```

(2) 配置电信端接入路由器 R2。

```
Red-Giant#configure terminal
Red-Giant(config)#hostname Router2

Router2 (config)#interface serial 1/2
Router2 (config-if)#ip address 200.102.1.2   255.255.255.252
Router2 (config-if)#encapsulation LAPB DCE        !接口封装 LAPB,设置为 DCE 端
Router2 (config-if)#clock rate 64000              !配置 DCE 端时钟频率
Router2 (config-if)#end
```

(3) 查看 X.25 接口的信息。

```
Router1 #show interface serial 1/0        !查看 X.25 接口的信息
serial 1/0 is UP, line protocol is UP
Hardware is Infineon DSCC4 PEB20534 H-10 serial
Interface address is: 200.102.1.1/24
MTU 1500 bytes, BW 2000 Kbit
Encapsulation protocol is X.25, loopback not set
…
```

## 10.5.2 帧中继协议

由于帧中继网络在数据传输过程中,提供高带宽和高可靠性传输,因此在局域网接入 WAN 公网的过程中,帧中继可以作为专线或者 X.25 网络接入 WAN 网络一个较好替代 方案。

与 X.25 公用/传输网络类似,帧中继协议也是一种数据包交换技术,它可以使终端站 之间动态共享网络介质和可用带宽。

帧中继采用以下两种数据包技术。

(1) 可变长数据包;

(2) 统计多元技术。

帧中继网络中传输的数据帧,通过"虚电路"技术把数据分组传输到目的地。其中,帧中继的虚电路是从源点到目的端点的之间逻辑链路,它能提供终端设备之间的双向通信路径,并由数据链路连接标识符(DLCI)进行唯一标识。

帧中继采用多路复用技术,将大量虚电路复用为一条单一的物理虚电路,以实现跨网络远程传输,从而降低终端设备连接和网络建设的复杂性。

帧中继网络提供的业务有两种:永久虚电路(Permanent Virtual Circuit,PVC)和交换虚电路(Switched Virtual Circuit,SVC)。其中,永久虚电路由网络管理建立,提供专用点对点连接;而交换虚电路建立在呼叫到呼叫(Call-by-Call)的基础上,它采用与建立 ISDN 通信相同的信令。

工作在帧中继网络中的广域网的设备分为:数据终端设备(DTE)和数据电路终端设备(DCE)。帧中继协议在每对设备之间都预先定义好的一条通信虚链路,且该链路有一个链路识别码。这种服务通过帧中继虚电路实现,每个帧中继虚电路都以数据链路识别码(DLCI)标识自己,其中 DLCI 的值一般由帧中继服务提供商指定。

在如图 10-19 所示的帧中继网络环境中,使用路由器模拟帧中继交换机,实现广域网的接入,完成两个端点之间的设备通过帧中继技术实现 WAN 网络数据传输。

**图 10-19　路由器模拟帧中继接入网络**

针对 R1 路由器设备,其相应的设备配置如下。

```
RouterA #configure terminal
RouterA (config)#frame-relay switching
                              !把路由器模拟帧中继交换机,启动帧中继交换功能
RouterA (config)#interface s1/0
RouterA (config-if)#encapsulation  frame-relay
!接口封装帧中继协议,这里没有封装类型,默认 cisco 类型。另外还可以是 ietf,命令的格式写
为如下格式
RouterA (config-if)#encapsulation  frame-relay itef
                        !接口封装为帧中继协议,协议的类型封装格式为 ietf
RouterA (config-if)#encapsulation  itef-type DCE
                   !接口封装为帧中继,配置帧中继接口类型,有 DCE,DTE,本类型为 DCE
RouterA (config-if)#clock rate 64000
                  !定义 DCE 接口时钟频率,用于同步数据传输速率,由局端电信部门确定
RouterA (config-if)#encapsulation  lmi-type ansi
                              !定义帧中继本地接口为管理类型
```

```
RouterA (config-if)#frame route 20 interface s1/1  21
!设置帧中继交换,指定同步接口之间的 DLCI 互换方式,意思是来自 dlci 为 20 的数据从 s1/1 接
口转发出去到达 dlci 21

RouterA (config-if)#no shutdown          !启用该接口
RouterA (config-if)#end

RouterA #show interface serial 1/2       !查看 RA serial 1/0 接口的状态
...
```

### 10.5.3　HDLC 协议

20 世纪 70 年代初,IBM 率先提出面向比特、同步数据链路控制规程(Synchronous Data Link Control,SDLC) 协议。随后 ISO 标准化组织采纳并发展了 SDLC 协议,提出了高级数据链路控制规程(High-Level Data Link Control,HDLCs)标准。

HDLC 是面向比特、同步数据传输链路层协议,是广域网中数据链路层设备使用最广泛的通信协议,主要用于在网络的节点之间全双工、点对点地完成数据传输服务。

HDLC 协议工作在 OSI 网络模型中的第二层。底层的物理层负责收发物理信号,网络层传输的数据在第二层通过 HDLC 协议进行封装,增加数据链路层控制信息,形成在物理网络上传输的数据帧。

如表 10-1 所示为 ISO 组织规范的 IEC 3309 标准规定的 HDLC 的帧结构组成。

**表 10-1　HDLC 的帧结构组成**

| Flag | Address field | Control field | Information | FCS | Flag |
|---|---|---|---|---|---|
| 起始标志 | 地址数据 | 控制数据 | 信息数据 | 帧校验序列 | 结束标志 |
| 01111110 | 8bits | 8bits | variable | 16 或 32bits | 01111110 |

其中:

Flag:该字段值恒定为 0x7E。

Address field:定义发送帧的目的地址。该字段包括服务访问点(6b)、命令/响应位(表示帧是否与节点发送的信息帧有关,或帧是否被节点接收)、地址扩展位(1B 长)。

Extended address:HDLC 为基本格式提供了另一种扩展。通过多方协定,Address field 可以被扩展为多个字节。

Control field:帧类型,根据帧类型划分,还包括序列号、控制特性和差错跟踪。

FCS:帧校验序列(FCS)字段通过许可传输帧数据的完整性,使高层物理差错控制可以被校验。

国际标准化组织规范的 HDLC 协议,具有如下特点:协议不依赖于任何一种字符编码集;数据包可透明传输;通过透明传输的"0 比特插入法"技术,易于通过硬件的方式实现。使用全双工通信,不必等待确认便可连续发送数据,有较高的数据链路传输效率;所有帧均采用 CRC 校验,对信息帧进行编号,可防止漏收或重发,传输可靠性高;传输控制功能与处

理功能分离,具有较大灵活性和较完善的控制功能。

　　HDLC 协议具有标准化,且具有较高的数据链路传输效率,因此是所有路由器设备上广域网络接口封装的默认协议。目前,路由器的广域网接口在未指定封装协议时,默认都使用 HDLC 封装,在常见路由器广域网接口的连接中,都默认使用 HDLC 来进行封装。

　　通过如下命令,可以直接查询显示结果。

```
RouterA #show interface serial 1/2         !查看 RA serial 1/2 接口的状态
serial 1/2 is UP, line protocol is UP      !接口状态,是否为 UP
Hardware is PQ2 SCC HDLC CONTROLLER serial
Interface address is: 1.1.1.1/24           !接口 IP 地址的配置
  MTU 1500 bytes, BW 512 Kbit              !查看接口的带宽为 512Kb
  Encapsulation protocol is HDLC, loopback not set
                                           !接口封装的是 HDLC 协议

  Keepalive interval is 10 sec, set
  Carrier delay is 2 sec
  ...
```

　　在广域网连接中,同步口上默认封装的协议是 HDLC。如果该接口封装的不是 HDLC 协议,如封装的是 PPP,而对端接入设备封装的是 HDLC 协议,会造成网络不通,为解决对等层的设备通信问题,需要修改为 HDLC 协议。

　　在接口配置状态下,使用命令 encapsulation 来完成。

```
RouterA #configure terminal
RouterA (config)#interface serial 1/2
RouterA (config-if)#encapsulation HDLC      !把该接口封装为 HDLC 协议
RouterA (config-if)#no shutdown
RouterA (config-if)#end
```

## 10.5.4　PPP

　　早期用户接入 Internet 最为广泛的是串行线路网际协议(Serial Line Interface Protocol,SLIP),由于 SLIP 仅支持 IP 网络,主要用于低速传输业务,一直未能发展成为 Internet 的标准协议。

　　为了改进 SLIP,人们又制定了点对点的串行链路协议(Point-to-Point Protocol,PPP)。PPP 为两个对等节点之间的 IP 数据包传输提供数据封装任务,用以替代非标准链路层协议 SLIP。

　　PPP 也是目前广域网上应用最广泛的协议之一,同为第二层的传输协议,但和 HDLC 协议相比,PPP 的优点在于协议具有用户验证能力,可以解决 IP 安全传输;此外,PPP 还具有很多丰富的可选特性,如支持多协议、提供可选的身份认证服务、能够以各种方式压缩数据、支持动态地址协商、支持多链路捆绑等,因此,不论是异步拨号线路还是路由器之间的同步链路均可使用,在需要提供安全检查的网络中应用十分广泛。

　　PPP 主要由三个部分构成,共同完成对等节点之间,数据链路层的数据通信任务,其三个基本组成模块分别如下。

（1）在串行链路上提供封装数据报方法，完成点对点的链路上数据报的封装。

（2）链路控制协议（Link Control Protocol，LCP），用于启动线路、测试、任选功能的协商及关闭连接。

（3）网络控制协议（Network Control Protocol，NCP），用来建立和配置不同的网络层协议。PPP 协议使用 NCP 对多种网络层的协议进行封装，如 IP 协议、IPX 协议和 DECnet 协议。

PPP 的层次化的组成结构以及内容如表 10-2 所示。

表 10-2　PPP 层次结构

| 网络层 | IP | IPX | Other |
|---|---|---|---|
| | IPCP | IPXCP | BCP |
| | NCP | | |
| 数据链路层 | LCP | | |
| 物理层 | EIA/TIA-232、449、530、V. 21、V. 35 | | |

PPP 提供了建立、配置、维护和终止点到点连接的方法，从发起呼叫、通信完成、释放链路，PPP 需要经过 4 个阶段，在一个点到点的链路上建立链路连接。

（1）链路的建立和配置协调。通信的发起方发送 LCP 帧来配置和检测数据链路，主要用于协商选择将要采用的 PPP 参数，包括身份验证、压缩、回叫、多链路等。

（2）链路质量检测。在链路建立、协调之后，这一阶段可选。

（3）网络层协议配置协调。通信的发起方发送 NCP 帧以选择并配置网络层协议。配置完成后，通信双方可以发送各自的网络层协议数据报。

（4）关闭链路。通信链路将一直保持到 LCP 或 NCP 帧关闭链路，或者是发生一些外部事件（如空闲时间超长或用户干预）。

PPP 帧格式和 HDLC 帧格式相似，如图 10-20 所示。其中，PPP 数据帧的前三个字段和最后两个字段，与 HDLC 的帧格式是一样的。

二者之间的主要区别是：PPP 是面向字符的协议，而 HDLC 是面向位的协议。

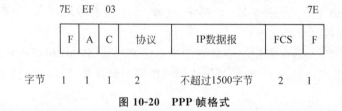

图 10-20　PPP 帧格式

当用户拨号接入 ISP（Internet 服务提供者）时，调制解调器对拨号做出应答，建立一条物理连接。这时 PC 向路由器发送一系列的 LCP 分组（封装成多个 PPP 帧），LCP 开始协商一些选项，选择将要使用的一些 PPP 参数。

协商结束后就进入鉴别状态，若通信的双方鉴别身份成功，则进入网络连接状态，进行网络层协商。NCP 给新接入的 PC 分配一个临时的 IP 地址，这样该 PC 就成为 Internet 上的一台主机。

通信完毕,NCP 释放网络层连接,收回原来分配出的 IP 地址,接着 LCP 释放链路层连接,最后释放物理层连接,协商通信的过程如图 10-21 所示。

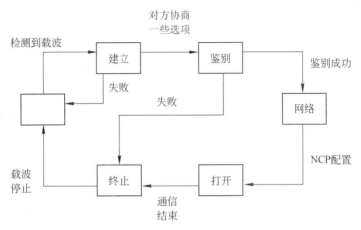

**图 10-21　PPP 过程状态**

在广域网连接链路中,通常广域网的串行接口默认封装的是 HDLC 协议。如果需要修改封装为 PPP 协议,使该接口具有安全验证功能,可以在接口配置状态下,使用命令encapsulation 来配置完成。

```
RouterA #configure terminal
RouterA (config)#interface serial 1/2
RouterA (config-if)#encapsulation PPP          !把该接口封装为 PPP
RouterA (config-if)#no shutdown
```

通过如下命令,查询广域网接口封装协议内容。

```
RouterA #show interface serial 1/2              !查看 RA serial 1/2 接口的状态
serial 1/2 is UP, line protocol is UP
Hardware is Infineon DSCC4 PEB20534 H-10 serial
Interface address is: 100.100.100.1/24
  MTU 1500 bytes, BW 2000 Kbit
  Encapsulation protocol is PPP, loopback not set    !封装的是 PPP
  Keepalive interval is 10 sec, set
  Carrier delay is 2 sec
  RXload is 1,Txload is 1
...
```

## 10.6　配置 PPP 安全认证

点对点的链路 PPP 的一个重要功能就是在广域网上互相通信的双方,提供可选的身份安全认证服务,保障网络传输安全和质量。

PPP 提供两种可选的身份认证方法:口令验证协议(Password Authentication Protocol,PAP)和质询握手协议(Challenge Handshake Authentication Protocol,CHAP)。

如果双方协商达成一致,也可以不使用任何身份认证方法。

## 10.6.1　配置 PAP 认证

### 1. PAP 安全认证协商原理

PAP 使用简单的身份验证协议,PAP 认证进程只在双方的通信链路建立初期进行。如果认证成功,在通信过程中不再进行认证。如果认证失败,则直接释放链路。

其认证的过程如图 10-22 所示。

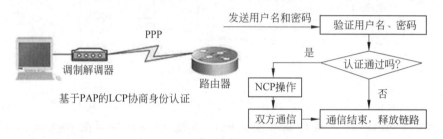

图 10-22　PAP 认证示意与流程

但 PAP 安全认证的弱点是:在认证的过程中,认证用户名和密码是明文发送,有可能被黑客捕获而导致安全问题;其优势是认证只在链路建立初期进行,节省了宝贵的链路带宽。

PAP 认证可以在任何一方进行,即由一方认证另一方身份,也可以进行双向身份认证。这时,要求被认证的双方都要通过对方的认证程序。否则,无法建立二者之间的链路。当通信双方都封装了 PPP 协议且要求进行 PAP 身份认证,同时它们之间的链路在物理层已激活后,认证服务器会不停地发送身份认证要求,直到身份认证成功。

当认证客户端(被认证一端)路由器 RouterB 发送了用户名或口令后,认证服务器会将收到的用户名或口令和本地口令数据库中的口令信息比对,假如正确则身份认证成功,通信双方的链路最终成功建立。假如被认证一端路由器 RouterB 发送了错误的用户名或口令,认证服务器将继续不断地发送身份认证要求,直到收到正确的用户名和口令为止。

### 2. PAP 安全认证过程

下面以单方认证为例,说明 PAP 配置过程及诊断方法。

首先,通信双方串行接口上都封装 PPP。数据链路连接激活后,开始进行 PAP 身份认证。

接下来,认证服务器会不停地发送身份认证邀请,直到身份认证成功。也就是说,当认证客户端(被认证一端)路由器 B 发送了用户名或口令后,认证服务器路由器 A 将收到用户名、口令与本地口令数据库中的口令字匹配。

如果匹配正确,则身份认证成功,通信双方 PPP 链路建立;否则,认证服务器将继续不断地发送身份认证邀请,直到收到正确的为止,如图 10-23 所示。

对于点对点节点同步串行接口,默认使用链路层的通信协议是 HDLC。可以使用

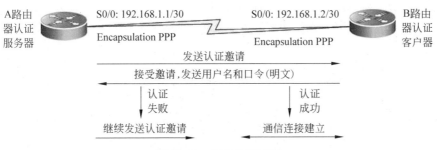

**图 10-23  PAP 认证过程**

encapsulation 命令将链路层的通信协议改为 PPP。如图 10-24 所示,使用 encapsulation ppp 命令把对等节点链路层协议改为 PPP。

**图 10-24  通信双方均以 PPP 封装**

通信双方的一方封装格式为 HDLC,另一方为 PPP 时,路由器通信协商将失败。此时, 通信双方链路处于协议性关闭(Protocol down)状态,通信无法进行,如图 10-25 所示。

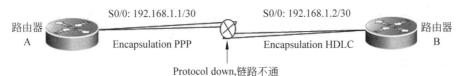

**图 10-25  通信双方接口封装协议不一致中断通信**

### 3. 配置 PAP 安全认证方法

如果需要建立本地认证用户名和口令,在全局模式下,使用命令 username username password password,设置认证用户名和口令。

```
RouterA #configure terminal
RouterA(config)#username routera password rapass
```

如果要进行 PAP 认证,在接口配置状态下,使用命令 ppp authentication pap 来完成。

```
RouterA #configure terminal
RouterA(config)#interface serial 0/0
RouterA(config-if)#ppp authentication pap
```

如果需要配置 PAP 认证客户端,使用如下命令即将用户名和口令发送到对端。

```
RouterB #configure terminal
RouterB(config)#interface serial 0/0
RouterB(config-if)#ppp pap sent-username routera pass rapass
```

如果通信双方链路建立因身份认证原因而没有成功,在线登录路由器,进入特权用户界面,使用 debug ppp authentication 命令可以发现问题,如下所示显示诊断信息。

```
May 6 11:23:11.375:Se0/0    PPP: Authentication required
May 6 11:23:11.379:Se0/0    PAP: I AUTH-REQ id 26 len 19 from "routera"
May 6 11:23:11.379:Se0/0    PAP: Authentication peer routera
May 6 11:23:11.379:Se0/0    PPP: Sent PAP LOGIN Request to AAA
May 6 11:23:11.379:Se0/0    PPP: Received LOGIN Response from AAA=FAIL
May 6 11:23:11.379:Se0/0 PAP: O AUTH-NAK id 26 len 27 msg is "Authentication
failure"
```

**备注:**

(1) PAP 认证过程中,口令字有大小写区分。

(2) 身份认证可以单向,也可以双向进行,即互相认证。

(3) 配置双向认证方法同单向认证,需要将通信双方配置成认证服务器和认证客户端。

(4) 口令数据库也可以存储在路由器以外的 AAA 服务器上。

## 工程案例 1：配置广域网接入安全认证(PAP)

【**工程名称**】 使用 PPP 接入广域网,使用 PAP 实施安全接入认证。

【**目标技能**】 掌握 PPP PAP 认证的配置过程,实现网络接入安全。

【**材料准备**】 路由器(两台),V.35 线缆(一对),测试 PC(两台),网线(若干)。

【**工作场景**】

×××企业为了满足不断增长的业务需求,使用专线接入 Internet。为保证网络接入的安全,接入路由器与 ISP 进行链路协商需要进行 PAP 验证身份,保障网络接入安全。

如图 10-26 所示网络拓扑是模拟专线接入 Internet 场景,R1 路由器是网络中心接入设备;R2 路由器是运营商接入设备。需要配置链路层 PPP 协议,并启动 PAP 安全验证,保证网络安全接入,设备配置的地址如表 10-3 所示。

图 10-26　×××企业专线接入 Internet 连接场景

表 10-3　网络连接地址规划表

| 设 备 名 称 | 接　口 | 地　址 | 说　明 |
|---|---|---|---|
| 企业网接入设备(R1) | S1/0 | 172.110.1.1/24 | 企业网络接入电信网接口 |
|  | Fa0/1 | 172.110.2.1/24 | 企业网络内部 PC 接口 |
| 电信接入设备 | S1/1 | 172.110.1.2/24 | 电信端广域网接口 |
|  | Fa0/1 | 172.110.3.1/24 | 电信端本地网模拟接口 |

| 设 备 名 称 | 接　口 | 地　址 | 说　明 |
|---|---|---|---|
| 企业网测试 PC1 | | 172.110.2.2/24 | 网关：172.110.2.1 |
| 电信网测试 PC2 | | 172.110.3.2/24 | 网关：172.110.3.1 |

**【施工过程】**

**【步骤一】**　完成设备基本信息配置

1）配置企业网络接入设备 Router1

```
Red-Giant#configure terminal
Red-Giant(config)#hostname Router1
Router1(config)#interface fastethernet 0/1
Router1(config-if)#ip address 172.110.2.1  255.255.255.0
Router1(config-if)#no shutdown

Router1(config)#interface S1/0
Router1(config-if)#ip address 172.110.1.1  255.255.255.0
Router1(config-if)#no shutdown
Router1(config-if)#end

Router1#show ip route
…
```

2）配置电信网络端设备 Router2

```
Red-Giant#configure terminal
Red-Giant(config)#hostname Router2
Router2(config)#interface S1/1
Router2(config-if)#ip address 172.110.1.2  255.255.255.0
Router2(config-if)#clock rate 64000          !配置局端接口时钟
Router2(config-if)#no shutdown

Router2(config)#interface fastethernet 0/1
Router2(config-if)#ip address 172.110.3.1  255.255.255.0
Router2(config-if)#no shutdown
Router2(config-if)#end

Router2#show ip route
…
```

**【步骤二】**　完成设备路由信息配置

分别配置指向非直连网络的静态路由信息。

```
Router1(config)#ip route 172.110.3.0  255.255.255.0  172.110.1.2
                         !配置到达非直连 172.110.3.0网络的下一跳地址 172.110.12.2
Router1#show ip route
…
```

```
Router2 (config)#ip route 172.110.2.0  255.255.255.0  172.110.1.1
                          !配置到达非直连 172.110.2.0网络的下一跳地址 172.110.1.1
Router2#show ip route
...
```

【步骤三】 完成设备链路层 PPP 协议配置

1）通信双方 WAN 接口上封装 PPP

路由设备的同步串行接口默认的封装协议都是 HDLC,可以通过 show interface S1/0 命令进行查询显示结果。

```
Router1 #show interface serial 1/0        !查看 RA s1/0同步串行接口的状态
...
```

可以使用命令 encapsulation ppp 将其封装协议修改为 PPP。

分别在两台路由器两端对等接口配置:

```
Router1 (config)#interface serial 1/0
Router1 (config-if)#encapsulation PPP        !把该接口封装为 PPP
Router1 (config-if)#no shutdown
```

```
Router2 (config)#interface serial 1/1
Router2 (config-if)#encapsulation PPP        !把该接口封装为 PPP
Router2 (config-if)#no shutdown
```

**备注**:如果两台路由器通信中,一方连接链路接口链路层封装协议为 HDLC,而另一方接口封装的协议为 PPP 时,双方由于封装协议的类型不一样,通信之前的协商将失败。此链路将处于协议性关闭(Protocol down)状态,通信无法进行。因此在进行 PPP 认证前,需要将通信双方同步串行接口,修改为同等的 PPP 通信。

2）配置 PAP 安全认证

PAP 认证的配置共分为三个步骤:建立本地口令数据库、启用 PAP 认证、认证客户端配置。其中,前两个步骤为认证端的配置,第三步为被认证端的配置。

（1）首先,建立本地口令数据库

使用的命令 username username password password,为本地口令数据库添加记录。

```
Router1 #configure terminal
Router1 (config)#username routera password rapass
```

（2）开启 PAP 认证

使用命令 ppp authentication pap 来开启 PAP 认证。

```
Router1 #configure terminal
Router1(config)#interface serial 0/0
Router1(config-if)#ppp authentication pap
Router1 (config-if)#no shutdown
Router1 (config-if)#end
```

（3）配置 PAP 认证客户端

PAP 认证客户端配置只需一个步骤，即将用户名和口令发送到对端。

```
Router2#configure terminal
Router2(config)#interface serial 0/0
Router2(config-if)#ppp pap sent-username routera pass rapass
```

**备注：**

（1）PAP 认证过程中，口令是大小写敏感的。

（2）身份认证也可以双向进行，即互相认证。配置方法同单向认证类似，只不过需要将通信双方同时配置成为认证服务器和认证客户端。

（3）口令数据库也可以存储在路由器以外的 AAA 或 TACACS＋服务器上。限于篇幅，此处不再赘述。

**【步骤四】** 完成网络安全通信测试

（1）分别在对端的测试 PC 上，配置如表 10-3 所示地址。

（2）分别在对端测试 PC 通过 ping 命令，测试网络连通，实现网络连通。

## 10.6.2 配置 CHAP 认证

### 1. CHAP 安全认证介绍

PAP 是一个简单实用的身份验证协议，但安全性差；PPP 协议的 CHAP 认证具有比 PAP 更高的安全性。如果通信双方采用 CHAP 认证时，可以实现在通信链路上不发送明文密码，而是发送经过摘要算法加工过的随机序列，也称为"挑战字符串"，因此 CHAP 认证比 PAP 认证具有更高安全性。

同时，CHAP 身份认证可以随时进行，包括在双方正常通信的过程中。这样，非法用户就算截获并成功破解了一次密码，此密码也将在一段时间内失效。

但 CHAP 安全认证也有其缺点，就是在进行 CHAP 认证时，需要多次身份质询、响应，这样会耗费较多 CPU 资源，因此该项认证只用在对安全要求很高的场合，以提升网络传输的效率。

### 2. CHAP 安全认证过程

CHAP 认证在认证双方通过发送"挑战字符串"加密报文协商过程，如图 10-27 所示。

采用 CHAP 认证前，需要先在接入串行接口上进行 PPP 底层协议封装。路由器接口链路封装 PPP 的操作与上一模块相同。CHAP 认证可以在通信的任何一方进行，即由一方认证另一方身份，也可如同 PAP 认证一样，进行双向身份认证。

如图 10-28 所示，两台路由器点对点链路接口都封装了 PPP。

当通信双方物理层链路连接完成后，就激活了数据链路层的 PPP，就可以进行 CHAP 单方认证。认证服务器会不停地发送身份认证要求，直到身份认证成功。

和 PAP 安全认证不同的是，配置 CHAP 认证的服务器（路由器），发送的是"挑战"加密密钥字符串。如图 10-28 所示，当认证客户端（被认证一端）路由器 B 发送"挑战"字符串和明文密码混合运算加密密钥数据包后，认证服务器（路由器）会按照摘要算法（MD5）解密密钥验证对方的身份。

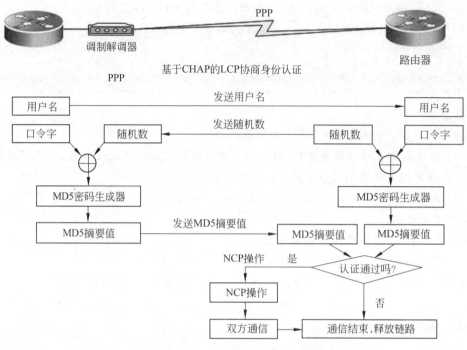

图 10-27 基于 CHAP 的挑战认证流程

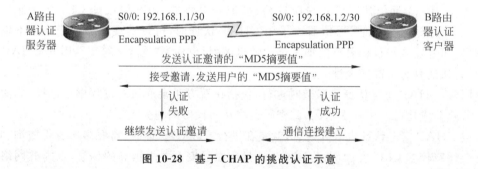

图 10-28 基于 CHAP 的挑战认证示意

如果身份验证正确,则身份认证成功,通信双方的链路成功建立。如果被认证一端路由器 B 发送了错误的"挑战"字符串加密的回应数据包;认证服务器端(路由器)将会继续不断地发送身份认证要求,直到收到正确的回应数据包为止。

**3. 配置 CHAP 安全认证过程**

配置 CHAP 认证服务器分为以下两个步骤来完成。

1) 建立本地口令数据库

使用命令 username username password password,可在本地口令数据库添加记录。此处的 username 应该是对端路由器名称,即路由器 B(如 RouterB)。

```
RouterA # configure terminal
RouterA(config)# username routerb password samepass
```

2）配置 CHAP 认证（服务器端）

在接口上，使用命令 ppp authentication chap 来完成 CHAP 认证。

```
RouterA #configure terminal
RouterA(config)#interface serial 0/0
RouterA(config-if)#ppp authentication chap
```

3）配置 CHAP 认证（客户端）

使用 username 命令配置 CHAP 认证客户端即可建立本地口令数据库。

此处的 username 应该是对端路由器的名称，即路由器 A（如 RouterA），口令应与 CHAP 认证服务器口令数据库中的口令相同。

```
RouterB #configure terminal
RouterB(config)#interface serial 0/0
RouterB(config-if)#username routera password samepass
```

#### 4. CHAP 认证调试

如果 CHAP 认证中出现问题，可利用 debug ppp authentication 命令进行诊断。

以下是在进行 CHAP 认证时，客户端发送的"挑战"字符串回应数据包没有通过服务器确认操作。

```
May 6 11:43:11.375:Se0/0 PPP: Authentication required
May 6 11:43:11.375:Se0/0 CHAP: O CHALLENGE id 17 len 28 from "Router A"
May 6 11:43:11.381:Se0/0 CHAP: I RESPONSE id 17 len 28 from "Router B"
May 6 11:43:11.383:Se0/0 PPP: Sent CHAP LOGIN Request to AAA
May 6 11:43:11.386:Se0/0 PPP: Received LOGIN Response from AAA=FAIL
May 6 11:43:11.388: Se0/0 CHAP: O FAILURE id 17 len 26 msg is "Authentication
failure"
```

经过若干次认证要求后，认证服务器最终收到客户端发送的正确"挑战"报文数据包。此时，双方链路将成功建立，如下所示。

```
May 6 11:53:11.325:Se0/0 PPP: Authentication required
May 6 11:53:11.327:Se0/0 CHAP: O CHALLENGE id 33 len 28 from "Router A"
May 6 11:53:11.329:Se0/0 PPP: Authentication required
May 6 11:53:11.329:Se0/0 CHAP: O CHALLENGE id 34 len 28 from "Router A"
May 6 11:53:11.335:Se0/0 PPP: Authentication required
May 6 11:53:11.335:Se0/0 CHAP: O CHALLENGE id 35 len 28 from "Router A"
May 6 11:53:11.351:Se0/0 PPP: Authentication required
May 6 11:53:11.353:Se0/0 CHAP: O CHALLENGE id 36 len 28 from "Router A"
May 6 11:53:11.381:Se0/0 CHAP: I RESPONSE id 36 len 28 from "Router B"
May 6 11:53:11.383:Se0/0 PPP: Sent CHAP LOGIN Request to AAA
May 6 11:53:11.386:Se0/0 PPP: Received LOGIN Response from AAA=PASS
May 6 11:53:11.388:Se0/0 CHAP: O FAILURE id 36 len 4
May 6 11:55:11.318: Se0/0 % LINEPROTO-5-UPDOWN: Line protocol on Interface
Serial0/0,changed state to up
```

如果通信认证双方选择的认证方法不一样,如一方选择 PAP,另一方选择 CHAP,这时由于通信双方的认证协商不成功,将导致通信链路无法成功建立而失败。

为了避免身份认证协议过程中出现这样的失败,可以同时配置路由器使用两种认证方法。当第一种认证协商失败后,可以选择尝试用另一种身份认证方法。

使用下面的命令,配置路由器先采用 PAP 身份认证方法。如果失败,再采用 CHAP 身份认证方法,增加网络的接入稳定性能。

```
RouterB #configure terminal
RouterB(config)#interface serial 0/0
RouterB(config-if)#ppp authentication pap chap
```

也可先使用 CHAP 认证,协商失败后采用 PAP 认证。

```
RouterA #configure terminal
RouterA(config)#interface serial 0/0
RouterA(config-if)#ppp authentication chap pap
```

**备注:**

(1) CHAP 认证过程中,口令字有大小写区分。

(2) 身份认证可以单向,也可以双向进行,即互相认证。

(3) 配置双向认证方法同单向认证,需要将通信双方配置成认证服务器和认证客户端。

(4) 口令数据库也可以存储在路由器以外的 AAA 服务器上。

## 工程案例 2:配置接入广域网安全认证(CHAP)

【工程名称】 使用 PPP 接入广域网,使用 CHAP 实施安全接入认证。

【目标技能】 掌握 PPP CHAP 认证的配置过程,实现网络接入安全。

【材料准备】 路由器(两台),V.35 线缆(一对),测试 PC(两台),网线(若干)。

【工作场景】

中山大学为了满足不断增长的业务需求,启动校园网光纤专线接入 Internet 建设项目,因此学院申请了光纤专线接入,校园网络客户端接入路由器与 ISP 进行链路协商时需要进行 CHAP 验证身份,需要配置路由器保证链路建立并考虑其安全性。

如图 10-29 所示网络拓扑是模拟光纤专线接入 Internet 场景,左边 RA 路由器是网络中心接入设备;右边 RB 路由器是运营商接入设备。需要正确配置链路层 PPP,并启动 PAP 验证,保证网络安全接入。

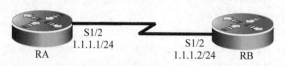

图 10-29 校园网专线接入 Internet 场景

**【施工过程】**

**【步骤一】** 完成路由器基本配置

```
Red-Giant(config)#
Red-Giant(config)#hostname Ra
Ra(config)#interface serial 1/2
Ra(config-if)#ip address 1.1.1.1  255.255.255.0
Ra(config-if)#no shutdown
Ra(config-if)#interface loopback0      !开启路由的虚拟接口
Ra(config-if)#ip address 172.16.1.1  255.255.255.0
Ra(config-if)#no shutdown

Ra#show interface serial 1/2
…
```

```
Red-Giant(config)#
Red-Giant(config)#hostname Rb
Rb(config)#interface serial 1/2
Rb(config-if)#ip address 1.1.1.2  255.255.255.0
Rb(config-if)#clock rate 64000
Rb(config-if)#no shutdown
Rb(config-if)#interface loopback0      !开启路由的虚拟接口
Rb(config-if)#ip address 202.102.1.1  255.255.255.0
Rb(config-if)#no shutdown

Rb#show interface serial 1/2
…
```

**【步骤二】** 完成路由配置

分别配置指向非直连网络的动态路由信息。

```
Ra(config)#
Ra(config)#router  rip
Ra(config-router)#version 2
Ra(config-router)#network 1.1.1.0
Ra(config-router)#network 172.16.1.0
Ra(config-router)#no auto-summary

Ra#show ip route
…
```

```
Rb(config)#
Rb(config)#router  rip
Rb(config-router)#version 2
Rb(config-router)#network 1.1.1.0
Rb(config-router)#network  202.102.1.0
Rb(config-router)#no auto-summary

Ra#show ip route
…
```

【步骤三】 完成设备链路层 PPP 配置

路由设备的同步串行接口默认的封装协议都是 HDLC,可以通过 show interface S1/0 命令进行查询显示结果。

```
Ra #show interface serial 1/0          !查看 RA s1/0同步串行接口的状态
...
```

可以使用命令 encapsulation ppp 将其封装协议修改为 PPP。

分别在两台路由器两端对等接口配置:

```
Ra (config)#
Ra (config)#interface serial 1/0
Ra (config-if)#encapsulation PPP       !把该接口封装为 PPP
Ra (config-if)#no shutdown
```

```
Rb (config)#
Rb (config)#interface serial 1/1
Rb (config-if)#encapsulation PPP       !把该接口封装为 PPP
Rb (config-if)#no shutdown
```

【步骤四】 配置路由器 PPP CHAP 认证

```
Ra(config)#
Ra(config)#username Rb password 0 star
                          !以对方的主机名作为用户名,密码和对方的路由器一致
Ra(config)#interface serial 1/2
Ra(config-if)#encapsulation ppp
Ra(config-if)#ppp authentication chap      !PPP 启用 CHAP 方式验证
```

```
Rb(config)#
Rb(config)#username Ra password 0 star
                          !以对方的主机名作为用户名,密码和对方的路由器一致
Rb(config)#interface serial 1/2
Rb(config-if)#encapsulation ppp
```

【步骤五】 验证测试 CHAP 认证

```
Ra#debug ppp authentication          !观察 CHAP 验证过程
...
```

备注:

(1) 在 DCE 端要配置时钟;

(2) Ra(config)#username Rb password 0 star !username 后面参数是对方主机名;

(3) Rb(config)#username Ra password 0 star !username 后面参数是对方主机名;

（4）在接口下封装 PPP；

（5）通过 debug ppp authentication 命令测试路由器在物理层上显示 up 状态,链路尚未建立情况下打开才有信息输出,本实验实质是链路层协商建立安全性,该信息出现在链路协商过程中。

## 认证测试

以下每道选择题中,都有一个正确答案或者是最优答案,请选择出正确答案。

1. 下列哪些接口用于连接 WAN?　_____

    A. serial　　　　　　B. async　　　　　　C. bri

    D. console　　　　　E. aux

2. HDLC 协议工作在 OSI 7 层模型中的哪一层?　_____

    A. 物理层　　　　　　B. 数据链路层　　　　C. 传输层　　　　　D. 会话层

3. 以下哪种是包交换协议?　_____

    A. ISDN　　　　　　B. 帧中继　　　　　C. PPP　　　　　　D. HDLC

4. PPP 支持哪些网络层协议?　_____

    A. IP　　　　　　　B. IPX　　　　　　C. RIP　　　　　　D. FTP

5. 下列描述正确的是_____。

    A. PAP 是两次握手完成验证,存在安全隐患

    B. CHAP 是两次握手完成验证

    C. CHAP 是三次握手完成验证,安全性高于 PAP

    D. PAP 占用系统资源要小于 CHAP

6. 配置 PAP 验证客户端的命令有_____。

    A. RA(config-if)♯encapsulation ppp

    B. RA(config-if)♯ppp authenatication pap

    C. RA(config-if)♯ppp pap sent-username ruijie password 123

    D. RA(config)♯username ruijie password 123

7. 如果线路速度是最重要的要素,将选择什么样的封装类型?　_____

    A. PPP　　　　　　B. HDLC　　　　　C. 帧中继　　　　　D. SLIP

8. 下列哪些属于 WAN L2 协议?　_____

    A. RS-232　　　　　B. V.35　　　　　　C. PPP

    D. LANE　　　　　E. HDLC

9. 下列哪些属于广域网协议?　_____

    A. PPP　　　　　　B. HDLC　　　　　C. FRAME-RELAY

    D. ISDN　　　　　E. OSPF

10. 下面哪种网络技术适合多媒体通信需求?　_____

    A. X.25　　　　　　B. ISDN　　　　　C. 帧中继　　　　　D. ATM

11. 无论是 SLIP 还是 PPP 都是_____协议。

    A. 物理层　　　　　　B. 数据链路层　　　　C. 网络层　　　　　D. 传输层

12. ISDN 是目前广泛采用的网络接入技术,它提供两种数据通道,以下说法正确的是_____。

    A. B 通道一般用来传输信令或分组信息

    B. D 通道一般用来传输话音、数据和图像

    C. C 通道一般用来传输分组信息

    D. D 通道一般用来传输信令或分组信息

13. 包交换是一种广域网交换方式,网络设备共享一条点到点的线路,将包从源经过通信网络传送到目的地址。交换网络可以传输长度不同的帧(包)或长度固定的信元。下面哪种网络采用包交换?_____

    A. ISDN    B. 公用电话网    C. 帧中继    D. DDN

14. 当一台计算机发送 E-mail 信息给另外一台计算机时,下列的哪一个过程正确地描述了数据打包的 5 个转换步骤?_____

    A. 数据、数据段、数据包、数据帧、比特  B. 比特、数据帧、数据包、数据段、数据

    C. 数据包、数据段、数据、比特、数据帧  D. 数据段、数据包、数据帧、比特、数据

15. 广域网工作在 OSI 参考模型中哪一层?_____

    A. 物理层和应用层    B. 物理层和数据链路层

    C. 数据链路层和网络层    D. 数据链路层和表示层

16. 广域网和局域网有哪些不同?_____

    A. 广域网典型地存在于确定的地理区域

    B. 广域网提供了高速多重接入服务

    C. 广域网使用令牌来调节网络流量

    D. 广域网使用通用的载波服务

17. 如果线路速度是最重要的要素,将选择什么样的封装类型?_____

    A. PPP    B. HDLC    C. 帧中继    D. SLIP

# 第 11 章  实施网络安全技术

## 项目背景

中山大学计算机科学技术学院合并后,各分院网络面临很多安全隐患,具体表现在以下几个方面。

(1) 各分院的网络没有实施安全认证,造成校园内病毒传播无法禁止。

(2) 各分院学生宿舍网络建立后,学生随意使用集线器扩展网络现象严重。

(3) 学院内网安装 FTP 服务器,经常受到莫名攻击。

……

基于各部门在使用网络管理过程中出现的安全问题,为加强学校网络安全建设,希望在如图 11-1 所示学院网络基础上,实施网络安全规划,建设具有全面安全控制和管理的校园网络。

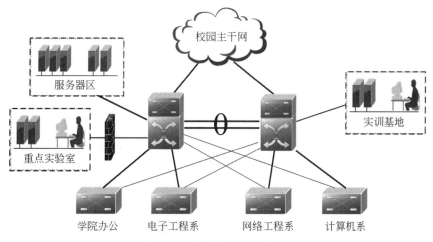

**图 11-1  校园网安全规划拓扑**

## 项目分析

如图 11-2 所示的网络拓扑是合并后计算机科学技术学院网络场景。学院新网络通过在交换机设备上增加访问控制列表技术,实现学院内部网络设备之间的安全访问。

此外,为方便教师使用教学资源,在学院内部新搭建 FTP 服务器,实施网络安全访问控制规则,只允许教师和行管人员访问,不允许学生从宿舍网中访问FTP服务器。

如图11-2所示虚线部分显示的区域是新改造后网络安全实施内容,通过在交换机设备上实施端口安全技术,保护接入端口的安全;在三层设备上配置访问控制列表技术,实现学院内部网络设备之间的安全访问。通过以上的安全措施实施,保障学院网络的安全。

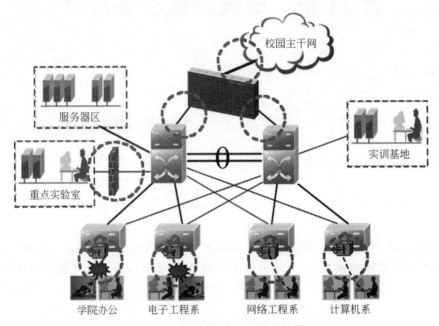

图 11-2　网络安全工程实施场景

通过本章的学习,读者将能够掌握以下知识内容。

(1) 保护终端计算机安全措施。

(2) 配置交换机端口安全技术。

(3) 实施标准的访问控制安全技术。

(4) 实施扩展的访问控制安全技术。

进入21世纪,人类社会对Internet需求的日益增长,如图11-3所示。通过Internet进行的各种电子商务业务日益增多,Internet/Intranet技术日趋成熟,网络安全逐渐成为Internet进一步发展中的关键问题。

人们越来越多地通过各种网络处理工作、学习、生活,但由于Internet的开放性和匿名性特征,未授权用户对网络的入侵变得日益频繁,存在着各种安全隐患,如图11-4所示。

据统计,目前网络攻击手段有数千种之多,在全球范围内每数秒钟就发生一起网络攻击事件,网络安全成为网络发展的首要问题。

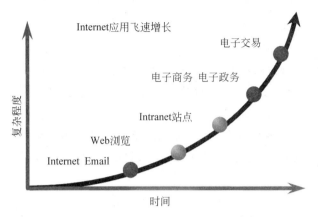

图 11-3　Internet 各种应用的发展时间

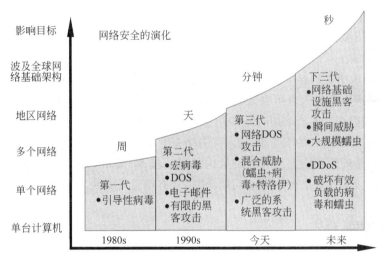

图 11-4　网络安全隐患的时间发展史

## 11.1　网络安全隐患

　　网络安全隐患是指借助计算机或其他通信设备,利用网络开放性和匿名性的特征,在进行网络交互操作时,进行的窃听、攻击或其他破坏行为,侵犯系统安全如自然火灾、意外事故、人为行为(如使用不当、安全意识疗等)、黑客行为、内部泄密、外部泄密、信息丢失、电子监听(信息流量分析、信息窃取等)和信息战等。

　　根据网络安全隐患源头可分为以下几类。

　　(1) 非人为或自然力造成的硬件故障、电源故障、软件错误、火灾、水灾、风暴和工业事故等。

　　(2) 人为但属于操作人员无意的失误造成的数据丢失或损坏。

　　(3) 来自企业网外部和内部人员的恶意攻击和破坏。

### 11.1.1　网络安全概述

为保护网络系统中的硬件、软件及数据,不因偶然或恶意的原因而遭到破坏、更改、泄漏,保证网络系统连续、可靠及正常地运行,网络服务不被中断等都属于网络安全管理的内容。

从狭义角度来看,网络安全涉及网络系统和资源不受自然或人为因素的威胁和破坏;从广义角度来说,凡涉及网络中信息的保密性、完整性、可用性、真实性和可控性的所有技术都是网络安全保护的内容。

常见网络管理中存在的安全问题主要有以下几种。

(1) 机房安全。机房是网络设备运行的控制中心,经常发生的安全问题,如物理安全(火灾、雷击、盗贼等)、电气安全(停电、负载不均等)等。

(2) 病毒的侵入。Internet 开拓性的发展使病毒传播发展成为灾难。据美国国家计算机安全协会(NCSA)一项调查发现,几乎 100％的美国大公司都曾在使用网络过程中经历过计算机病毒的攻击。

(3) 黑客的攻击。得益于 Internet 的开放性和匿名性,也给 Internet 应用造成了很多漏洞,从而给别有用心的人以可乘之机,来自企业网络内部或者外部的黑客攻击都给目前网络造成了很大的隐患。

(4) 管理不健全造成的安全漏洞。从网络安全的广义角度来看,网络安全不仅是技术问题,更是一个管理问题。它包含管理机构、法律、技术、经济各方面,网络安全技术只是实现网络安全的工具,要解决网络安全问题,必须要有综合的解决方案。

### 11.1.2　网络病毒概述

在《中华人民共和国计算机信息系统安全保护条例》中,计算机病毒被明确定义为"指编制或者在计算机程序中插入的破坏计算机功能或者破坏数据,影响计算机使用并且能够自我复制的一组计算机指令或者程序代码"。

计算机病毒是一段具有恶意破坏的程序,一段可执行码。就像生物病毒一样,计算机病毒有独特的复制能力,可以通过复制的方式实现快速的蔓延,常常难以根除。

病毒程序常常把自身附着在各种类型的文件上,当这些受感染的文件通过复制或者通过网络传输时,文件从一台用户计算机传送到另一台用户的计算机上,病毒程序也会随同受感染的文件一起传输,称为网络病毒。

随着 Internet 开拓性的发展,通过网络进行传播病毒,为网络带来灾难性后果。计算机网络病毒爆发的主要特点如下。

**1. 破坏性强**

网络病毒破坏性极强。一旦网络中的某台文件服务器的硬盘被病毒感染,就可能造成网络服务器无法启动,导致整个网络瘫痪,造成不可估量的损失。

**2. 传播性强**

网络病毒普遍具有较强的再生机制,可通过网络扩散。一旦网络上的某个公用程序受到感染,那么病毒将很快在整个网络上传播,感染其他程序。在网络上病毒传播的速度是单机的几十倍。

**3. 具有潜伏性和可激发性**

网络病毒具有潜伏性和可激发性。在一定的环境下受到某种外界因素刺激便能激活。激活条件可以是内部时钟、系统日期和用户名称,也可以是在网络中正在进行的一次通信。病毒被激活随时向各网络中的用户发起攻击。

**4. 扩散面广**

由于网络病毒通过互联网进行传播,所以其扩散面广,危害性大。一台 PC 上的病毒通过网络可以感染与之相连的所有的机器。由网络病毒造成网络瘫痪的损失更是难以估计,一旦网络服务器被感染,其清除病毒所需的时间将是单机的几十倍以上。

## 11.1.3　防治网络病毒措施

网络病毒的防治具有更大的难度,只有管理与防范相结合,才能保证网络系统的良好运行。从 Hub、交换机、服务器到 PC,U 盘的存取、局域网信息互通及 Internet 接入等,只要病毒能够进来的地方,都应采取相应的防范手段。

网络病毒防治除具有基本安全防范意识之外,一些基本的网络保护措施也是必需的。由于在网络环境下病毒传播快,为防治网络病毒保障网络稳定运行,可采取以下一些基本方法:

(1) 建立一个整套网络系统及硬件的维护制度,定期对各台工作站进行维护。在维护前,需要对各工作站有用的数据采取保护措施,做好数据库转存、系统软件备份等工作。

(2) 对计算机的操作系统和网络系统软件都采取必要的安全保密措施。防止操作系统和网络软件被破坏或意外删除。对各工作站上的重要文件属性可采取隐含、只读等加密措施。还可利用网络设置软件,对工作站分别配置应访问共享区的存取权限、口令字等安全保密措施,避免共享区的文件和数据等被删除或破坏。

(3) 加强网络系统的统一管理,各工作站规定应访问的共享区及存取权限,不能随意更改,要修改必须经网络管理员批准后才能修改。

(4) 建立网络系统软件的安全管理制度,对网络系统软件指定专人管理,定期备份,并建立网络资源表和网络设备档案,对网上各工作站的资源分配情况、故障情况、维修记录等,要分别记录和建立设备档案。

(5) 制定严格的工作站安全操作规程,网上各工作站的操作人员必须严格按照网络操作手册进行操作,并认真填写每天的网络运行日志。

(6) 在收发电子邮件时,不打开一些来历不明的邮件,一些没有明显标识信息的附件应该马上删除。

(7) 开启系统的防火墙,使系统处于随时随地的监测状态,保证网络的工作状态随时处于可控制状态。

(8) 不随便下载网络上的插件。

## 11.2　网络攻击行为

危害计算机安全的手段很多,但病毒的侵入和黑客的攻击是目前危害计算机以及网络安全的最主要的途径。黑客(Hacker)一词源于英语 Hack,指那些喜欢独立思考,对计算机全身心投入的计算机迷,喜欢检查网络系统完整性和完全性,喜欢探索软件奥秘,并能通过创新的方法剖析系统,以保护网络为目的,找出网络漏洞。

此外还有部分人也具备广泛的计算机知识,与黑客不同的是,他们以破坏为目的,喜欢利用找出的网络漏洞破坏网络,做一些重复的工作,如用暴力法破解口令,这些群体称为"骇客",骇客通常寻找网络中具有安全漏洞的计算机作为攻击对象。骇客对计算机网络构成的威胁大体可分为:一是对网络中信息的威胁;二是对网络中设备的威胁。

### 11.2.1　网络攻击方法

常见的网络安全攻击措施主要有以下几种。

**1. 获取网络口令**

获取口令有三种方法:一是通过网络监听非法得到用户口令,监听者往往能够获得所在网段用户账号和口令。二是在获取网络上某用户的账号后(如电子邮件@前面的用户名部分),利用专门的软件强行破解用户口令。三是在获得网络上某服务器上的用户名文件后,尝试登录服务器,用暴力破解程序破解用户口令。

**2. 放置特洛伊木马程序**

特洛伊木马程序可以直接侵入用户的计算机进行破坏,它常被伪装成工具程序、游戏或者邮件附件,甚至在用户打开网页时,从网上直接悄悄下载。

潜入用户的计算机中,当用户连接到 Internet 上时,木马程序就会通知黑客,报告获取的 IP 地址以及预先设定的端口。黑客在收到这些信息后,再利用这个潜伏在其中的程序,修改计算机参数、复制文件、窥视整个硬盘中的内容等,达到控制计算机的目的。

**3. WWW 欺骗技术**

黑客将用户要浏览的网页的 URL 信息,改写为指向黑客自己的服务器,当用户浏览这些网页信息,输入 URL 地址的时候,实际上是向黑客服务器发出请求,黑客就达到欺骗的目的。WWW 欺骗技术多存在于一些访问流量小,网络安全措施差的网络服务器上。

**4. 电子邮件攻击**

电子邮件攻击主要表现为两种方式。一是电子邮件轰炸,利用伪造 IP 地址和电子邮件地址,向同一信箱发送数以万计的垃圾邮件,造成邮件服务器系统瘫痪。二是电子邮件欺骗,攻击者佯称自己为系统管理员(邮件地址和系统管理员完全相同),给用户发送邮件要求用户修改口令(口令可能为指定字符串),或在正常的附件中加载病毒或其他木马程序,从而达到侵入用户计算机的目的。

**5. 通过一个节点来攻击其他节点**

黑客可以使用网络监听等多种方法,尝试攻破某一网络内的其他主机。也可以通过 IP

欺骗方式建立和其他主机的信任关系,攻击其他主机。这类攻击很狡猾,且由于某些技术很难掌握,如 IP 欺骗,因此需要较高的专业技术,只掌握普通技术的黑客很难使用。

**6. 拒绝服务攻击**

许多大网站都遭受过拒绝服务攻击。实施拒绝服务攻击(DDoS)的具体手法就是向目的服务器发送大量的数据包,几乎占取该服务器所有的网络宽带,从而使其无法对正常的服务请求进行处理,导致网站无法进入、网站响应速度大大降低或造成服务器瘫痪。

**7. 网络监听**

网络监听是来自网络内部攻击主机的一种工作模式。在局域网工作模式下,同网段上的主机可以接收到本网段上传输的所有信息,而不管这些信息的发送方和接收方是谁。此时,如果两台主机通信的信息没有加密,使用某些网络监听工具,如 NetXray、Sniffit、Solaries 等,就可以轻而易举截取包括口令和账号在内的信息。

**8. 寻找系统漏洞**

许多系统在规划的过程中,都有这样或那样的安全漏洞(Bugs),其中某些是操作系统或应用软件本身具有的,如 Windows NT、UNIX 等都有数量不等的漏洞。这些漏洞在补丁被开发出来之前,一般很难防御黑客的破坏,除非将网线拔掉。

黑客利用系统本身这些漏洞,就能完成密码探测、系统入侵等攻击。对于系统本身的漏洞,可以安装软件补丁;另外网管也需要仔细,避免因疏忽而使他人有机可乘。

**9. 利用账号进行攻击**

由于 Internet 的开放性和匿名性特征,有的黑客会利用操作系统提供的默认账户和密码进行攻击,如许多 UNIX 主机都有 FTP 和 Guest 等默认账户(其密码和账户名同名)。黑客用 UNIX 操作系统提供的如 Finger 和 Ruser 等命令收集信息,提高攻击能力。

**10. 偷取特权**

利用各种特洛伊木马程序、后门程序和黑客自己编写的导致缓冲区溢出的程序,进行攻击,前者可使黑客非法获得对用户机器的完全控制权,后者可使黑客获得超级用户的权限,从而拥有对整个网络的绝对控制权。

## 11.2.2 网络攻击防御技术

安装在内网中的 Telnet、FTP 等网络服务器等需要传送账号和口令,具有重要机密信息应用,应该在办公网中单独设立一个网段,以避免某一台个人计算机被黑客攻破。通过 Sniffer 包捕获软件捕获数据包,分析数据包,就可能给整个网络带来安全隐患。针对网络中攻击,应采用以下防御技术:

网络中的专用主机只能开启专用功能,如运行网管、数据库等重要进程的主机上,不应该运行如 Sendmail 这种 Bug 比较多的程序。网管服务器中的访问控制权限,应该限制在最小限度,研究清楚各进程必需的进程端口号,关闭不必要的端口服务。

对用户开放的各台主机的日志文件,全部定向到一个 Syslogd Server 上,以便集中管理。集中管理的服务器应由一台拥有大容量存储设备的 UNIX 或 NT 主机承担,需要定期检查备份日志主机上的数据。

建议网络管理人员设立专门的机器,使用 FTP 或 WWW 下载工具和资料。

针对网络中提供电子邮件、WWW、DNS 的主机,尽量不安装任何开发工具,避免攻击者编译攻击程序。

网络配置原则应遵循"用户权限最小化",如关闭不必要或者不了解的网络服务;不使用电子邮件寄送密码,不在网络上发送明文密码。

安装最新的操作系统,及时升级系统和打补丁。安装必要的安全检查工具,限制对主机的访问;加强日志记录,对系统进行完整性检查;定期检查用户的脆弱口令,并通知用户尽快修改。重要用户的口令应定期修改(不超过三个月),不同主机使用不同的口令。

定期检查系统日志文件,及时备份。制定完整的系统备份计划,并严格实施。定期检查关键配置文件(最长不超过一个月)。

制定详尽的入侵应急措施以及汇报制度。发现入侵迹象,立即打开进程记录功能。同时,保存内存中的进程列表以及网络连接状态,保护当前的重要日志文件。有条件的话,立即打开网段上另外一台主机监听网络流量,尽力定位入侵者的位置。

## 11.3 管理设备控制台安全

对于大多数企业内部网来说,连接网络中各个节点的网络互连设备,是整个网络规划中最需要重要保护的对象。大多数网络都有一两个主要的接入点,对这个接入点的破坏将直接造成整个网络瘫痪。

如果网络互连设备没有实施很好的安全防护措施,来自网络内部的攻击或者恶作剧式的破坏对网络的打击是最致命的,因此设置恰当的网络设备防护措施是保护网络安全的重要手段之一。

据国外调查显示,80%的安全破坏事件都是由薄弱的口令引起的,因此为网络互连设备配置一个恰当口令,是保护网络不受侵犯的最根本保护。

### 11.3.1 管理交换机控制台安全

#### 1. 保护交换机控制台的安全措施

交换机是企业网中直接连接终端的重要互连设备,在网络中承担终端设备接入功能。

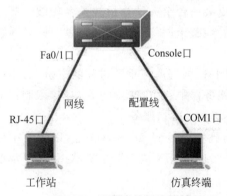

Fa0/1口 Console口

网线 配置线

RJ-45口 COM1口

工作站 仿真终端

图 11-5　配置交换机连接

默认情况下,登录交换机不需要口令,如果网络中有非法者连接到交换机的控制口,就可以像管理员一样修改交换机的配置,带来网络安全隐患。从保护网络安全的角度考虑,所有交换机的控制台都应当根据用户管理权限不同,配置不同特权访问权限。

如图 11-5 所示是大楼中的一台接入交换机,负责办公网中计算机的接入。为保护网络安全,需要给交换机配置密码,禁止非授权用户的访问。

通过一根配置线缆,连接到交换机配置端口

（Console）；另一端连接到配置计算机串口。通过如下命令格式，配置交换机控制台特权密码。

```
Switch >
Switch #configure terminal
Switch(config)#enable secret level 15 0 star
                         !其中 15 表示口令所适用特权级别
                         !0 表示输入明文形式口令,1 表示输入密文形式口令
```

#### 2. 配置交换机远程登录安全

除通过 Console 端口直接连接管理设备之外，还可以通过 Telnet 程序和交换机 RJ-45 口建立远程连接，方便管理员远程登录交换机管理设备。

使用 Telnet 方式访问设备，需要通过登录口令和控制台口令分别对访问用户鉴别。此外，还需要开启用户远程登录交换机的线程，以及配置线程的密码。

开启远程登录交换机线程的方式如下。

```
!在交换机上启用远程登录功能
Switch (config)#line vty 0 4             !进入线程配置模式
Switch (config-line)#password 0 ruijie   !配置 Telnet 的密码为 ruijie
Switch (config-line)#login               !启用 Telnet 用户密码验证
Switch (config-line)#exit
```

### 11.3.2　管理路由器控制台安全

路由器通常安装在内网和外网分界处，是内、外部网络的重要连接关口。在和外网的接入方面，有着比交换机更为重要的安全地位。新安装的路由器也没有任何安全措施，为了保证网络的安全措施，也需要保护路由器控制台安全。

默认情况下路由器也没有口令，从维护网络安全出发，应为设备配置口令。

#### 1. 配置路由器控制台密码

```
Router #configure terminal
Router(config)#line concole 0
Router(config-line)#login
Router(config-line)#password  ruijie
```

#### 2. 配置路由器的登录密码

```
Router #configure terminal
Router(config)#enable password ruijie   !输入明文形式的口令 ruijie
Router(config)#enable secret ruijie      !输入密文形式口令 ruijie
```

在同一台设备上，如果同时配置两种类型密码，则密文格式的 Secret 模式具有启用的优先权，立即生效。

## 工程案例：配置交换机远程登录

【工程名称】 配置交换机远程登录安全。

【目标技能】 在交换机上启用 Telent 功能，通过 Telnet 技术远程访问交换机。

【材料准备】 交换机(一台)，PC(一台)，网线(一条)。

【工作场景】

安装在办公网中的交换机被放置在不同楼层，每次配置交换机时，小王都需要带上笔记本到交换机安装地点现场配置、调试，非常麻烦。因此小王想在交换机上开启交换机的远程(Telnet)管理功能，在办公室就能配置、维护和管理网络设备。

如图 11-6 所示通过 Console 口登录交换机，开启交换机的远程登录功能。

完成配置后，实现如图 11-6 所示通过网线登录管理交换机。

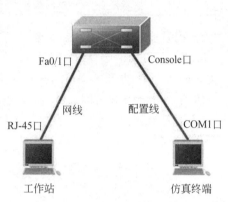

图 11-6　配置交换机远程登录拓扑

【施工过程】

【步骤一】 配置交换机管理 IP 地址

```
Switch#configure terminal              !进入全局配置模式
Switch(config)#
Switch (config)#interface vlan 1       !配置交换机管理 IP 地址
Switch (config-if)#ip address 192.168.1.1  255.255.255.0
Switch (config-if)#no shutdown
Switch (config-if)#end
```

【步骤二】 在交换机上配置远程用户的登录验证密码

```
Switch (config)#enable secret level 1 0 ruijie
Switch (config)#   enable secret level 15 0 ruijie
```

【步骤三】 在交换机上启用远程登录功能

```
Switch (config)#line vty 0 4               !进入线程配置模式
Switch (config-line)#password 0 ruijie     !配置 Telnet 的密码
Switch (config-line)#login                 !启用 Telnet 用户密码验证
Switch (config-line)#exit
```

【步骤四】 使用 ping 命令测试网络连通

在 PC 上配置和交换机同网段地址(如 192.168.1.2/24)。

打开 PC：桌面→"开始"→CMD→转到 DOS 工作模式，输入以下命令。

```
ping 192.168.1.1
!!!!                    !由于同网段网络连接,能 ping 通目标交换机,实现网络连通
```

**【步骤五】**　使用 Telnet 技术远程登录交换机

打开 PC,桌面→"开始"→CMD→转到 DOS 工作模式,输入以下命令。

```
telnet 192.168.1.1                      !在本地机上远程登录交换机
```

```
Trying 192.168.1.1 ...
User Access Verification
Password: XXXXXX                !提示输入 Telnet 密码,输入设置的密码 ruijie
Switch >enable
Password: XXXXXX                !提示输入 enable 密码,输入设置的密码 ruijie
Switch #                        !进入交换机配置模式
...
```

# 11.4　交换机端口安全技术

交换机的端口是连接网络终端设备的重要关口,加强交换机的端口安全是提高整个网络安全的关键。默认情况下交换机的端口是完全敞开,不提供任何安全检查措施。因此为保护网络内用户安全,对交换机端口增加安全访问功能,可以有效保护网络的安全。

## 11.4.1　交换机端口安全

大部分的网络攻击行为都采用欺骗源 IP 或源 MAC 地址的方法,对网络的核心设备进行连续的数据包的攻击,从而达到耗尽网络核心设备系统资源的目的,如典型的 ARP 攻击、MAC 攻击、DHCP 攻击等。这些针对交换机的端口产生的攻击行为,可以通过启用交换机的端口安全功能来防范。

通过在交换机的某个端口上配置限制访问的 MAC 地址以及 IP 地址,可以控制该端口上的数据安全输入。

当交换机的端口配置为安全端口功能,如拒绝某些源地址的数据,打开交换机的端口安全功能后,除了源地址为安全地址的数据包外,这个端口将不转发其他任何包。

为了增强网络的安全性,还可以将 MAC 地址和 IP 地址绑定起来,作为安全接入的地址,实施更为严格的安全访问限制。当然也可以只绑定其中一个地址,如只绑定 MAC 地址而不绑定 IP 地址,或者相反。

交换机的端口安全功能还表现在,可以限制一个端口上能连接安全地址的最大个数。如果一个端口被配置为安全端口,配置有最大的安全地址的连接数量,当其上连接的安全地址的数目达到允许的最大个数,或者该端口收到一个源地址不属于该端口上的安全地址时,交换机将产生一个安全违例通知。

交换机的端口安全违例产生后,可以选择多种方式来处理违例:如丢弃接收到的包,发送违例通知或关闭相应端口等。如果将交换机上某个端口上最大个数设置为1,并且为该端口只配置了一个安全地址时,则连接到这个端口上的工作站(其地址为配置的安全地址)将独享该端口的全部带宽。

## 11.4.2　配置端口最大连接数

常见交换机端口安全就是,根据交换机端口上连接设备的 MAC 地址,实施对网络流量的控制:如限制具体端口上通过的 MAC 地址的最大连接数量,这样可以限制终端用户,非法使用集线器等集线器设备,随意扩展内部网络连接数量,造成网络中流量的不可控。

当交换机端口上所连接的安全地址的数目达到允许的最大个数时,交换机将产生一个安全违例通知。当安全违例产生后,可以设置交换机,针对不同的安全需求,采用不同的安全违例处理模式。

(1) Protect,当所连接的端口通过的安全地址,达到最大的安全地址个数后,安全端口将丢弃其余的未知名地址的数据包(不在该端口的安全地址中)。

(2) RestrictTrap,当安全端口产生违例事件后,将发送一个 Trap 通知,等候处理。

(3) Shutdown,当安全端口产生违例事件后,将关闭端口,同时发送一个 Trap 通知。

通过以下步骤配置一个安全端口和违例处理方式。

```
(1) switchport port-security                        !打开接口的端口安全功能
(2) switchport port-security maximum value
                        !设置接口上安全地址的最大个数,范围是 1~128,默认值为 128
(3) switchport port-security violation  {protect  |restrict  |shutdown}
                        !设置接口违例的方式,当接口因为违例而被关闭后选择的方式
(4) Show port-security interface[interface-id]       !验证配置
```

下面的例子说明了如何在交换机的接口 FastEthernet0/3 上配置安全端口:设置最多连接地址个数为8,设置违例方式为 protect。

```
Switch#configure terminal
Switch(config)#interface  FastEthernet 0/3
Switch(config-if)#switchport  mode  access
Switch(config-if)#switchport  port-security
Switch(config-if)#switchport  port-security  maximum  8
Switch(config-if)#switchport  port-security  violation  protect
Switch(config-if)#end
```

限制交换机连接设备的最多终端连接数量,是实施企业网交换机安全功能的最常采用的措施。除此之外,交换机端口安全管理的功能还包括:捆绑安全地址等。

它们的默认配置如表 11-1 所示。

表 11-1 交换机端口安全的默认设置

| 交换机端口安全内容 | 端口安全的默认设置 |
|---|---|
| 端口安全开关 | 所有端口均关闭端口安全功能 |
| 最大安全地址个数 | 128 |
| 安全地址 | 无 |
| 违例处理方式 | 保护（protect） |

交换机的一个接口上最多可以支持 128 个 IP 地址和 MAC 地址的安全地址捆绑。但是同时申明 IP 地址和 MAC 地址的安全地址数量越多，会占用交换机的硬件系统资源，影响设备的工作效率。

建议安全端口上的安全地址特征保持一致：即一个端口上的安全地址实施规则，或者全是绑定 IP 地址的安全地址，或者都不绑定 IP 地址的安全地址。

### 11.4.3 绑定端口安全地址

对交换机端口安全的实施，还可以根据 MAC 地址限制来实施网络安全，如把接入主机的 MAC 地址与交换机相连的端口绑定。

通过在交换机的指定端口上限制带有某些接入设备的 MAC 地址流量通过，从而实现对网络的安全控制访问目的。

当连接主机的 MAC 地址与交换机连接端口绑定后，如果交换机发现收到的数据帧中主机的 MAC 地址与交换机上配置的 MAC 地址不一致时，交换机相应的端口将执行安全违例措施：如关闭连接端口。

通过以下步骤在一个端口上绑定安全地址。

```
(1) Switchport port-security mac-address mac-address    [ip-address ip-address]
                                              !手工配置接口上的安全地址
(2) Switch (config-if)#switchport port-security mac-address 00-90-F5-10-79-C1
                                              !配置端口的安全 MAC 地址
(3) Switchport port-security maximum 1        !限制此端口允许通过 MAC 地址数为 1
(4) Switchport port-security violation shutdown     !当配置不符时端口 down 掉
(5) Show port-security address                !验证配置
(6) No switchport port-security mac-address mac-address
                                              !删除该接口安全地址
```

下面的例子说明在交换机的接口 Gigabitethernet 1/3 上，配置安全端口功能，为该接口配置一个安全 MAC 地址 00d0.f800.073c，并绑定 IP 地址 192.168.12.202。

```
Switch #configure terminal
Switch(config#   interface gigabitethernet 1/3
Switch(config-if)#switchport mode access
Switch(config-if)#switchport port-security
Switch(config-if)# switchport port-security mac-address 00d0.f800.073c ip-
address 192.168.12.202
!需要注意的是不同的版本,地址绑定命令稍有区别,应使用?和关键字及时查询
Switch(config-if)#   end
```

## 工程案例：配置交换机端口安全

【工程名称】　配置交换机端口安全。

【目标技能】　在交换机上配置交换机端口安全，配置最大连接数，控制用户安全接入。

【材料准备】　交换机(一台)，PC(若干台)，网线(若干条)。

【工作场景】

中山大学计算机科学技术学院为了防范学院内部网络攻击行为，为学院中每一台计算机分配固定 IP 地址(如为某位老师分配 IP 地址是 172.16.1.55/24，该主机 MAC 地址是 00-06-1B-DE-13-B4)；并限制只允许学院内部的老师才可以使用学院网络。网络拓扑如图 11-7 所示。

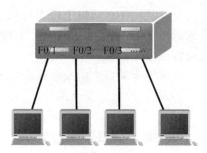

图 11-7　配置交换机端口安全

【施工过程】

【步骤一】　配置交换机端口最大连接数

```
Switch#configure terminal
Switch(config)#interface range fastethernet 0/1-23
!进行一组端口的配置模式
Switch(config-if-range)#switchport port-security
!开启交换机的端口安全功能
Switch(config-if-range)#switchport port-secruity maximum 1
!配置端口的最大连接数为 1
Switch(config-if-range)#switchport port-secruity violation shutdown
!配置安全违例的处理方式为 shutdown
```

验证测试：查看交换机的端口安全配置

```
Switch#show port-security
...
```

【步骤二】　配置交换机端口的地址绑定

### 1. 查看主机的 IP 和 MAC 地址信息

在主机上打开 CMD 命令提示符窗口，执行 ipconfig /all 命令，查看计算机地址信息。

......

### 2. 配置绑定在交换机端口上计算机的地址信息

```
Switch#configure terminal
Switch(config)#interface  fastethernet 0/3
Switch(config-if)#switchport port-security
Switch(config-if)#switchport port-security mac-address 0006.1bde.13b4 ip-
address 172.16.1.55
!配置 IP 地址和 MAC 地址的绑定
```

**3. 验证测试**

查看地址安全绑定配置

```
Switch#show port-security address
...
```

# 11.5 交换机保护端口安全

交换机的端口安全是实施交换机安全的关键技术,加强接入交换机的端口安全,是提高整个网络安全的关键。对交换机的端口增加安全访问功能,可以有效保护网络的安全。

加载在交换机端口上的安全技术,除交换机的端口安全技术之外,还包括交换机的保护端口技术。交换机的保护端口和端口安全一样,在园区网内有着比较广泛的应用。

在某些应用环境下,连接在同一个局域网内主机能实现互相访问,但有时候也希望用户之间不能互相访问,如同一个小区内用户需要安全隔离,学生机房的考试环境内学生的机器的互相隔离等,都要求一台交换机上的部分端口之间具有能隔离设备之间的通信,并且只能和网关进行通信。在这种环境下,可以使用保护端口隔离技术来实现,保护端口可以确保同一交换机上的所有端口之间互相隔离。

## 11.5.1 保护端口工作原理

保护端口是在接入交换机上实施的一项基于端口的流量控制功能,它可以防止数据在端口之间被转发,也就是阻塞端口之间的通信。保护端口功能将这些端口隔离开,防止数据在端口之间被转发。

如果希望阻塞端口之间的通信,可以将端口设置为保护端口。配置有保护端口的交换机,其保护端口之间无法通信,但保护端口与非保护端口之间的通信将不受影响,如图 11-8 所示。保护端口的特性也可以工作在聚合端口(Aggregated Port)上,当一个聚合端口被配置为保护端口时,它的所有成员端口也将被设置为保护端口。

保护端口之间的单播帧、广播帧及组播帧都将被阻塞,保护端口不向其他保护端口转发任何信息,包括单播、多播和广播包。本地网络设备之间的通信不能在保护端口间进行,但所有保护端口间的通信都必须通过第三层设备转发,如图 11-9 所示。

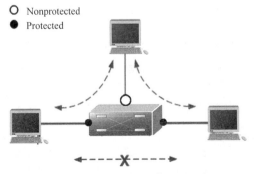

图 11-8 保护端口之间互连隔离

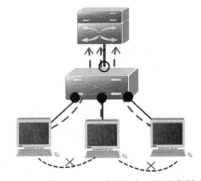

图 11-9 保护端口之间通过三层设备转发

### 11.5.2 配置保护端口

当将某些端口设为保护端口之后,保护端口之间无法通信,但保护端口与非保护端口之间可以正常通信,之间的传输不受任何影响。

在接口模式下使用如下命令,可以将端口配置为保护端口。

```
switchport protected
```

其他配置交换机保护端口技术实施如下。

```
swith(config-if)#switchport protected        !将该接口设置为保护口
swith(config-if)#no switchport protected      !将选定的端口取消保护模式
swith(config-if)#end

swith#Show interfaces switchport              !验证配置
...
```

以下案例,说明了如何将交换机端口配置为保护端口,实现之间的隔离访问。

```
Switch#configure
Switch(config)#interface fastEthernet 0/1
Switch(config-if)#switchport protected
Switch(config-if)#end
```

可以使用以下命令,查看保护端口配置信息。

```
Switch#show interfaces switchport
Interface  Switchport Mode     Access  Native   Protected  VLAN lists
---------- ---------- -------- ------- -------- ---------- ----------
Fa0/1      Enabled    Access   1       1         Enabled    All
Fa0/2      Enabled    Access   1       1         Enabled    All
```

## 11.6  交换机端口镜像安全

在日常进行的网络故障排查、网络数据流量分析的过程中,有时需要对网络中接入或骨干交换机的某些端口进行数据流量监控分析,以了解网络中某些端口传输的状况,交换机的镜像安全技术可以帮助实现这一效果。

通过在交换机中设置镜像(SPAN)端口,可以对某些可疑端口进行监控,同时又不影响被监控端口数据,提供实时监控功能。

大多数交换机都支持镜像技术,可以实现对交换机进行故障诊断。通过分析故障交换机的数据包信息,了解故障的原因。通过一台交换机监控同网络中另一台的过程,称为

"Mirroring"或"Spanning"技术。

通过在网络中监视进出网络的所有数据包,供安装有监控软件的管理服务器抓取数据,了解网络安全状况;如网吧需提供此功能,把数据发往公安部门审查。而企业出于信息安全,保护公司机密数据进出的需要,也需要实施端口镜像技术。在企业中用端口镜像功能,可以很好地对企业内部的网络数据进行监控管理,在网络出现故障的时候,可以做到故障定位。

### 11.6.1　什么是镜像技术

镜像(Mirroring)是将交换机某个端口的流量复制到另一端口(镜像端口),进行监测。

交换机的镜像技术(Port Mirroring)是将交换机某个端口的数据流量,复制到另一个端口(镜像端口)进行监测的安全防范技术。大多数交换机都支持镜像技术,称为 Mirroring 或 Spanning,默认情况下交换机上的这种功能是被屏蔽的,如图 11-10 所示。

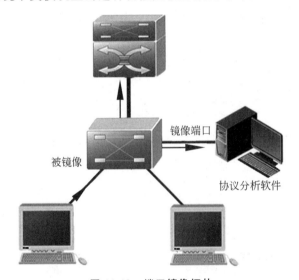

被镜像　镜像端口　协议分析软件

**图 11-10　端口镜像拓扑**

通过配置交换机口镜像,允许管理人员设置监视管理端口,监视被监视的端口的数据流量。复制到镜像端口的数据,通过 PC 上安装的网络分析软件查看,通过对捕获到的数据分析,可以实时查看被监视端口的情况。

### 11.6.2　镜像技术别名

端口镜像可以让用户将所有的流量,从一个特定的端口复制到一个镜像端口。如果网络中的交换机提供端口镜像功能,则允许管理人员设置一个监视管理端口来监视被监视端口的数据。

监视到的数据可以通过 PC 上安装的网络监控软件来查看,解析收到的数据包中的信息内容,通过对数据的分析,可以实时查看被监视端口的通信状况。

交换机把某一个端口接收或发送的数据帧完全相同地复制给另一个端口,其中:

**1. Port Mirroring**

被复制的端口称为镜像源端口,通常指允许把一个端口的流量复制到另外一个端口,同时这个端口不能再传输数据。

**2. Monitoring Port**

复制的端口称为镜像目的端口,也称监控端口。

### 11.6.3 配置端口镜像技术

大多数三层交换机和二层交换机都具备端口镜像功能,不同的交换机或不同的型号,镜像配置方法有些区别。

按照以下步骤,创建一个 SPAN 会话,并指定目的端口(监控口)和源端口(被监控口)。

```
Switch config)#monitor session 1 source interface fastEthernet 0/10 both
                                            !设置被监控口
                            !both:镜像源端口接收和发出的流量,默认为 both
Switch config)#monitor session 1 destination interface fastEthernet 0/2
                                            !设置监控口
Switch config)#no monitor session session_number   !清除当前配置
Switch#show monitor session 1               !显示镜像源、目的端口配置信息
```

如图 11-10 所示网络场景,说明如何在交换机上创建一个 SPAN 会话 1,配置端口镜像,实现网络内部的数据通信的监控。

```
Switch#configure
Switch(config)#no monitor session 1               !将当前会话 1 的配置清除
Switch(config)#monitor session 1 source interface FastEthernet0/1 both
                                      !设置端口 1 的 SPAN 帧镜像到端口 8
Switch(config)#monitor session 1 destination interface FastEthernet 0/8
                                      !设置端口 8 为监控端口,监控网络流量

Switch#show monitor session 1
...
```

## 11.7 访问控制列表技术

访问控制列表技术是一种重要的软件防火墙技术,配置在网络互联设备上,为网络中不同区域的互访提供安全保护。

访问控制列表安全检查规则中包含一组安全控制和检查的命令列表,一般应用在交换机或者路由器接口上。这些指令列表告诉路由器哪些数据包可以通过,哪些数据包需要拒绝。至于什么样特征的数据包被接收还是被拒绝,由数据包中携带的源地址、目的地址、端口号、协议等包的特征信息来决定。

访问控制列表技术通过对网络中所有的输入和输出访问数据流进行控制,过滤掉网络中非法的、未授权的访问,对通信流量进行控制,提高网络安全性能。

## 11.7.1　访问控制列表概述

### 1. 什么是访问控制列表技术

访问控制列表(Access Control List,ACL)技术就是数据包过滤。网络管理人员通过对网络中通过网络设备的数据包实施过滤,实现对网络输入和输出的访问控制。

配置在网络互连设备中的访问控制列表 ACL,实际上是一张规则检查表,这些表中包含很多指令规则,告诉交换机或者路由器设备,哪些数据包可以接收,哪些数据包需要拒绝。

交换机或者路由器设备按照 ACL 中的指令顺序,执行这些规则,处理每一个进入或流出设备端口的数据包,实现对进入或者流出网络互连设备的数据流过滤。通过在网络互连设备中灵活地配置访问控制列表,作为一种网络访问控制的有力工具,ACL 过滤流入和流出的数据包,确保网络的安全,因此 ACL 也称为软件防火墙,如图 11-11 所示。

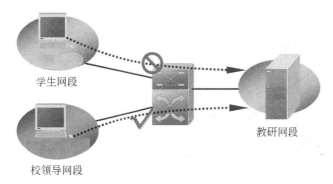

学生网段

校领导网段

教研网段

**图 11-11　ACL 控制不同的数据流通过网络**

### 2. 访问控制列表作用

ACL 提供了一种网络安全访问选择机制,通过过滤网络互连设备上的接口信息流,对该接口上进入、流出的数据进行安全检测。

访问控制列表技术的主要功能如下。

(1) 提供网络安全访问控制手段。如允许主机 A 访问人力资源网络,而拒绝主机 B 访问人力资源网。

(2) 过滤数据流。ACL 应用在网络设备的接口处,决定不同类型的通信流被转发或阻塞。如可以允许 E-mail 访问,而拒绝所有 Telnet 服务。

(3) 限制网络访问流量,从而提高网络性能。ACL 可以根据数据包中标识的协议信息,指定数据包的优先级。

(4) 提供对通信流量的控制手段。ACL 可以限定或简化路由更新信息的长度,从而限制通过某一网段的通信流……

### 3. 访问控制列表检查原理

首先,需要在网络互连设备上,定义 ACL 规则;然后,将定义好的规则应用到检查的接口上。该接口一旦激活以后,就自动按照 ACL 中配置的命令,针对进出的每一个数据包特征进行匹配,决定该数据包被允许通过还是拒绝。

在数据包匹配过程中,指令的执行顺序自上向下匹配数据包,逻辑地进行检查和处理。如果一个数据包头特征的信息,与访问控制列表中的某一语句不匹配,则继续检测和匹配列表中的下一条语句;直达最后执行隐含的规则,ACL 具体的执行流程如图 11-12 所示。

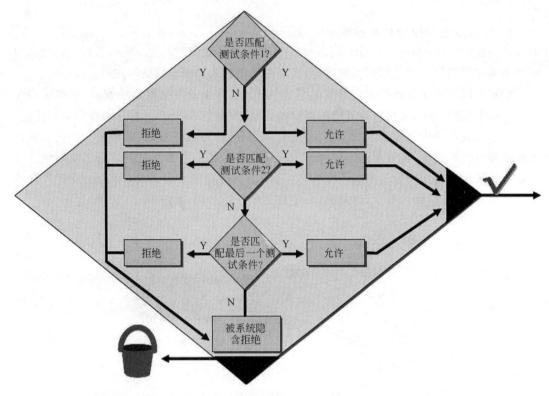

图 11-12　ACL 检查控制信息包过程

所有的数据包在通过启用了访问控制列表的接口时,都需要找到与自己匹配的指令语句。

如果某个数据包匹配到访问控制列表的最后,还没有与其相匹配的特征语句,按照默认规则:一切危险的将被禁止的安全规则,该数据包仍将被隐含的“拒绝”语句,拒绝通过。

**备注:**

(1) 它是判断语句,只有两种结果,要么是拒绝(Deny),要么是允许(Permit)。

(2) 它按照由上而下,顺序处理。

(3) 它处理时,匹配不成功就一直向下查找直到最后;一旦找到匹配成功的指令语句。就马上执行相应的动作,不再继续向下匹配。

(4) ACL 指令语句最后默认隐藏有一条拒绝所有的语句规则,默认拒绝所有(Any)。

(5) 编制 ACL 时,需要把最精确的检查放在前面,而把模糊的检查放在后面。否则可能会因为宽松的指令提前让数据包匹配成功,而让有危险的数据包得以提前通过检查。

(6) 所配置的列表中必须有一条允许语句,以免所有的数据包都被拒绝执行。

## 11.7.2 访问控制列表种类

根据访问控制检查标准不同,ACL 分为多种类型,实现不同的安全访问控制权限。

常见的 ACL 有两类:标准访问控制列表(Standard IP ACL)和扩展访问控制列表(Extended IP ACL)。在规则中使用不同的编号区别。其中,标准访问控制列表的编号取值范围为 1~99;扩展访问控制列表的编号取值范围为 100~199。

两种 ACL 的区别是:标准 ACL 只匹配数据包中携带的源地址信息;而扩展 ACL 不仅匹配检查数据包中的源地址信息,还检查数据包的目的地址,以及检查数据包的特定协议类型、端口号等。扩展访问控制列表规则大大扩展了数据流的检查细节,为网络的访问提供了更多的详细的访问控制功能。

如果要阻止来自某一网络中的所有通信流,或者允许来自某一特定网络的所有通信流,可以使用标准访问控制列表来实现。标准访问控制列表检查路由中的数据包源地址,允许或拒绝基于网络、子网或主机 IP 地址的通信流,通过网络设备出口。

## 11.7.3 标准访问控制列表

标准访问控制列表(Standard IP ACL)检查数据包的源 IP 地址,数据包在通过网络设备时解析 IP 数据包中的源地址,对匹配成功的数据包采取"拒绝"或"允许"操作。在编制标准的访问控制列表规则时,使用编号 1~99 的值来区别同一设备上配置的不同标准访问控制列表规则。

标准 ACL 是所有 ACL 中安全控制的细节最差的一种,它只检查 IP 数据包中的源 IP 地址,控制指定网络中所有数据包的流向。

在网络三层设备上配置标准访问控制列表规则,使用以下的语法格式。

```
Access-list  listnumber  {permit | deny}  source--address  [ wildcard-mask ]
```

其中:

listnumber 是区别不同 ACL 规则的序号,标准访问控制列表的规则序号值的范围是1~99;

permit 和 deny 表示允许或禁止满足该规则的数据包通过动作;

source address 代表受限网络或主机的源 IP 地址;

wildcard-mask 是源 IP 地址的通配符比较位,也称反掩码,用来限定匹配网络范围。

> **小知识:通配符屏蔽码**
>
> 通配符屏蔽码又叫反掩码,与 IP 地址是成对出现的,访问控制列表功能中所支持的通配符屏蔽码与子网屏蔽掩码的写法相似,都是一组 32b 的数字字符串,用点号分成 4 个 8 位组,每组包含 8b。算法相似,都是"与"、"或"运算,但书写方式刚好相反,也就是说都使用 0 和 1 来标识信息,但二者具有不同的表示功能,工作原理不同。

在通配符屏蔽码中,二进制的 0 表示"匹配"、"检查"所对应的网络位,二进制的 1 表示"不关心"对应的网络位。而在子网屏蔽掩码中二进制的 0 表示网络地址位,二进制的 1 表示主机地址位信息。数字 1 和 0 用来决定是网络、子网,还是相应的主机的 IP 地址。

假设组织机构拥有一个 C 类网络 198.78.46.0,使用标准的子网屏蔽码为 255.255. 255.0,标识所在的网络。而针对同一 C 类网络 198.78.46.0,在这种情况下使用通配符屏蔽码为 0.0.0.255,匹配网络的范围,因此通配符屏蔽码与子网屏蔽码正好是相反的。

```
0.0.0.255            只比较前 24 位
0.0.3.255            只比较前 22 位
0.255.255.255        只比较前 8 位
```

为了更好地理解标准访问控制列表的应用规则,这里通过一个例子来说明。

某分企业内网使用 IP 地址为 B 类的 172.16.0.0,每个分公司通过总部的路由器访问 Internet。现在公司规定只允许来自 172.16.0.0 分公司的网络的主机访问 Internet。需要在总部的接入路由器上配置标准型访问控制列表,语句规则如下。

```
Router #configure terminal
Router(config)#access-list 1 permit  172.16.0.0  0.0.255.255
                !允许所有来自 172.16.0.0 网络中的数据包通过,可以访问 Internet
Router(config)#access-list 1 deny  0.0.0.0  255.255.255.255
                !其他所有网络的数据包都将丢弃,禁止访问 Internet
```

IP 地址后面配置的通配符屏蔽码为 0.0.0.255,表示检查控制网络的范围。

当然也可以拒绝来自 172.16.0.0 网络中的一台主机,对网络中一台主机进行过滤。通过增加使用通配符掩码 0.0.0.0 达到目的。

如拒绝该网络 IP 地址为 172.16.1.1 的主机发出的数据包,可以使用下列语句。

```
Router #configure terminal
Router(config)#access-list 10 deny  172.16.1.1  0.0.0.0
Router(config)#access-list 10 permit  any
```

该操作命令将来自 172.16.0.0 网络中 IP 地址为 172.16.1.1 的主机,发来的所有的数据包过滤丢弃,但允许网络中其他主机发送的数据包通过。

对于单台主机访问控制操作,也可以使用 host 关键字来简化操作。

host 表示一种精确匹配,屏蔽码为 0.0.0.0。如只允许 IP 地址为 198.78.46.8 的主机上的报文通过,其标准访问控制列表语句如下: access-list 1 permit 198.78.46.8 0.0.0.0。

如果采用关键字 host 来表示,则可以书写为: access-list 1 permit host 198.78.46.8。

除利用关键字"host"来代表通配符掩码 0.0.0.0 外,关键字"any"也可以作为网络中所有主机源地址的缩写,代表通配符掩码 0.0.0.0  255.255.255.255 的含义。

any 是 255.255.255.255 的简写,表示网络中的所有主机,如 172.16.0.0  255.255. 255.255 则指整个 172.16.0.0 网络。

假定拒绝网络中从源 IP 地址为 198.78.46.8 主机发来的报文,同时允许该网络中其他所有主机数据报文通过,使用简化关键字指令格式为:

```
Router #configure terminal
Router(config)#access-list 3 deny host 198.78.46.8
Router(config)#access-list 3 permit any
```

在三层网络设备上配置好访问控制列表规则后,还需要把配置好的访问控制列表应用在对应的接口上。只有当这个接口激活以后,匹配规则才开始起作用。

因此,配置访问控制列表需要以下三个步骤。

(1) 定义好访问控制列表规则;

(2) 指定访问控制列表所应用的接口;

(3) 定义访问控制列表作用于接口上的方向。

访问控制列表主要的应用方向是接入(In)检查和流出(Out)检查。其中,in 和 out 参数可以控制接口中不同方向的数据包。相对于设备某一端口而言,当设备外的数据经端口流入设备时,就是入栈(In);当设备内的数据经端口流出设备时,就是出栈(Out);如果不配置该参数,默认为 Out。

在接口配置模式下,使用 access-group 命令,可以将一个标准的 ACL 规则,应用到某一接口上,其语法指令为:

```
Router #configure terminal
Router(config)#interface fasternet 0/1
Router (config-if) #IP  access-group  list-number  {in | out }
```

## 工程案例:配置标准访问列表控制网络流量

【工程名称】　在三层交换设备上配置标准访问列表,控制网络流量。

【目标技能】　在校园网的路由器上配置标准 ACL,保护网络部分区域的安全。

【材料准备】　路由器(两台),网络连线(若干),测试 PC(若干)。

【工作场景】

如图 11-13 所示的网络拓扑中山大学某学院学生网和办公网场景,要实现学生网(172.16.3.0)和行政办公网(172.16.1.0)的安全隔离,可以在其中 R1 路由器上做标准 ACL 技

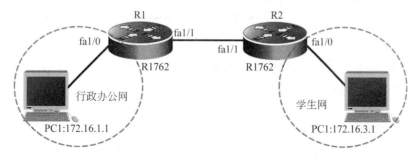

图 11-13　标准 ACL 控制网络工作场景

术控制,以实现网络之间的隔离,禁止学生访问办公网,保障办公网安全。

学生网和行政办公网网络地址的规划过程见表11-2。

表 11-2 两个独立校区的校园网地址规划

| 设 备 名 称 | 设备及端口的配置地址 | | 备 注 |
|---|---|---|---|
| R1 | Fa1/0 | 172.16.1.2/24 | 局域网端口,连接 PC1 |
| | Fa1/1 | 172.16.2.1/24 | 局域网端口,连接路由器 R2 的 Fa1/1 |
| R2 | Fa1/1 | 172.16.2.2/24 | 局域网端口,连接路由器 R1 的 Fa1/1 |
| | Fa1/0 | 172.16.3.2/24 | 局域网端口,连接 PC2 |
| PC1 | 172.16.1.1/24 | | 网关:172.16.1.2 |
| PC2 | 172.16.3.1/24 | | 网关:172.16.3.2 |

**备注**:在实际的环境中,如果没有两台路由设备,可以使用两台三层交换机代替。

【施工过程】

【步骤一】 按照如图 11-13 所示网络拓扑连接设备。注意设备之间的端口连接标准如图拓扑,否则可能会出现后续不一样的显示结果。

【步骤二】 配置行政办公网络的路由器 R1 路由。

进入路由器 R1 的配置模式,如图 11-14 所示,配置 R1 路由器信息:端口 IP 地址,动态路由。

图 11-14 配置路由器 R1 信息

【步骤三】 配置学生网络的路由器 R2 路由。

进入路由器 R2 的配置模式,如图 11-15 所示,配置路由器 R2 信息:端口 IP 地址,动态路由。

【步骤四】 测试从学生网到行政办公网的连通性。

(1) 使用测试 PC1 和 PC2,分别代表行政办公网(172.16.1.0)和学生网(172.16.3.0)

图 11-15　配置路由器 R2 信息

中的两台设备，为它们配置相应网段地址信息，如表 11-2 所示。

（2）使用 ping 命令，测试从学生网到行政办公网的连通性，网络连通正常。

【步骤五】　配置 ACL：禁止学生网访问行政办公网。

禁止来源于一个网络的数据流，按照 ACL 配置分类规则，选择标准 ACL 解决。

按照标准的 ACL 应用规则，尽量把数据流限制在离目标网络近的地点，尽可能扩大源网络访问范围，因此，选择接近目标网络的路由器 R1，启用安全策略。

（1）在路由器 R1 上配置标准 ACL 规则，如图 11-16 所示。

（2）在路由器 R1 的 Fa1/0 端口上，应用编制好的 ACL 规则。

图 11-16　路由器 R1 上配置标准 ACL

【项目测试】

继续使用 ping 命令测试连通性。

由于使用了标准 ACL，ACL 控制路由器 R1 上的数据流，禁止学生网访问行政办公网，从 PC1 无法测试通过。

```
Ping 172.16.1.1
...
```

### 11.7.4　扩展访问控制列表

扩展型访问控制列表(Extended IP ACL)在数据包的过滤方面,增加更多的精细度,具有比标准的 ACL 更强大的数据包检查功能。

扩展 ACL 使用编号范围 100～199 的值标识,区别同一接口上的多条列表。扩展 ACL 不仅检查数据包源 IP 地址,还检查数据包中目的 IP 地址、源端口、目的端口、建立连接和 IP 优先级等特征信息,利用这些选项对数据包特征对信息进行匹配。

和标准 ACL 相比,扩展 ACL 也存在一些缺点:一是配置管理难度加大,考虑不周很容易限制正常的访问;其次是在没有硬件加速的情况下,扩展 ACL 会消耗路由器 CPU 资源。所以中低档路由器进行网络连接时,应尽量减少扩展 ACL 条数,以提高系统的工作效率。

扩展访问控制列表的指令格式如下。

```
Access-list listnumber {permit | deny} protocol source source-wildcard-mask
destination destination-wildcard-mask [operator  operand]
```

其中:

listnumber 的标识范围为 100～199。

protocol 是指定需要过滤的协议,如 IP、TCP、UDP、ICMP 等。

source 是源地址;destination 是目的地址;wildcard-mask 是 IP 反掩码。

operand 是控制的源端口和目的端口号,默认为全部端口号 0～65 535。端口号可以使用数字或者助记符。

operator 是端口控制操作符"<"(小于)、">"(大于)、"="(等于)以及" "(不等于)来进行设置。支持的操作符及其语法如表 11-3 所示。

表 11-3　扩展访问控制列表支持的操作符

| 操作符及其语法 | 意　　义 |
| --- | --- |
| eq portnumber | 等于端口号 portnumber |
| gt portnumber | 大于端口号 portnumber |
| lt portnumber | 小于端口号 portnumber |
| neq portnumber | 不等于端口号 portnumber |
| range portnumber1 portnumber2 | 介于端口号 portnumber1 和 portnumber2 之间 |

扩展访问控制列表命令中其他语法规则,如 deny、permit、源地址和通配符屏蔽码、目的地址和通配符屏蔽码,以及 host/any 的使用方法,均与标准访问控制列表语法规则相同。

下面通过一个具体实例,说明扩展访问控制列表在企业内部网络管理上的应用。

如图 11-17 所示企业网络内部结构路由器(一般为三层交换机),连接了两个子网段,地址规划分别为 172.16.4.0/24,172.16.3.0/24。其中,在 172.16.4.0/24 网段中有一台服务器,主要提供 WWW 服务,其 IP 地址为 172.16.4.13。

为保护网络中心 172.16.4.0/24 网段安全,允许其他网络中的计算机访问子网络 172.16.4.0 网络,但不可以访问在 172.16.4.0 网络中搭建的 WWW 服务器。

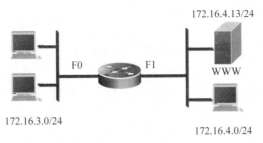

图 11-17　扩展 ACL 应用场景

分析任务了解到,需要开放的是 WWW 服务,禁止其他所有服务。而禁止来自指定网络中的某一项服务,因此,选择扩展的访问控制列表限制,在路由器上配置命令为:

```
Router(config)#
Router(config)#access-list 101 permit tcp any 172.16.4.13 0.0.0.0 eq www
Router(config)#access-list 101 deny ip any any
```

其中,设置扩展的 ACL 标识号为 101,允许源地址为任意 IP 的主机,访问目的地址为 172.16.4.13 的主机上 WWW 服务,其端口标识号为 80;命令 deny any 表示拒绝全部。

和标准的 ACL 配置一样,扩展 ACL 也需要应用到指定的接口上,才能发挥其应有的控制功能,如下所示。

```
Router(config)#interface Fastethernet 0/1
Router(config-if)#ip access-group 101 in
```

无论是标准的 ACL 还是扩展的 ACL,如果要取消一条 ACL 匹配规则的话,可以用"no access-list number"命令进行删除管理。

```
Router(config)#interface ethernet 0
Router(config-if)#no ip access-group 101 in
```

**小知识:访问控制列表使用原则**

**1. 最小特权原则**

只给受控对象完成任务所必需的最小权限。也就是说被控制的总规则是各个规则的交集,只满足部分条件的是不允许通过规则。

**2. 最靠近受控对象原则**

也就是说在检查规则时采用自上而下,在 ACL 中一条条检测,只要发现符合条件就立刻转发,而不继续检测下面的 ACL 语句。

**3. 默认丢弃原则**

在 ACL 编制规则中,默认最后一句为 DENY ANY ANY,也就是丢弃所有不符合条件的数据包。

**4. 自身流量无法限制**

访问控制列表只能过滤流经路由器的流量,对路由器自身发出的数据包不起作用。

**5. 允许通过原则**

一个访问控制列表中至少有一条允许语句,否则所有的语句将会全部被拒绝通行。

**6. 指令的优先级原则**

在组织 ACL 指令规则时,越具体的语句要越放在前面;越一般的语句要越放在后面。

**7. 至少有一条 Permit 语句**

---

## 工程案例:配置扩展访问列表,保护服务器安全

【工程名称】　在三层交换设备上,配置扩展访问列表,保护服务器安全。

【目标技能】　在校园网的路由器上配置扩展 ACL,保护服务器安全。

【材料准备】　路由器(两台),网络连线(若干),测试 PC(若干)。

【工作场景】

如图 11-18 所示的网络拓扑是中山大学某学院的学生网和教师网场景,要实现教师网(172.16.1.0)和学生网(172.16.3.0)之间的互联,但不允许学生网访问教师网中的 FTP 服务器。可以在路由器 R2 上做扩展 ACL 技术实现。

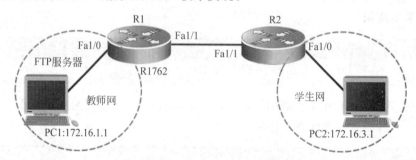

图 11-18　扩展 ACL 控制网络工作场景

其中,学生网和教师网地址的规划过程见表 11-4。

表 11-4　两个独立校区的校园网地址规划

| 设备名称 | 设备及端口的配置地址 | | 备　注 |
| --- | --- | --- | --- |
| R1 | Fa1/0 | 172.16.1.2/24 | 局域网端口,连接 PC1 |
| | Fa1/1 | 172.16.2.1/24 | 局域网端口,连接路由器 R2 的 Fa1/1 |
| R2 | Fa1/1 | 172.16.2.2/24 | 局域网端口,连接路由器 R1 的 Fa1/1 |
| | Fa1/0 | 172.16.3.2/24 | 局域网端口,连接 PC2 |
| PC1 | 172.16.1.1/24 | | 网关:172.16.1.2 |
| PC2 | 172.16.3.1/24 | | 网关:172.16.3.2 |

**备注**:在实际的环境中,如果没有两台路由设备,可以使用两台三层交换机代替。

【施工过程】

【步骤一】　按照如图 11-18 所示网络拓扑连接设备。注意设备之间的端口连接标准如图拓扑,否则可能会出现后续不一样的显示结果。

【步骤二】　按照上一个工程项目实施过程,配置教师网的路由器 R1、学生网的路由器 R2、测试从学生网到教师网的连通性,具体配置过程如图 11-1 和图 11-15 所示。

【步骤三】　配置扩展的访问控制列表:禁止学生访问教师网中 FTP 服务器。

因为允许学生访问教师网,但禁止访问目标网络的某一项服务的数据流。按照 ACL 配置规则,应该选择扩展 ACL 控制技术。

按照扩展 ACL 规则,尽量把数据流限制在离发源网络近的地点,尽可能减少从源网络流出的无效数据流占用网络带宽。因此,选择接近源头网络的路由器 R2 启用安全策略。

配置过程如图 11-19 所示。

图 11-19　路由器 R2 上配置扩展 ACL

【项目测试】

使用 ping 命令,测试网络连通性。

由于使用了扩展的访问控制 ACL 技术,学生网中设备,通过路由器 R2 设备,能访问教师网所有其他服务(除 FTP 服务),因此能 ping 教师网的设备。

在教师网中的设备上搭建 FTP 服务器,学生网计算机无法使用"FTP://172.16.1.1"命令访问到教师网中的 FTP 服务。

## 11.7.5　命名访问控制列表

以编号的方式来区分 ACL 技术,也称为编号访问控制列表。

编号 ACL 在应用时,如果需要取消一条 ACL 规则,在指定接口上使用 no access-list number 命令即可完成。但如果需要修改其中的某一条指令时,均无法进行,需要取消全部重新编制才能达到目的。在应用的过程中很不方便。

此外,在同一接口上超过 100 条 ACL 规则时,编号 ACL 将出现超过限度溢出的情况。

命名 ACL 很好地解决了这一问题,命名 ACL 不使用编号而使用字符串来定义规则。

在网络管理过程中,随时根据网络变化修改某一条规则,调整用户访问权限。命名 ACL 也包括标准和扩展两种类型,语句指令格式与编号 ACL 相似。

> (1) 通过字符串组成的名字直观地表示特定 ACL;
> (2) 不受编号 ACL 中 100 条限制;
> (3) 可以方便地对 ACL 进行修改,无须删除重新配置

命名 ACL 也是在全局模式下,指定一个或多个允许或拒绝条件,决定数据包通行方式。

命名 ACL 的语法格式如下。

```
Router(config)#ip  access-list  {standard | extended }  name
Router(config-std/ext-nacl) # { permit | deny }  {source  source-wildcad  |
any }
```

同样,配置如图 11-19 所示命令,使用命名 ACL 配置指令如下。

```
Router#configure terminal
Router(config)#ip access-list extended deny-web
Router(config-ext-nacl)#deny  tcp any 172.16.4.13 0.0.0.0  eq www
Router(config-ext-nacl)#permit ip any any
Router(config-ext-nacl)#exit

Router(config)#interface Ethernet 0
Router(config-if)#ip access-group deny-web in
```

### 11.7.6 在三层交换机上配置命名访问控制列表

三层交换机作为企业内部网络通信的控制中心,在企业网中发挥着重要的作用,在实际的网络安装中发挥着更重大的作用。

在三层交换机上配置 ACL,实质上起到防火墙的功能,针对来自于企业内部网络的攻击,防范内网的安全上,有着与接入 Internet 接口处专用防火墙所无法比拟的功能,可大大提升企业网的安全性能。

在三层交换机上配置命名 ACL。采用创建 ACL、接口上应用 ACL 指令格式如下。

**1. 创建标准命名 ACL**

```
(1) configure terminal                      !进入全局配置模式
(2) ip access-list standard { name }        !用字符串定义一条 ACL
(3) deny  { source  source-wildcard  / host  source  source-wildcard / any}
```
或
```
permit  {source  source-wildcard / host  source source-wildcard / any }
(4) show access-lists [name]                !显示配置 ACL,不指定 name 参数显示全部
```

下例在三层交换机上,创建一条命名 ACL 名字叫 deny-host-192.168.12.x;拒绝来自 192.168.12.0 网段中所有主机数据流通过。

```
Switch #configure terminal
Switch(config)#ip access-list standard deny-host-192.168.12.x
Switch(config-std-nacl)#deny 192.168.12.0   0.0.0.255
Switch(config-std-nacl)#permit any
Switch(config-std-nacl)#end

Switch #show access-list deny-host-192.168.12.x
```

### 2. 创建扩展命名 ACL

（1）ip access-list extended { name}　!用字符串来定义一条扩展 ACL

（2）{ deny / permit }  protocol  { source  source-wildcard  source| any}[operator port]
　　　　　　　　　　　　　!配置 permit 或 deny 条件,决定匹配条件的报文的转发方式

（3）{destination  destination-wildcard  | host  destination | any }  [ operator
port]　　　　　　　　　　　!定义 TCP 或 UDP 端口服务内容,决定控制网络方式
　　　　　　　　　　　　　!protocol 表现为:tcp 数据流;udp 数据流;ip 数据流

（4）Show access-lists  [name]　　　!显示配置好 AC

（5）ip access-group {name} {in|out}  !将指定的 ACL 应用于接口上

下例显示在三层交换机上,创建一条扩展命名 ACL,名称为 allow_0xc0a800_to_172.
168.12.3,允许内部子网络 192.168.x..x/24 中的所有主机,以 HTTP 访问服务器 172.
168.12.3,但拒绝其他所有主机使用网络。

```
Switch #configure terminal
Switch(config)#ip access-list extended allow_0xc0a800_to_172.168.12.3
Switch(config-std-nacl)#permit tcp 192.168.0.0   0.0.255.255 host 172.168.12.3
eq www
Switch(config-std-nacl)#end

Switch #show access-lists
...

Switch(config)#interface vlan 2
Switch(config-if)#ip access-group deny-unknow-device in
!将配置好的名称为 allow_0xc0a800_to_172.168.12.3 扩展命名 ACL,应用于交换机的 VLAN2
上,控制 VLAN2 内部信息流的访问权限
```

## 工程案例：配置命名 ACL 保护办公网安全

【工程名称】　配置命名 ACL 保护办公网安全。

【目标技能】　在校园网的三层交换机上配置命名 ACL 保护办公网的安全。

【材料准备】　交换机(两台),网络连线(若干),测试 PC(若干)。

【工作场景】

如图 11-20 所示的网络拓扑是中山大学某学院学生网和办公网工作场景,要禁止学生
网(172.16.3.0)访问办公网(172.16.1.0)中的设备,需要在三层交换机上做命名 ACL 技

术控制,以实现网络之间的隔离。

其中,学校的学生网和办公网中设备网络地址的规划过程如表 11-5 所示。

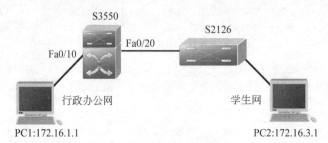

图 11-20　命名 ACL 控制网络场景

表 11-5　校园部门网络地址规划

| 设备名称 | 设备及端口的配置地址 | 网络掩码 | 网关 |
| --- | --- | --- | --- |
| S3550 | Fa0/10：172.16.1.2 | 255.255.255.0 | 无 |
| | Fa0/20：172.16.3.2 | 255.255.255.0 | 无 |
| S2126 | 无 | 无 | 无 |
| PC1 | 172.16.1.1 | 255.255.255.0 | 172.16.1.2 |
| PC2 | 172.16.3.1 | 255.255.255.0 | 172.16.3.2 |

【施工过程】

【步骤一】　连接部门网络设备

(1) 按如图 11-20 所示的网络拓扑,连接部门网络的设备。注意设备之间的端口连接标准如图拓扑,否则可能会出现后续不一样的显示结果。

(2) 为连接在网络上计算机配置 IP 地址,地址信息见表 11-5。

【步骤二】　配置三层交换机

配置三层交换机设备,配置过程如图 11-21 所示。

图 11-21　配置三层交换机

三层交换机的所有端口默认都是交换端口,需要使用 no switchport 命令转换为路由端口,并分别配置如表 11-5 所示的地址。

【**步骤三**】　测试网络连通性

使用 ping 命令,测试网络连通性。

连接在同一台三层交换机的交换网,通过直连路由,网络中设备互联,测试如图 11-22 所示。

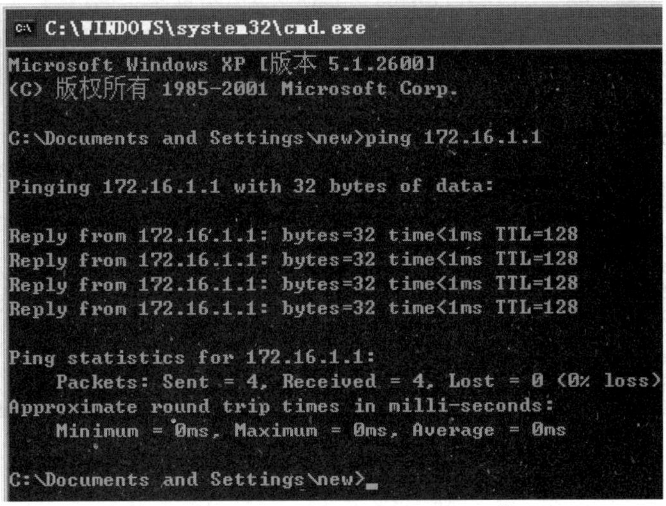

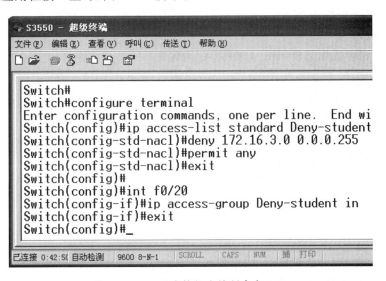

**图 11-22　测试网络连通性**

【**步骤四**】　禁止学生网访问办公网

由于禁止学生网访问办公网,按照 ACL 的编制规则,使用标准 ACL 技术进行数据流的控制。

在三层交换机上实施编制命名的 ACL 技术,更方便有效。此外,编制完成的命名 ACL,并把其应用在接口上,如图 11-23 所示。

```
Switch#
Switch#configure terminal
Enter configuration commands, one per line.  End wi
Switch(config)#ip access-list standard Deny-student
Switch(config-std-nacl)#deny 172.16.3.0 0.0.0.255
Switch(config-std-nacl)#permit any
Switch(config-std-nacl)#exit
Switch(config)#
Switch(config)#int f0/20
Switch(config-if)#ip access-group Deny-student in
Switch(config-if)#exit
Switch(config)#_
```

**图 11-23　三层交换机上编制命名 ACL**

备注：三层交换机的 VLAN 上也支持 ACL 控制，但只支持 in 方向的数据流匹配。

**【步骤五】** 测试网络连通性

使用 ping 命令，测试网络连通性。

由于使用了命名 ACL 技术，控制通过三层交换机流入的数据流，禁止来自学生网访问办公网，因此网络不通，测试结果如图 11-24 所示。

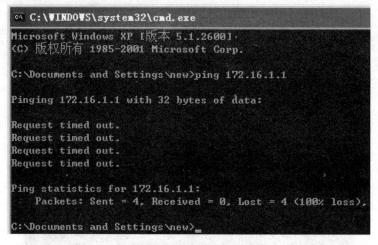

图 11-24  测试网络的连通性

## 认证测试

以下每道选择题中，都有一个正确答案或者是最优答案，请选择出正确答案。

1. 下列哪些访问列表范围符合 IP 范围？_____

    A. 1～99          B. 100～199          C. 800～899          D. 900～999

2. 访问列表分为哪两类？_____

    A. 标准访问列表                     B. 高级访问列表

    C. 低级访问列表                     D. 扩展访问列表

3. R2624 路由器如何显示访问列表 1 的内容？_____

    A. show acl 1                        B. show list 1

    C. show access-list 1                D. show access-lists 1

4. 扩展 IP 访问列表的号码范围为_____。

    A. 1～99          B. 100～199          C. 800～899          D. 900～999

5. 以下为标准访问列表选项的是_____。

    A. access-list 116 permit host 2.2.1.1

    B. access-list 1 deny 172.168.10.198

    C. access-list 1 permit 172.168.10.198   255.255.0.0

    D. access-list standard 1.1.1.1

6. 在配置访问列表的规则时，以下描述正确的是_____。

    A. 加入的规则，都被追加到访问列表的最后

B. 加入的规则,可以根据需要任意插入到需要的位置

C. 修改现有的访问列表,需要删除重新配置

D. 访问列表按照顺序检测,直到找到匹配的规则

7. 以下对交换机安全端口描述正确的是_____。

A. 交换机安全端口的模式可以是 trunk　　B. 交换机安全端口违例处理方式有两种

C. 交换机安全端口模式是默认打开的　　　D. 交换机安全端口必须是 access 模式

8. 访问列表是路由器的一种安全策略,你决定用一个标准 IP 访问列表来做安全控制,以下为标准访问列表的例子为_____。

A. access-list standart 192.168.10.23

B. access-list 10 deny 192.168.10.23　0.0.0.0

C. access-list 101 deny 192.168.10.23　0.0.0.0

D. access-list 101 deny 192.168.10.23　255.255.255.255

9. 下列条件中,能用作标准 ACL 决定报文是转发或还是丢弃的匹配条件有_____。

A. 源主机 IP　　　　B. 目标主机 IP　　　　C. 协议类型　　　　D. 协议端口号

10. 扩展的访问控制列表,可以采用以下哪几个来允许或者拒绝报文?　_____

A. 源地址　　　　　B. 目标地址　　　　　C. 协议　　　　　　D. 端口

11. 计算机病毒的特点可以归纳为_____。

A. 破坏性　　　　　B. 潜伏性　　　　　　C. 传染性　　　　　D. 可读性

12. 病毒是一种 _____。

A. 可以传染给人的疾病　　　　　　B. 计算机自动产生的恶性程序

C. 人为编制的恶性程序或代码　　　D. 环境不良引起的恶性程序

13. 某路由器收到了一个 IP 数据报,在对其首部进行校验后发现该数据报存在错误,路由器最有可能采取的动作是_____。

A. 纠正该 IP 数据报的错误　　　　B. 将该 IP 数据报返给源主机

C. 抛弃该 IP 数据报　　　　　　　D. 通知目的主机数据报出错

14. 用户从 CA 安全认证中心申请自己的证书,并将该证书装入浏览器的主要目的是_____。

A. 避免他人假冒自己　　　　　　　B. 验证 Web 服务器的真实性

C. 保护自己的计算机免受病毒的危害　D. 防止第三方偷看传输的信息

15. 会影响计算机网络服务器安全的有_____。

A. 电子邮件炸弹　　　　　　　　　B. 黑客犯罪

C. 远程特洛伊木马程序　　　　　　D. 电子邮件附加文件

16. 美国国防部与国家标准局将计算机系统的安全性划分为不同的安全等级,下面的安全等级中,最低的是_____。

A. A1　　　　　B. B1　　　　　　C. C1　　　　　　D. D1

17. 导致信息安全问题产生的原因较多,但综合起来一般有两类,即_____。

A. 系统漏洞　　　B. 黑客　　　　　C. 病毒　　　　　D. 硬件故障

18. 文件型病毒传染的对象主要是哪两类文件?　_____

A. .COM　　　　B. .DBF　　　　　C. .TXT　　　　　D. .EXE

19. 下列软件中,专门用于检测和清除病毒的软件或程序是_____。
　　A. Scandisk　　　　B. Windows　　　　C. Winzip　　　　D. Kv3000
20. 采取下列哪些方式能加强计算机网络管理和提高网络安全?_____
　　A. 设置防火墙　　　　　　　　　B. 为用户设置数码身份认证
　　C. 定期制作备份　　　　　　　　D. 使用防病毒软件
21. 计算机病毒由网络传播给用户计算机系统的主要途径有三个,即_____。
　　A. 通过公共匿名 FTP 文件传送　　B. 通过电子邮件传播
　　C. 通过主页文件中的病毒脚本程序　D. 通过防火墙传播
22. 目前,被认为是最有效的安全控制方法是_____。
　　A. 口令　　　　　　　　　　　　B. 数据加密
　　C. 用户权限设置　　　　　　　　D. 限制对计算机的物理接触
23. 为了预防计算机病毒应采取的最有效措施是_____。
　　A. 不同任何人交流　　　　　　　B. 绝不玩任何计算机游戏
　　C. 不用盗版软件和来历不明的磁盘　D. 每天对磁盘格式化
24. 计算机病毒的主要危害是_____。
　　A. 损坏计算机硬盘　　　　　　　B. 破坏计算机显示器
　　C. 降低 CPU 主频　　　　　　　D. 破坏计算机软件和数据
25. 网络"黑客"是指什么样的人?_____
　　A. 匿名上网　　　　　　　　　　B. 在网上私闯他人计算机
　　C. 不花钱上网　　　　　　　　　D. 总在夜晚上网

# 第 12 章  配置网络防火墙安全

## 项目背景

网络安全技术正发展成为影响信息化发展进程的关键,各种来自 Internet 上的攻击和干扰,都严重影响了企业网的正常运行。

如何保证网络的安全运行成为企业网络应用的首要考虑要素? 使用硬件防火墙防范来自互联网上的攻击,保障网络安全,成为企业网络安全防范的重要措施。

本章以中山大学校园网络安全改造项目为依托,介绍如图 12-1 所示防火墙安全技术,学习防火墙设备安装、配置技术,了解其在网络安全整体规划中的作用和功能。

图 12-1  网络防火墙设备

## 项目分析

中山大学校园网建设分三期完成:一期网络建设主要解决校园办公自动化和资源共享问题;二期主要改造校园内部基础网络系统,满足网络应用增长和扩展需要;三期的校园网改造,希望满足越来越紧迫的网络安全需求。

三期网络的改造在二期网络基础上施工,重点规划网络安全的防范措施,安装防火墙设备,保障校园网安全运行的措施,三期网络安全措施规划拓扑如图 12-2 所示。

三期网络改造中安装的防火墙设备,能提供实时检测技术,能够根据 IP 地址、协议端口、服务、关键字以及时间段等,提供针对内、外网络的双向安全控制机制,特别是像对 Internet 上蔓延的"蠕虫"的防护更有效。

此外,还具有 DoS 保护(拒绝服务攻击保护)、入侵检测等安全特性,能安全地抵御来自于 Internet 上的各种不同类型的侵害。

三期校园网络的安全建设,还考虑了校园内部网络管理和维护,以减轻学校校园信息中心网络管理的压力。

在信息中心部署网络管理系统,通过全网拓扑管理和监控系统,对全网实施实时管理,确保校园核心网络安全,有效避免各种安全隐患。

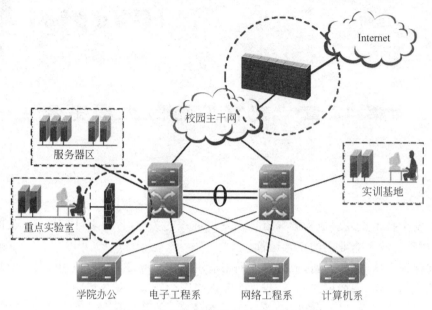

**图 12-2 中山大学校园安全网络建设拓扑**

通过本章的学习,读者将了解到以下知识内容。

(1) 防火墙的分类。

(2) 防火墙的工作原理。

(3) 防火墙的安装、配置技术。

## 12.1 防火墙概述

Internet 技术的发展给人们日常的学习、生活和工作都带来了前所未有的改革,借助 Internet,企业可以很方便地获取自己需要的信息。但同时面对 Internet 开放性的功能,也带来了企业内部网络安全的新挑战:即客户、销售商、用户、异地员工和内部员工对网络的安全访问。

伴随企业网技术的发展,各种针对企业网攻击网络的技术也相伴出现,层出不穷,严重地干扰了网络的有效运行,网络安全的重要性日益凸显出来。如何保障企业网的安全运行,不受来自外部网络的攻击和干扰,保障网络的安全运行是企业网络首要考虑的问题。

### 12.1.1 什么是防火墙

防火墙(Firewall)是设置在不同网络之间,如可信任的企业内网和不可信的公共网(Internet)之间的安全设备,或位于计算机和它所连接的网络之间的硬件或软件的组合。防火墙多见于两个网络之间,是内部网络访问外部网络的唯一出入口,如图 12-3 所示。

不同网络之间的所有数据流都经过防火墙,由防火墙提供网络间的信息安全服务。

防火墙根据企业网的安全政策,允许、拒绝出入网络间的信息流,提供安全防范保护功

图 12-3 设置在内网和 Internet 间防火墙

能,且防火墙本身也具有较强的抗攻击能力。

在逻辑上,防火墙是一个分离器,一个限制器,也是一个分析器,它有效地监控了内部网和 Internet 之间,或者二个网络之间的任何数据传输活动。通过防火墙可以对网络之间的通信进行监控,关闭不安全的端口,阻止外来的 DoS 攻击,封锁特洛伊木马等,以保证网络安全。

典型意义上的防火墙设备具有以下三个方面的基本特性。

(1) 内部网络和外部网络之间的所有数据流都必须经过防火墙;

(2) 只有符合安全策略的数据流才能通过防火墙;

(3) 防火墙自身具有非常强的抗攻击免疫力。

## 12.1.2 防火墙基本功能

防火墙设备可以看成在可信任网络和不可信网络之间的一个缓冲空间,其基本功能就是对网络间通信进行筛选,防止未授权的访问进出网络,从而实现对网络进行访问控制。防火墙只专注做一件事,在已授权和未授权通信之间做出决断。

最初,防火墙只对内部网络总是信任,而对外部网络总是不信任。体现在防火墙的设计上只对外部进入内网的通信过滤,而对内部网络发出的通信不做限制。

目前,防火墙不仅对外部网络发出的通信要进行过滤,对内部网络用户发出的部分数据包同样可以过滤,只有符合安全策略的数据通信才可以通过。

防火墙的基本功能表现在以下几方面。

**1. 网络安全的屏障**

防火墙作为网络的控制点,能极大提高内部网络的安全,通过过滤不安全的服务而降低网络传输风险。由于只有经过精心选择的应用才能通过防火墙,这样来自外部网络的攻击者,就不可能通过防火墙来攻击内部网络,所以企业内部网络变得更安全。

**2. 强化网络安全策略**

通过建立以防火墙为中心的安全方案配置,能将所有安全要求(如口令、加密、身份认证、审计等)配置在防火墙上。与将网络安全管理问题分散到各台主机上相比,防火墙的集中安全管理更经济、更统一。

**3. 对网络存取和访问进行监控**

由于所有来自外部网络进入内部网络的访问都经过防火墙,防火墙成为审计和记录 Internet 使用状况的最佳地点,防火墙通过记录下这些访问,并根据这些访问记录做出日志,提供网络使用情况的统计数据。当发生可疑动作时,防火墙能进行适当报警,并提供网络是否受到监测和攻击的详细信息,使用防火墙的统计信息,分析网络需求和威胁,对保护网络安全非常重要。

**4. 防止内网信息外泄**

隐私是内部网络非常关心的问题,内部网络中不引人注意的细节,可能包含有关网络安全的线索,其信息的外泄可能引起外部攻击者的兴趣,暴露内网安全漏洞。通过防火墙实施内部网络的安全规划,可实现对内部网重点网段实施安全隔离,限制重点或敏感网络信息被泄漏。

**5. 具有 VPN 性能**

防火墙除了安全作用,还支持通过 Internet 服务特性,建立的企业内部的私有专网VPN 技术。通过 VPN 技术将分布在全世界各地的企业内部网络,在 Internet 上建立企业的私有专用网,把分布在各地的分支机构网络有机地联成一个整体,提供了企业网在Internet 网上传输安全保障。

**6. 提供 NAT 技术**

NAT 技术的主要用途是解决 IP 地址匮乏问题,NAT 技术能透明地对所有内部地址做转换,使外部网络无法了解内部网络的内部结构。防火墙具有 NAT 技术,充当内网的中介和代理,截断与外部网络的直接连接,极大地提高了内部网络的安全性。

**7. 强大的抗攻击能力**

作为一种网络安全防护设备,防火墙在网络中自然是众多攻击的目标,故抗攻击能力的高低也是衡量防火墙设备性能的一个重要技术指标。

当然,防火墙在网络安全的防范上也不是万能的,也存在着一些不能防范的安全威胁,防火墙不能防范不经过防火墙的攻击,如从受保护的网络内部向外拨号通信。另外,防火墙很难防范来自网络内部的攻击以及病毒威胁。

## 12.2　防火墙工作原理

防火墙实际上就是网络上的一种数据包过滤塞,可以让安全的信息流通过这个塞子,不安全的信息都统统过滤掉。所以防火墙只有两个动作,也就是"接受"或者"拒绝"。

所有的防火墙都具有 IP 地址数据包过滤功能,通过检查 IP 数据包头部特征信息,如根据其 IP 源地址和目标地址,做出"放行/丢弃"的决定动作。

如图 12-4 所示网络拓扑是企业网络内部相互隔离的两个网段之间,安装一台防火墙设备。防火墙的一端连接 UNIX 系统网络服务器系统;另一网段连接的则是用户网络。

**图 12-4　防火墙过滤网络数据包**

当用户网络中的 PC 客户机,向服务器区的 UNIX 服务器发起 Telnet 请求时,PC 上的 Telnet 客户程序就产生一个 TCP 包。接下来,将这个 TCP 包封装到 IP 数据包里,然后通过网络,将它发送给 UNIX 服务器。这个 IP 包必须穿过连接 PC 和 UNIX 服务器之间的网络,经过防火墙的允许通过,才能到达 UNIX 服务器。

如果防火墙上配置有安全检查规则:所有用户网络中,发给服务器区的 UNIX 服务器的数据包都给拒绝,以保护 UNIX 服务器的安全。

一旦防火墙上该配置规则生效以后,只有和 UNIX 服务器在同一网段的用户,才能访问 UNIX 服务器,其他网络中的数据包都给予拒绝,如图 12-5 所示。防火墙匹配进出 IP 包,并根据 IP 地址做出数据包的转发判断,这是防火墙最基本的功能。

仅依靠地址进行数据过滤数据流来保护网络,在实际网络安全保护上还是不可行,无法达到真正的安全保护的目的。主要原因是目标网络中的 UNIX 服务器上,往往运行着多种通信服务。

如不想让用户采用 Telnet 的方式连到系统,但允许使用 SMTP/POP 邮件服务、HTTP 万维网服务……所以,在 IP 地址过滤技术之外,防火墙还需要具有对网络上所有服务的 TCP/ UDP 端口过滤,如图 12-5 所示。

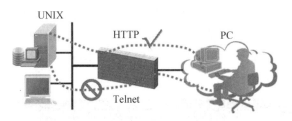

**图 12-5　防火墙设备过滤多种不同的网络服务**

因此,只要把 IP 地址和目标服务器 TCP/UDP 端口服务结合起来,才能实现相当可靠的防火墙防护,保护目标网络。

## 工程案例:登录防火墙设备,查看安全配置

【工程名称】　登录防火墙设备,查看防火墙设备安全配置。

【目标技能】　学习防火墙设备的登录方式,会查看防火墙设备配置信息。

【材料准备】　防火墙(RG-WALL1600 系列,一台),测试 PC(一台),网线(若干)。

【工作场景】

为了保证学院办公网安全,网络中心新购进一台 RG-WALL1600 防火墙,部署在校园网 Internet 的出口处。

小明是学院的网络管理员,承担学院内部的网络管理和维护工作。小明接手网管工作任务后,希望了解学院内部的网络安全状况,因此希望登录防火墙设备,查看防火墙设备配置信息,连接拓扑如图 12-6 所示。

RG-WALL1600下一代防火墙

GE0

**图 12-6　防火墙配置管理连接拓扑**

**【施工过程】**

**【步骤一】** 连接设备

按照拓扑图 12-6 连接好设备,将管理主机连接到防火墙的 GE0 接口。修改主机 IP 地址为 192.168.1.0/24 网段中任意地址(除 192.168.1.200 外),如图 12-7 所示。

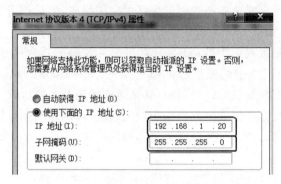

图 12-7　修改主机 IP 地址和防火墙同网段

**【步骤二】** 登录防火墙

打开主机浏览器,输入 https://192.168.1.200(防火墙默认 G0 端口默认地址是 192.168.1.200)。输入用户名 admin、密码 firewall 和验证码,单击"登录"按钮,如图 12-8 所示。

**备注**:在 Windows 7 系统中,如果出现"此网站的安全证书出现问题",单击"继续浏览此网站"即可。

图 12-8　登录防火墙账号和密码

**【步骤三】** 查看防火墙首页信息

登录防火墙成功后,可查看防火墙的各种功能,如图 12-9 所示。

**【步骤四】** 查看防火墙接口状态

在防火墙首页上,单击"系统管理"→"状态"→"接口状态",查看防火墙接口状态,如图 12-10 所示。

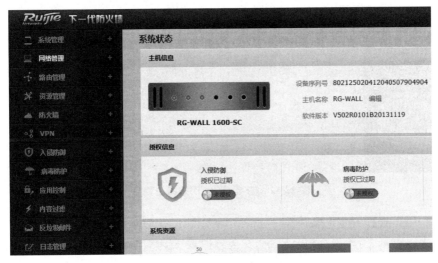

图 12-9    查看防火墙首页

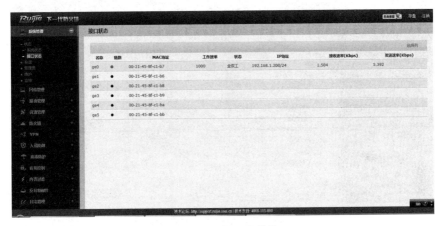

图 12-10    查看防火墙接口

【步骤五】    查看路由表信息

在防火墙首页上，单击"路由管理"→"路由表"选项，查看防火墙接口连接子网信息，如图 12-11 所示。

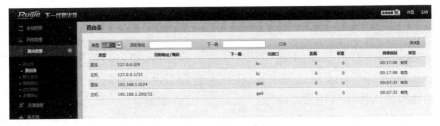

图 12-11    查看防火墙接口连接子网

【步骤六】    查看 OSPF 路由表信息

在防火墙首页上，单击"路由管理"→"动态路由"→OSPF 选项，查看防火墙启动的

OSPF 动态路由配置信息,如图 12-12 所示。

图 12-12    查看 OSPF 动态路由信息

【步骤七】    查看安全策略

在防火墙首页上,单击"防火墙"→"安全防护表"选项,查看防火墙安全防护配置信息,如图 12-13 所示。

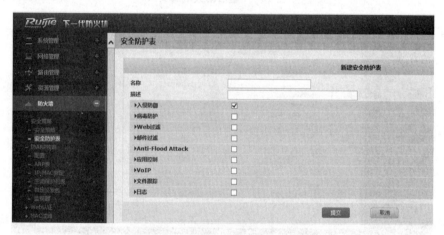

图 12-13    查看防火墙安全防护配置

## 12.3    防火墙分类

传统的防火墙是基于访问控制列表规则的包过滤防火墙,一般安装在企业网的入口处,也俗称"边界防火墙"。

随着防火墙技术新的发展,出现一些新的防火墙技术,如电路级网关技术、应用网关技术和动态包过滤技术。在实际运用中,这些技术差别非常大,有的工作在网络层,有的工作在传输层,还有的工作在应用层。

尽管防火墙技术经过几代革新,出现了很多不同的品种,但按照防火墙对内、外网络监控的技术,将防火墙分为两大体系:包过滤防火墙和代理防火墙(应用层网关防火墙)。

### 1.  包过滤防火墙

包过滤防火墙是常见的类型,也称为分组过滤防火墙,工作在网络层和传输层。其技术是包过滤技术,网络上的数据都是以"包"为单位进行传输,数据被分割成为一定大小的数据包,每一个数据包中都携带传输数据的特征信息,如数据的源地址、目标地址、TCP/UDP 源端口和目标端口等。

包过滤防火墙通过读取数据包头中的特征信息,判断这些"包"是否来自可信任网络,确定是否允许数据包通过。只有满足过滤规则的数据包,才会被防火墙转发到相应目标网络接口。一旦发现有来自危险网络的特征数据包,依据预先配置的过滤规则,防火墙便会将这些数据拒之门外,如图 12-14 所示。

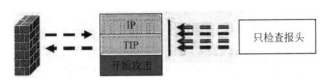

图 12-14　包过滤防火墙

根据过滤数据包的方式和技术上的不同,在实际的应用中包过滤防火墙又分为静态包过滤和动态包过滤防火墙两种类型。

1) 静态包过滤防火墙

静态包过滤是分组过滤防火墙第一代的品种,它根据定义好的过滤规则,审查每个数据包,以便确定其是否与某一条包过滤规则匹配。

静态包过滤规则基于数据包的报头信息特征,包括 IP 源地址、IP 目标地址、传输协议(TCP、UDP、ICMP 等)、TCP/UDP 目标端口、ICMP 消息类型等。

静态包过滤类型的防火墙要遵循的一条基本原则是"最小特权原则",即明确允许那些管理员希望通过的数据包,禁止其他的数据包,如图 12-15 所示。

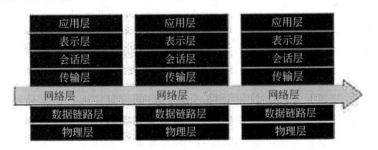

图 12-15　静态包过滤防火墙

2) 动态包过滤防火墙

动态包过滤是分组过滤防火墙的新一代品种,采用动态设置包过滤规则方法,避免了静态包过滤所具有的问题,这种技术后来发展成为所谓的包状态监测(Stateful Inspection)技术。

采用动态包过滤技术防火墙对建立的每一个连接,都进行跟踪,并根据需要可动态在过滤规则中增加或更新条目,如图 12-16 所示。

包过滤防火墙中的分组过滤技术优点是简单实用,实现成本较低。在应用环境比较简单的情况下,能够以较小的代价,在一定程度上保证系统的安全,是一种通用、廉价、有效的安全手段。之所以通用,是因为它不针对各个具体的网络服务,采取特殊的处理方式;之所

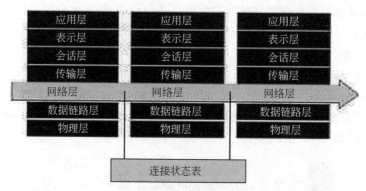

图 12-16　动态包过滤防火墙

以廉价,是因为大多数路由器都提供分组过滤功能;之所以有效,是因为它能很大程度地满足企业网的基本安全要求。

但包过滤防火墙的缺陷也很明显,包过滤技术是一种完全基于网络层的安全保障技术,只能根据数据包的来源、目标和端口等网络信息进行判断。包过滤防火墙一般工作在网络层和传输层,无法识别基于应用层的恶意侵入,如恶意的 Java 小程序以及电子邮件中附带的病毒。有经验的黑客很容易伪造 IP 地址,骗过包过滤型防火墙。

**2. 应用代理防火墙**

应用代理防火墙也称代理服务器,在保护网络的安全性上要高于包过滤型产品。

应用代理防火墙工作在应用层,能够完全阻隔网络通信数据流。通过对每种应用服务编制专门的代理程序,实现应用层通信流的监视作用。应用代理防火墙是内部网与外部网的隔离点,起着监视和隔绝应用层通信流的作用。

第一代代理防火墙也叫应用层网关防火墙,这种防火墙通过一种代理(Proxy)技术实现一个 TCP 连接全过程。代理服务器位于客户机与服务器之间,完全阻挡了二者间的数据交流。从客户机来看,代理服务器相当于一台真正的服务器;而从服务器来看,代理服务器又是一台真正的客户机。

当客户机需要使用服务器上的数据时,首先将数据请求发给代理服务器,代理服务器再根据这一请求向服务器索取数据,然后再由代理服务器将数据传输给客户机。由于外部系统与内部服务器之间没有直接的数据通道,外部的恶意侵害也就很难伤害到企业内部网络系统,如图 12-17 所示。

图 12-17　应用层网关防火墙

应用层网关防火墙的最大缺点就是速度比较慢，当用户对内外网络网关的吞吐量要求比较高时，代理防火墙就会成为内外网络之间的瓶颈。所幸的是，目前用户接入 Internet 的速度一般都远低于这个数字。

第二代代理防火墙也叫自适应代理防火墙，自适应代理技术（Adaptive Proxy）是最近在商业应用防火墙中实现的一种创新技术。它结合代理类型防火墙的安全性和包过滤防火墙的高速度等优点，在不损失安全性的基础之上将代理型防火墙性能提高 10 倍以上，如图 12-18 所示。

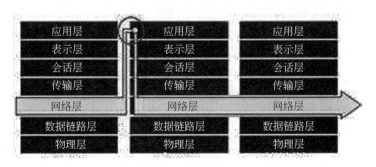

图 12-18　自适应代理防火墙

组成这种类型防火墙的基本要素有两个：自适应代理服务器（Adaptive Proxy Server）与动态包过滤器（Dynamic Packet Filter）。

在自适应代理与动态包过滤器之间存在一个控制通道。在对防火墙配置时，用户仅将需要的服务类型、安全级别等信息进行设置就可以。

然后，自适应代理就可以根据用户的配置信息，决定是使用代理服务从应用层代理请求还是从网络层转发包。如果是后者，它将动态地通知包过滤器增减过滤规则，满足用户对速度和安全性的双重要求。

**3. 硬件防火墙和软件防火墙**

从产品的表现形式上来分，防火墙还可分为硬件防火墙和软件防火墙两种类型。

1）硬件防火墙

硬件防火墙是指把防火墙程序做到芯片里面，由硬件执行这些功能，能减少 CPU 的负担，使路由更稳定，如图 12-19 所示。

硬件防火墙是保障内部网络安全的一道重要屏障，它的安全和稳定，直接关系到整个内部网络的安全。硬件防火墙一般有着这样的核心要求：它的硬件需要单独设计，有专用网络芯片来处理数据包；同时采用专门的操作系统平台，以避免通用操作系统的安全性漏洞。

图 12-19　硬件防火墙产品

硬件防火墙也使用包过滤等安全检查规则，利用这些规则防火墙对流经防火墙的数据做出判断，通过或者不通过，以此达到禁止非正常数据通过，保护网络安全的目的。

标准的防火墙设备一般有 WAN、LAN 和 DMZ 三个端口，分别连接企业网的不同安全区域，具有多种安全防范功能，企业网以及大型网络的出口处使用较多，如图 12-20 所示。通常硬件防火墙部署在网络的出口或者是网络重点保护区域，需要完成两件工作：第一，作为网络互连设备实现网络互联互通;第二,作为网络安全设备检测流经数据,保护网络安全。

图 12-20    标准的硬件防火墙端口

2)软件防火墙

软件防火墙就是安装在终端设备上的安全防护软件,一般来说是这台计算机就是整个网络的网关,俗称"个人防火墙",如图 12-21 所示微软的 Windows 7 系统的防火墙模块。

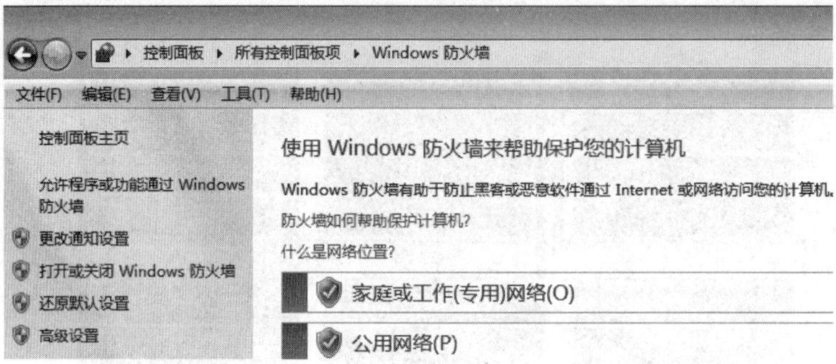

图 12-21    Windows 7 系统的防火墙模块

此外,还有部分软件防火墙就像普通软件产品一样,直接在计算机上安装做好配置就可以防护计算机设备,在终端设备上实现网络管理和防御功能。随着宽带网络的迅速发展,软件防火墙在大数据流量面前显得力不从心,比如天网防火墙、金山网镖、蓝盾防火墙等,如图 12-22 所示。

图 12-22    软件防火墙

## 12.4    防火墙专业术语

DMZ:DMZ(Demilitarized Zone)区也称为隔离区或非军事化区,是为了解决企业网出口安装有防火墙设备后,限制了外部网络访问内网服务器限制的问题。为了安全管理需要,在内网中单独划分出一块区域对外网提供服务的服务器,往往放在一个单独的网段,允许外部网络中的用户无阻挡通过防火墙访问企业网服务器区,这个网段便是非军事化区。DMZ

相当于内部网络和外部网络之间的一个网络缓冲区,通过该区域可以有效保护内部网络,而又不限制外部网络用户的访问,如图 12-23 所示。

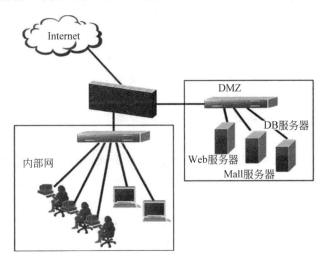

图 12-23　防火墙的 DMZ

吞吐量:网络中的数据是由一个个数据包组成,防火墙对每个数据包的处理要耗费资源。吞吐量是指在不丢包的情况下,单位时间内通过防火墙的数据包数量,是测量防火墙性能的重要指标。防火墙作为内外网之间的唯一数据通道,如果吞吐量太小就会成为网络瓶颈,给整个网络的传输效率带来负面影响。因此,考察防火墙的吞吐能力有助于更好地评价其性能表现,也是测量防火墙性能的重要指标。

并发连接数:网络中的"连接"是指通信双方建立的一个虚拟通道,并发连接数是衡量防火墙处理数据性能的一个重要指标,反映的是防火墙对其业务信息流的处理能力。防火墙能够同时处理的点对点连接的最大数目称为并发连接数,它反映出防火墙设备对多个连接的访问控制能力和连接状态跟踪能力。这个参数的大小直接影响到防火墙所能支持的最大信息点数,因为防火墙对每个连接的处理也耗费资源,因此最大连接数成为考验防火墙这方面能力的指标。

网络地址转换:网络地址转换(NAT)是将一个 IP 地址域映射到另一个 IP 地址域的技术,为企业内部网络中的主机提供透明路由。防火墙上的 NAT 技术常用于企业内网中的私有地址域与外部网络中的公用地址域的地址转换,以解决 IP 地址匮乏问题。在防火墙上实现 NAT 后,可以隐藏受保护网络的内部拓扑结构,在一定程度上提高网络的安全性。

VPN:Virtual Private Network 即虚拟专用网络,是指在专用和公共网络 Internet 上创建的临时的、安全的专用网络连接,又称为"隧道",并不是真的专用网络。在防火墙中使用 VPN 功能可以创建临时连接,保障数据利用这个专用通道在网络中进行数据的安全传输。

SPI:Stateful Packet Inspection 即状态封包检测,防火墙通过该功能可以过滤掉一些不正常的包,防止恶意攻击,比如 DoS 攻击。

IDS:Intrusion Detection Systems 即入侵检测系统,防火墙通过该功能可以对网络的运行状况进行监视,并检测出可能的攻击,以保证网络的安全。

## 12.5 防火墙架构

### 1. X86 架构

最初的防火墙是基于 X86 架构,X86 架构采用通用 CPU 和 PCI 总线接口,具有很高的灵活性和可扩展性,该架构过去一直是防火墙开发的主要平台。该类产品的功能主要由软件实现,可以根据用户的实际需要而做相应调整,增加或减少功能模块,产品比较灵活,功能十分丰富。

但防火墙性能的发展却受到体系结构的制约,作为通用的计算平台,X86 的结构层次较多,不易优化,且往往会受到 PCI 总线的带宽限制。虽然 PCI 总线接口理论上能达到接近 2Gb/s 的吞吐量,但是通用 CPU 的处理能力有限,尽管防火墙软件部分可以尽可能地优化,但很难达到千兆速率。同时很多 X86 架构的防火墙是基于定制的通用操作系统,安全性在很大程度上取决于通用操作系统自身的安全性,可能会存在安全漏洞。

### 2. ASIC 架构

相比之下,ASIC 防火墙通过专门设计的 ASIC 芯片逻辑进行硬件加速处理。ASIC 通过把指令或计算逻辑固化到芯片中,获得了很高的处理能力,因而明显提升了防火墙的性能。新一代的高可编程 ASIC 采用了更灵活的设计,能够通过软件改变应用逻辑,具有更广泛的适应能力。但是,ASIC 的缺点也同样明显,它的灵活性和扩展性不够,开发费用高,开发周期太长,一般耗时接近两年。

虽然研发成本较高,灵活性受限制,无法支持太多的功能,但其性能具有先天的优势,非常适合应用于模式简单、对吞吐量和时延指标要求较高的电信级大流量的处理。

### 3. NP 架构

网络处理器(Network Processor,NP)架构防火墙可以说是介于两者之间的技术,NP 是专门为网络设备处理网络流量而设计的处理器,其体系结构和指令集对于防火墙常用的包过滤、转发等算法和操作都进行了专门的优化,可以高效地完成 TCP/IP 栈的常用操作,并对网络流量进行快速的并发处理。硬件结构设计也大多采用高速的接口技术和总线规范,具有较高的 I/O 能力。

NP 架构可以构建一种硬件加速的完全可编程的架构,这种架构的软硬件都易于升级,软件可以支持新的标准和协议,硬件设计支持更高的网络速度,从而使产品的生命周期更长。由于防火墙处理的就是网络数据包,所以基于 NP 架构的防火墙与 X86 架构的防火墙相比,性能得到了很大的提高。

NP 架构防火墙通过专门的指令集和配套的软件开发系统,提供强大的编程能力,因而便于开发应用,支持可扩展的服务,而且研制周期短,成本较低。但是,相比于 X86 架构,由于应用开发、功能扩展受到 NP 的配套软件的限制,基于 NP 技术的防火墙的灵活性要差一些。由于过多地依赖软件环境,所以在性能方面 NP 不如 ASIC。NP 开发的难度和灵活性都介于 ASIC 和 X86 构架之间,应该说 NP 是 X86 架构和 ASIC 之间的一个折中产品。

从上述可以看出,X86 架构、NP 架构和 ASIC 架构各有优缺点。X86 架构灵活性最高,新功能、新模块扩展容易,但性能肯定满足不了千兆的需要。ASIC 性能最高,千兆、万兆吞吐速率均可实现,但灵活性最低,定型后再扩展十分困难。NP 则介于两者之间,性能可满足千兆的需要,同时也具有一定的灵活性。

目前,两种新的技术,即网络处理器(Network Processor)和专用集成电路(ASIC)技术成为众多厂家实现千兆防火墙的主要选择。

## 12.6　防火墙的工作模式

防火墙能够工作在三种模式下:路由模式,透明模式,混合模式。

如果防火墙以第三层技术对外连接(接口具有 IP 地址),则认为防火墙工作在路由模式下;若防火墙通过第二层对外连接(接口无 IP 地址),则防火墙工作在透明模式下;若防火墙同时具有工作在路由模式和透明模式的接口(某些接口具有 IP 地址,某些接口无 IP 地址),则防火墙工作在混合模式下。

**1. 路由模式防火墙**

当防火墙位于内部网络和外部网络之间时,需要将防火墙与内部网络、外部网络以及 DMZ 三个区域相连的接口分别配置成不同网段的 IP 地址,重新规划原有的网络拓扑,此时防火墙相当于一台路由器。

如图 12-24 所示为路由模式防火墙连接场景,防火墙的可信的 Trust 区域接口与公司内部网络相连,不可信的 Untrust 区域接口与外部网络相连。值得注意的是,Trust 区域接口和 Untrust 区域接口分别处于两个不同的子网中。采用路由模式时,可以完成访问控制数据包过滤、ASPF 动态过滤、NAT 转换等功能。然而,路由模式在网络重新规划,需要对网络拓扑进行修改时(内部网络用户需要更改网关、路由器需要更改路由配置等),这是一件相当费事的工作,因此在使用该模式时需权衡利弊。

**图 12-24　路由模式防火墙连接场景**

工作在路由模式下防火墙所有接口都需要配置 IP 地址,各接口所在的安全区域是三层区域,不同三层区域相关的接口连接的外部用户属于不同的子网。

当报文在三层区域的接口间进行转发时,根据报文的 IP 地址来查找路由表,此时防火墙表现为一台路由器设备功能。但是,防火墙与路由器存在不同,防火墙中 IP 报文还需要送到上层进行相关过滤等处理,通过检查会话表或 ACL 规则以确定是否允许该报文通过;路由器设备默认允许所有数据包通过需要手工禁止,而防火墙设备则正好相反。路由模式的防火墙支持 ACL 规则检查、ASPF 状态过滤、防攻击检查、流量监控等功能。

**2. 透明模式防火墙**

如果防火墙采用透明模式工作,则可以避免网络重新规划后拓扑结构重新改变造成的麻烦,此时防火墙对于内部的子网用户和接入路由器来说是完全透明的。也就是说,用户完全感觉不到防火墙的存在,相当于一台透明桥,因此该模式也称为透明桥模式防火墙。

采用透明模式时,只需在网络中像放置网桥(Bridge)一样安装该防火墙设备即可,无须修改任何已有的配置。与路由模式相同,IP 报文同样经过相关的过滤检查(但是 IP 报文中的源或目的地址不会改变),内部网络用户依旧受到防火墙的保护。防火墙透明模式的典型组网方式如下。

如图 12-25 所示,防火墙的可信赖 Trust 区域接口与公司内部网络相连,不可信赖 Untrust 区域接口与外部网络相连,需要注意的是防火墙连接内部网络和外部网络的接口必须处于同一个子网。

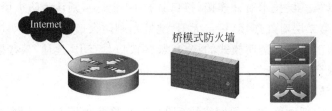

图 12-25　透明桥模式防火墙

工作在透明模式(也可以称为桥模式)下防火墙,此时所有接口都不能配置 IP 地址,接口所在的安全区域是二层区域,和二层区域相关接口连接的外部用户同属一个子网。当报文在二层区域的接口间进行转发时,需要根据报文的 MAC 地址来寻找出接口,此时防火墙表现为一个透明网桥。

但是,防火墙与网桥存在不同,防火墙中的 IP 报文都需要送到三层设备进行相关过滤等处理,通过检查会话表或 ACL 规则以确定是否允许该报文通过。

透明模式的防火墙支持 ACL 规则检查、ASPF 状态过滤、防攻击检查、流量监控等功能。工作在透明模式下的防火墙在数据链路层连接局域网(LAN),网络终端用户无须为连接网络而对设备进行特别配置,就像局域网交换机一样进行网络连接。

### 3. 混合模式防火墙

如果防火墙既存在工作在路由模式的接口(接口具有 IP 地址),又存在工作在透明模式的接口(接口无 IP 地址),则防火墙工作在混合模式下。

混合模式主要用于透明模式作双机备份的情况,此时启动 VRRP(Virtual Router Redundancy Protocol,虚拟路由冗余协议)功能的接口需要配置 IP 地址,其他接口不配置 IP 地址。防火墙混合模式的典型组网方式如图 12-26 所示。

在图 12-26 所示场景中,主/备防火墙的 Trust 区域接口与公司内部网络相连,Untrust 区域接口与外部网络相连,主/备防火墙之间通过局域网交换机实现互相连接,并运行 VRRP 进行备份。需要注意的是,内部网络和外部网络必须处于同一个子网。

防火墙工作在混合透明模式下,此时部分接口配置 IP 地址,部分接口不能配置 IP 地址。配置 IP 地址的接口所在的安全区域是三层区域,接口上启动 VRRP 功能,用于双机热备份;而未配置 IP 地址的接口所在的安全区域是二层区域,和二层区域相关接口连接的外部用户同属一个子网。当报文在二层区域的接口间进行转发时,转发过程与透明模式的工作过程完全相同。

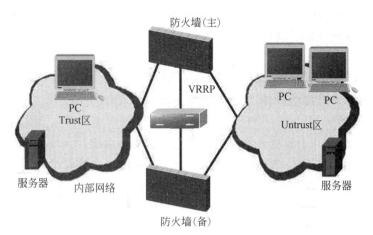

图 12-26　混合模式防火墙

## 12.7　防火墙设备选型

**1. 选择防火墙类型**

在选购设备之前,首先需要弄清防火墙的种类。目前,市场上有 6 种基本类型的防火墙,分别是:嵌入式防火墙、基于软件的防火墙、基于硬件的防火墙、软件防火墙、硬件防火墙和特殊防火墙。

1)嵌入式防火墙

嵌入式防火墙就是内嵌于路由器或交换机的防火墙。嵌入式防火墙是某些路由器的标准配置。用户也可以购买防火墙模块,安装到已有的路由器或交换机中。

嵌入式防火墙也被称为阻塞点防火墙。由于互联网使用的协议多种多样,所以不是所有的网络服务都能得到嵌入式防火墙的有效处理。

嵌入式防火墙多工作于 IP 层,所以无法保护网络免受病毒、蠕虫和特洛伊木马程序等来自应用层的威胁。就本质而言,嵌入式防火墙常常是无监控状态的,它在传递信息包时并不考虑以前的连接状态。

2)基于软件的防火墙

基于软件的防火墙通常是安装在操作系统和硬件平台上的防火墙软件包。如果用户的服务器装有企业级操作系统,购买基于软件的防火墙则是合理的选择。如果用户是一家小企业,并且想把防火墙与应用服务器连接起来,添加一个基于软件的防火墙就是合理之举。

3)基于硬件的防火墙

基于硬件的防火墙是通过硬件的芯片设备来检查流入和流出的数据包,具有较高的网络传输速度。目前,企业网中多采用硬件防火墙设备,保护企业网安全。

4)特殊防火墙

特殊防火墙是侧重于某一应用的防火墙产品。目前,市场上有一类防火墙是专门为过滤内容而设计的,有侧重于消息发送的防火墙,如有侧重于内容过滤的防火墙,有的虽然没有标明,但也具有防火墙类规则和防范功能。

在了解了上述产品的分类后,根据网络的规模、网络规划的需要,选择相应的产品类型。软件防火墙具有比硬件防火墙更灵活的性能,但安装软件防火墙需要用户选择硬件平台和操作系统。而设备防火墙经过厂商的预先包装,启动及运作要比软件防火墙快得多。

**2. 选择防火墙设备技术参数**

在选择了具体产品类型后,还需要考虑防火墙的技术参数。

1) 用户节点数

在选购防火墙时,用户需要考虑保护的节点数。要加以保护的节点数决定了是采用企业级防火墙还是采用 SOHO 防火墙。SOHO 防火墙一般只能够应付 50 个以内的用户连接请求。如果需要保护 50 个以上用户,就必须采用企业防火墙。

2) 并发连接数

并发连接数是衡量防火墙性能的一个重要指标,并发连接数是指防火墙或代理服务器对其业务信息流的处理能力,是防火墙能够同时处理的点对点连接的最大数目,它反映出防火墙设备对多个连接的访问控制能力和连接状态跟踪能力,这个参数的大小直接影响到防火墙所能支持的最大信息点数。

3) NAT 功能

几乎所有防火墙都捆绑了网络地址转换(NAT)功能。NAT 使用户能够把专用或非法 IP 地址转换成合法的公共地址。NAT 结构可分为 4 类:一对一寻址、多对一寻址、一对多寻址和多对多寻址。

4) VPN 功能

有些防火墙具有 VPN 功能,这类防火墙通常被用作 VPN 的端点,VPN 能够确保隐私和数据的完整性。VPN 通过加密隧道发送数据,从而把数据与外界隔离开来。

5) 日志功能

日志功能是防火墙的重要特性之一。用户最好选购能够记录多种事件的日志、过滤多种事件的防火墙。用户要弄清所选购的防火墙日志事件的多少和过滤器的多少,防火墙的过滤器能够使用户以合理、易懂的方式查看不同的事件。

**3. 选择防火墙设备综合性能**

在产品的功能上,各个厂商的描述十分雷同,一些"后起之秀"与知名品牌极其相似。面对这种情况,该如何鉴别?实际上很多类似的产品,即使是同一个功能,在具体实现上、在可用性和易用性上,个体差异也十分明显。

## 工程案例 1:配置防火墙设备透明桥功能

【工程名称】 登录防火墙设备配置防火墙的透明桥工作模式。

【目标技能】 学习防火墙设备透明桥工作模式配置方式。

【材料准备】 防火墙(RG-WALL1600 系列,一台),测试 PC(一台),网线(若干)。

【工作场景】

为了保证学院办公网安全,网络中心新购进一台 RG-WALL1600 防火墙,部署在校园网网络中心。小明是学院的网络管理员,希望了解学院内部的网络安全状况,因此登录防火墙,查看防火墙设备配置,实施防火墙接口桥模式工作模式,以提升网络传输速度,连接拓扑如图 12-27 所示。

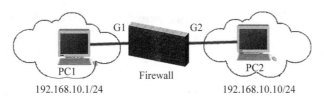

**图 12-27　配置防火墙接口桥模式**

【施工过程】

【步骤一】　连接设备

如图 12-27 所示组建网络,配置 PC 的地址。其中,PC1 代表企业内部网络中任意一台计算机,将 PC1 的 IP 地址设置为 192.168.10.1/24。PC2 代表互联网中任意的一台计算机,PC2 的 IP 地址设置为 192.168.10.10/24。

【步骤二】　测试网络连通

在企业内部网 PC1 计算机上使用 ping 命令,测试和外部网中 PC2 之间的网络连通。

```
ping  192.168.10.10
...
```

测试的结果是"网络不能连通"。因为防火墙没有做任何配置,按照安全规则,一切未被"允许"的行为,都被将防火墙"禁止"通信。

【步骤三】　配置防火墙桥模式

1)配置防火墙透明桥

**备注**:在默认情况下,防火墙的桥模式,其接口为透传二层接口,不需要配置地址。

登录防火墙设备,打开防火墙的管理页面。选择"网络管理"→"接口"→"透明桥",选择"新建",如图 12-28 所示。

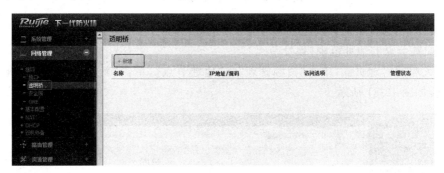

**图 12-28　打开防火墙的管理页面**

2)填写"透明桥"模式信息

"透明桥"模式信息,需要桥模式的地址及其安全信息。其中,桥的 IP 地址为管理防火墙而设,不影响用户通信。

如图 12-29 所示,勾选接口列表中的 ge1 和 ge2,表明将这两个接口,划分到该桥模块接口中。并且勾选 HTTPS 和 PING 选项,表示可以通过该桥,对防火墙进行测试和管理,不影响用户通信。

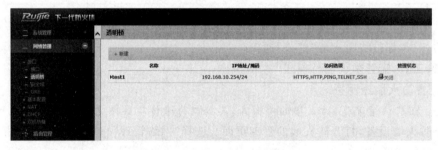

**图 12-29　填写"透明桥"模式信息**

配置完成的结果,如图 12-30 所示。

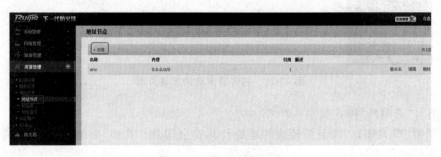

**图 12-30　防火墙"透明桥"模式**

【步骤四】　配置桥模式安全规则

(1)配置节点的地址范围(地址节点)。

在防火墙的管理页面,单击"资源管理"→"地址节点",单击"新建"按钮,新建地址节点安全规则,如图 12-31 所示。

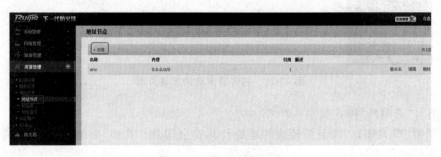

**图 12-31　新建安全规则**

（2）在新建页面打开的对话框中，填写名称、地址节点范围信息，并单击"导入"按钮（→），导入地址，单击"提交"按钮，如图 12-32 所示。

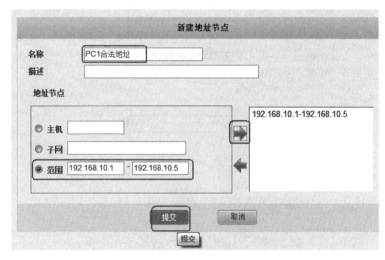

图 12-32 导入地址

配置完成的安全地址的结果，如图 12-33 所示。

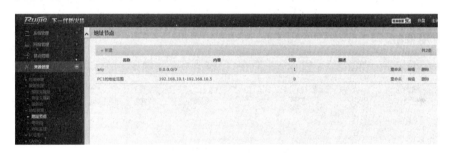

图 12-33 安全规则

（3）在防火墙的管理页面，单击"防火墙"→"安全策略"→"安全策略"，单击"新建"按钮，如图 12-34 所示，新建安全策略。

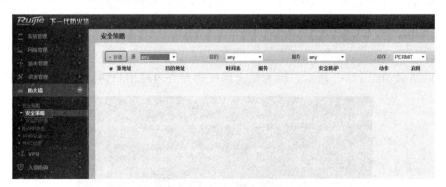

图 12-34 新建安全策略

（4）在打开的安全策略新建页面上，填写安全策略的相关信息，如图 12-35 所示。

新建安全策略

**源**

接口/安全域　　ge1

地址名　　　　PC1合法地址

**目的**

接口/安全域　　ge2

地址名　　　　any

**服务**　　　　any

**时间表**　　　always

**动作**　　　　PERMIT

☐ 安全防护

☐ 流量日志

高级选项》

**描述**

提交　　　取消

图 12-35　填写安全策略信息

（5）最后启用安全策略，如图 12-36 所示。

单击"提交"按钮后，返回防火墙管理页面上，选择刚才配置完成的"ge1→ge2（0/1）"安全策略，启用策略。

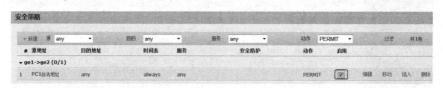

| 安全策略 | | | | | | | |
|---|---|---|---|---|---|---|---|
| +新建　源 any　　　目的 any　　　服务 any　　　动作 PERMIT　　　过滤　共1条 | | | | | | | |
| # | 源地址 | 目的地址 | 时间表 | 服务 | 安全防护 | 动作 | 启用 |
| ▼ ge1->ge2 (0/1) | | | | | | | |
| 1 | PC1合法地址 | any | always | any | | PERMIT | ☑　编辑 移动 插入 删除 |

图 12-36　启用安全策略

**【步骤五】**　测试配置完成桥模式防火墙通信

1）测试 1：内网访问外网

在内网 PC1 上使用 ping 命令，测试和外网 PC2 之间的网络连通。

```
ping  192.168.10.10
...
```

测试的结果如图 12-37 所示。因为防火墙配置允许内网用户访问公开外网通信的安全

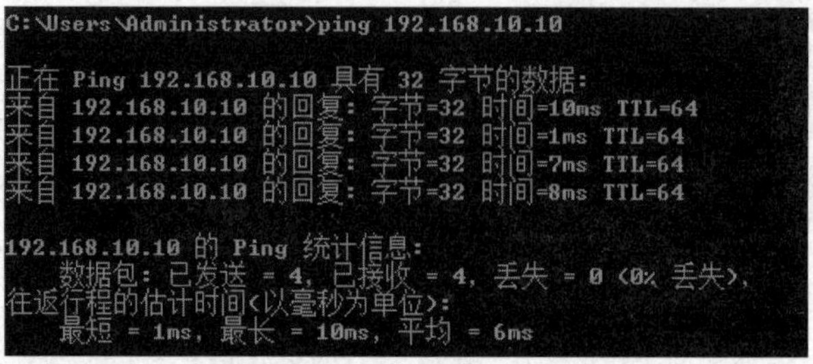

```
C:\Users\Administrator>ping 192.168.10.10

正在 Ping 192.168.10.10 具有 32 字节的数据:
来自 192.168.10.10 的回复: 字节=32 时间=10ms TTL=64
来自 192.168.10.10 的回复: 字节=32 时间=1ms TTL=64
来自 192.168.10.10 的回复: 字节=32 时间=7ms TTL=64
来自 192.168.10.10 的回复: 字节=32 时间=8ms TTL=64

192.168.10.10 的 Ping 统计信息:
    数据包: 已发送 = 4, 已接收 = 4, 丢失 = 0 (0% 丢失),
往返行程的估计时间(以毫秒为单位):
    最短 = 1ms, 最长 = 10ms, 平均 = 6ms
```

图 12-37　内网访问外网测试

规则,防火墙将"允许"内部网络访问外部网络,实现网络之间的正常通信。

2) 测试 2:外部网络访问内网

在外网的 PC2 上使用 ping 命令,测试和内网 PC1 之间的网络连通。

```
ping  192.168.10.1
...
```

测试的结果是"不能通信"。因为在防火墙的默认规则中,禁止来自外部网络中的 PC2,主动发起测试和探测功能(但能被动地响应内部的测试数据,有回程包,因此在之前的内部机器发往外网的测试中,能 ping 通对方;但外部主导测试内部设备则不通)。

如果希望都能互相连通,还需要增加一条安全策略规则。

在防火墙的管理页面,如上同样过程,配置桥模式开放外部通信的安全规则,配置结果如图 12-38 所示。

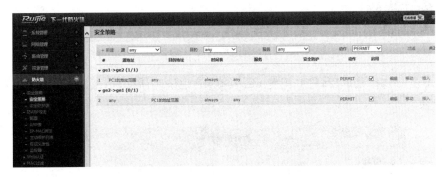

图 12-38　开放外部网络访问内网安全规则

## 工程案例 2:配置防火墙路由模式,实施 NAT

【工程名称】　配置防火墙的路由模式,实施 NAT 技术。

【目标技能】　学习防火墙设备路由工作模式和 NAT 技术配置方式。

【材料准备】　防火墙(RG-WALL1600 系列,一台),测试 PC(一台),网线(若干)。

【工作场景】

为了保证学院办公网安全,网络中心新购进一台 RG-WALL1600 防火墙,部署在校园网 Internet 的出口处。小明登录防火墙设备,查看防火墙设备配置信息,实施防火墙路由模式的配置技术,配置防火墙的 NAT 技术,实现内部私有网络安全访问外部公共网络,连接拓扑如图 12-39 所示。

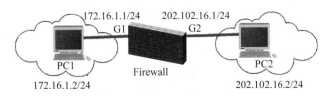

图 12-39　配置防火墙接口桥模式

【施工过程】

【步骤一】 连接设备

如图 12-39 所示组建网络,配置 PC 的地址。其中,PC1 代表企业内部网络中任意一台计算机,将 PC1 的 IP 地址设置为 172.16.1.1/24。PC2 代表互联网中任意的一台计算机,PC2 的 IP 地址设置为 202.102.16.2/24。

【步骤二】 配置防火墙接口地址

(1)登录防火墙设备,打开防火墙的管理页面。

单击"网络管理"→"接口"→"接口",选择 ge1 口后,单击"编辑"菜单,如图 12-40 所示。

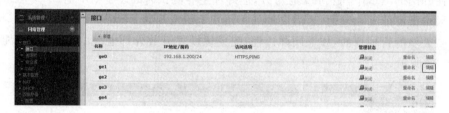

图 12-40 编辑 ge1 接口

(2)单击"编辑"菜单后,打开配置 ge1 接口 IP 地址对话框,如图 12-41 所示配置 ge1 接口地址信息。

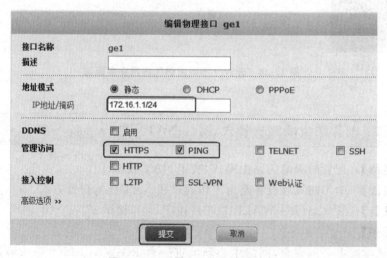

图 12-41 配置 ge1 接口地址信息

(3)如上同样方式,打开配置 ge2 接口 IP 地址对话框,如图 12-42 所示配置 ge2 接口地址信息。

(4)返回防火墙的管理页面,配置完成的接口地址如图 12-43 所示。

【步骤三】 配置安全规则

(1)在防火墙上配置内网计算机 PC1 节点的地址范围(地址节点)。

在防火墙的管理页面,单击"资源管理"→"地址节点",单击"新建"按钮,新建地址节点安全规则。

在新建页面打开的对话框中,填写名称、地址节点范围信息,并单击"导入"按钮(→),导入地址,单击"提交"按钮,如图 12-44 所示。

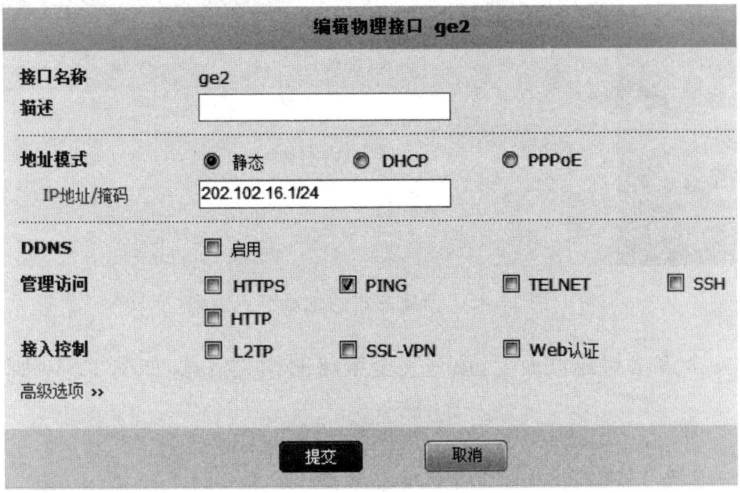

**编辑物理接口 ge2**

| | |
|---|---|
| 接口名称 | ge2 |
| 描述 | |

地址模式　　　◉ 静态　　　○ DHCP　　　○ PPPoE
　IP地址/掩码　`202.102.16.1/24`

DDNS　　　　☐ 启用
管理访问　　　☐ HTTPS　　　☑ PING　　　☐ TELNET　　　☐ SSH
　　　　　　　☐ HTTP
接入控制　　　☐ L2TP　　　☐ SSL-VPN　　　☐ Web认证

高级选项 »

[提交]　[取消]

图 12-42　配置 ge2 接口地址信息

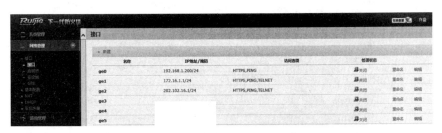

图 12-43　配置完成的接口地址信息

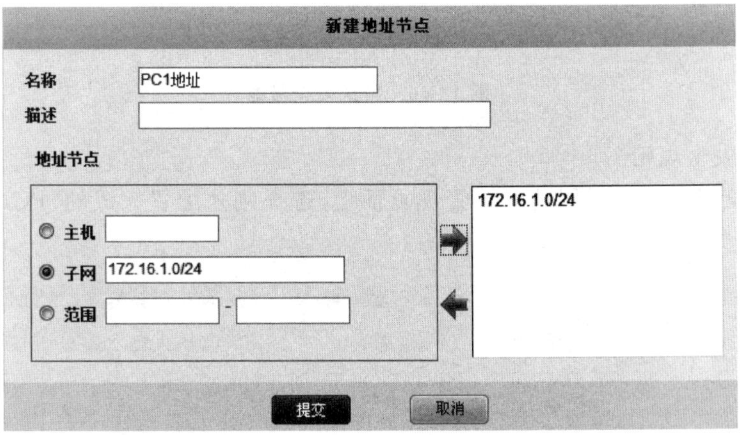

**新建地址节点**

| | |
|---|---|
| 名称 | PC1地址 |
| 描述 | |

地址节点

○ 主机 [　　　　]
◉ 子网 [172.16.1.0/24]　　→　　172.16.1.0/24
○ 范围 [　　] - [　　]　　←

[提交]　[取消]

图 12-44　新建地址节点信息

单击"提交"按钮后,返回首页,新建完成的地址节点规则如图 12-45 所示。

(2) 配置安全规则。

在防火墙的管理页面,单击"防火墙"→"安全策略"→"安全策略",单击"新建"按钮,新建安全策略。

图 12-45　新建完成的地址节点规则

在打开的安全策略新建页面上,填写安全策略的相关信息,如图 12-46 所示。

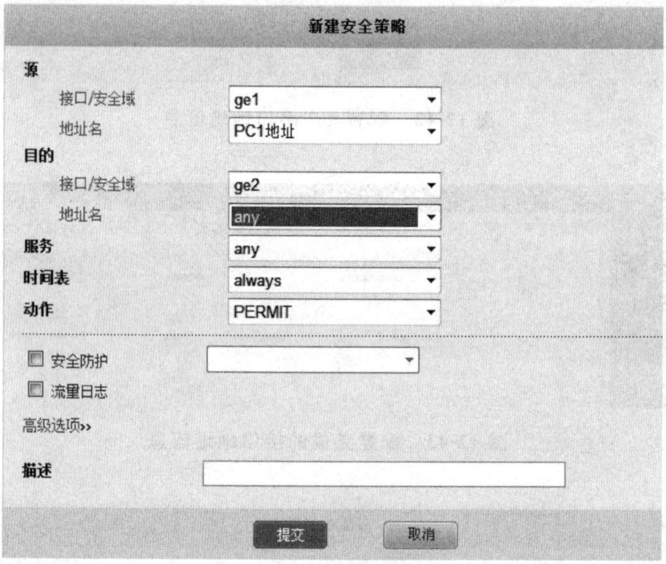

图 12-46　新建安全策略

(3) 启用安全规则。

单击"提交"按钮后,返回防火墙管理页面上,选择刚才配置完成的"PC1 地址"安全策略,启用策略,如图 12-47 所示。

图 12-47　启用 PC1 地址范围安全规则

【步骤四】　配置防火墙 NAT 技术。

(1) 配置 NAT 地址池。

在防火墙的管理页面,单击"网络管理"→"NAT 地址池",单击"新建"按钮,新建 NAT 地址池规则,如图 12-48 所示。

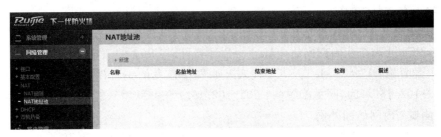

**图 12-48  配置 NAT 地址池**

在打开的对话框中,填写"新建 NAT 地址池"名称、地址节点范围信息,并单击"导入"按钮(→),导入地址,单击"提交"按钮完成配置,如图 12-49 所示。

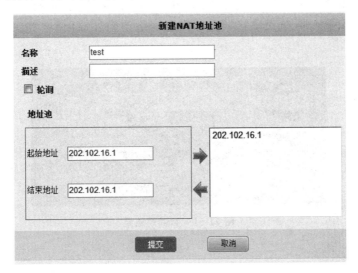

**图 12-49  新建 NAT 地址池信息**

(2)配置 NAT 规则。

在防火墙的管理页面,单击"网络管理"→NAT→"NAT 规则",填写"新建源地址转换"的相关信息,如图 12-50 所示。填写完成后单击"提交"按钮提交信息。

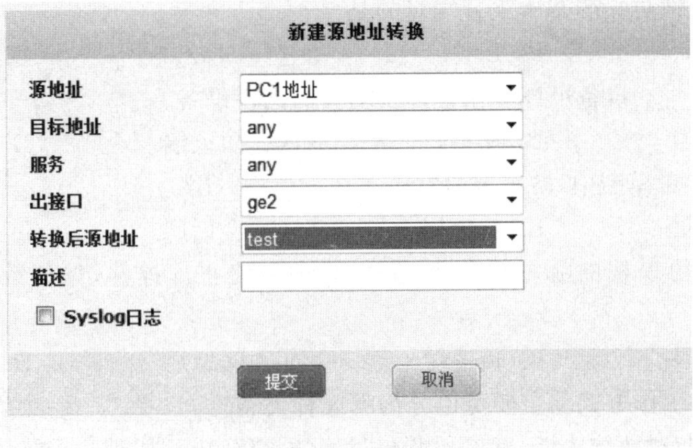

**图 12-50  新建源地址转换规则**

【步骤五】 测试网络

（1）配置测试 PC 的地址信息。

其中，PC1 代表企业内部网络中任意一台计算机，将 PC1 的 IP 地址设置为：172.16.1.
1/24；网关配置为：172.16.1.1。PC2 代表互联网中任意的一台计算机，PC2 的 IP 地址设
置为：202.102.16.2/24，网关配置为：202.102.16.1。

（2）测试：内网访问外网。

在内网 PC1 计算机上使用 ping 命令，测试和外网 PC2 之间的网络连通。

```
ping  202.102.16.2
...
```

测试的结果如图 12-51 所示，因为防火墙配置 NAT 规则，允许内网用户通过地址转换
方式，访问公开外网规则，防火墙将"允许"内部网络访问外部网络，实现网络之间的正常
通信。

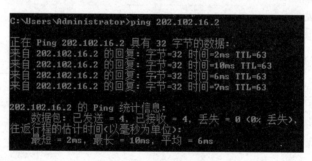

图 12-51　测试的结果

## 认证测试

以下每道选择题中，都有一个正确答案或者是最优答案，请选择出正确答案。

1. 下列所述的哪一个是无连接的传输层协议？ _____

　　A. TCP　　　　　　B. UDP　　　　　　C. IP　　　　　　D. SPX

2. 不属于硬件防火墙基本配置端口的是 _____。

　　A. WAN　　　　　　B. LAN　　　　　　C. DMZ　　　　　　D. ISDN

3. 下面 _____ 设备可以看作一种多端口的网桥设备。

　　A. 中继器　　　　　B. 交换机　　　　　C. 防火墙　　　　　D. 集线器

4. 在 OSI 参考模型中，防火墙通常工作在 _____ 层。

　　A. 表示层　　　　　B. 物理层　　　　　C. 会话层　　　　　D. 网络层

5. TCP/IP 协议栈的哪一层负责建立、维护和终止虚连接，保证数据的安全可靠传
输？ _____

　　A. 应用层　　　　　B. 传输层　　　　　C. 网络层　　　　　D. 物理层

6. 防火墙从工作方式上主要可以分为哪几种类型？ _____

　　A. 简单包过滤防火墙、状态检测包过滤防火墙、应用代理防火墙

　　B. 普通防火墙、高级防火墙

　　C. 软件防火墙、硬件防火墙

　　D. 内部防火墙、外部防火墙

7. 最简单的防火墙结构是_____。

　　A. 路由器　　　　B. 代理服务器　　　C. 日志工具　　　D. 包过滤器

8. 绝大多数 Web 站点的请求使用哪个 TCP 端口？_____

　　A. 21　　　　　　B. 25　　　　　　　C. 80　　　　　　D. 1028

9. 关于防火墙的描述不正确的是_____。

　　A. 防火墙不能防止内部攻击

　　B. 如果一个公司信息安全制度不明确，拥有再好的防火墙也没有用

　　C. 防火墙可以防止伪装成外部信任主机的 IP 地址欺骗

　　D. 防火墙可以防止伪装成内部信任主机的 IP 地址欺骗

10. 下列不属于防火墙的过滤技术有哪些？_____

　　A. 简单包过滤技术　　　　　　　B. 状态检测包过滤技术

　　C. 应用代理技术　　　　　　　　D. 复合技术

　　E. 地址翻译技术

11. 下列不属于防火墙的有哪些部属方式？_____

　　A. 透明模式　　　B. 路由模式　　　　C. 混合模式　　　D. 交换模式

12. 下列不属于防火墙的作用的是_____。

　　A. 过滤进出网络的数据　　　　　B. 管理进出网络的访问行为

　　C. 封堵某些禁止的行为　　　　　D. 记录通过防火墙的信息内容和活动

13. 防火墙的测试性能参数一般不包括_____。

　　A. 吞吐量　　　　B. 新建连接速率　　C. 并发连接数　　D. 处理时延

14. 防火墙不能够做到_____。

　　A. 包过滤　　　　B. 包的透明转发　　C. 阻挡外部攻击　D. 记录攻击

15. 防火墙有哪些缺点和不足？_____

　　A. 防火墙不能抵抗最新的未设置策略的攻击漏洞

　　B. 防火墙的并发连接数限制容易导致拥塞或者溢出

　　C. 防火墙对服务器合法开放的端口的攻击大多无法阻止

　　D. 防火墙可以阻止内部主动发起连接的攻击

16. 防火墙中地址翻译的主要作用是_____。

　　A. 提供应用代理服务　　　　　　B. 隐藏内部网络地址

　　C. 进行入侵检测　　　　　　　　D. 防止病毒入侵

17. 状态检查技术在 OSI 哪层工作实现防火墙功能？_____

　　A. 链路层　　　　B. 传输层　　　　　C. 网络层　　　　D. 会话层

18. 对状态检查技术的优缺点描述有误的是_____。

　　A. 采用检测模块监测状态信息

　　B. 支持多种协议和应用

　　C. 不支持监测 RPC 和 UDP 的端口信息

D. 配置复杂会降低网络的速度

19. TCP 是 Internet 上用得最多的协议,TCP 为通信两端提供可靠的双向连接。以下基于 TCP 的服务是_____。

    A. DNS            B. TFTP            C. SNMP            D. RIP

20. 端口号用来区分不同的服务,端口号由 IANA 分配,下面错误的是_____。

    A. Telnet 使用 23 端口号

    B. DNS 使用 53 端口号

    C. 1024 以下为保留端口号,1024 以上动态分配

    D. SNMP 使用 69 端口号

# 第 13 章　网络规划与设计

## 项目背景

　　任何规模的网络建设,前期良好的规划、周密的论证、谨慎的决策、明晰而有层次地设计、有条理地施工,对网络今后的建设和管理都将起到事半功倍的效果。

　　本章以中山大学校园网二期改造项目为依托,了解层次化网络规划、设计过程。介绍如图 13-1 所示分层网络设计思想,熟悉校园网二期改造项目设备选型知识。

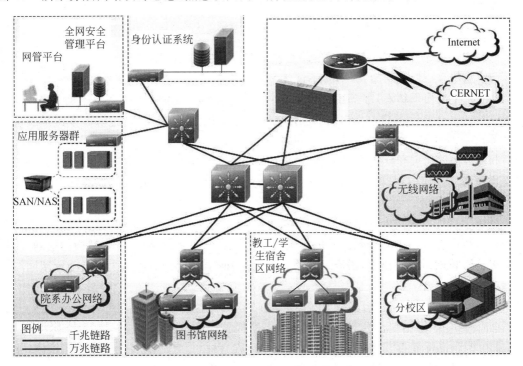

图 13-1　中山大学校园网分层网络规划改造项目

## 项目分析

　　中山大学一期校园网是典型的三层和二层混合架构网络设计模式,如图 13-2 所示。

　　校园网由一台三层交换机充当核心,通过出口防火墙把校园网接入到 Internet 中。通过三层交换技术实现全校互联,各楼层使用二层交换机把用户 PC 接入到三层设备中。

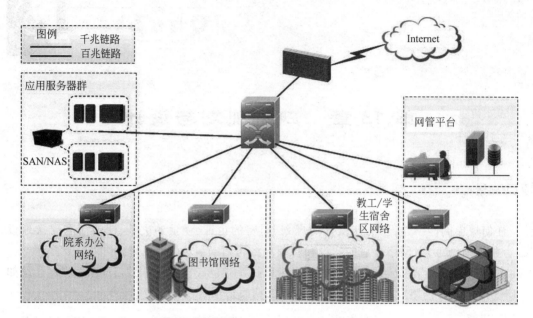

**图 13-2　三层和二层交换机混合架构网络**

这种以中低端交换机为核心的网络组网方案,存在以下局限。

(1) 三层和二层混合架构网络,不能满足网络中越来越多业务流量的需求。

(2) 三层交换作核心,多个用户共用一个网关,无法限制用户带宽,存在管理盲点。

(3) 三层交换设备简单,难以满足用户个性化需求,如定制化计费模式(按流量或带宽计费等)。

(4) 每楼层二层交换机上需要划分多个 VLAN 时,所有 VLAN 间数据流都需通过三层交换设备实现通信;当楼宇间数据流量较大时,容易使三层交换机成为网络瓶颈。

……

随着学校规模的扩大,校园网中新业务的开展,学生接入网络认证功能的启动,校园网的安全运行的保障……等等新需求的不断提出,以三层和二层交换机混合架构的组网方案,难以满足学校网络发展要求,需要对网络进行改造和扩容。为此,中山大学启动校园网二期工程改造项目。

二期校园网规划设计以万兆以太网技术为基础,采用"主干百万兆,支干万兆,千兆入户,百兆到桌面"三层架构,由核心层、汇聚层、接入层三层构成的网络拓扑如图 13-1 所示。其中:

(1) 两台高性能百万兆核心路由交换机作为网络核心,组成全冗余的双万兆链路,保障了校园网高速数据路由交换,并且保证未来良好的扩展性。

(2) 全网规划有 6 个分中心,每个分中心为一个独立子网,部署一台万兆路由交换机作为分中心的核心。通过双万兆链路和网络中心核心之间连接,实现链路备份和负载均衡功能,加强整个网络架构的稳定性和健壮性。

(3) 各分中心部署 IPv4/IPv6 双栈三层交换机作为汇聚,直接通过万兆链路实现和各分中心连接,构建稳定、可靠的 IPv4/IPv6 双栈汇聚网络。同时,汇聚设备还通过千兆链路和接入层设备连接,分流核心设备的数据压力。

(4) 接入层全部采用千兆智能安全交换机,实现接入安全控制。

通过本章的学习,读者将能够了解如下知识内容。

(1) 网络规划的分层思想。

(2) 网络规划各层的功能和作用。

(3) 网络规划各层设备的选型。

(4) 网络规划整体规划。

(5) 企业工程规范文档书写规范。

## 13.1 网络项目实施流程

网络设计和规划是一个复杂的系统工程,不仅涉及很多的网络设备,更涉及很多不同的工作部门和不同的工作人员。而标准化的规划流程,以及各部门之间的默契配合,才能保证项目工程有条不紊地开展进行。

随着网络建设规模的不断扩大,用户对网络的未来应用提出的需求不断增多,网络项目在开展之前都需要进行标准的流程设计,以保证项目的有效实施。

网络工作建设之前首先需要考虑的总体思路是什么?以及如何设计总体工程蓝图?网络建设的核心任务是什么?用户提出的需求有哪些?

进行网络项目实施流程时,需要对网络开展的总体设计如下。

首先,进行对象需求调查,弄清用户的性质、任务和规划的特点,对网络环境进行准确的描述,明确该网络系统建设的需求和条件。

其次,在应用需求分析的基础上,确定不同网络中的服务需求和服务类型,进而确定系统建设的具体目标,包括网络设施、站点设置、开发应用和管理等方面的目标。

第三,确定网络拓扑结构和功能,根据应用需求、建设目标和主要建筑分布特点,进行系统分析和设计。

第四,确定技术设计的原则要求,如技术选择、设备选型、布线设计、设备甄选、软件配置等方面的标准和要求。

第五,规划网络建设的实施步骤。

在进行网络项目规划时,良好的设计原则通常有以下几点。

(1) 经济性:尽量利用性能、价格比较好的网络互联及计算机设备,以低廉的投资获取较高性能。

(2) 实用性:确保能加速信息传递,提高工作效率,节约办公费用。

(3) 操作性:网络工程实施之后,进行简单的培训便能熟练运用。

(4) 扩展性:在增加新的硬件设备时能方便地接入网络;便于网络更新、维护、升级。

## 13.2 网络规划需求分析

用户的应用需求是网络建设的核心,因此网络需求分析是整个网络工程建设的开始,前期网络需求分析的好坏直接关系到工程规划的质量好坏。好的网络规划需求分析可大大提高网络未来应用和管理的效率,降低网络工程资金,为未来的网络扩展减少弯路。

网络需求分析的内容是在针对用户需求调查的基础上,分析用户的网络应用要求和网络建设所要达到的目标,了解用户网络的业务内容,网络应用的环境,网络的安全保障措施以及网络未来的扩充,从而为整个网络系统建设,确定其功能上、性能上和安全上的应用要求。

网络需求分析过程,是一个系统化和网络优化的过程,建设网络的根本目的是在网络平台上进行资源共享与通信。要充分发挥网络的效益,需求分析提供了网络设计应达到的目标,并有助于设计者更好地理解网络应该具有的性能。

如图 13-3 所示某校园网络,逐步了解用户网络应用的需要,确立网络应用平台建设内容。

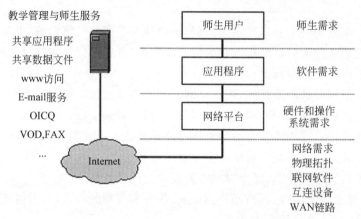

图 13-3　一个校园网络的应用需求分析

## 13.3　组网技术的选择

常见的用于企业内部网络建设的技术有：Ethernet(以太网)、Fast Ethernet(快速以太网)、Gigabit Ethernet(千兆位以太网)、10G 以太网(万兆位以太网)、FDDI(光纤分布式数据接口)技术。

而在过去的 30 年中,以太网技术由最初的 10BASE-5 10M 粗缆总线发展为 10BASE-2 10M 细缆。随后,以太网技术发展成为大家熟悉的星状的双绞线 10BASE-T。

随着对带宽要求的提高以及器件能力的增强,以太网技术出现了快速以太网：5 类线传输的 100BASE-TX、三类线传输的 100BASE-T4 和光纤传输的 100BASE-FX。

随着带宽的进一步提高,千兆以太网接口粉墨登场：包括短波长光传输 1000BASE-SX、长波长光传输 1000BASE-LX 以及 5 类线传输 1000BASE-T。2002 年 7 月 18 日,IEEE 通过了 802.3ae：10Gb/s 以太网又称万兆以太网。

在以太网技术中,100BASE-T 是一个里程碑,确立了以太网技术在桌面的统治地位。Fast Ethernet 技术以其良好的传输质量和交换能力,兼容网络中的所有设备,减少网络建设的重新投资,建立在其应用上的方便性、可管理性和扩展性良好等所具有的很多技术优势,已经成为现今网络的主流,在所有技术中有更大的竞争能力和发展前景。

千兆以太网以及随后出现的万兆以太网标准是两个比较重要的标准,以太网技术通过这两个标准，从桌面的局域网技术延伸到校园网，以及城域网的汇聚和骨干。而从网络应用、维护、安全和扩展方面而言，下一代 100 Gigabit Ethernet 以太网的组网技术，已成为大型以太网的技术升级目标。

---

**小知识：以太网**

**1. 快速以太网**

传统以太网用的是 10Mb/s 技术，快速以太网是以太网的升级，速度可提升到 100Mb/s，现在的网卡和集线器等网络终端设备都支持这种技术，是当今的网络技术的主流，应用非常广泛。不光是校园，快速以太网也很好地应用在政府、企业的网络中。快速以太网的设计非常灵活，几乎对网络结构没有限制，可以是交换式、共享式的或基于路由器的。现在正在应用的网络互联技术，例如，特定 IP 交换技术和第三层的交换技术，都与快速以太网完全兼容。并且可以通过价格便宜的共享集线器、交换机或路由器来实现。

**2. 千兆以太网**

千兆位以太网是相当成功的 10Mb/s 以太网和 100Mb/s 快速以太网连接标准的扩展，并且继承了快速以太网的所有优点。现在千兆位以太网成熟的标准为 IEEE 802.3z。千兆位以太网技术以简单的以太网技术为基础，为网络主干提供 1Gb/s 的带宽。千兆位以太网使用的传输介质有光纤、5 类非屏蔽双绞线（UTP）或同轴电缆。

**3. 万兆以太网**

10G 以太网实质上是高速以太网，万兆以太网技术与千兆以太网类似，仍然保留了以太网帧结构。通过不同的编码方式或波分复用提供 10Gb/s 传输速度。所以就其本质而言，10G 以太网仍是以太网的一种类型。10G 以太网于 2002 年 7 月在 IEEE 通过，万兆以太网最长传输距离可达 40km。

---

无论采用什么形式的技术来规划网络，在网络的设计上应具备以下特性，才能够满足用户的需求，并保证建成后的网络在一个较长的时间内，具有较强的可用性和一定的先进性，满足网络未来扩展的需求。

**1. 高性能与技术先进性**

网络系统要求具有较高的数据通信能力和较大的带宽，并在主干网上提供较强的可扩展性，能及时、迅速地处理网络上传送的数据，网络应有较高的网络主干速度。

**2. 高可靠性**

网络要求具有高可靠性，高稳定性和足够的冗余，防止局部故障引起整个网络系统的瘫痪，避免网络出现单点故障。在网络骨干上提供备份链路，提供冗余路由；在网络设备上要提供冗余配置；设备在发生故障时能以热插拔的方式，在最短时间内进行恢复，把故障对网络系统的影响减少到最小，避免由于网络故障造成用户损失。

**3. 安全性**

企业内部网支持众多用户的应用，同时和开放性的 Internet/Cernet 连接，网络安全的保障在整个网络规划中是一个很重要的问题，应该采用一定手段控制网络的安全，以保证网络正常运行。网络中应采取多种技术从内部和外部同时控制用户对网络资源的访问，防止非法侵入和信息泄漏。

## 4. 可管理性

强有力的网管软件是有效地进行网络管理的助手,网管软件应能够支持网络设备和网络系统的管理,能支持通过浏览器进行网络设备的管理及配置,能灵活地设置每个用户对 Internet 的访问,能够对每个用户实行管理,并且能够实现计费管理。

## 5. 可扩充性

随着应用规模的不断扩大,要求网络可以方便地扩充容量,支持更多的用户及应用;随着网络技术的不断发展,网络必须能够平滑地过渡到新的技术和设备,保证现有的投资。

## 6. VLAN 划分

根据校园网的实际需求,属于同一部门的工作人员可能在不同的建筑物中,但需要在一个逻辑子网内。网络站点的增减,人员的变动,无论从网络管理,还是用户的角度来讲,都需要虚拟网技术的支持。因此,在网络主干中要支持三层交换及 VLAN 划分。在整个网络中使用虚拟网技术,以提高网络的安全性和灵活性。

## 7. 多层交换技术

通过三层交换技术,特别是基于硬件的第三层交换,可以充分地利用交换机的包处理能力,实现真正的线速交换。

## 8. 对多媒体应用的支持

企业网络的建设要求具有数据、图像、语音等多媒体实时通信能力;并在主干网上提供足够的带宽和可保证的服务质量,满足大量用户对带宽的基本需要,并保留一定的余量供突发的数据传输使用,最大可能地降低网络传输的延迟。整个网络在服务质量、预留宽带设置、合理进行带宽管理方面应提供优良的品质。

# 13.4　网络拓扑层次化结构设计

良好的网络设计方案,除应体现出网络的优越性能之外,还体现在应用的实用性、网络的安全性、易于管理和未来方便扩展性。

因此,设计时要考虑以下问题。

(1) 要适应未来网络的扩展和拓扑结构的变化。

(2) 要能为特定的用户或用户组提供访问路径。

(3) 要保证网络能不间断地运行。

(4) 当网络扩大和应用增加时,变化的网络结构要能应付相应的带宽要求。

(5) 使用频率较高的应用,能够支持网上大多数的用户。

(6) 能合理地分配用户对网内、网外的信息流量。

(7) 能支持较多的网络协议,扩大网络的应用范围。

(8) 支持 IP 的单点传送和多点广播数据流。

要达到以上这些设计要求,网络在设计时应遵循分层网络的设计思想。

目前,分层式的网络规划和设计已经成为网络规划和设计中的主要趋势。其中,分层网络结构的模型由核心层(Core Layer)、汇聚层(Distribution Layer)和接入层(Access Layer)三层组成。网络分层思想使网络有一个结构化的设计,针对每层进行模块化管理,对统一管理网络和维护有帮助。分层网络设计功能及网络拓扑如图 13-4 所示。

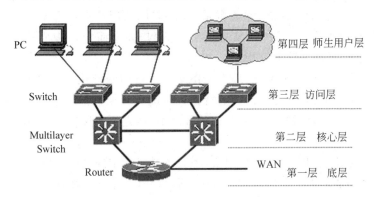

图 13-4　网络分层的结构化设计

以大型校园网网络系统来说，从设计上分为核心层、汇聚层和接入层；从功能上可分为网络中心、教学区子网、办公区子网、宿舍区子网等。

目前，大型骨干网的设计普遍采用三层结构模型。三层结构模型将骨干网的逻辑结构划分为三个层次，即核心层、汇聚层和接入层，每个层次都有其特定的功能，如图 13-5 所示。其中各层的功能描述如下。

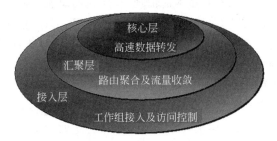

图 13-5　三层网络结构模型

### 1. 核心层

网络的所有网段都通向核心，核心层是整个网络中处于最高级的汇集点，其主要任务是以尽可能快的速度交换信息。因此，核心层的设备应当选用具有较快速度及较强功能的路由交换机，并且核心层到汇聚层的链路要具有足够的带宽。

网络中的核心层主要实现骨干网络之间的高速传输，负责整个网络的网内数据交换。网络的功能控制最好尽量少在骨干层上实施，核心层设计的重点通常是冗余能力、可靠性和高速的传输。核心层是网络中全部数据流量的最终承受者和汇聚者，所以要求承担核心层的交换机设备拥有较高的可靠性和性能。

### 2. 汇聚层

汇聚层处于核心层与接入层之间，所有接入层的连接都终止于汇聚层，并经汇聚层汇集到核心层。汇聚层负责连接接入层和核心层，汇集分散的接入点，扩展核心层设备的端口密度和种类。汇聚层汇聚各区域数据流量，实现骨干网络之间的优化传输。承担汇聚层的交换机还负责本区域内的数据交换功能，汇聚交换机一般与中心交换机同类型，需要较高的性能和比较丰富的功能。

### 3. 接入层

接入层是桌面设备的汇集点,它通常是一台 Hub、二层或三层 LAN 交换机,也可以是多个级联的 Hub 或堆叠的二层 LAN 交换机(视用户多少而定),构成一个独立的局域子网,在汇聚层为各个子网间建立路由。

接入层网络作为二层交换网络,提供工作站等设备的网络接入。接入层在整个网络中接入交换机的数量最多,具有即插即用的特性。对此类交换机的要求,一是价格合理;二是可管理性好,易于使用和维护;三是有足够的吞吐量;四是稳定性好,能够在比较恶劣的环境下稳定地工作。

层次化网络拓扑规划由不同的层组成,都分别具有特定的功能和应用,各自在不同的层面上分别执行各层的功能。在层次化设计中,每一层都有不同的用途,并且通过与其他层面协调工作带来最高的网络性能。

层次化方式设计网络具有扩充性好、冗余少、业务流控制容易等优点,限制网络出错的范围,减轻网络管理和维护工作量,对于网络维护和管理很重要。

## 13.4.1 层次化网络拓扑类型

随着网络应用需求的增长和新技术的涌现,模块化的思想在网络设计中显得更加重要。

现今的网络日趋复杂,并随着技术的进步而飞速发展。只有依靠模块化,分层设计的网络才能减少网络组件临时变化造成的影响。这意味着不会出现平面型网络设计所面临的困境,整个网络也不会因此受到影响,能适应网络规模的不断扩展。

### 1. 基于交换的层次结构

常见的网络架构大多采用层次化模型设计,将复杂的网络设计分成三个层次,分别是:核心层、汇聚层和接入层。每个层次着重于实现某些特定的网络功能,这样就能够使一个复杂的网络结构变成许多个简单的小网络,如图 13-6 所示。

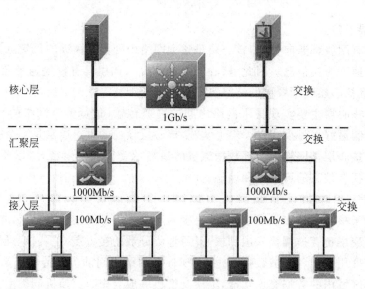

图 13-6  基于交换的层次结构示例

其中:

核心层是网络的高速交换骨干层。核心层为网络提供了骨干组件或高速交换组件。在纯粹的分层设计中,核心层只完成数据交换的特殊任务。

汇聚层提供基于策略的连接。汇聚层是核心层和终端用户接入层的分界面,汇聚层网络组件完成数据包处理、过滤、寻址、策略增强和其他数据处理的任务。

接入层将工作站接入网络。接入层使终端用户能接入网络,同时优化网络资源的设置也在接入层完成。

现代网络建设都朝着规模化网络结构的方向发展,规模化网络设计需要使网络具有扩展能力,允许网络在极小的变动下,向现有的网络中加入新的组件及应用。层次化设计的一个重要优点就是在现有技术投资下,任何规模的网络都能融进新的商务要求。

**2. 基于路由的层次结构**

由于网络设计的复杂性和规模,分层网络设计中使用的三层路由协议,必须能将路由更新报文快速聚合,并且仅需为此付出较低的处理能力。

多数新的路由协议都是为层次化拓扑所设计,只需要较少的资源来维护当前的网络路由表,如图 13-7 所示是基于路由的层次结构示例。

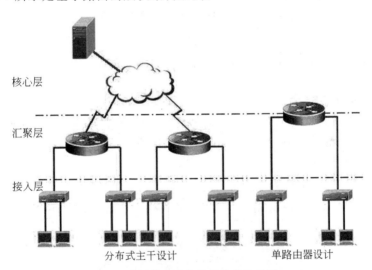

核心层　　汇聚层　　接入层

分布式主干设计　　单路由器设计

图 13-7　基于路由的层次结构示例

**3. 层次化结构设计的优点**

层次化网络设计模型具有以下各种优点。

1) 可扩展性

由于分层设计的网络采用模块化设计,路由器、交换机和其他网络互连设备,能在需要时方便地加到网络组件中。

2) 高可用性

分层设计的网络具有冗余、备用路径、优化和过滤功能,能和其他网络高速连接,使得层次化网络具有整体的高可用性。

3) 低时延

分层设计的网络使用三层路由技术隔离了广播域,同时在网络中设计了多个交换和路由选择路径,使数据流能快速传送,而且只有非常低的时延。

4)故障隔离

由于在网络中使用了层次化设计,易于实现故障隔离。模块化设计能通过合理的问题解决和组件分离方法加快故障的排除。

5)模块化

分层网络的模块化设计让每个组件都能完成互联的网络中的特定功能,因而可以增强系统的性能,使网络管理易于实现并可提高网络管理的组织能力。

6)高投资回报

分层设计的网络通过系统优化,改变数据交换路径和路由路径,可在分层网络中提高带宽利用率。

7)网络管理

如果建立的网络高效而完善,则对网络组件的管理更容易实现化程度较高。这将大大地节省雇佣员工和人员培训的费用。

当然,层次化结构设计也有一些缺点:出于对冗余能力的考虑和要采用特殊的交换设备,层次化网络的初次投资要明显高于平面型网络建设的费用。正是由于分层设计的高额投资,认真选择路由协议、网络组件和处理步骤就显得极为重要。

## 13.4.2 核心层的特点及设备选型

### 1. 核心层的功能

网络的核心层就是整个网络的中心,它一般位于网络的顶层,负责可靠而迅速的数据流传输,如图 13-8 所示的虚线区域,就是实际项目的网络核心层拓扑结构。

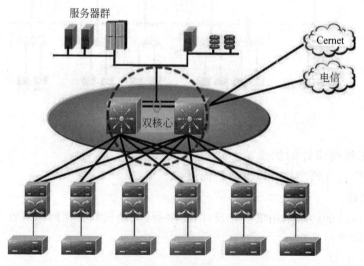

**图 13-8 双核心层的网络拓扑结构**

数据信息在网络核心层的唯一意图就是,尽可能快地实现交换,快速转发到对应的网络中,实现骨干网络之间的优化传输。因此网络中骨干层设计任务的重点通常是冗余能力、可靠性和高速的传输,网络的控制功能最好尽量少在网络骨干层上的设备实施。

在网络的规划和设计中,网络核心层一直被认为是整个内部网络所有流量的最终承受者和汇聚者。所以在网络实际建设的过程中,对核心层的功能设计以及网络设备选型上的要求十分严格,从而使网络核心层设备在整个网络建设上将占投资的主要部分。

**2. 核心层的特征**

核心层是网络的高速交换主干,对协调整个内部网络的通信流量至关重要。一般网络核心层在设计上具有以下特征。

(1) 提供高可靠性;

(2) 提供冗余链路;

(3) 提供故障隔离;

(4) 迅速自适应升级;

(5) 提供较少的滞后和好的可管理性;

(6) 避免由网络控制或其他配置处理而引起的影响包传输减慢的操作。

此外,在网络核心层中使用互连设备时,从边界到边界,网络设备的跳(Hop)数(直径Diameter)应该是一致的。在复杂网络规划设计过程中,良好的规划是在网络层次设备跳数设计中有直径约束,这意味着从任一末端站点通过主干到另一末端站点,都将有相同的网络跳数,从任一末端站点到主干的服务器的距离也尽量是一致的。网络的直径限制提供了网络规划可预计的性能估计,也易于未来进行故障诊断。

一般情况下,网络中心是安置网络核心层交换机的最佳所在地,而供全网使用的网络服务器也将连接到网络的核心层交换机上,充分利用网络核心层交换机的路由、控制和安全的功能,达到网络服务器资源的有效利用。

内网和公网(Internet)的出口规划一般也会连接到核心层交换机,以保证网络内所有设备获得的高速传输。此外,在公网和内网之间最好规划有防火墙设备(软件的或硬件的),以确保网络的安全和防止来自外部网络的非法入侵。

**3. 核心层设备选型**

核心层网络设备的选型,是整个内部网络规划和设计过程中非常关键的部分,严格的设备选型可以让未来的网络性能达到最佳的效果,即整个网络系统在规划上各部分功能相对独立,各部分网络升级简便,组网方式灵活,以保护现有投资和未来的发展。

核心层是整个内部网络的高速交换中枢,对整个网络的连通性和网络的性能起到至关重要的作用。在核心层网络设备的选择上,需要保证未来的网络应该具有如下特性:可靠性、高效性、冗余性、容错性、可管理性、适应性、低延时性等。

在网络核心层设备选型上,应该尽量采用高带宽的千兆、万兆以上级别交换机。

由于核心层是网络的枢纽中心,重要性突出,因此网络核心层在设备规划上采用双机冗余热备份也是非常必要的。双机冗余热备份不仅能获得整个网络稳定,还可以达到网络负载均衡功能,改善网络性能。

对于核心层网络设备的选型而言,根据主流网络产品性能、功能和技术,结合网络应用实际情况和发展趋势,网络方案中的交换机设备和网络平台设备选型,一般采用能支持万兆的高性能路由交换机作为核心层分中心的交换机,完成中心业务的汇聚交换处理,达到整个核心层的稳定运行。

以万兆核心交换机作为整个校园网核心层的双核
心交换机,如图 13-9 所示,该款万兆交换机完全可以
满足组网要求,万兆核心交换机具有高达 1.6Tb/s 以
上级的背板带宽,十多个插槽,万兆端口密度为 32 个,
二、三层转发速率为 572Mpps,可配置冗余电源模块及
管理引擎模块,而且所有模块支持热插拔,提高了系统
的可靠性和可用性。

万兆核心交换机是专门针对园区网骨干和中高密度
接入一体的高速局域网络,提供一个高性能、多层交换解
决方案,其设计宗旨是满足主干/分散和服务器集合环境
对千兆位密度、可伸缩性、高可用性及多层交换不断增加
的需求,是大中型网络核心骨干交换机的理想选择。

图 13-9　核心层设备选型:
万兆路由交换机

### 13.4.3　汇聚层的特点及设备选型

**1. 汇聚层的功能**

汇聚层有时也称为工作组层,它是网络接入层和核心层的"中介",接入层和核心层之间
的通信点,连接接入层节点和核心层。汇聚层在工作站接入核心层前先做汇聚,以减轻核心
层设备的负荷,如图 13-10 所示的虚线区域。

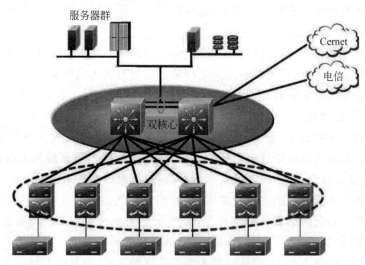

图 13-10　汇聚层的网络拓扑结构

汇聚层具有实施策略、安全、工作组接入、虚拟局域网(VLAN)之间的路由、源地址或目
的地址过滤等多种功能。

网络的汇聚层是网络的接入层和核心层之间的分界点,包括以下功能的实现。

(1) 策略(例如,要保证从特定网络发送的流量从一个接口转发,另一个接口转发)。

(2) 网络内部的安全规划和设计。

(3) 网络内部的部门或工作组级访问。

（4）网络内部的广播/多播域的定义。

（5）网络内部的虚拟 LAN(VLAN)之间的路由选择。

（6）在网络内部进行路由选择，或者区域之间实施路由重分布(Redistribution,在两个不同路由选择协议之间)。

（7）在静态和动态路由选择协议之间的划分。

汇聚层的主要功能是提供路由、过滤和 WAN 接入,决定数据报可以怎样对核心层进行访问。汇聚层设计为连接本地的逻辑中心,在网络的规划设计上,应该采用支持三层交换技术和 VLAN 的交换机,以达到网络隔离和分段的目的。

**2. 汇聚层的设备选型**

汇聚层的交换机原则上既可选用三层交换机也可以选择二层交换机,如图 13-11 所示。这要视投资和核心层交换能力而定,同时最终用户发出的流量也将影响汇聚层交换机的选择。如果选择三层交换机,则在全网络的设计上体现了分布式路由思想,可以大大减轻核心层交换机的路由压力,有效地进行路由流量的均衡。

图 13-11　汇聚层设备选型:三层交换机

如果选择分布式路由方式,可考虑降低核心交换机的路由能力投资费用。另一种情况,如果汇聚层设备仅选择二层设备,则核心层交换机的路由压力会增加,需要在核心层交换机上加大投资,选择稳定、可靠、性能高的设备。

在投资上,建议在汇聚层选择性能价格比高的设备,同时功能和性能不应太低。作为本地网络的逻辑核心,如果本地的应用复杂、流量大,可考虑选用高性能的交换机。

汇聚层交换机一般多采用全千兆三层交换机,可支持多个千兆端口,具有 48Gb/s 以上的背板带宽,二、三层包转发率达到 18Mpps 以上,支持冗余电源接口。

## 13.4.4　接入层的特点及设备选型

**1. 接入层的功能**

接入层控制用户和工作组对互联网络资源的访问。接入层也称桌面层,如图 13-12 所示的虚线区域就是网络接入层的连接场景。接入层为网络内部的大多数用户提供所需要的网络资源本地接入服务,和汇聚层连接处理远程服务的数据流。

接入层为网络中的用户,提供对网络中的本地网段(Segment)的访问。在网络内部环境中,接入层具有以下特点。

（1）对汇聚层的访问控制和策略进行支持。

（2）在网络内部的接入端,建立独立的冲突域。

（3）在网络内部的接入端,建立工作组与汇聚层的连接。

接入层向本地网段提供工作站接入服务。在接入层中,减少同一网段的工作站数量,能够向工作组提供高速带宽。接入层可以选择不支持 VLAN 和三层交换技术的普通交换机。

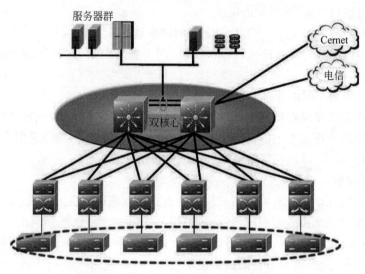

图 13-12　接入层的网络拓扑结构

在核心层和汇聚层的设计中,主要考虑的是网络性能和功能性要高,那么在接入层设计上主张使用性能价格比高的设备。接入层是最终用户(教师、学生)与网络的接口,它应该提供即插即用的特性,同时应该非常易于使用和维护。当然也应该考虑端口密度的问题。

**2. 接入层的设备选型**

接入层交换机没有太多的限制,但是接入层的交换机或集线器对环境的适应力一定要强。在每个建筑里都设置一个通风良好、防外界电磁干扰条件优良的设备间是不现实的,大多数楼层交换机被放置在楼道里,所以接入层的设备首先应该对恶劣环境有良好的"抵抗力"。接入层设备不用追求太多的功能,只要稳定就好。

接入层交换机多选择千兆交换机,如图 13-13 所示,千兆交换机一般全线速、可堆叠、具有智能化,可以配置百兆、千兆模块或堆叠模块。

此外,千兆交换机还可以实现支持 802.1x 的 5 元素绑定认证,包括用户名、PC 的 IP 地

图 13-13　接入层设备选型:
二层/三层交换机

址、PC 的 MAC 地址、接入交换机 IP 地址、接入交换机端口号元素。提供智能的流分类和完善的服务质量(QoS)以及组播管理特性,并可以实施灵活多样的 ACL 访问控制,支持基于用户的带宽控制。

## 13.5　组网设备选型

### 13.5.1　交换设备性能与设备选型

在园区网络的建设过程中,交换机作为骨干设备在组网过程中,起到举足轻重的作用。交换设备性能好坏直接影响整个园区网的性能。一个中小型规模网络的构建,特别是隶属于企业网络范畴的网络筹建,正确选择网络设备是重要的任务之一。

这里所谈的网络设备的选择有两种含义：一种是从应用需要出发所进行的选择；另一种是从众多厂商的产品中选择性能/价格比高的产品。

随着网络应用的逐渐深入，交换网络技术升级，交换产品已经成为当今市场争夺的焦点。但是在功能各异、种类繁多的交换设备中，用户要找到符合自身应用特点的产品，这不仅需要用户从传统的交换机评价指标入手，考量产品的性价比，还要特别留意产品是否能够提供对一些具有高附加值的最新功能的支持。

**1. 交换机基本技术术语**

1）背板

位于交换机内部连接的电子线路板，带有标准化插槽，最基本的作用是内部的总线连接。一般用于交换机接口处理器或接口卡和数据总线及线卡模块之间的标准化连接，其带宽的多少直接影响内部总线的交换速度。

2）交换机类型

常见的交换机分为机架式，固定配置式带/不带扩展槽两种类型。机架式交换机是一种插槽式的交换机，这种交换机扩展性较好，可支持不同的网络类型，如以太网、快速以太网、千兆以太网、ATM、令牌环及 FDDI 等，但价格较贵。

固定配置式带扩展槽交换机是一种有固定端口数并带少量扩展槽的交换机，这种交换机在支持固定端口类型网络的基础上，还可以支持其他类型的网络，价格居中。固定配置式不带扩展槽交换机仅支持一种类型的网络，但价格最便宜。

3）交换架构

交换架构是指数据穿越设备的方式。交换机的内部结构主要有：总线型、共享内存型和交叉矩阵型。

总线型数据包通过总线达到所有端口，然后由中央处理器告诉每个端口是继续转发还是丢弃该数据包。可在端口间建立直接的点对点连接，这对于单点传输性能很好，但不适合多点传输。

共享内存型数据包被放到共享内存中，然后中央处理器告诉应该转发数据的端口/模块到指定位置读取数据。这种结构依赖中心交换引擎来提供全端口的高性能连接，由核心引擎检查每个输入包以决定路由。这种方法需要很大的内存带宽、很高的管理费用，尤其是随着交换机端口的增加，中央内存的价格会很高，因而交换机内核成为性能实现的瓶颈。

交叉矩阵型数据通过交叉矩阵开关直接送往该去的模块/端口。可以由中央处理器决定送往方向，也可以由输入模块自己决定。这是一种混合交叉总线实现方式，它的设计思路是：将一体的交叉总线矩阵划分成小的交叉矩阵，中间通过一条高性能的总线连接。其优点是减少了交叉总线数，降低了成本，减少了总线争用；但连接交叉矩阵的总线成为新的性能瓶颈。

4）交换方式

交换方式是指交换机传输数据的方式，交换机在传送源和目的端口的数据包时通常采用直通式交换、存储转发式和碎片隔离方式三种数据包交换方式。

比较主流的交换方式就是存储转发（Store and Forward），该方式是交换机在接收到全部数据包后再转发。另外，直通交换方式（Cut Through）是在交换机收到整个数据包之前就已经开始转发数据。

5) 全双工

交换机的全双工是指交换机在发送数据的同时也能够接收数据,两者同步进行,这好像平时打电话一样,说话的同时也能够听到对方的声音。

目前的交换机都支持全双工。全双工的好处在于迟延小,速度快。

6) 应用层次类型

网络设备都是对应工作在 OSI/RM(OSI 参考模型)这一开放模型的一定层次上,工作的层次越高,说明其设备的技术性越高,性能也越好,档次也就越高。交换机也一样,随着交换技术的发展,交换机由原来工作在 OSI/RM 的第二层,发展到现在可以工作在第四层的交换机出现,所以根据工作的协议层,交换机可分为第二层交换机、第三层交换机和第四层交换机。

7) 端口结构类型

交换机大致可分为固定端口交换机和模块化交换机两种不同的结构。其实还有一种是两者兼顾,那就是在提供基本固定端口的基础之上再配备一定的扩展插槽或模块。

固定端口所带有的端口是固定的,再不能添加。模块化交换机虽然在价格上要贵很多,但拥有更大的灵活性和可扩充性,用户可任意选择不同数量、不同速率和不同接口类型的模块,以适应千变万化的网络需求。

**2. 交换机主要性能指标**

1) 交换引擎

实现系统数据包交换、协议分析、系统管理,是交换机的核心部分。类似于 PC 的 CPU+OS。数据包的交换主要是通过专用的 ASIC 芯片实现的。

2) 背板带宽

背板带宽,是交换机接口处理器或接口卡和数据总线间所能吞吐的最大数据量。背板带宽标志了交换机总的数据交换能力,单位为 Gb/s,也叫交换带宽,一般的交换机的背板带宽从几 Gb/s 到上百 Gb/s 不等。一台交换机的背板带宽越高,所能处理数据的能力就越强,但同时设计成本也会越高。

3) 交换容量

一般是指交换引擎所能实现的交换容量。但对于模块化交换机,业务模块本身也可以实现本地交换。所以有些交换机所标识的交换容量指标是引擎+模块的交换容量的总和。

4) 包转发率

包转发率是指交换机转发数据包的速度,单位一般为 pps(包每秒),一般交换机的包转发率在几十 kpps 到几百 kpps 不等,包转发率越大网速越快。全双工与半双工以及端口不同传输速率的包转发率都是不同的。

5) 线速

考察交换机上所有端口能提供的总带宽。计算公式为端口数×相应端口速率×2(全双工模式)。如果总带宽≤标称背板带宽,那么在背板带宽上是线速。包转发线速的衡量标准是以单位时间内发送 64B 的数据包(最小包)的个数作为计算基准。

对于千兆以太网来说,当以太网帧为 64B 时,需考虑 8B 的帧头和 12B 的帧间隙的固定开销。故一个线速的千兆以太网端口在转发 64B 包时的包转发率为 1.488Mpps。计算如下：1 000 000 000b/s/8b/(64+8+12)B=1 488 095pps。

6）时延

数据包从进入交换引擎到出交换引擎的延迟时间即时延。其性能取决于 ASIC 芯片的性能。对于第二层交换数据包送入交换引擎后要分析其转发的目的地址,从内存中的 ARP 表里面找到相应的目的端口,同时要分析包的类型、VLAN 的信息、优先级、组播方式等特性;第三层交换是在网络层上实现的交换,所以要对 IP 包的附加信息做更多的处理,包括协议类型、置换下一跳的 MAC 地址、TTL 减值、CRC 校验的重新计算,以实现路由交换的功能。

7）MAC 地址表

交换机之所以能够直接对目的节点发送数据包,而不是像集线器一样以广播方式对所有节点发送数据包,最关键的技术就是交换机可以识别连在网络上的节点的网卡 MAC 地址,并把它们放到一个叫做 MAC 地址表的地方。这个 MAC 地址表存放于交换机的缓存中,并记住这些地址,这样一来当需要向目的地址发送数据时,交换机就可在 MAC 地址表中查找这个 MAC 地址的节点位置,然后直接向这个位置的节点发送。所谓 MAC 地址数量是指交换机的 MAC 地址表中可以最多存储的 MAC 地址数量,存储的 MAC 地址数量越多,那么数据转发的速度和效率也就越高。

**3. 交换机的设备选型**

一般来讲,评价交换机的优劣要从总体构架、性能和功能三方面入手。总体架构是指交换机设备的端口密度、端口支持的最高速率、交换容量等基本性能参数的值,可以让用户从总体上把握该设备的定位和档次。

固定配置式不带扩展槽交换机仅支持一种类型的网络,机架式交换机和固定配置式带扩展槽交换机可支持一种以上类型的网络,如支持以太网、快速以太网、千兆以太网、ATM、令牌环及 FDDI 等。一台交换机所支持的网络类型越多,其可用性、可扩展性越强。

而交换机的性能除了要满足 RFC 2544 建议的基本标准,即吞吐量、时延、丢包率外,随着用户业务的增加和应用的深入,还增加了一些额外的指标,如 MAC 地址数、路由表容量(三层交换机)、ACL 数目、LSP 容量、支持 VPN 数量等。以 MAC 地址数为例,MAC 地址数是指交换机的 MAC 地址表中可以最多存储的 MAC 地址数量,支持的 MAC 地址数越多,数据转发的速率也就越高。

1）最大 ATM 端口数

ATM 即异步传输模式。最大 ATM 端口数是指一台 ATM 交换机或一台多服务多功能交换机所支持的最大 ATM 端口数量。

2）最大 SONET 端口数

SONET 是 Synchronous Optical Network 的缩写,是一种高速同步网络规范,最大速率可达 2.5Gb/s。一台交换机的最大 SONET 端口数是指这台交换机的最大下连 SONET 接口数。

3）最大 FDDI 端口数

最大 FDDI 端口数是指一台 FDDI 交换机或一台多服务多功能交换机所支持的最大 FDDI 端口数量。

4）背板吞吐量

背板吞吐量也称背板带宽,是交换机接口处理器或接口卡和数据总线间所能吞吐的最大数据量。一台交换机的背板带宽越高,所能处理数据的能力就越强,但同时设计成本也会增加。

5）缓冲区大小

有时又叫做包缓冲区大小,是一种队列结构,被交换机用来协调不同网络设备之间的速度匹配问题。突发数据可以存储在缓冲区内,直到被慢速设备处理为止。

缓冲区大小要适度,过大的缓冲空间会影响正常通信状态下数据包的转发速度(因为过大的缓冲空间需要相对多一点儿的寻址时间),并增加设备的成本。而过小的缓冲空间在发生拥塞时又容易丢包出错。所以,适当的缓冲空间加上先进的缓冲调度算法是解决缓冲问题的合理方式。对于网络主干设备,需要注意几点：每个端口是否享有独立的缓冲空间,而且该缓冲空间的工作状态不会影响其他端口缓冲的状态；模块或端口是否设计有独立的输入缓冲、独立的输出缓冲,或是输入/输出缓冲；是否具有一系列的缓冲管理调度算法,如RED、WRED、RR/FQ 及 WERR/WEFQ 等。

6）最大 MAC 地址表大小

连接到局域网上的每个端口或设备都需要一个 MAC 地址,其他设备要用到此地址来定位特定的端口及更新路由表和数据结构。MAC 地址有 6B 长,由 IEEE 来分配,又叫物理地址。一个设备的 MAC 地址表大小反映了连接到该设备能支持的最大节点数。

7）最大电源数

一般地,核心设备都提供有冗余电源供应,在一个电源失效后,其他电源仍可继续供电,不影响设备的正常运转。在连接多个电源时,要注意用多路市电供应,这样,在一路线路失效时,其他线路仍可供电。

8）支持协议和标准

一般指由国际标准化组织所制定的联网规范和设备标准。可根据网络模型的第一层、第二层和第三层进行分类如下。

第一层：EIA/TIA-232、EIA/TIA-449、X. 21、EIA530/EIA530A 接口定义。

第二层：802.1d/SPT、802.1q、802.1p 及 802.3x。

第三层：IP、IPX、RIP1/2、OSPF、BGP4、VRRP,以及组播协议等。

9）硬件配置

在设备的硬件配置上,需要考虑交换机所能安插的最大模块数机架插槽数；固定配置式带扩展槽交换机所能安插的最大模块数扩展槽数；一个堆叠单元中所能提供的最大端口密度最大可堆叠数；以及配置的最小/最大 1000M 以太网端口数。

## 13.5.2　路由设备性能与设备选型

路由器是整个交换网络与外部网络的通信出口,在企业网络组建的过程中,路由器的选购虽不像交换网络那样重要,但由于其是联系内外网的桥梁和纽带,因此也具有重要的意义。

在所有网络设备中,路由器的价格相当昂贵,是网络设备的重头戏。不同的路由器设备的性能相差很多,价格也不可同一而论。所以在路由器设备选型时,一定要注意路由器的各种性能参数和具有一些功能的含义。

下面就介绍一些路由器常见的性能参数和一些功能。希望在设备选型时对读者有所帮助。

**1. CPU**

路由器的处理器同计算机主板、交换机等产品一样，是路由器最核心的器件。处理器的好坏直接影响路由器的性能。作为宽带路由器的核心部分，处理器的好坏往往决定了宽带路由器的吞吐量这个最重要的参数。

一般来说，处理器主频在 100MHz 或以下的属于较低主频，这样的宽带路由器适合普通家庭和 SOHO 用户使用。100～200MHz 中等，200MHz 以上属于较高主频，适合网吧、中小企业用户以及大型企业的分支机构。

宽带路由器的处理器除了工作频率之外，还应注意处理器所采用的架构。宽带路由器的 CPU 一般是基于 X86、ARM7、ARM9 和 MIPS 内核的各芯片厂家的产品。ARM9、MIPS 内核处理器是目前的主流。

**2. 内存**

路由器中可能有多种内存，例如 Flash、DRAM 等。内存用作存储配置、路由器操作系统、路由协议软件等内容。在中低端路由器中，路由表可能存储在内存中。

通常来说，路由器内存越大越好（不考虑价格）。但是与 CPU 能力类似，内存同样不直接反映路由器性能与能力。因为高效的算法与优秀的软件可能大大节约内存。

**3. 吞吐量**

吞吐量表示的是路由器每秒能处理的数据量。吞吐量反映设备整机包转发能力，是设备性能的重要指标。路由器的工作在于根据 IP 包头或者 MPLS 标记选路，所以性能指标是每秒转发包数量。设备吞吐量通常小于路由器所有端口吞吐量之和。

**4. 线速转发能力**

路由器最基本且最重要的功能是数据包转发。在同样端口速率下转发小包是对路由器包转发能力最大的考验。全双工线速转发能力是指以最小包长（以太网 64B、POS 口 40B）和最小包间隔（符合协议规定）在路由器端口上双向传输同时不引起丢包。该指标是路由器性能的重要指标。

通俗一点儿说就是进来多大的流量，就出去多大的流量，不会因为设备处理能力等问题造成吞吐量下降。

**5. 带机数量**

宽带路由器的带机数量直接受实际使用环境的网络繁忙程度影响，不同的网络环境带机数量相差很大。比如在网吧里，所有人都在上网聊天、游戏，几乎所有数据都通过 WAN 口，路由器负载很重。而企业网经常同一时间只有小部分人在用网络，而且大部分数据都是在企业网内部流动，路由器负载很轻。

**6. 并发连接数**

并发连接数是指路由器或防火墙对其业务信息流的处理能力，是路由器能够同时处理的点对点连接的最大数目，它反映出路由器设备对多个连接的访问控制能力和连接状态跟踪能力，这个参数的大小直接影响到路由器所能支持的最大信息点数。

**7. 包转发率**

包转发率，也称端口吞吐量，是指路由器在某端口进行的数据包转发能力，单位通常使用 pps(包每秒)来衡量。

一般来讲,低端的路由器包转发率只有几 k 到几十 kpps,而高端路由器则能达到几十 Mpps(百万包每秒)甚至上百 Mpps。如果小型办公使用,则选购转发速率较低的低端路由器即可,如果是大中型企业部门应用,就要严格这个指标,建议性能越高越好。

### 13.5.3　网络设备厂商介绍

#### 1. Cisco(思科)

从互联网诞生之日起,就有一个一直与之密不可分的名字——思科。1984 年 12 月,思科公司在美国成立;1986 年,思科第一台多协议路由器面市;1993 年,世界上出现一个由 1000 台思科路由器连成的互联网络。由此,伴随着互联网迅猛发展的浪潮,思科公司也扬帆起锚,驶入实践沟通理想的新航道。

如今,思科公司已经成为全球网络和通信领域公认的领先厂商,其提供的解决方案构成了世界各地成千上万的公司、大学、企业和政府部门的信息通信基础设施,用户遍及电信、金融、制造、物流、零售等行业以及政府部门和教育科研机构等。思科公司也是建立网络的中坚力量,现在,互联网上 70%的流量经由思科产品传递。

#### 2. Nortel Networks(北电网络)

一个多世纪以来,北电始终引领全球通信变革的潮流,北电领先的解决方案涵盖分组、光、无线和话音技术。北电正在和遍及一百五十多个国家的客户紧密合作,凭借可靠的数据和话音技术为商业、教育、娱乐和安全性提供独一无二的应用功能,从而极大地提升人们的沟通体验。北电是光通信网络的领先供应商之一,在 IP 数据网和企业网络建设领域,北电也取得了一系列骄人的业绩,拥有全球最丰富的商用 NGN 网络部署经验。

#### 3. 3Com

自从 1979 年 3Com 公司成立和创建以太网标准以来,3Com 公司具有前瞻性的渗透性网络理念,受到了全世界的广泛认同和支持。3Com 公司着力于提供技术创新、性能丰富,而购买和拥有成本却相对较低的产品和解决方案。

3Com 公司以雄厚的知识产权为基础,推出了一代又一代的创新产品,始终保持着市场占有率领导者的地位。今天,3Com 公司一如既往地攀登创新高峰,为企业用户提供货真价实的名牌产品——即通过艰苦奋斗和不断创新,为用户提供适用的产品和解决方案。

#### 4. Juniper Networks

Juniper 网络公司成立于 1996 年,是世界领先的网络运营商,产品为政府机构、研究和教育机构以及信息密集型企业提供坚实网络的基础,自创立以来,Juniper Networks 一直致力于推动行业向一个远景发展,目标是一个超越基本 Internet 连接的世界——一个全球化但不乏个性、可适应但不乏控制、安全但不失开放的通信世界。在 Juniper Networks 的支持下,运营商终于第一次能够自由组网,而不必像过去那样在性能、智能和规模之间权衡利弊。

今天,Juniper Networks 采用特别开发的技术设计了一系列解决方案,该技术可以满足世界上规模最大、要求最严格的网络的综合性规模和性能要求。

#### 5．AVAYA

AVAYA 公司的前身为朗讯科技企业网络部，于 2000 年正式成为独立上市公司。AVAYA 公司将致力于电子商务解决方案的发展。公司目前拥有的产品包括：业界领先的 DEFINITY 企业通信服务器、VoIP 解决方案、Cajun 校园数据网络交换机、广域网产品、网络安全设备、网络管理软件、针对局域网和建筑物内通信提供的企业无线解决方案以及信息处理和客户关系管理解决方案。AVAYA 在信息处理技术和呼叫中心领域居世界领先地位，在语音通信系统领域居美国领先地位，同时拥有强大的销售与服务资源。

AVAYA 公司将立足现有的强大技术优势，继续凭借世界一流的研发能力，力图创造出更具时代特性的优势；AVAYA 公司将与最好的业务伙伴合作，为企业提供最佳的通信解决方案。

#### 6．D-Link（友讯网络）

D-Link 成立于 1986 年，并于 1994 年 10 月在中国台湾证券交易所挂牌上市，为中国台湾第一家成功上市的网络通信设备厂商，在全球九十多个国家设立办事处，以自创品牌“D-Link”秉承企业口号“Building Networks for People”行销计算机网络产品遍及全世界一百七十多个国家。

作为网络通信设备行业品牌，D-Link 致力于局域网、宽带网、无线网、语音网、网络安全、网络存储、网络监控及相关网络设备研发、生产和行销；在美国、中国大陆、中国台湾及印度设有研发中心，产品遍及全球，拥有众多美国、日本、俄罗斯等国的世界级客户。

#### 7．HUAWEI（华为）

华为技术（“华为”）是全球领先的下一代电信网络解决方案供应商，致力于向客户提供创新的满足其需求的产品、服务和解决方案，为客户创造长期的价值和潜在的增长。

华为在印度、美国、瑞典、俄罗斯以及中国的北京、上海和南京等地设立了多个研究所，六万八千多名员工中的 48% 从事研发工作。截至 2007 年 12 月底，华为已累计申请专利超过 26 880 件，连续数年成为中国申请专利最多的单位。华为在全球建立了一百多个分支机构，营销及服务网络遍及全球，能够为客户提供快速、优质的服务。目前，华为产品和解决方案已经应用于全球一百多个国家，以及 35 个全球前 50 强的运营商，服务全球超过 10 亿用户。

#### 8．ZTE（中兴）

中兴通信是全球领先的综合通信制造商，是近年全球增长最快的通信解决方案提供商之一。作为大型通信制造业上市公司，中兴通信以满足客户需求为目标，为全球客户提供创新性、客户化的产品和服务，帮助客户实现持续赢利和成功，构建自由广阔的通信未来。凭借在核心网产品、无线产品、接入/承载产品、业务产品、终端产品等多重领域的卓越实力，中兴通信已成为中国电信市场最主要的设备提供商之一，并为全球一百二十多个国家的五百多家运营商及全球近三亿人口提供优质的、高性价比的产品与服务。

#### 9．H3C

杭州华三通信技术有限公司（简称 H3C），致力于 IP 技术与产品的研究、开发、生产、销售及服务。为构建以业务应用为中心的动态 IT 架构，H3C 提出了 IToIP 理念。基于 IP 技术标准提供统一 IT 基础架构，具备“标准、融合、开放、增值”特征，基于 IToIP 构建网络、安全、存储、多媒体 4 大产品线，实现了从网络设备供应商到 IToIP 整体解决方案供应商的战略跨越,确立了牢固的市场领先地位。

**10. Ruijie(锐捷)**

锐捷网络秉承"敏锐把握应用趋势,快捷满足客户需求"的核心经营理念,坚持"应用领先"的发展道路,公司实现了超常规、跨越式发展,跃升为网络设备民族第一品牌,跻身中国网络市场三大供应商之列。作为全球网络设备领域最早倡导并唯一大规模应用全局安全解决方案的网络安全整合专家,早在2002年,锐捷网络便将关注的视角触及网络安全领域,凭借最前沿的安全理念和丰富完备的网络安全构建经验,领先于业界。

今天,锐捷网络已经发展成为一家分支机构遍布全国32个省、市、自治区,拥有包括路由器、交换机、无线、存储、安全等完备的全系列网络产品线及基于应用的端到端网络解决方案的专业化网络厂商,其产品和解决方案被广泛应用于教育、金融、医疗、政府、电信、军队、企业等信息化建设领域。多年来,锐捷网络凭借专业、快捷的服务和独具特色的网络认证培训为用户网络的投资价值提供了有力保障。

**11. TP-LINK**

深圳市普联技术有限公司成立于1996年,是专门从事网络与通信终端设备研发、制造和行销的业内厂商。跟紧前沿技术、联合世界网络巨头,是TP-LINK保持强劲研发势头的有效途径。本着"网络与通信产品的广泛应用"的宗旨,TP-LINK市场营销体系永远处于企业满足用户需求的最前端,契合市场的产品规划、稳健的销售渠道、完善的售后服务体系保障了技术、产品、市场三者的相互衔接。

**12. 迈普**

迈普成立于1993年,是中国主流的路由器供应商和网络综合解决方案提供商,致力于向客户提供全系列路由器产品和IP语音、信息安全、综合接入、交换机等网络设备。2006年,迈普在中国及印度、新加坡、印度尼西亚等地设立了36个分支机构。在坚持自主知识产权的基础上,迈普以技术和市场的国际化为发展导向,不断地参与全球IT市场竞争。

## 13.6 网络工程案例

**企业工程案例(1)——医疗行业网络规划**

### 南京市儿童医院网络成功案例

信息化建设对于推动医疗行业自身发展,提高工作效率,为患者提供及时准确的服务都起到至关重要的作用。正是看到信息化建设对医疗行业发展的重要作用和目前医疗行业信息化落后的现状,政府和医院自身都开始不断地加强信息化的建设,不仅发布了相关的各种发展规划纲要,鼓励医疗行业的信息化建设,同时,医院自身也在不断地加大信息化建设的投资。

南京市儿童医院作为一家大型的三级甲等医院,根据自身特点,努力提高医疗信息化网络建设,与锐捷网络携手建成了集网络高效与稳定、网络安全和监控、网络管理和维护相结合的医疗网络,其规划、设计、建设对于国内医院信息化网络的建设具有良好的示范意义。

南京市儿童医院是一所集医疗、康复、保健、预防、科研、教学为一体的三级甲等儿童医院,是政府举办的非赢利性医疗机构,是我国历史悠久、综合实力最强的大型儿童专科医院之一。开放病床 620 张,年门诊量一百一十多万人次,年收治住院病人两万七千余人次。医院信息化建设也是走在全国前列,目前已经实现了"医院管理信息系统",实现基于财务的信息管理(门诊划价、收费系统),实现基于医生的辅助治疗,医生工作站、辅助病因分析及治疗建议;实现了 PACS(影像应用传输系统)基于临床的影像信息管理、分析;还有电子病历、远程医疗、药房管理等。随着医院规模的扩大和医疗信息化建设的深入,医院原有网络在网络传输速度、稳定型、网络安全、管理等方面已经不能满足要求。经过长期论证和各方评定,最终选择了锐捷网络为南京市儿童医院量身定制的网络解决方案。

南京市儿童医院对医院内网和外网同期改造,医院提出对医院网络的如下具体建设目标。

(1) 能够满足医疗业务对网络系统稳定性的严格要求;

(2) 能够满足医院 PACS 等系统对网络传输能力的高要求;

(3) 能够满足医院特殊要求的网络系统高安全要求;

(4) 能够满足网络系统管理维护的要求。

为了实现上述目标,南京市儿童医院经过详细的规划考察,最后确定采用锐捷网络提供的医院信息化网络解决方案。拓扑图如图 13-14 所示。

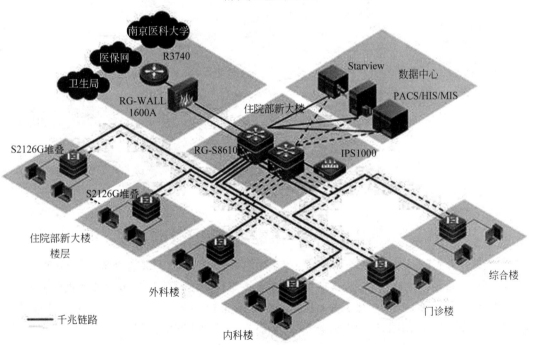

图 13-14　南京市儿童医院内网网络设计拓扑

医院内外网完全物理隔离。医院内网的应用有 HIS、PACS、EMR、RIS、医生工作站等医疗相关的应用。对网络,尤其对医院内网核心交换机的稳定性、传输能力、安全性要求非常高。南京市儿童医院内网核心采用两台锐捷高端的 10 万兆路由交换机,互为容错备份,并在核心交换机中配备管理引擎和电源模块冗余。核心、接入层都采用双链路连接,构成一个环路架构,核心到接入启用 VRR 和 MSTP 等技术,保证南京市儿童医院网络能够提供 7×24 小时高速稳定的数据传输,为医院提供健壮的数据传输神经中枢。

接入层采用锐捷网络安全智能接入交换机 S2126G,通过强大的基于硬件的安全机制(业界独有的专家级 ACL、防 ARP 攻击、防扫描等)和端到端 QoS 策略确保南京市儿童医院本次网络应用的高可靠性和高安全性。

尤其医院内网核心交换机选用的锐捷最高端的 10 万兆核心路由交换机 RG-S8610 是国内第一款基于 10 万兆平台开发的核心交换机。RG-S8610 提供最高性能的处理能力,并且提供先进的分布式流量采集功能,流量监控的实施不会影响整机的性能。从而在实现网络安全和管理的同时,保证 PACS 等业务对交换机传输能力的高要求,并且为日后医院业务的扩大留下了足够的升级空间。拓扑图如图 13-15 所示。

南京市儿童医院外网

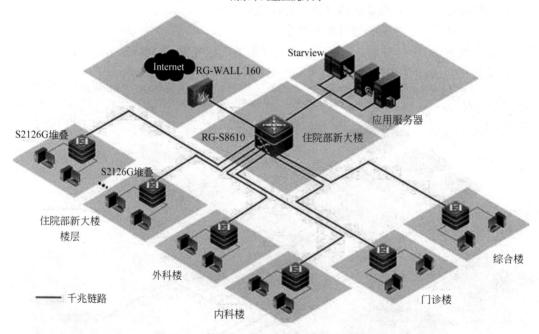

图 13-15 南京市儿童医院外网网络设计拓扑

在安全方面,支持硬件安全监控技术、硬件安全防护技术、丰富的设备安全管理保证系统的安全,通过硬件的隧道技术、认证技术、加密技术保护了网络设备传输的数据的安全。

在业务方面,RG-S8610 基于分布式的业务融合平台:分布式硬件 IPv6、分布式硬件流量监控、分布式隧道 MPLS、VPLS、分布式加密技术、无线、POE、WAN、线卡扩展、存储、音频、视频、应用支撑等多种应用的支持。

医院外网则采用了一台锐捷万兆核心路由交换机 RG-S6506 作为外网核心。接入层采用了安全智能交换机 STAR-S2126G,保证了医院访问 Internet 的需要。

医院对网络的安全和管理要求非常高,为此,南京市儿童医院内外网采用了锐捷安全认证和网络管理系统 RG-SAM 和 Starview。实现对全网用户的入网认证、安全准入、网络远程集中管理。极大保证了医院网络的安全和稳定运行,也降低了信息科日常网络维护的工作量。

## 企业工程案例(2)——中小企业网络规划

### 江苏沙钢集团企业网

江苏沙钢集团是目前国内最大的电炉钢和优特钢生产基地、江苏省重点企业集团、国家特大型工业企业,全国最大的民营钢铁企业。2006 年度在中国大集团企业 500 强中名列第 8 位,在中国制造业 500 强中名列第 23 位,在全国民企中名列第 3 位,并跻身于全世界最具竞争力钢铁企业行列。

随着信息化建设的快速发展,沙钢集团作为全国领先的钢铁企业,基于企业发展的需要,沙钢集团决定打造先进的网络基础平台,为企业各项信息化业务的开展打下坚实的基础,因此沙钢集团携手锐捷网络公司,打造以千兆网络传输平台为基础的先进企业网络系统,为企业的信息化建设提速。拓扑图如图 13-16 所示。

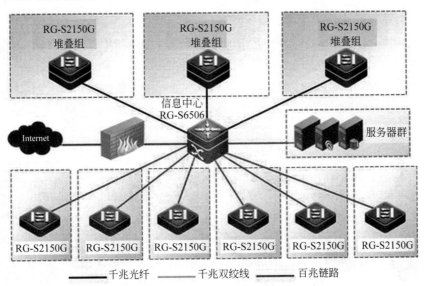

**图 13-16　江苏沙钢集团企业网网络设计拓扑**

锐捷网络提供的网络解决方案充分满足了沙钢企业网建设的稳定可靠和高性能的要求。核心层选用了锐捷网络 RG-S6506 万兆骨干路由交换机,接入采用 S2150G 安全智能交换机,实现稳定可靠高速的企业网络。网络自建成以来,始终保持稳定运行,实现了企业网的安全稳定运行和方便高效的管理,完全达到了组建网络提高企业运营效率的初衷。

## 企业工程案例(3)——无线网络规划

### 北京师范大学无线校园网

作为全国重点高校,北京师范大学信息化建设也像其教学品质一样走在全国高校前列,成为北京地区第一批率先尝试采用无线网络的高校用户之一。该校有线网络建设已经完成多年,在近两年的校园信息化管理和维护过程中,校方发现新入学学生的笔记本普及率首次超过了台式计算机,大量学生在宿舍、教室、图书馆等区域使用笔记本进行日常的学习、研究、沟通和娱乐。北京师范大学认为,这一迹象表明,无线校园网的前提条件已经成熟,校方多年论证的无线信息化时代即将到来。

2007 年 3 月,北京师范大学开始了无线校园网的选型和规划工作。摆在校方面前的是几个必须要解决的技术难题:如何在庞大的校园网内进行实时的无线网络设备、用户和链路的管理?学校原有的认证模式如何与无线网络兼容?很多办公楼都有防盗门和套间,如何在合理地密集部署无线接入点的同时还能保证信道的互不干扰?如何针对校内已经大量存在的非法无线接入点的安全隐患提出针对性方案?带着这些问题,北京师范大学先后邀请了十几家无线网络专业厂商进行技术交流和模拟测试,尝试将一个个难题攻破。

最终,北京师范大学选择了国内著名网络设备厂商锐捷网络提供的智能无线交换网络解决方案,该解决方案包含超过 500 台智能无线接入点,4 台完全冗余的高性能智能无线交换机,采用集中无线网管系统的统一的网络监控、设备配置、无线入侵检测防护、无线定位。同时,该解决方案实现了与原有认证系统的顺利对接,真正做到有线与无线网络高度融合。

北京师范大学注重现代化校园网络建设,已部署包含办公、教学、科研、图书馆、体育场馆、师生宿舍在内完善的有线网络。北京师范大学无线校园网络建设的目标,不仅是将无线网络建设成有线校园网络的补充,而且要实现有线和无线的完美统一,建设成一个面向未来的、网络化、信息化、具备多媒体综合业务发展需求的网络。拓扑图如图 13-17 所示。

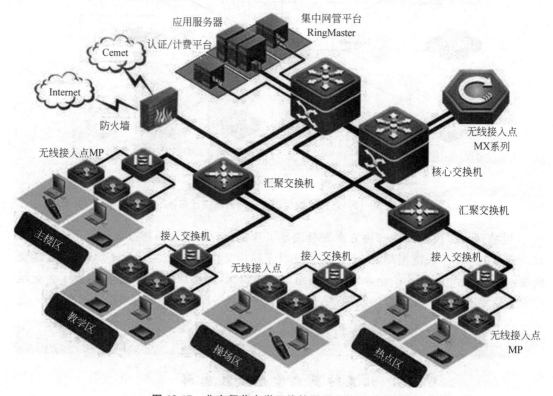

**图 13-17　北京师范大学无线校园网网络设计拓扑**

锐捷网络提供的解决方案采用了 PoE 接入交换机＋智能无线交换机＋瘦 AP＋RingMaster 技术体系,在室内外共部署了智能无线接入点五百多个,覆盖了主楼、科技楼、英东楼、所有办公楼、会议厅、教 2 楼、教 7 楼、文史楼、曾宪梓教学楼、物理楼、电子楼、演播楼、环科楼、艺术楼、生物楼、地理楼、化学楼等所有楼层,以及主楼前广场、数学楼前广场、电子楼前广场、东操场看台等室外区域。

无线网络使用锐捷网络推出的智能无线交换网络集中管理平台 RingMaster 进行统一控制和管理,为用户提供局域网和跨越广域网环境下的无线网络部署规划、设备配置及管理监控服务,并实时监测和分析网络运行状态,输出详细的日志和报告。RingMaster 与锐捷网络 MX 系列智能无线交换机协同工作,对所有 MP 系列智能管理型无线接入点产品进行集中管理和控制,优化网络性能,并增强网络安全性。

## 13.7　企业网络工程规划规范文档

### ××××大学校园网分层规划设计

为了适应高等教育的发展,目前高等院校由原来的校系二级办学体制,变为校、院、系三级管理体制,二级学院的办学规模越来越大。由于二级学院是教学的第一线,所以传统的校园网(它的主要服务对象是行政办公和图书资料共享)和系里的机房已越来越不适应现有二级学院的办学体制,严重制约了教育的信息化进展。

二级学院有其自身的特点:一是二级学院在教学、科研以及其他资源上要依托学校本部;二是目前办学规模上越来越大,在校学生人数也越来越多,有庞大的网络用户群;三是二级学院直接面向学生,是教学的第一线,应更多地考虑网络在教学中的应用。

**1. 网络规划**

1) 用户需求

学院是教学科研的前沿,面对的用户主要是教师和学生,他们对计算机网络的需求主要有以下几点。

(1) 在学院的各个教学和办公点都应该设置网络信息点,能够方便地上网。

(2) 网上应该提供各种信息服务,为教学科研提供丰富的信息资源和良好的硬件平台。

(3) 能够共享整个学校的各类资源,能够访问 Internet 获取外部信息。

(4) 学生们则希望网络能向他们开放,尤其是计算机、信息管理、电子商务等需学习和涉及 IT 技术的学生,更是希望学院能为他们搭建一个开放的网络平台,使他们能在网上学习和开发,掌握网络实际应用技能。

2) 需求分析

分析用户的需求,根据二级学院的特点,考虑整个校园网络应该包含下面的内容。

(1) 需要支持庞大的用户群:这不仅包括全院各教学办公部门,还应提供面向学生到宿舍的桌面连接。

(2) 应提供多样的网络服务:要具有广泛的资源共享和丰富的网络服务。如为全院师生提供"文件服务";提供 Web、E-mail、FTP 等网上常规服务,还应能提供视频服务,开展网上教学,为学生开放第二课堂(网络课堂),可应用网络数据库系统开发网上电子图书馆,为师生提供信息服务。

(3) 提供面向学生开放的独立的网段,为学生们学习、操作、开发网络应用提供一个真实的计算机网络环境。

(4) 应具有很高的网络传输速率。

(5) 要有很好的互联性,能方便地接入校园主干网,访问校园网上的信息,并能向校园网开放,以实现全校各学院间的资源共享。

(6) 在条件允许的情况下,可直接与 Internet 互联。或者可以通过校园网访问 Internet。

3) 规划原则

校园网建设建构在多媒体技术和现代网络技术之上,是为教学、科研、管理服务并与因特网连接的校园内局域网络环境,是一种教育科研网络。典型的校园网建设的原则体现在以下几个方面。

(1) 先进性:先进的设计思想、网络结构、开发工具,采用市场覆盖率高、标准化和技术成熟的软硬件产品。

(2) 实用性:建网时应考虑利用和保护现有的资源,充分发挥设备效益。

(3) 灵活性:采用积木式模块组合和结构化设计,使系统配置灵活,满足学校逐步到位的建网原则,使网络具有强大的可扩展性。

(4) 可靠性:具有容错功能,管理、维护方便。对网络的设计、选型、安装、调试等各环节进行统一规划和分析,确保系统运行可靠。

(5) 经济性:投资合理,有良好的性能价格比。

**2. 总体设计**

1) 主干网的设计

主干网可以采用星状拓扑结构,该拓扑结构实施与扩充比较方便灵活,便于维护,支持该拓扑结构的技术也已很成熟。

2) 子网的设计

子网的设计应根据具体情况灵活考虑,具体实施时应注意以下几个问题。

(1) 子网可按使用网络的不同用户来分,以便于管理。如学生机房、教学科研、学生寝室以及行政办公等都可以作为独立的子网划分,这不仅方便了管理,而且加强了安全性。更重要的是这样做在较大型的网络中,可以防止广播风暴的发生,保障网络的正常运行(当然能够更细微地按部门划分子网更好)。

(2) 子网可以是独立的网络(提供网络服务功能),也可以只是一个子网段,只用来减少整个网络内部的数据包传输量,隔离广播风暴的扩散。

(3) 子网间电缆一般选用双绞线以降低成本,而在主干缆上则选用光缆以增加带宽,提高传输速率。

**3. 网络模型**

校园网络在设计时应遵循分层网络的设计思想,较大的学院其网络模型可分为三层,规模较小的学院可按二层模型设计。三层模型分别是:核心层、分布层和接入层。二层网络模型可以去掉核心层(核心层并入本部校园主干网)。

1）核心层

校园网络的所有网段都通向核心,核心是整个网络中处于最高级的汇集点,其主要任务是以尽可能快的速度交换信息。因此,核心层的设备应当选用具有较快速度及较强功能的路由交换机(具有三层交换功能),并且核心层到分布层的链路要具有足够的带宽。

2）分布层

分布层处于核心层与接入层之间,所有接入层的连接都终止于分布层,并经分布层汇集到核心层,在网络的分布层中可以配置二层或三层的 LAN 交换机(视网络分段而定)。

3）接入层

接入层是桌面设备的汇集点,它通常是一个 Hub 或二层 LAN 交换机,也可以是多个级联的 Hub 或堆叠的二层 LAN 交换机(视用户多少而定),构成一个独立的局域子网,在分布层为各个子网间建立路由。

用层次化方式设计网络具有扩充性好、冗余少、业务流控制容易等优点,并且还限制了网络出错的范围,减轻了网络管理和维护的工作量,这一点对于二级学院的网络维护和管理是很重要。

如图 13-18 所示网络拓扑,是采用网络分层的方式对××××校园网络进行整体的规划。网络架构设计基本组成结构分为:核心层,主要用于校园网络的不同区域的高速交换骨干;汇聚层,主要提供不同区域网络的基于策略的连接;接入层,将校园网络中的各分点工作站接入到网络中。

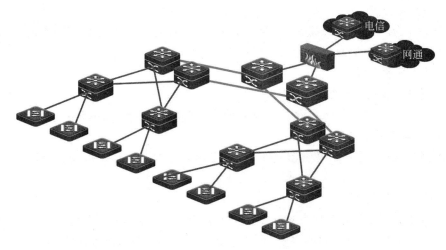

**图 13-18　××××大学校园网分层网络设计拓扑**

### 4. 技术选择

考虑到校园网对传输速率要求较高,并且一般学院里已具有一定数量的以太网设备,所以建议网络主干采用技术成熟的千兆位快速以太网技术,这样可以大大提高网上传输速率,解决因网络应用水平不断提高而对网络主干带宽不够而造成的瓶颈问题。又因为千兆位快速以太网采用和 10/100Mb/s 以太网同样的媒体访问控制技术,这样可以充分保护已有的网络设备投资,将它们很容易地连入网内,也可以在条件允许的情况下将它们平滑升级。

**5. 设备选型**

由于各学院规模大小不同,网络所提供的各种服务也不尽相同(但应包含网络所提供的常规服务),因此所需的设备也不尽相同,这里以科技学院校园网络为例,对于学院网络应提供的基本服务做一探讨,设备选择分别只讨论服务器和网络连接设备。

1) 服务器设备选型

根据该院网络所提供的服务和运行情况看,一个学院应该建立一个网络中心,网络中心为院主干网的汇集点,在主干网上配置如下服务器。

(1) 主域服务器

主域服务器是整个网络域控制器,作为网络用户登录服务器,保存有全院网络用户信息。

(2) Web 和 FTP 服务器

该服务器为网络用户提供信息浏览和文件下载。该服务器需要有较大的硬盘和内存空间,要有较快的网络响应。这两个逻辑服务器可以设置在一台物理服务器中。

(3) E-mail 服务器

提供电子邮件服务,该服务器需要较大的硬盘空间。

(4) DNS 和 DHCP 服务器

如果网络用户较多,特别是将网络接入到学生宿舍时,应该设置 DHCP 服务器,以减少地址维护工作和防止地址冲突的发生。这两个服务器可设置在同一台物理服务器中。

(5) 文件服务器

该服务器为广大师生提供文件共享服务,并在网上为师生开放“存储空间”,可以在 Windows 下非常简单地使用“网上邻居”来进行访问。

(6) 数据库服务器

学院管理系统的后台数据库运行平台。

以上服务器,作为 Intranet 架构的学院网络,应该是所需配置的基本服务器。

2) 网络连接设备选型

学院网络是以三层网络模型设计的,一般规模较小的二级学院可按二层模型来规划本院的网络。

(1) 核心层设备

该层设备必须是具有三层交换功能的路由交换机,它不仅作为全院各独立子网的最上层互连汇集点,完成各子网间的路由,而且是接入校园主干网的接入设备,也可以通过该设备直接接入 Internet。

核心层是校园网络的最重要的部分,在这里一定要选用性能稳定、安全的设备。在校园网网络设备的选型上,核心层的设备采用的是 RG-S6810 或 RG-S6806,这些设备都是厂商的主流设备,并且广泛应用于网络结构的核心,具有管理方便、性能稳定、安全(可增加安全模块)和高扩展性。

在本方案中,选择一台 RG-S6810E 新一代万兆机架式多层交换机作为学校校园网的核心设备,该交换机接口形式和组合非常灵活,可提供 10 个扩展插槽,完全满足网络建设中不同介质的连接需要。同时为满足网络的弹性扩展和高带宽传输需要,可灵活弹性扩展多种类型的万兆模块。

RG-S6810E 交换机高达 2.4T 的背板带宽、1.2T 的交换容量和 857Mpps 的二/三层包转发速率可为用户提供高速无阻塞的线速交换,强大的交换路由功能、安全智能技术可同锐捷各系列交换机配合,为用户提供完整的端到端解决方案,是小型网络核心和大型网络骨干交换机的理想选择。

(2) 汇聚层设备

该层设备也应该具有三层交换功能,可作为各子网内部虚拟网的路由设备(有核心层时,该层设备也可以是有二层交换功能的 LAN 交换机),也可以作为较小规模学院网络接入校园主干网的互连设备。校园网汇聚层的设备选型上,采用的是 STAR-S3550-24/48,设备性能稳定,管理方便,扩展性强。

(3) 接入层设备

该层设备可以是具有二层交换功能的 LAN 交换机,也可以只是共享式 Hub,该层是桌面设备的汇集点,校园网接入层的设备选型上,设备性能稳定,价格便宜,功能强大。校园网应用比较复杂,如接入交换机需要较强的安全控制功能,如 IP、MAC 地址与端口绑定,并要求具有完善的事后审计功能,可根据需要查出不同用户的使用记录。

使用 S21 系列产品来满足用户的需要,它有两个千兆上链,能够充分保证上链连接的带宽。同时,高达 12.8G 的背板带宽和 6.6Mpps 的包转发率也能够给用户带来一个高速的网络环境。

根据以上应用特点,在接入层设备的选择中,使用 S2126G 智能型二层交换机作为接入层设备:该系列交换机分别提供 24 个 10M/100M 口及两个扩展槽,在本方案中使用千兆线路上链核心交换机,该交换机提供端口与 MAC 地址的绑定,大大提高了接入安全性。

## 认证测试

以下每道选择题中,都有一个正确答案或者是最优答案,请选择出正确答案。

1. 校园网设计中常采用三层结构,它们是哪三层? _____
   A. 核心层　　　　B. 汇聚层　　　　C. 控制层　　　　D. 接入层
2. 下列哪个系列的设备不适合作汇聚层设备? _____
   A. S2126　　　　B. S3550　　　　C. S4909　　　　D. S6810
3. 下列不属于核心层特征的是_____。
   A. 提供高可靠性　　　　　　　　B. 提供冗余链路
   C. 高速转发数据　　　　　　　　D. 部门或工作组级访问
4. 层次化网络设计模型的优点包括_____。
   A. 可扩展性　　　B. 高可用性　　　C. 低时延　　　D. 故障隔离,模块化
   E. 高投资回报　　F. 网络管理
5. 下列不属于汇聚层的特征的有_____。
   A. 安全　　　　　　　　　　　　B. 部门或工作组级访问
   C. VLAN 之间的路由选择　　　　D. 建立独立的冲突域
6. 路由器的主要性能指标不包括_____。
   A. 延迟　　　　　B. 流通量　　　　C. 帧丢失率　　　D. 语音数据压缩比

7. 千兆以太网的标准是_____。

    A. IEEE 802.3u    B. IEEE 802.3a    C. IEEE 802.4    D. IEEE 802.5

8. 下列哪一项是用于描述某种网络介质的吞吐能力的?_____

    A. 带宽(Bandwidth)               B. 基带(Baseband)

    C. 延迟(Delay)                   D. 响应时间(Latency)

9. 以下设备主要用于数字信号和模拟信号之间转换的是_____。

    A. Modem         B. Router         C. Hub         D. Switch

10. 以下哪一项不是路由协议用来评估最佳路径的度量标准?_____

    A. 跳数(Hop)               B. 带宽(Bandwidth)

    C. 负载(Load)               D. 吞吐量